高职高专机电类专业系列教材

电机与控制

主　编　程书华

副主编　邹　珺

编　写　张　艳　谭绍琼　王树春　王娟平

主　审　赵君有

中国电力出版社

CHINA ELECTRIC POWER PRESS

内 容 提 要

本书为高职高专机电类专业系列教材。

全书共分八章，主要内容包括变压器、异步电动机、同步电机、直流电机、控制电机、常用低压电器、电动机控制线路和常用机床控制线路。本书的编写基于电气自动化工作过程，注重与工程实际相结合，编入了一些在工程实际中的应用实例，力求将概念、理论、知识、技能融为一体，深入浅出、循序渐进，使专业教材更加生动、形象，具有可操作性。

本书可作为高职高专机电类专业教学用书，也可以作为职业资格和岗位技能培训教材。

图书在版编目（CIP）数据

电机与控制/程书华主编. —北京：中国电力出版社，2009.6（2023.1 重印）
高职高专机电类专业规划教材
ISBN 978-7-5083-8591-4

Ⅰ. 电… Ⅱ. 程… Ⅲ. 电机—控制系统—高等学校：技术学校—教材 Ⅳ. TM301.2

中国版本图书馆 CIP 数据核字（2009）第 037112 号

出版发行：中国电力出版社
地　　址：北京市东城区北京站西街 19 号（邮政编码 100005）
网　　址：http://www.cepp.sgcc.com.cn
责任编辑：牛梦洁（mengjie-niu@sgcc.com.cn）
责任校对：黄　蓓
装帧设计：赵姗姗
责任印制：钱兴根

印　　刷：三河市航远印刷有限公司
版　　次：2009 年 6 月第一版
印　　次：2023 年 1 月北京第十一次印刷
开　　本：787 毫米×1092 毫米　16 开本
印　　张：15.25
字　　数：369 千字
定　　价：36.00 元

前言

本书是根据市场发展与社会需要，结合科学技术的新知识和教育部审定的电气自动化类专业主干课程标准编写而成。本书既可以作为电气自动化专业职业教育教学用书，也可以作为职业资格和岗位技能培训教材。

本书体现了高等职业教育的性质、任务和培养目标；符合高等职业教育的课程标准和相关职业岗位（群）任职资格和技术要求；具有思想性、科学性、适合国情的先进性；紧密结合高等职业学校学生的素质、知识、能力结构特点，具有教学适应性，具有明显的高等职业教育特色；以电力生产岗位（群）所需要的综合职业能力为依据，以够用为度、实用为本，充分体现了“宽、浅、用、新、能、活”的原则。

在现代电力领域中，电机与控制技术有着广泛的应用，本书的编写基于电气自动化工作过程，注重与工程实际相结合，编入了一些在工程实际中的应用实例，力求将概念、理论、知识、技能融为一体，深入浅出、循序渐进，使专业教材更加生动、形象，具有可操作性。本书编写内容，依次以电机基本原理和基本概念、各类电机应用、低压电器、电机控制线路为顺序安排章节，各模块教学目标明确，针对性强，具有相对的独立性，既可以组合学习，又可以选择学习，有利于不同专业选学各自所需内容。

本书共分八章，第一、二、四章由山西电力职业技术学院程书华编写，第三章由山西电力职业技术学院王娟平与太原第一热电厂王树春工程师合编，第五章由江西电力职业技术学院张燕编写，第六章由江西电力职业技术学院邹珺编写，第七、八章由山西电力职业技术学院谭绍琼编写。全书由程书华统稿。

本书由沈阳工程学院赵君有副教授担任主审，并提出了许多宝贵的意见和建议。另外，在本书的编写过程中，得到了有关院校老师和电力企业工程技术人员的大力支持，在此一并表示感谢！

由于编写水平有限，错谬之处恳请广大读者批评指正。

编　者

2009 年 3 月

目 录

前言
第一章 变压器 …… 1
第一节 变压器的工作原理及结构和额定值 …… 1
第二节 单相变压器的空载运行分析 …… 7
第三节 单相变压器的负载运行分析 …… 13
第四节 等效电路参数的测定 …… 17
第五节 标幺值 …… 19
第六节 变压器的运行特性 …… 22
第七节 三相变压器 …… 25
第八节 变压器的并联运行 …… 30
第九节 变压器的瞬变过程 …… 33
小结 …… 36
思考题与习题 …… 37
第二章 异步电动机 …… 39
第一节 交流电机的绕组、电动势和磁动势 …… 39
第二节 异步电动机的结构和工作原理 …… 43
第三节 三相异步电动机的运行原理 …… 49
第四节 三相异步电动机的等效电路 …… 54
第五节 三相异步电动机的特性 …… 57
第六节 三相异步电动机的起动和调速 …… 63
第七节 单相异步电动机 …… 72
第八节 异步电动机的异常运行 …… 74
小结 …… 75
思考题与习题 …… 76
第三章 同步电机 …… 78
第一节 同步发电机的工作原理及结构和额定值 …… 78
第二节 同步发电机的电枢反应 …… 83
第三节 同步发电机的电动势方程和相量图 …… 87
第四节 同步发电机的运行特性 …… 90
第五节 同步发电机的并列 …… 93
第六节 同步发电机有功功率的调节和静态稳定 …… 95
第七节 同步发电机无功功率的调节和Ⅴ形曲线 …… 99

第八节　同步电动机和同步调相机 …… 101
小结 …… 104
思考题与习题 …… 104
第四章　直流电机 …… 107
第一节　直流电机的基本工作原理及结构 …… 107
第二节　直流电机的感应电动势和电磁转矩 …… 111
第三节　电枢反应和换向 …… 113
第四节　直流电机的运行特性 …… 117
第五节　直流电动机的起动和调速 …… 122
小结 …… 125
思考题与习题 …… 125
第五章　控制电机 …… 128
第一节　伺服电动机 …… 128
第二节　力矩电动机 …… 133
第三节　测速发电机 …… 134
第四节　自整角机 …… 138
第五节　旋转变压器 …… 145
第六节　步进电动机 …… 148
第七节　直线电动机 …… 153
小结 …… 155
思考题与习题 …… 157
第六章　常用低压电器 …… 158
第一节　概述 …… 158
第二节　低压开关 …… 161
第三节　主令电器 …… 164
第四节　保护电器 …… 169
第五节　接触器 …… 179
第六节　继电器 …… 184
第七节　常用低压电器故障及排除 …… 193
小结 …… 195
思考题与习题 …… 195
第七章　电动机控制线路 …… 197
第一节　电气控制线路的基本知识 …… 197
第二节　三相异步电动机直接起动的控制电路 …… 199
第三节　三相异步电动机的降压起动控制电路 …… 202
第四节　三相异步电动机电气制动及调速控制系统 …… 208
小结 …… 212
思考题与习题 …… 213

第八章　常用机床控制线路 …… 214
第一节　摇臂钻床的电气控制 …… 214
第二节　万能铣床的电气控制 …… 217
第三节　电气控制线路的设计方法 …… 223
第四节　PLC 控制电动机的应用 …… 227
小结 …… 234
思考题与习题 …… 234
参考文献 …… 236

第一章

变 压 器

变压器是一种静止的电器，它是利用电磁感应原理将一种电压等级的交流电能转换成同频率的另一种电压等级的交流电能，是转移电能而不改变其交流电源频率的静止的电能转换器。

变压器是电力系统中重要的电气设备。众所周知，发电机发出的电压不可能太高，一般只有10.5～26kV。输送一定的电能时，输电线路的电压越高，线路中的电流和损耗就越小。为此，电力系统中需要将交流发电机的输出电压用升压变压器升高到输电电压，通过高压输电线将电能经济地输送到用电地区，然后再用降压变压器逐步将输电电压降到用户需要的配电电压，供用户安全而方便地使用。此外，在其他工业部门中，变压器应用也很广泛。变压器的安装容量约为发电机安装容量的6～8倍，所以变压器的生产和使用具有重要的意义。

本章主要研究一般用途的电力变压器，对其他用途的变压器只作简单介绍。为便于分析，在不加说明的情况下，以单相降压变压器为例进行分析。

第一节　变压器的工作原理及结构和额定值

一、变压器的基本工作原理及分类

1. 工作原理

变压器是利用电磁感应原理来升高或降低电压的一种静止的电能转换装置，其主要结构是由两个相互绝缘且匝数不等的绕组套在一个闭合的铁芯上构成的，如图1-1所示，绕组之间只有磁的耦合，没有电的直接联系。

变压器工作时，一侧绕组接交流电源，另一侧绕组接负载。变压器接交流电源的一侧，即输入电能的一侧称为一次侧；接负载的一侧，即输出电能的一侧，称为二次侧。

当一次绕组接到交流电源时，一次绕组中流过交流电流，并在铁芯中产生交变磁通，其频率与电源电压频率相同。铁芯中的交变磁通同时交链一、二次绕组，根据电磁感应原理，在一、二次绕组中分别感应出频率相同的电动势。根据愣次定律，在一、二次绕组中感应出的电动势之比等于一、二次绕组的匝数比。在一定条件下，一、二次电压之比等于一、二次绕组的电动势之比。由于一、二次绕组的匝数不等，所以一、二次电压不等，从而实现了变压的作用。此时二次绕组接上用电设备，便有电能输出，从而实现了电能的传递。

2. 分类

变压器的种类很多，可按其用途、相数、绕组数、冷却方式和冷却介质等来进行分类。

(1) 按用途分类有电力变压器（包括升压变压器、降压变压器、联络变压器、厂用变压器、发电机变压器），特种变压器（包括调压变压器、试验变压器、电炉变压器、整流变压器、

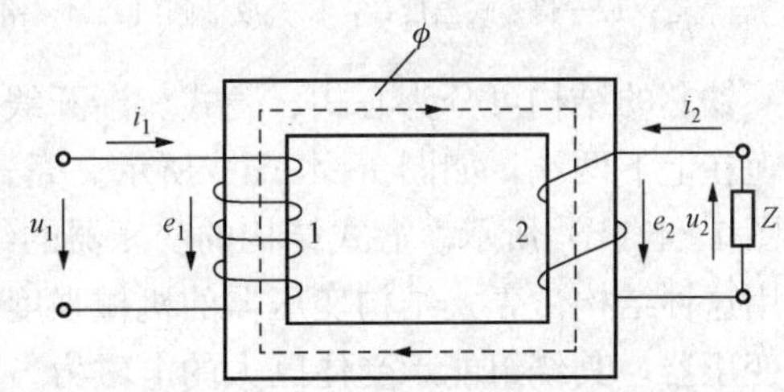

图1-1　变压器工作原理示意图

电焊变压器等），仪用互感器（包括电压互感器、电流互感器）等。

（2）按绕组数分类有双绕组变压器、三绕组变压器、多绕组变压器以及自耦变压器等。

（3）按铁芯结构分类有心式变压器、组式变压器等。

（4）按相数分类有单相变压器、三相变压器、多相变压器等。

（5）按冷却方式和冷却介质分类有油浸式变压器（包括油浸自冷式变压器、油浸风冷式变压器、油浸强迫油循环式变压器），干式变压器和充气式变压器等。

二、变压器的基本结构

图 1-2 为一台油浸式电力变压器的外形结构图，该类变压器的主要部分有器身、油箱、变压器油、散热器、绝缘套管、分接开关、冷却装置及继电保护装置等部件。下面分别作简要介绍。

（一）器身

变压器中最主要的部件是铁芯和绕组，它们构成了变压器的器身。

1. 铁芯

变压器的铁芯既是磁路，又是套装绕组的骨架。铁芯由芯柱和铁轭以及夹紧装置部分组成，芯柱用来套装绕组，铁轭将芯柱连接起来，使之形成闭合磁路。图 1-3 所示为一台三相三柱式变压器铁芯结构图。

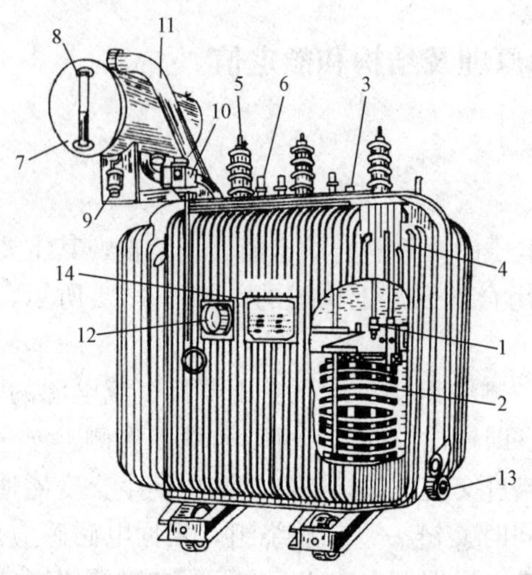

图 1-2 油浸式电力变压器外形结构图

1—铁芯；2—绕组及绝缘；3—分接开关；4—油箱；5—高压绝缘套管；6—低压绝缘套管；7—储油柜；8—油位计；9—呼吸器；10—气体继电器；11—安全气道；12—信号式温度计；13—放油阀门；14—铭牌

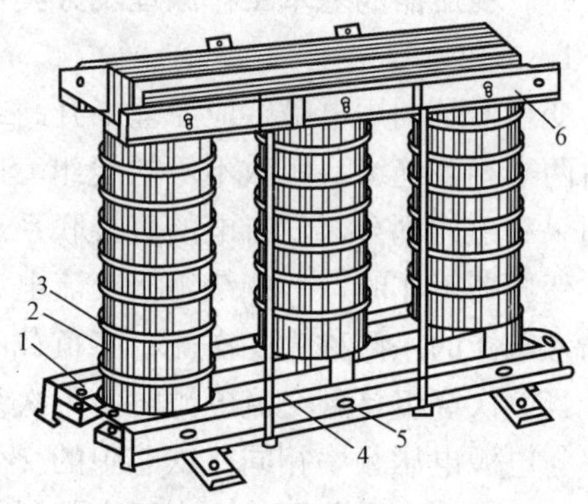

图 1-3 三相三柱式变压器铁芯结构图

1—下夹件；2—铁芯柱；3—铁柱绑扎；4—拉螺杆；5—铁轭螺杆；6—上夹件

铁芯的结构可分为心式、壳式、渐开线式、辐射式等。心式变压器的芯柱被绕组包围，铁轭在上下两端，如图 1-4（a）所示。壳式变压器则是铁芯包围绕组的顶面、底面和侧面，如图 1-4（b）所示。心式结构的变压器的绕组和绝缘装配比较容易，所以电力变压器常常采用这种结构。壳式结构变压器的机械强度较好，常用于低压、大电流的变压器或小容量电力变压器，其绕组能承受住巨大的电磁力。渐开线式铁芯用于成批生产的中、小型变压器，辐射式铁芯结构一般用于特大型变压器。除此之外，大容量的变压器由于运输的限制，需要降低铁芯高度，采用三芯柱旁轭式结构，如图 1-5 所示。旁轭的截面积与上下轭相同，也为芯柱的 $\frac{1}{\sqrt{3}}$。某些特殊需要的小容量单相变压器采用硅钢带卷制成环形铁芯，如图 1-6 所示，可以节省材料 15%～20%。

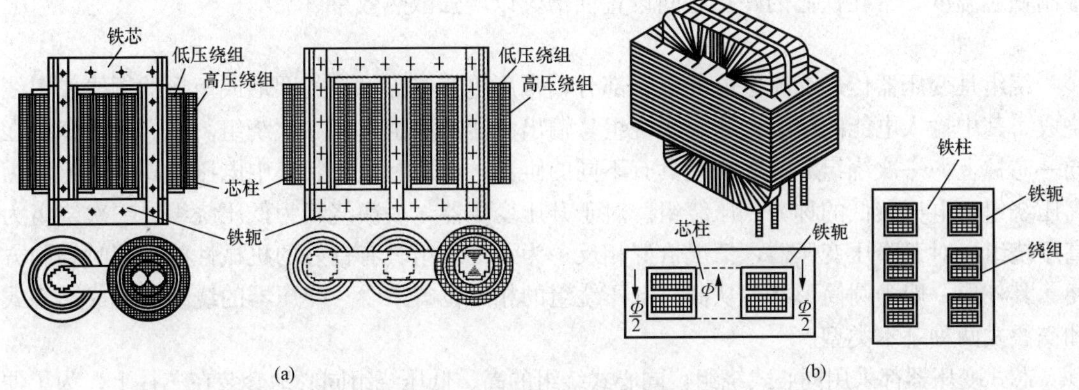

图 1-4 变压器的铁芯绕组装配图

(a) 心式变压器的铁芯绕组装配图；(b) 壳式变压器的铁芯绕组装配图

图 1-5 三芯柱旁轭式变压器

图 1-6 环形式变压器

为减少变压器铁芯损耗，铁芯用单片厚度为 0.35～0.5mm 厚的、表面涂有绝缘漆的硅钢片叠成。硅钢片上涂以绝缘漆是为了避免片间短路。在大型电力变压器中，为提高磁导率和减少铁芯损耗，常采用冷轧硅钢片；为减少接缝间隙和励磁电流，有时还采用由冷轧硅钢片卷成的卷片式铁芯。为减小接缝间隙以减小励磁电流，一般采用交错式叠装，使相邻的接缝错开。铁芯的交叠式装配如图 1-7 所示。最近研制采用铁硼系列非晶合金材料制作的铁芯，空载损耗可降低 75%左右，有取代硅钢片的趋势。容量很小的变压器铁芯柱的截面采

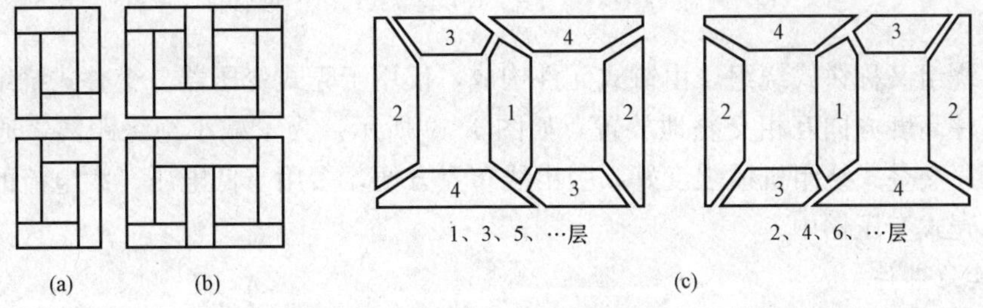

图 1-7 铁芯的交叠式装配

(a) 单相变压器；(b) 三相变压器；(c) 冷轧硅钢片

用正方形，容量较大的变压器一般做成阶梯形。容量越大，铁芯截面越大，所用的级数就越多，越接近圆形，利用率越高。渐开线式铁芯柱的截面为圆形。铁轭的截面有矩形的、T形的、阶梯形的。采用热轧硅钢片时，为了减少励磁电流和铁芯损耗，铁轭的截面一般比芯柱大5%～10%；若采用冷轧硅钢片全斜接缝时，则两者相等。在容量较大的变压器中，为了限制铁芯温度，常在铁芯的叠片之间设置油槽，以增强散热效果。

2. 绕组

绕组是变压器传递交流电能的电路部分，常用包有绝缘材料的圆形或矩形的铜线或铝线绕成。其中输入电能的绕组称为一次绕组，输出电能的绕组称为二次绕组。它们通常套装在同一芯柱上。一次绕组和二次绕组具有不同的匝数、电压和电流，其中电压较高的绕组称为高压绕组，电压较低的称为低压绕组。对于升压变压器，一次绕组为低压绕组，二次绕组为高压绕组；对于降压变压器，情况恰好相反。为了使绕组具有良好的机械性能，同时绕制方便，其外形一般为圆筒形状，从高、低压绕组的相对位置来看，变压器的绕组可分成同心式和交叠式两种基本类型。

芯式变压器都采用同心式绕组，同心式绕组的高、低压绕组同心地套装在芯柱上，为了便于绝缘和易于与分接开关连接，低压绕组靠近铁芯，高压绕组套在外面，高压绕组的匝数多、导线细，低压绕组的匝数少、导线粗。两个绕组之间留有油道以利于冷却。同心式绕组结构简单、制造方便，国产电力变压器均采用这种结构。为了适应不同容量与电压等级的需要，变压器同心式绕组有多种不同的结构型式，如圆筒式、螺旋式、连续式和纠结式等，如图1-8所示。

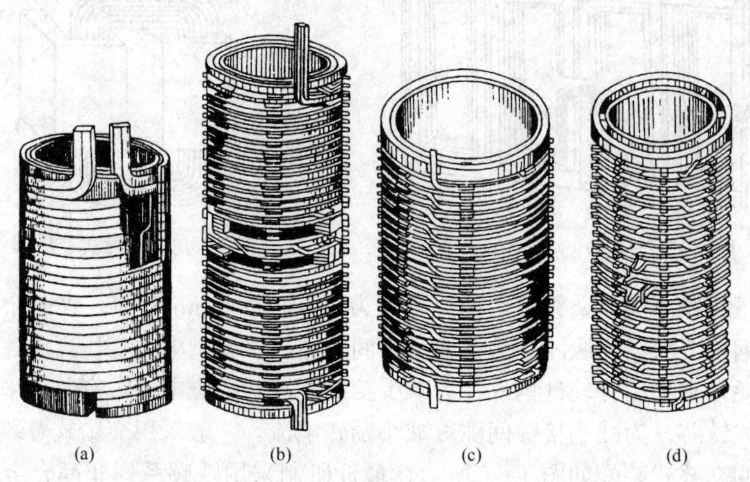

图1-8 同心式绕组型式

(a) 圆筒式；(b) 螺旋式；(c) 连续式；(d) 纠结式

交叠式绕组又称饼式绕组，由饼式元件构成，仅用于壳式变压器。交叠式绕组的高、低压绕组沿芯柱高度方向互相交叠地放置，如图1-9所示。为了减小绝缘距离，通常低压绕组靠近铁轭。交叠式绕组机械强度好，引出线布置方便，多用于低电压、大电流的电焊、电炉变压器及壳式变压器中。

（二）其他部件

1. 变压器油箱及变压器油

(1) 变压器油箱。油浸式变压器的器身放在充满变压器油的油箱中。油箱用钢板焊成，

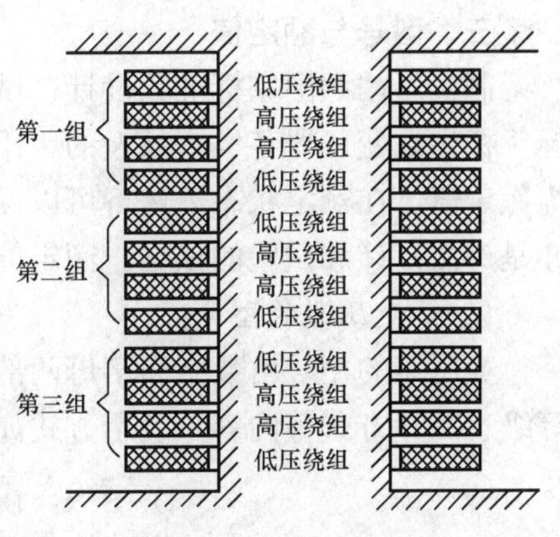

图 1-9 交叠式绕组

为了增强冷却效果，油箱壁上焊有散热管或装设散热器。小容量变压器采用平板式油箱，大容量变压器采用散热器式油箱。油箱一般做成椭圆形，具有较高的机械强度，而且需油量较少。小容量变压器采用揭开箱盖起吊器身的普通箱式油箱；大容量变压器器身质量大，起吊困难，多采用“钟罩式”油箱，即把上节油箱吊起，器身及下节油箱固定不动。

(2) 变压器油。变压器油为矿物油，由石油分馏而得。变压器油的作用有两个：一是油的绝缘性能比空气好，可以提高绕组的绝缘强度，起绝缘作用；二是通过油箱中油的对流作用或强迫油循环流动，使绕组及铁芯中因功率损耗而产生的热量得到散逸，起冷却作用。因此，要求变压器油介电强度高、燃点高、运动黏度低、凝固点低、酸碱度低、杂质和水分少。若变压器油受潮或氧化，则需要过滤。

2. 绝缘套管

变压器的引出线从油箱内部引到箱外时必须经过绝缘套管，以使带电的引线与接地的油箱绝缘。绝缘套管由瓷质的绝缘套筒和导电杆组成，如图 1-10 所示。为了增大外表面放电距离，套管外形为多级伞形裙边，电压越高，级数越多。

3. 调压装置

调压装置是通过改变高压绕组的匝数，使变压器的输出电压在小范围内调整的装置。

一般在高压绕组的某个部位（如中性点、中部或端部）引出若干个抽头，并把这些抽头连接在可切换的分接开关上，使得输入电压略有变动时，可以保持输出电压接近额定值。

4. 保护装置

(1) 储油柜，又称油枕或膨胀器。储油柜安装在油箱的上部，通过管道与油箱接通。储油柜中的储油量一般为油箱中总油量的 8%～10%。储油柜能容纳油箱中因温度升高而膨胀的变压器油，并限制变压器油与空气的接触面积，减少油受潮和氧化的程度。此外，通过储油柜注入变压器油，还可防止气泡进入变压器内。储油柜上装有吸湿器，使储油柜上部的空气通过吸湿器与外界空气相通。吸湿器内有硅胶等吸附剂，用以过滤吸入储油柜内空气中的

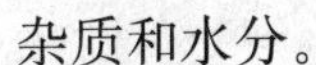
杂质和水分。

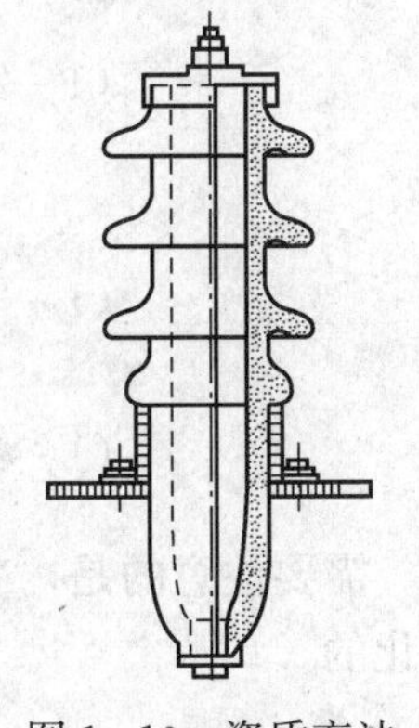

图 1-10 瓷质充油式绝缘套管

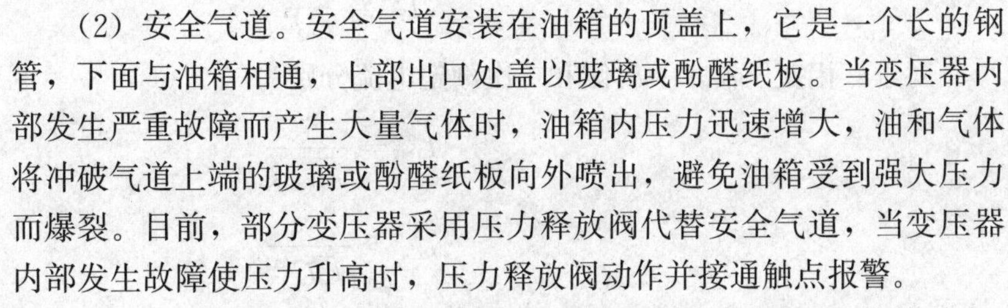
(2) 安全气道。安全气道安装在油箱的顶盖上，它是一个长的钢管，下面与油箱相通，上部出口处盖以玻璃或酚醛纸板。当变压器内部发生严重故障而产生大量气体时，油箱内压力迅速增大，油和气体将冲破气道上端的玻璃或酚醛纸板向外喷出，避免油箱受到强大压力而爆裂。目前，部分变压器采用压力释放阀代替安全气道，当变压器内部发生故障使压力升高时，压力释放阀动作并接通触点报警。

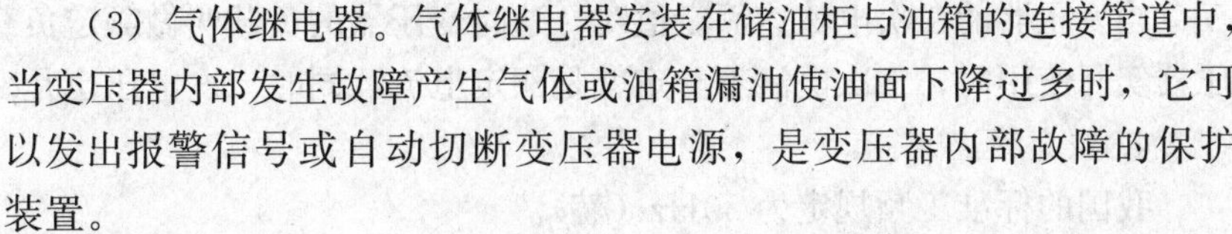
(3) 气体继电器。气体继电器安装在储油柜与油箱的连接管道中，当变压器内部发生故障产生气体或油箱漏油使油面下降过多时，它可以发出报警信号或自动切断变压器电源，是变压器内部故障的保护装置。

三、型号与额定值

制造厂按照国家标准和设计、试验数据规定的变压器的正常运行状态，称为额定运行情况。标注在变压器各类产品上的、用来表示该产品在规定条件下运行特征的一组参数的数值为额定值。在额定状态下运行可以保证变压器长期可靠地工作，并具有优良的性能。额定值亦是产品设计和试验的依据。额定值通常标在变压器的铭牌上，亦称为铭牌值。

（一）变压器的型号

变压器的型号由数字和字母两部分组成，用来表示一台变压器的结构、额定容量、电压等级、冷却方式等内容，表示方式如下：

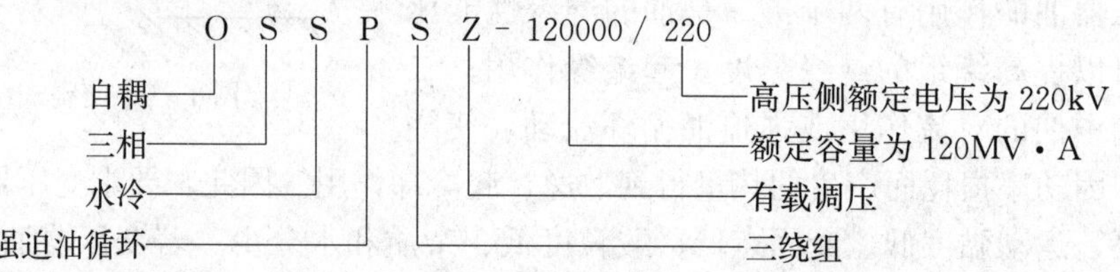

（二）变压器的额定值

1. 额定容量 S_N

在铭牌规定的额定状态下变压器输出视在功率的保证值，称为额定容量。额定容量用V·A（伏·安）或kV·A（千伏·安）表示。对于三相变压器，额定容量是指三相容量之和。

2. 额定电压 U_{1N}/U_{2N}

额定电压是指变压器长期运行时所能承受的工作电压。一次额定电压是正常运行时加在一次侧的端电压的允许值，二次额定电压是当一次侧加额定电压时二次侧的空载电压。额定电压用V（伏）或kV（千伏）表示。对于三相变压器，额定电压是指线电压。

3. 额定电流 I_N

根据额定容量和额定电压算出的电流称为额定电流，以A（安）表示。对于三相变压器，额定电流是指线电流。

对于单相变压器，一次侧和二次额定电流分别为

$$I_{1N}=\frac{S_N}{U_{1N}} \tag{1-1}$$

$$I_{2N}=\frac{S_N}{U_{2N}} \tag{1-2}$$

对于三相变压器，一次侧和二次额定电流分别为

$$I_{1N}=\frac{S_N}{\sqrt{3}U_{1N}} \tag{1-3}$$

$$I_{2N}=\frac{S_N}{\sqrt{3}U_{2N}} \tag{1-4}$$

当变压器的二次电流达额定值时，这时变压器的负载叫做额定负载。需要注意的是，变压器实际使用时，二次电流不一定就是额定电流，同时二次电压也是变化的。

4. 额定频率 f_N

我国的标准工频规定为50Hz（赫）。

除此以外，额定工作状态下变压器的效率、温升等数据亦属于额定值。

【例 1-1】　一台三相双绕组变压器，Yd（Y/△）接线，额定容量 $S_N = 100\text{kV}\cdot\text{A}$，一、二次侧额定电压 $U_{1N}/U_{2N} = 6000\text{V}/400\text{V}$，试求出一、二次额定电流及一、二次额定相电流。

解　$$I_{1N} = \frac{S_N}{\sqrt{3}U_{1N}} = \frac{100\times 10^3}{\sqrt{3}\times 6000} = 9.63(\text{A})$$

$$I_{2N} = \frac{S_N}{\sqrt{3}U_{2N}} = \frac{100\times 10^3}{\sqrt{3}\times 400} = 144(\text{A})$$

$$I_{1Nph} = I_{1N} = 9.63(\text{A})$$

$$I_{2Nph} = \frac{I_{2N}}{\sqrt{3}} = 83.14(\text{A})$$

第二节　单相变压器的空载运行分析

本节主要讲述单相变压器空载运行时的物理状况，分析各物理量及它们之间的关系，从而建立变压器空载运行时的基本方程式、等效电路和相量图。

变压器的一次绕组接到额定频率、额定电压的交流电源上，二次绕组开路，负载电流为零（即空载）时的运行状态，称为空载运行。

一、空载运行时的电磁关系

图 1-11 所示为单相变压器空载运行的示意图，图中 N_1 和 N_2 分别表示一次和二次绕组的匝数。当一次绕组外施交流电压 $\dot{U}_1$，二次绕组开路时，一次绕组内将流过一个很小的电流 $\dot{I}_0$，称为变压器的空载电流。空载电流 $\dot{I}_0$ 产生交变磁动势 $\dot{I}_0N_1$，并建立交变磁通。

根据磁通所经路径的不同，可把磁通分为主磁通 $\dot{\Phi}_m$ 和漏磁通 $\dot{\Phi}_{1\sigma}$。主磁通沿着铁芯闭合，并且同时与一次绕组及二次绕组交链。漏磁通通过一次绕组附近的变压器油或空气等非磁性物质构成磁通回路。漏磁通仅与一次绕组交链。主磁通在一、二次绕组中产生感应电动势 $\dot{E}_1$ 和 $\dot{E}_2$，称为主电动势，当二次侧接上负载时就有电功率向负载输出，所以主磁通是能量传递的媒介。漏磁通仅在一次绕组中产生感应漏电动势 $\dot{E}_{1\sigma}$，不能传递能量，仅起电抗压降的作用。

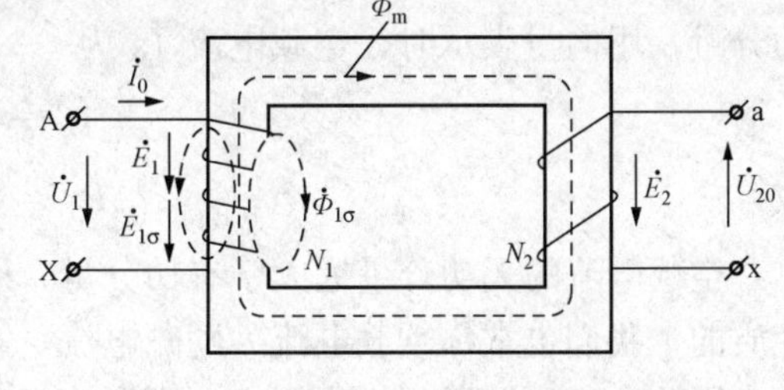

图 1-11　单相变压器空载运行示意图

另外，空载电流还在一次绕组电阻 R_1 上形成一个很小的电阻压降，归纳起来，变压器空载时，各物理量之间的关系可表示如下：

$\dot{U}_1$ —— $\dot{I}_0$ —— $\dot{I}_0N_1$ —— $\dot{\Phi}_m$ —— $\left\{\begin{matrix}\dot{E}_1\\ \dot{E}_2\end{matrix}\right.$

$\dot{I}_0N_1$ —— $\dot{\Phi}_{1\sigma}$ —— $\dot{E}_{1\sigma}$

$\dot{I}_0$ —— $\dot{I}_0R_1$

二、正方向的选定

变压器中各物理量都是时间的正弦或余弦函数，列写它们之间的有关电磁方程式时，若同一物理量的正方向选用不同，则列写的电磁关系式的符号不同，得出的结果的符号也不同。但是，当将分析的结果与规定的正方向相对照时，能够给出同样的瞬时值结果，因此各物理量的存在有其必然的客观规律性，不会因为采取不同的分析方法而得出不同的分析结果。所以正方向的选择是随意的，但一经选定就不得再作变动。然而选取正方向，有一定的习惯，叫做惯例。国际上所用的惯例也不统一，一般可选常用的惯例，即在消耗电能的电路里采用电动机惯例、在产生电能的电路里采用发电机惯例。对于变压器而言，其一次侧属于前者，二次侧属于后者。具体规定如下：

（1）在负载支路，电流的正方向与电压降的正方向一致；在电源支路，电流的正方向与电动势的正方向一致。

（2）电流的正方向与它产生的磁通的正方向符合右手螺旋定则。

（3）磁通的正方向与感应的电动势的正方向符合右手螺旋定则。

根据这些规定，变压器各物理量的正方向规定如图 1 - 11 所示。图中，$\dot{U}_1$、$\dot{U}_2$ 的正方向表示电位降低，电动势 $\dot{E}_1$、$\dot{E}_2$ 的正方向表示电位升高。在一次侧，$\dot{U}_1$ 由首端指向末端，$\dot{I}_0$ 由首端流入，当 $\dot{U}_1$ 和 $\dot{I}_0$ 同时为正或负时，表示电功率从一次侧输入，称为电动机惯例。在二次侧，$\dot{U}_2$ 的正方向是由 $\dot{E}_2$ 的正方向决定的。当二次侧带负载时，若二次侧电压和二次侧电流同时为正或负时，电功率从二次侧输出，称为发电机惯例。

三、空载时的各物理量

1. 空载电流

变压器空载运行时，一次绕组中的电流 $\dot{I}_0$ 绝大部分用来产生主磁通，这部分电流属于感性无功性质，用励磁电流 $\dot{I}_\mu$ 表示；另有很少部分用来提供变压器的铁芯损耗，这部分电流属于有功性质，用铁损耗电流 $\dot{I}_{Fe}$ 表示，所以空载电流中包括两个分量，即无功分量和有功分量，用向量表示时，空载电流 $\dot{I}_0$ 为

$$\dot{I}_0 = \dot{I}_\mu + \dot{I}_{Fe} \tag{1-5}$$

或

$$I_0 = \sqrt{I_\mu^2 + I_{Fe}^2} \tag{1-6}$$

空载电流的无功分量远大于有功分量，即 $\dot{I}_\mu$ 远大于 $\dot{I}_{Fe}$，所以空载电流主要是感性无功性质的，我们也常称空载电流为励磁电流，它会使电网的功率因数降低，输送的有功功率减少，因此，变压器运行规程规定，不允许变压器长期在电网中空载运行。

空载电流的数值不大，一般约为额定电流的 2％～10％。一般变压器的容量越大，空载电流的百分数越小，大型变压器还不到额定电流的 1％，如 SFP7-370000/220 三相电力变压器的 I_0 仅为额定电流的 0.22％。

由于铁磁性材料有饱和现象，所以当磁路饱和时，主磁路的磁阻不是常数，主磁通与建立它的电流之间呈非线性关系，即 Φ 与 i_0 是非线性的。当电源电压 u 为正弦波，Φ 也为正弦波，i_0 畸变为尖顶波。当磁路不饱和时，Φ 与 i_0 是线性关系，若 u 为正弦波，则 Φ 为正弦波，i_0 也是正弦波。漏磁通的磁路大部分是由非铁磁性材料组成的，所以漏磁路的磁阻基本上是常数，漏磁通与建立它的电流之间呈线性关系。

铁芯磁路愈饱和，励磁电流波形畸变愈严重。因为变压器正常工作时磁路都是较为饱和的，为能够获得正弦波电动势，需要正弦波的磁通，因此励磁电流必须是尖顶波，如图 1-12 所示。从图中可以看出，当主磁通随时间正弦变化时，由磁路饱和而引起的非线性将导致磁化电流成为与磁通同相位的尖顶波；磁路越饱和，磁化电流的波形越尖，即畸变越严重。但是无论 i_0 怎样畸变，用傅里叶级数分解可知其基波分量始终与主磁通的波形同相位；换言之，i_0 是无功电流。为便于计算，通常用一个有效值与之相等的等效正弦波电流来代替非正弦的磁化电流。

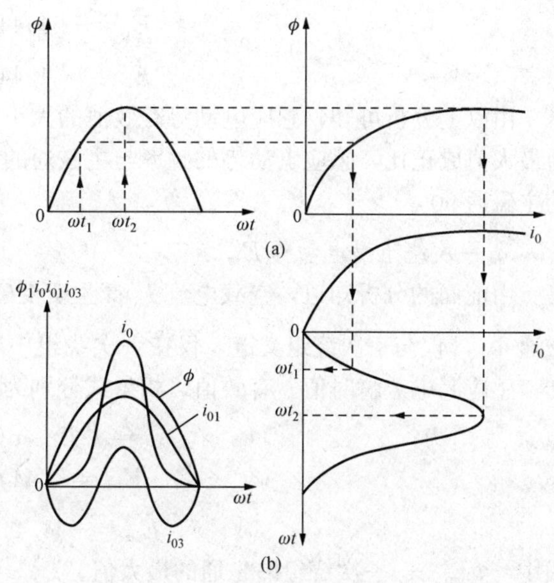

图 1-12 忽略铁损耗时的空载电流波形

(a) 图解法；(b) 波形分析

2. 空载磁动势

空载磁动势是指一次侧空载电流 $\dot{I}_0$ 建立的磁动势 $\dot{F}_0=\dot{I}_0N_1$，由它产生主磁通和一次侧漏磁通。变压器空载运行时，只有空载磁动势产生磁场。空载磁场的实际分布情况是很复杂的，为了便于分析，根据磁通所经磁路的不同，等效地将磁路分成主磁路和漏磁路两部分，以便把非线性问题和线性问题分别处理。

3. 主磁通 $\dot{\Phi}_m$

通过铁芯闭合，并同时与一、二次绕组相交链的磁通叫做主磁通，用 $\dot{\Phi}_m$ 表示。由于铁芯是由具有良好导磁性能的铁磁性材料制作的，所以主磁通 $\dot{\Phi}_m$ 占总磁通的绝大部分。又由于铁芯具有饱和特性，因而主磁通与励磁电流之间为非线性关系。主磁通同时交链一、二次绕组，在一、二次绕组中分别感应出电动势 $\dot{E}_1$ 和 $\dot{E}_2$，二次绕组中的 $\dot{E}_2$ 相当于负载的电源。

4. 一、二次绕组的感应电动势 $\dot{E}_1$、$\dot{E}_2$

假设电源频率为 f，主磁通按正弦规律变化，即

$$\Phi=\Phi_m\sin\omega t \tag{1-7}$$

则在规定的正方向前提下，一、二次绕组感应电动势的瞬时值为

$$e_1=-N_1\frac{d\Phi}{dt}=N_1\omega\Phi_m\cos\omega t=N_1\omega\Phi_m\sin(\omega t-90^\circ) \tag{1-8}$$

$$e_2=-N_2\frac{d\Phi}{dt}=N_2\omega\Phi_m\cos\omega t=N_2\omega\Phi_m\sin(\omega t-90^\circ) \tag{1-9}$$

则感应电动势的有效值为

$$E_1=\frac{\omega N_1\Phi_m}{\sqrt{2}}=4.44fN_1\Phi_m \tag{1-10}$$

$$E_2=\frac{\omega N_2\Phi_m}{\sqrt{2}}=4.44fN_2\Phi_m \tag{1-11}$$

用相量表示为

$$\dot{E}_1 = -j4.44fN_1\dot{\Phi}_m \tag{1-12}$$

$$\dot{E}_2 = -j4.44fN_2\dot{\Phi}_m \tag{1-13}$$

由以上分析可知，感应电动势有效值的大小，分别与主磁通的频率、绕组的匝数及主磁通最大值成正比，感应电动势的频率与主磁通的频率相同，感应电动势的相位滞后于产生它的主磁通 90°。

5. 一次绕组漏电动势 $\dot{E}_{1\sigma}$

由前面的分析知道，空载电流 $\dot{I}_0$ 产生交变磁动势为 $\dot{I}_0N_1$，并建立交变磁通。其中的漏磁通 $\dot{\Phi}_{1\sigma}$，仅与一次绕组交链，仅在一次绕组中感应漏电动势 $\dot{E}_{1\sigma}$，仿照前面的分析方法可知，感应漏电势瞬时值、有效值、相量式分别为

$$e_{1\sigma} = \sqrt{2}E_{1\sigma}\sin(\omega t - 90°) \tag{1-14}$$

$$E_{1\sigma} = 4.44fN_1\Phi_{1\sigma m} \tag{1-15}$$

$$\dot{E}_{1\sigma} = -j4.44fN_1\dot{\Phi}_{1\sigma m} \tag{1-16}$$

式中　$\Phi_{1\sigma m}$——一次绕组漏磁通的最大值。

由于漏磁通不能传递能量，仅起电抗压降的作用，且漏磁通的磁路大部分是非铁磁性材料组成，所以漏磁路的磁阻基本上是常数，漏磁通与建立它的电流之间呈线性关系。所以，漏电动势可以用漏电抗压降来表示，即

$$\dot{E}_{1\sigma} = -j\dot{I}_0X_1 \tag{1-17}$$

其中，比例系数 X_1 反映了一次侧漏磁场对一次侧电路的影响，故称之为一次漏电抗，它是一个常数（漏磁路磁导率为常数）。

6. 空载损耗 p_0

变压器空载时，输出功率为零，但需要从电源中吸取一小部分有功功率，用以补偿变压器内部的功率损耗，这部分功率都以热能的形式散逸出去，称之为空载损耗，用 p_0 表示。

空载损耗包括两部分：一部分是一次绕组的空载铜损耗，另一部分是铁损耗，即交变磁通在铁芯中产生的磁滞损耗和涡流损耗。

由于空载电流 I_0 很小，绕组电阻 R_1 也很小，所以空载铜损耗可以忽略不计，故空载损耗近似等于铁损耗，即 $p_0 \approx p_{Fe}$。空载损耗的数值并不大，约占额定容量的 0.2%～1%，且随着容量的增大而减小。但是因为变压器在电力系统中的用量很大，且常年接在电网上，所以降低变压器空载损耗的经济意义非常重大。为了减少铁损耗，变压器可采用优质铁磁材料，如优质电工钢片、应用非静态合金等。

四、空载时的基本方程式

1. 一次侧的电动势平衡方程式

根据基尔霍夫第二定律和图 1-11 中规定的正方向，可写出变压器一次侧的电压方程为

$$\dot{U}_1 = -\dot{E}_1 - \dot{E}_{1\sigma} + \dot{I}_0R_1 = -\dot{E}_1 + \dot{I}_0Z_1 \tag{1-18}$$

$$Z_1 = R_1 + jX_1$$

式中　Z_1——一次绕组的漏阻抗，为常数。

式（1-18）表明空载时，外施电源电压 $\dot{U}_1$ 与一次绕组内的反电动势 $-\dot{E}_1$ 和漏阻抗压降 $\dot{I}_0Z_1$ 相平衡。

2. 二次侧的电动势平衡方程式

由于二次绕组中没有电流，所以

$$\dot{U}_{20} = \dot{E}_2 \tag{1-19}$$

3. 主磁通与电源电压的关系

由于变压器空载时一次绕组的漏阻抗压降 $\dot{I}_0 Z_1$ 是很小的，其数值不超过 U_1 的 0.2%，将 $\dot{I}_0 Z_1$ 忽略，则式（1-18）为

$$\dot{U}_1 \approx -\dot{E}_1$$

或

$$U_1 \approx E_1 = 4.44 f N_1 \Phi_m$$

亦即

$$\Phi_m = \frac{E_1}{4.44 f N_1} \approx \frac{U_1}{4.44 f N_1} \tag{1-20}$$

式（1-20）表明，对于已经制成的变压器，决定主磁通的大小和波形的主要因素是电源的电压及其频率和一次绕组的匝数，在 f 、N_1 一定时，主磁通的幅值与电源的电压成正比。说明了主磁通虽然由空载磁动势产生，但它的大小却基本由电源的电压决定，当电源的电压一定时，主磁通的幅值也为常数。这一概念对分析变压器运行十分重要。

4. 变比

变比的定义是变压器中一、二次侧相电动势 E_1、E_2 之比，用 k 表示。

对单相变压器，则有 $k=\frac{E_1}{E_2}=\frac{N_1}{N_2}$。因为变压器空载时 $E_1 \approx U_{1N}$，$E_2 = U_{20}$，所以

$$k = \frac{E_1}{E_2} = \frac{N_1}{N_2} = \frac{U_1}{U_{20}} = \frac{U_{1N}}{U_{2N}} \tag{1-21}$$

由此可见，要使一、二次绕组具有不同的电压，只要使它们具有不同的匝数即可，这就是变压器能够“变压”的原因。

在已知额定电压（线电压）的情况下，求三相变压器变比 k 必须换算成额定相电压之比。

对于 Yd(Y/△) 接法的三相变压器，则有

$$k = \frac{U_{1N}}{\sqrt{3}U_{2N}} \tag{1-22}$$

对于 Dy(△/Y) 接法的三相变压器，则有

$$k = \frac{\sqrt{3}U_{1N}}{U_{2N}} \tag{1-23}$$

归纳以上分析结果，可得出变压器空载运行时的基本方程式为

$$\begin{cases} \dot{U}_1 = -\dot{E}_1 + \dot{I}_0 Z_1 \\ \dot{U}_{20} = \dot{E}_2 \end{cases} \tag{1-24}$$

此外，还有两个重要表达式，即

$$U_1 \approx E_1 = 4.44 f N_1 \Phi_m$$

$$k = \frac{E_1}{E_2} = \frac{N_1}{N_2} = \frac{U_1}{U_{20}} = \frac{U_{1N}}{U_{2N}}$$

需要注意，以上方程式中的每一个量都是针对相值成立。后面将要介绍的等效电路、相量图也是针对相值成立。

五、变压器空载时的等效电路

变压器空载运行时，既有电路的问题，又有磁路的问题，如果将它们联系起来用一个纯电路表示，将会使变压器的分析大大简化。等效电路可以把基本方程式所表示的电磁关系用电路的形式表示出来，即“场化为路”来分析。

前已述及，对外施电压 U_1 而言，漏电动势 $E_{1\sigma}$ 的作用可看作是电流 I_0 流过漏电抗 X_1 时所引起的电压降。同样，对主磁通感应电动势 E_1 的作用也类似地引入一个参数来处理。但因为主磁通在铁芯上还产生铁损耗，故还需引入一个反映铁损耗的电阻参数 R_m， 即用 $I_0^2R_m$ 来等效地表示铁损耗。所以阻抗参数为 $Z_m = R_m + jX_m$，E_1 可以看作是空载电流 $\dot{I}_0$ 在 Z_m 上的压降，表示为

$$-\dot{E}_1 = \dot{I}_0 Z_m = \dot{I}_0(R_m + jX_m) \tag{1-25}$$

式中 Z_m——变压器的励磁阻抗；

R_m——变压器的励磁电阻，是反映铁损耗的等效电阻；

X_m——变压器的励磁电抗，对应主磁路磁导的电抗。

将式（1-25）代入式（1-18）中可得

$$\dot{U}_1 = \dot{I}_0 Z_m + \dot{I}_0 Z_1 = \dot{I}_0(Z_m + Z_1) \tag{1-26}$$

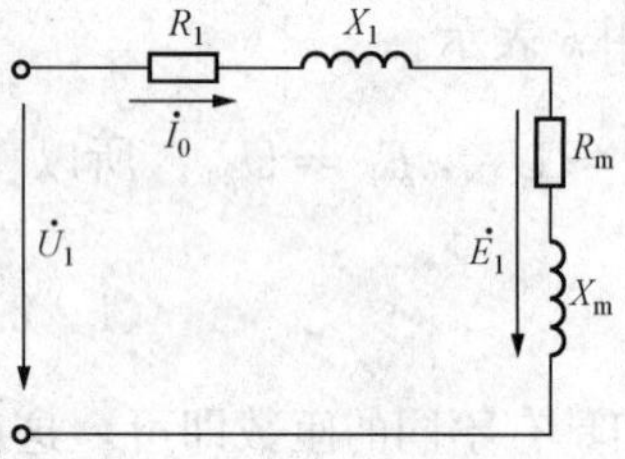

根据式（1-26）可得出变压器空载时的等效电路，如图1-13所示，它是由 Z_1、Z_m 两个复阻抗串联组成的。参数 R_1、X_1 是常数；R_m、X_m 都不是常数，随着铁芯饱和程度提高而减小。只有当电压保持在额定值附近变化不大时，可以近似认为 Z_m 不变。

图 1-13 变压器空载时的等效电路

在数值上 R_m 远大于 R_1，X_m 远大于 X_1，所以有时可以忽略 R_1 及 X_1，从而使得变压器空载时的等效电路成为只有 Z_m 的电路。

通过对等效电路的分析可知，在一定的外施电压下，空载电流的大小由励磁阻抗决定。从运行的角度考虑，总是希望空载电流越小越好，因此变压器铁芯选用高导磁性能的硅钢片，这样可以增大 Z_m，减少 I_0，提高变压器的效率和功率因数。

六、变压器空载时的相量图

根据式（1-26），可作出变压器空载时的相量图，如图 1-14 所示。相量图能直观地反映变压器各物理量之间的相位关系，经常用于变压器的分析。作图时，以 $\dot{\Phi}_m$ 为参考相量，根据式（1-12）和式（1-13），电动势 $\dot{E}_1$、$\dot{E}_2$ 都滞后于 $\dot{\Phi}_m 90°$，空载电流 $\dot{I}_0$ 的无功分量 $\dot{I}_\mu$ 与 $\dot{\Phi}_m$ 同相位，空载电流 $\dot{I}_0$ 的有功分量 $\dot{I}_{Fe}$ 超前 $\dot{\Phi}_m 90°$，将方程式中的各相量叠加，得 $\dot{U}_1$ 相量。

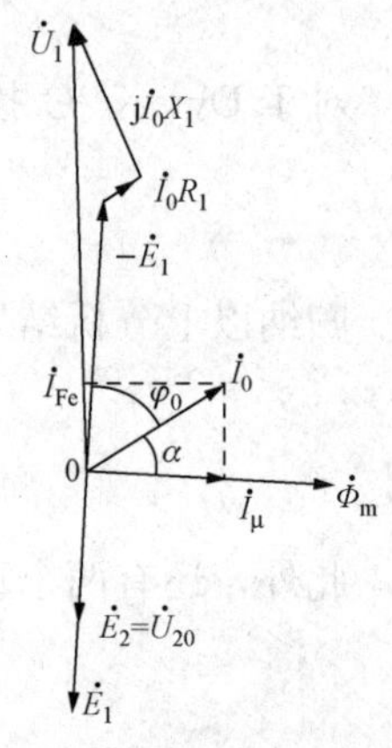

图 1-14 变压器空载时的相量图

将电源电压 $\dot{U}_1$ 与空载电流 $\dot{I}_0$ 之间的相位角 φ_0 称为变压器空载时的功率因数角。由图 1-14 可见，$\varphi_0 \approx 90°$，即空载时的功率因数 $\cos\varphi_0$ 很低。

第三节 单相变压器的负载运行分析

本节主要讲述单相变压器负载运行时的物理状况，分析各物理量及它们之间的关系，从而建立变压器负载运行时的基本方程式、等效电路和相量图，继而讲述变压器的空载、短路实验，最后讨论变压器的运行特性，即电压变化率和效率。

变压器一次侧接交流电源，二次侧接上负载，二次侧有电流流过的运行状态称为变压器的负载运行，如图 1 - 15 所示。

一、负载运行时的电磁关系

由前面的分析可知，变压器空载运行时，由空载电流 $\dot{I}_0$ 产生空载磁动势 $\dot{F}_0 = \dot{I}_0 N_1$，空载磁动势 $\dot{F}_0$ 建立主磁通 $\dot{\Phi}_m$，$\dot{\Phi}_m$ 在一、二次绕组中感应电动势 $\dot{E}_1$、$\dot{E}_2$，电源电压 $\dot{U}_1$ 与反电动势 $-\dot{E}_1$ 及阻抗压降 $\dot{I}_0 Z_1$ 相平衡，维持空载电流 $\dot{I}_0$ 在一次绕组内流过，使变压器中的电磁关系处于平衡状态，二次电流及其产生的磁动势为零，二次绕组的存在对一次电路没有影响。

此时，若在变压器二次绕组中接上负载阻抗 Z_L，二次绕组中便有电流 $\dot{I}_2$ 流过，产生磁动势 $\dot{F}_2 = \dot{I}_2 N_2$，从电磁关系上说，变压器从空载运行过渡到了负载运行。负载运行时 $\dot{F}_2$ 也作用在变压器的主磁路上，从而改变了原有的磁动势平衡，企图使主磁通 $\dot{\Phi}_m$ 和一、二次绕组中感应电动势 $\dot{E}_1$、$\dot{E}_2$ 改变。然而由于主磁通的大小主要取决于电源电压，负载时电源电压不变，则负载时主磁通的大小基本不变，于是一次电流发生变化，即从空载电流 $\dot{I}_0$ 变为负载时的电流 $\dot{I}_1$，一次绕组的磁动势也由 $\dot{F}_0 = \dot{I}_0 N_1$ 变为 $\dot{F}_1 = \dot{I}_1 N_1$，负载时的主磁通 $\dot{\Phi}_m$ 就是由一、二次绕组的合成磁动势共同产生的。

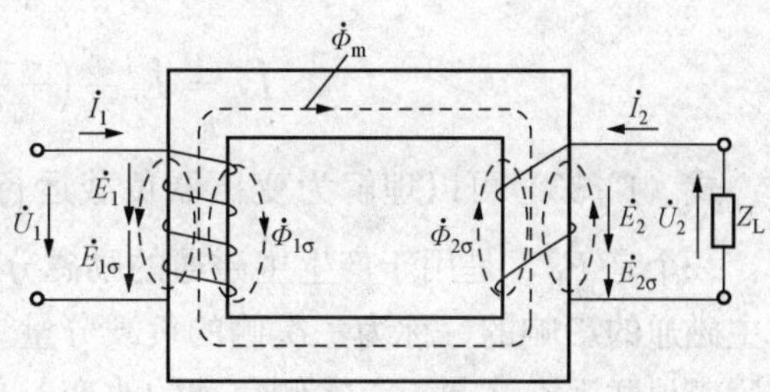

图 1 - 15 单相变压器负载运行示意图

二、负载时的电动势平衡方程

负载时的电动势平衡关系分析类似于空载时的电动势平衡，将漏磁电动势用压降表示，即

$$\dot{E}_{1\sigma} = -\mathrm{j}\,\dot{I}_1 X_1 \tag{1-27}$$

$$\dot{E}_{2\sigma} = -\mathrm{j}\,\dot{I}_2 X_2 \tag{1-28}$$

式中 X_1、X_2——一次和二次绕组的漏磁电抗，简称漏抗。

漏抗是用来表征绕组漏磁效应的参数，漏抗 X_1 和 X_2 都是常值，有

$$X_1 = \omega L_1,\quad X_2 = \omega L_2$$

根据基尔霍夫第二定律和图 1 - 15 规定的正方向，可写出变压器负载时一次侧的电压方程为

$$\dot{U}_1 = -\dot{E}_1 - \dot{E}_{1\sigma} + \dot{I}_1 R_1 = -\dot{E}_1 + \dot{I}_1 Z_1 \tag{1-29}$$

变压器负载时二次侧的电压方程为

$$\dot{U}_2 = \dot{E}_2 + \dot{E}_{2\sigma} - \dot{I}_2 R_2 = \dot{E}_2 - \dot{I}_2 Z_2 \tag{1-30}$$

$$\dot{U}_2 = \dot{I}_2 Z_L \tag{1-31}$$

$$Z_2 = R_2 + jX_2$$

式中 Z_2——二次绕组的漏阻抗，为常数；

Z_L——负载阻抗。

三、负载时的磁动势平衡方程

根据前面电磁关系的分析知道，变压器从空载到负载时，电源电压的大小及频率不变，所以负载时主磁通的大小与空载时相比基本不变，产生磁通的磁动势也基本不变，即

$$\dot{F}_1 + \dot{F}_2 = \dot{F}_0 \tag{1-32}$$

$$N_1 \dot{I}_1 + N_2 \dot{I}_2 = N_1 \dot{I}_0$$

式（1-32）就是变压器负载时的磁动势平衡方程。

为便于分析，亦可将磁动势平衡方程改写为

$$\dot{F}_1 = \dot{F}_0 + (-\dot{F}_2)$$

$$\dot{I}_1 = \dot{I}_0 + \left(-\frac{N_2}{N_1}\right)\dot{I}_2 = \dot{I}_0 + \dot{I}_{1L} \tag{1-33}$$

式（1-33）可以理解为变压器负载运行时，一次绕组的磁动势 $\dot{F}_1$ 由两部分组成。其中：一个是 $\dot{F}_0$，是用于产生主磁通的励磁分量；另一个是 $-\dot{F}_2$，是用于平衡二次侧的负载对主磁通的影响的，称为一次侧的负载分量。根据磁动势平衡关系，使得变压器的一、二次侧紧密地联系在一起，二次侧负载的改变，必然会引起一次侧的变化，从而使电能由一次侧传递到了二次侧。

四、变压器参数的折算

根据前面的分析，可列出变压器负载时的基本方程组

$$\begin{cases} \dot{U}_1 = -\dot{E}_1 + \dot{I}_1 Z_1 \\ \dot{U}_2 = \dot{E}_2 - \dot{I}_2 Z_2 \\ k = \dfrac{E_1}{E_2} \\ \dot{I}_1 + \dfrac{\dot{I}_2}{k} = \dot{I}_0 \\ -\dot{E}_1 = \dot{I}_0 Z_m \\ \dot{U}_2 = \dot{I}_2 Z_L \end{cases} \tag{1-34}$$

由这组联立方程组可对变压器进行定量计算，求解变压器的未知量。但联立解方程组是相当繁杂的，并且由于电力变压器的变比较大，使变压器一、二次侧的电压、电流、阻抗相差较大，计算时很不方便，同时也不便于比较，特别是作相量图更为困难，因此，引入折算法，需要得出变压器一、二次侧有电的直接联系的等效电路。

为建立等效电路，除了需要把一、二次侧漏磁通的效果作为漏抗压降，主磁通和铁芯线圈的效果作为励磁阻抗来处理外，还需要进行绕组折算，通常是把二次绕组折算到一次绕

组，也就是假想用一个和一次绕组匝数相等的等效绕组，代替原来实际的二次绕组而不改变一次绕组和二次绕组原有的电磁关系。

从磁动势平衡关系可知，二次电流对一次侧的影响是通过二次磁动势 $N_2 I_2$ 起作用，所以只要折算前后二次绕组的磁动势保持不变，一次绕组将从电网吸收同样大小的功率和电流，并有同样大小的功率传递给二次绕组。所以折算原则为：折算前后二次侧的磁动势及二次侧的各部分功率保持不变，即折算前后电磁效应保持不变。这样，变压器的主磁通及一、二次侧的漏磁通的数量及空间分布情况将和折算前的完全一样，不改变变压器中的电磁本质。

折算后的二次侧各物理量的数值称为折算值，用原物理量的符号加“′”来表示。下面导出折算值的求法。

1. 电流的折算

根据折算前后二次侧磁势不变的原则可知

$$N_1 I_2' = N_2 I_2 \Rightarrow I_2' = \frac{N_2}{N_1} I_2 = \frac{1}{k} I_2 \tag{1-35}$$

2. 电动势的折算

由于折算前后磁动势平衡关系不变，故主磁通不变，由 $E=4.44fN\Phi$，可知电动势与匝数成比例，则

$$\frac{E_2'}{N_1} = \frac{E_2}{N_2} \Rightarrow E_2' = \frac{N_1}{N_2} E_2 = kE_2 = E_1 \tag{1-36}$$

3. 阻抗的折算

根据折算前后能量传递关系不变，可知有功功率和无功功率都保持不变，则有

$$I_2'^2 R_2' = I_2^2 R_2 \Rightarrow R_2' = \left(\frac{I_2}{\frac{I_2}{k}}\right)^2 R_2 = k^2 R_2 \tag{1-37}$$

$$I_2'^2 X_2' = I_2^2 X_2 \Rightarrow X_2' = \left(\frac{I_2}{\frac{I_2}{k}}\right)^2 X_2 = k^2 X_2 \tag{1-38}$$

可见，将二次侧的各个物理量折算到一次侧时的方法就是：电流除以变比；电压（电动势）乘以变比；电阻、电抗、阻抗乘以变比的平方。

折算后的变压器方程组为

$$\begin{cases} \dot{U}_1 = -\dot{E}_1 + \dot{I}_1 Z_1 \\ \dot{U}_2' = \dot{E}_2' - \dot{I}_2' Z_2' \\ \dot{E}_1 = \dot{E}_2' \\ \dot{I}_1 + \dot{I}_2' = \dot{I}_0 \\ -\dot{E}_1 = \dot{I}_0 Z_m \\ \dot{U}_2' = \dot{I}_2' Z_L' \end{cases} \tag{1-39}$$

五、变压器负载时的等效电路和相量图

在研究变压器的运行问题时，总是希望有一个既能正确反映变压器内部电磁关系，又便于工程计算的等效电路，来代替具有电路、磁路和电磁感应联系的实际变压器。根据变压器

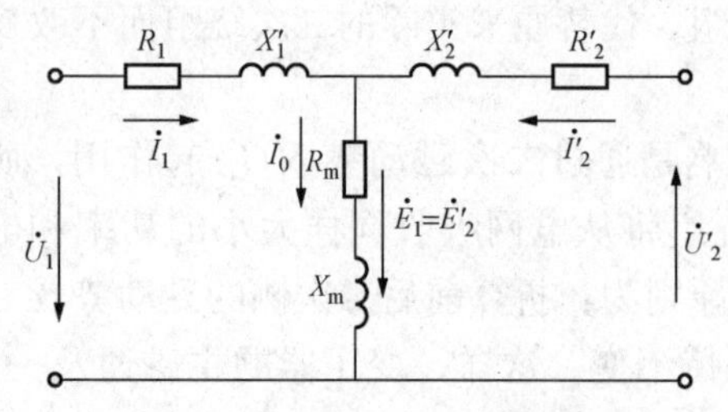

图 1-16　变压器的 T 形等效电路

折算以后的方程组（1-39）可画出一、二次绕组、励磁部分的等效电路，然后根据 $\dot{E}_1=\dot{E}'_2$ 和 $\dot{I}_1+\dot{I}'_2=\dot{I}_0$ 两式，把这三个电路连接在一起，即可得到变压器的 T 形等效电路，如图 1-16 所示。

工程上常用等效电路来分析、计算各种实际运行问题。应当指出，利用折算到一次侧的等效电路算出的一次绕组的各量，均为变压器的实际值，而二次绕组中各量则为折算值，若欲得到实际值，还需要再折算到二次侧。一次侧各量折算到二次侧时，电流应乘以 k，电压应除以 k，阻抗应乘以 $\frac{1}{k^2}$，即 $I_2=KI'_2, U_2=U'_2/k, Z_2=Z'_2/k^2$。

根据变压器折算以后的方程式还可作出变压器负载时的相量图，如图 1-17 所示。相量图可直观地反映变压器负载运行中各物理量之间的大小和相位关系，在变压器分析中经常使用。

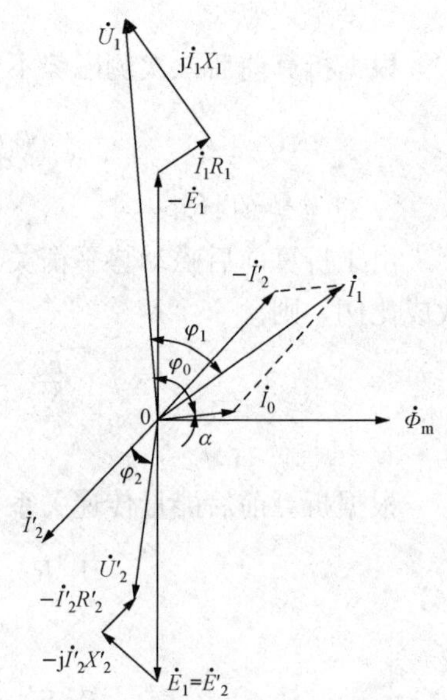

图 1-17　变压器带感性负载时的相量图

六、近似和简化等效电路

T 形等效电路属于混联电路，应用时需进行复数的计算，计算起来比较繁复。对于一般的电力变压器，额定负载时一次绕组的漏阻抗压降 $I_{1N}Z_1$，仅占额定电压的百分之几，加上励磁电流 I_m 又远小于额定电流 I_{1N}，因此把 T 形等效电路中的激磁分支从电路的中间移到电源端，对变压器的运行计算不会带来明显的误差。这样，就可得到图 1-18 所示的变压器的近似等效电路。

若进一步忽略励磁电流（即把励磁分支断开），则等效电路将进一步简化成一个串联电路，如图 1-19 所示，此电路就称为变压器的简化等效电路。

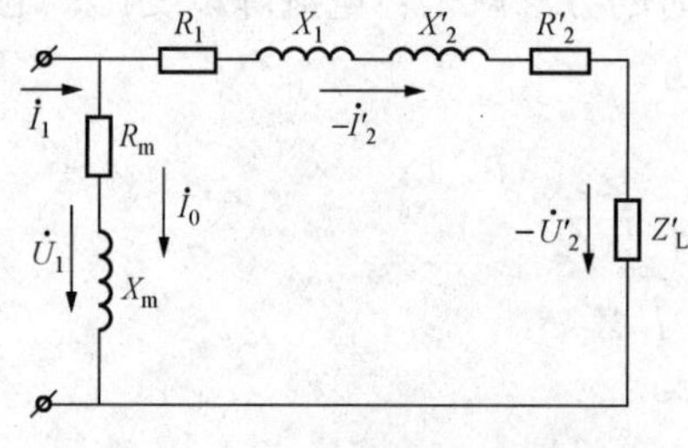

图 1-18　变压器的近似等效电路

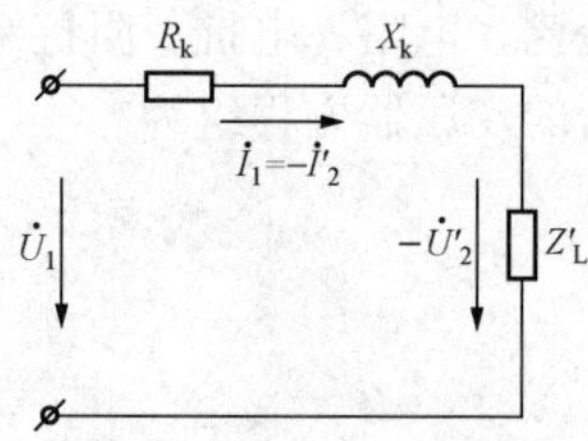

图 1-19　简化等效电路

在近似等效电路和简化等效电路中，将变压器的一、二次侧漏阻抗参数合并起来，即

$$\begin{cases} R_k = R_1 + R'_2 \\ X_k = X_1 + X'_2 \\ Z_k = R_k + jX_k \end{cases} \tag{1-40}$$

式中　Z_k——短路阻抗；

R_k——短路电阻；

X_k——短路电抗。

用简化等效电路来计算实际问题十分简便，在多数情况下其精度已能满足工程要求。根据简化等效电路图可知，当变压器发生稳态短路时$\dot{U}'_2=0$，短路电流仅仅由变压器内部的漏抗参数限定，即 $I_k=\frac{U_1}{Z_k}$。这个电流很大，可以达到额定电流 10～20 倍。

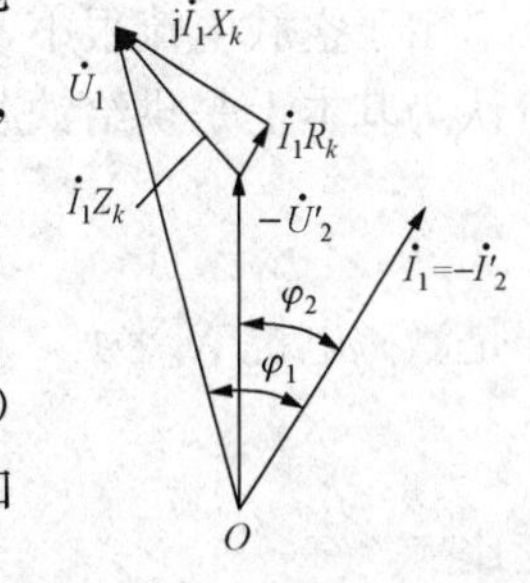

图 1-20　变压器负载运行时的简化相量图

由简化等效电路可写出对应的电动势方程式

$$\dot{U}_1=-\dot{U}'_2+\dot{I}_1R_k+j\,\dot{I}_1X_k \tag{1-41}$$

根据式（1-41）可作出变压器带感性负载时的简化相量图，如图 1-20 所示。

到此，我们学习了分析变压器的三种方法，即基本方程式法、等效电路法和相量图法。基本方程式法主要适合于定性分析，等效电路法主要适合于定量计算，相量图法适合于相量大小与相位关系的分析。

第四节　等效电路参数的测定

变压器等效电路中的各种电阻、电抗、阻抗以及变比、空载电流百分数等称为变压器的参数。变压器的参数对变压器的运行有直接的影响。根据变压器的参数可分析变压器的运行性能。变压器的参数可以用空载试验和短路试验来确定，它们是变压器的主要试验项目。

一、空载试验

空载试验亦称开路试验，在一次绕组加上额定电压 U_{1N} 时，通过测量此时的输入功率 p_0、电压 U_1 和空载电流 I_0，以及二次侧开路电压 U_{20}，可以计算出变比 k、励磁阻抗 Z_m、励磁电阻 R_m，并可进一步计算励磁电抗 X_m。

为了试验时的安全和仪表选择的方便，空载试验时通常在低压侧加上电压，高压侧开路，即二次绕组开路，试验的接线图如图 1-21 所示。试验时，为了测出空载电流和空载损耗随电压变化的曲线，外加电压 U_1 在（0～1.2）U_{1N}范围内调节，在不同的电压下，测出对应的输入功率 p_0、电压 U_1 和电流 I_0，以及二次侧开路电压 U_{20}，作出空载特性曲线 $p_0=f(U_1)$，$I_0=f(U_1)$，变压器空载特性曲线如图 1-22 所示。在曲线上找出 $U_1=U_{1N}$ 时的电流 I_0、空载损耗 p_0，作为计算励磁参数的依据。

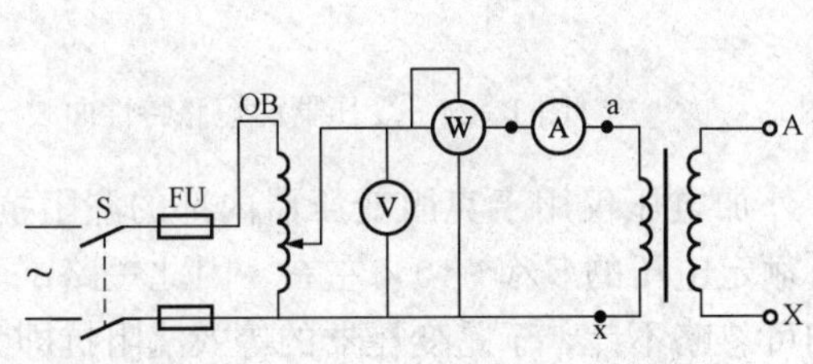

图 1-21　单相变压器空载试验原理接线图

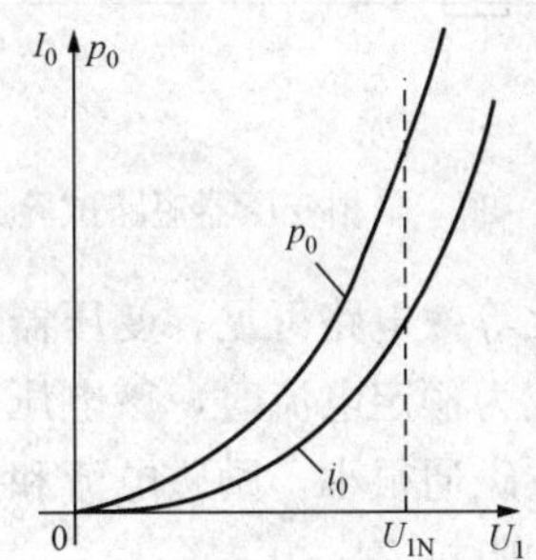

图 1-22　变压器的空载特性曲线

变压器二次绕组开路时，由于一次绕组的漏阻抗比激磁阻抗小得多，若将它略去不计，则根据空载时的等效电路可得激磁阻抗 Z_m 为

$$Z_m = \frac{U_{1N}}{I_0} \tag{1-42}$$

由于空载电流很小，它在一次绕组中产生的电阻损耗可以忽略不计，这样空载输入功率可认为基本上是供给铁芯损耗的，故激磁电阻 R_m 应为

$$R_m \approx \frac{p_0}{I_0^2} \tag{1-43}$$

于是激磁电抗 X_m 为

$$X_m = \sqrt{Z_m^2 - R_m^2} \tag{1-44}$$

变比

$$k = \frac{U_{20}}{U_{1N}}$$

此时测出的值为折算到低压侧时的值，如需折算到高压侧时，各参数均应乘以 k^2。需要注意的是，由于励磁参数与磁路的饱和程度有关，所以需用额定电压下的数据来计算励磁参数。对于三相变压器，p_0、U_1、I_0 均应取每相值。由于铁芯磁路具有磁滞现象，调节电压测量数据时应注意单方向励磁。

二、短路试验

短路试验亦称为负载试验，通过调节一次侧的外加电压，使一次电流达到额定值 I_{1N}，测量此时的一次电压 U_k，输入功率 p_k。可计算短路阻抗 Z_k、短路电阻 R_k，并进一步计算短路电抗 X_k。

为了计算准确，通常短路试验在高压侧进行。图 1-23 所示为短路试验时的接线图。短路试验时，需先把二次绕组短路，调节外加电压，使短路电流 I_k 在 0～1.2I_{1N}范围内变化。在不同的电压下，测出对应的输入功率 p_k、短路电压 U_k 和短路电流 I_k，作出短路特性曲线 $p_k = f(U_k)$，$I_k = f(U_k)$，短路特性曲线如图 1-24 所示。

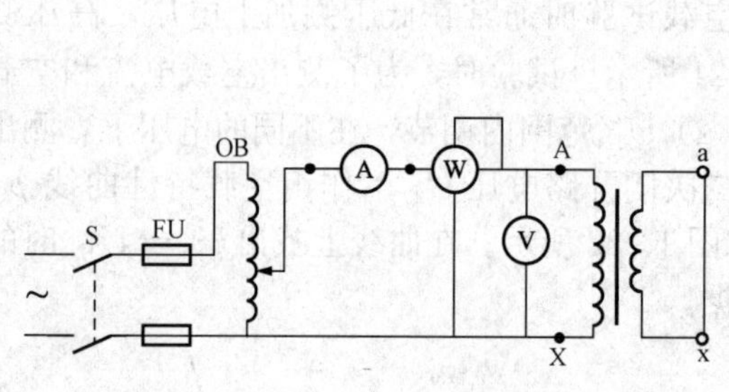

图 1-23 单相变压器短路试验原理接线图

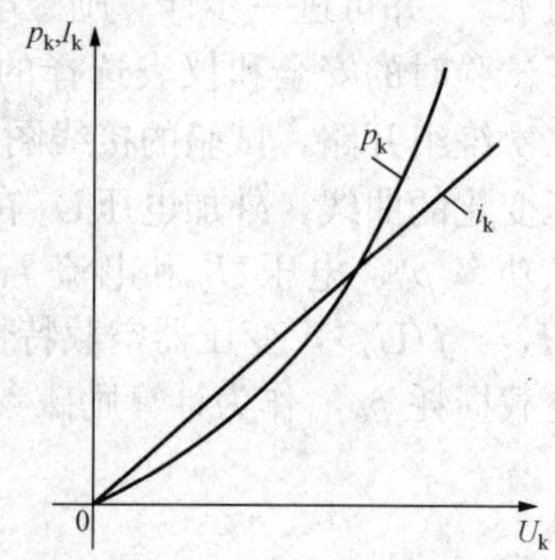

图 1-24 变压器的短路特性曲线

从简化等效电路可见，变压器短路时，外加电压仅用于克服变压器内部的漏阻抗压降，当短路电流为额定电流时，该电压一般只有额定电压的 5%～10%左右，因此短路试验时变压器内的主磁通很小，励磁电流和铁损耗均可忽略不计，于是变压器的等效漏阻抗即为短路时所表现的阻抗 Z_k，于是

$$Z_k = \frac{U_k}{I_k} \tag{1-45}$$

若不计铁损耗时，短路时的输入功率 p_k 可认为全部消耗在一、二次绕组的电阻损耗上，故

$$R_k = \frac{p_k}{I_k^2} \tag{1-46}$$

漏电抗 X_k 则为

$$X_k = \sqrt{Z_k^2 - R_k^2} \tag{1-47}$$

短路试验时，绕组的温度与实际运行时不一定相同，按国家标准规定，测出的电阻应换算到75℃时的数值。若绕组为铜线绕组，电阻可换算为

$$R_{k(75℃)} = R_k \frac{234.5 + 75}{234.5 + \theta} \tag{1-48}$$

式中，θ 为试验时的室温；若绕组为铝线绕组，式中的常数 234.5 应改为 228。

变压器中漏磁场的分布十分复杂，所以要从测出的 X_k 中把 X_1 和 X_2' 分开是极为困难的。由于工程上大多采用近似或简化等效电路来计算各种运行问题。因此通常没有必要把 X_1 和 X_2' 分开。有时假设 $X_1 = X_2'$ 以把两者分离。

短路试验常在高压侧加电压，由此所得的参数值为折算到高压侧时的值。需要注意的是，对于三相变压器，p_k、U_k、I_k 均应取每相的值。当短路电流为额定值时，短路损耗称为额定短路损耗。

短路试验时，使一次绕组中的电流达到额定值时所加的电压，称为阻抗电压或短路电压。短路电压用额定电压的百分值表示时，有

$$u_k = \frac{U_{kN}}{U_{1N}} \times 100\% = \frac{I_{1N} Z_{k75℃}}{U_{1N}} \times 100\% \tag{1-49}$$

短路电压及其有功分量和无功分量分别为

$$\begin{aligned} u_{kR} &= \frac{I_{1N} R_{k75℃}}{U_{1N}} \times 100\% \\ u_{kX} &= \frac{I_{1N} X_k}{U_{1N}} \times 100\% \\ u_k &= \sqrt{U_{kR}^2 + U_{kX}^2} \end{aligned} \tag{1-50}$$

短路电压的百分值亦是铭牌数据之一。它的大小反映了变压器在额定负载下运行时，漏阻抗压降的大小。从运行的角度看，希望短路压降小一些，使变压器输出电压随负载变化波动小一些，但短路电压太小时，变压器短路时的电流将会很大，可能损坏变压器。一般中小型电力变压器的短路阻抗为 4%～10.5%，大型电力变压器的短路阻抗为 12.5%～17.5%。

第五节　标　幺　值

在工程计算中，各种物理量，如电压、电流、阻抗、功率等往往不用它们的实际值进行计算，而是把这些物理量表示成与某一选定的同单位的基值之比的形式，称为该物理量的标幺值，即

$$标幺值 = \frac{实际值}{基值}$$

为了区别标幺值和实际值，采取在原来物理量符号的右上角加“*”表示。在电机和变

压器中，通常取各物理量的额定值作为基值。具体选择如下：

（1）一、二次侧的相电压、线电压取一、二次侧对应的额定相电压、额定线电压作为基值。如$U_1^* = \dfrac{U_1}{U_{1N}}, U_{1ph}^* = \dfrac{U_{1ph}}{U_{1Nph}}, U_2'^* = \dfrac{U_2'}{U_{1N}}$。

（2）一、二次侧的相电流、线电流，取一、二次侧对应的额定相电流、额定线电流作为基值。如$I_2^* = \dfrac{I_2}{I_{2N}}$，$I_{1ph}^* = \dfrac{I_{1ph}}{I_{1Nph}}$。

（3）一、二次侧的基准阻抗为

$$基准阻抗 = \frac{额定相电压}{额定相电流}$$

如$Z_{1N} = \dfrac{U_{1Nph}}{I_{1Nph}}, Z_{2N} = \dfrac{U_{2Nph}}{I_{2Nph}}$。

（4）有功功率、无功功率、视在功率取额定功率S_N为基值（分单相、三相），如$P^* = \dfrac{P}{S_N}$。

如果将各物理量的标幺值乘以100，即可变为百分值。

采用标幺值的优点如下：

（1）用标幺值可以简化各物理量的数值，并能直观地看出变压器的运行情况。如额定电压、额定电流的标幺值均为1，可使计算变得很方便。

（2）无论变压器的容量相差有多大，用标幺值表示的参数及性能数据变化范围很小，便于对不同容量的变压器进行比较。如空载电流I_0^*约为0.02～0.1，Z_k^*约为0.04～0.10。

（3）采用标幺值时，一、二次侧的各物理量的折算值和未折算值相等，因此一、二次侧的各物理量均不需要折算。如$I_2^* = I_2'^*$，$R_2^* = R_2'^*$。

（4）某些不同的物理量，采用标幺值时，有相同的数值。如短路阻抗的标幺值等于阻抗电压的标幺值，即$Z_k^* = U_k^*$，相应地还有$R_k^* = U_{kR}^*$，$X_k^* = U_{kX}^*$。

此外，额定运行时，有

$$S_N^* = U_N^* I_N^* = 1$$

$$P_N^* = U_N^* I_N^* \cos\varphi_N = \cos\varphi_N$$

$$Q_N^* = U_N^* I_N^* \sin\varphi_N = \sin\varphi_N$$

采用标幺值时，三相电路的计算公式与单相电路的计算公式相同。用标幺值表示的基本方程与实际值表示的一样。

标幺值的缺点是无量纲，物理含义不明确，因而失去了用量纲检验公式是否正确的可能性。

【例1-2】 一台单相变压器，S_N=20 000kV·A，$\dfrac{U_{1N}}{U_{2N}} = \dfrac{220}{\sqrt{3}}/11$kV，$f_N$=50Hz，铜线绕组。

空载试验（低压侧）：U_0=11kV，I_0=45.4A，P_0=47kW；短路试验（高压侧）：U_k=9.24kV，I_k=157.5A，p_k=129kW；试验时温度为15℃时，试求：

（1）折算到高压侧的T形等效电路各参数的欧姆值及标幺值（假定$R_1 = R_2' = \dfrac{R_k}{2}$，$X_1 = X_2' = \dfrac{X_k}{2}$）；

（2）短路电压及各分量的百分值和标幺值。

解 （1）低压侧励磁参数

$$Z_m = \frac{U_{1N}}{I_0} = \frac{11\times 10^3}{45.4} = 242.29(\Omega)$$

$$R_m = \frac{p_0}{I_0^2} = \frac{47\times 10^3}{45.4^2} = 22.8(\Omega)$$

$$X_m = \sqrt{Z_m^2 - R_m^2} = \sqrt{242.29^2 - 22.8^2} = 241.21(\Omega)$$

变比

$$k = \frac{U_{1N}}{U_{2N}} = \frac{\frac{220}{\sqrt{3}}}{11} = 11.547$$

折算到高压侧的励磁参数为

$$R'_m = k^2 R_m = 11.547^2 \times 22.8 = 3040(\Omega)$$

$$X'_m = k^2 X_m = 11.547 \times 241.21 = 32\,161.3(\Omega)$$

高压侧短路阻抗参数为

$$Z_k = \frac{U_k}{I_k} = \frac{9.24\times 10^3}{157.5} = 58.67(\Omega)$$

$$R_k = \frac{p_k}{I_k^2} = \frac{129\times 10^3}{157.5^2} = 5.2(\Omega)$$

$$X_k = \sqrt{Z_k^2 - R_k^2} = \sqrt{58.67^2 - 5.2^2} = 58.44(\Omega)$$

换算到75℃时的值为

$$R_{k75℃} = R_k\,\frac{234.5+75}{234.5+\theta} = 5.2\times\frac{234.5+75}{234.5+15} = 6.448(\Omega)$$

$$Z_{k75℃} = \sqrt{R_{k75℃}^2 + X_k^2} = \sqrt{6.448^2 + 58.44^2} = 58.8(\Omega)$$

T形等效电路一、二次侧的电阻电抗

$$R_1 = R'_2 = \frac{R_{k75℃}}{2} = \frac{6.448}{2} = 3.224(\Omega)$$

$$X_1 = X'_2 = \frac{X_k}{2} = \frac{58.44}{2} = 29.22(\Omega)$$

基准阻抗为

$$Z_{1N} = \frac{U_{1Nph}}{I_{1Nph}} = \frac{U_{1N}^2}{S_N} = \frac{\left(220\times\frac{10^3}{\sqrt{3}}\right)^2}{20\,000\times 10^3} = \frac{2420}{3}(\Omega)$$

$$R'^*_m = \frac{R'_m}{Z_{1N}} = \frac{3040}{\frac{2420}{3}} = 3.77$$

$$X'^*_m = \frac{X'_m}{Z_{1N}} = \frac{32\,161.3}{\frac{2420}{3}} = 39.87$$

$$R^*_{k75℃} = \frac{R_{k75℃}}{Z_{1N}} = \frac{6.448}{\frac{2420}{3}} = 0.008$$

$$X_k^* = \frac{X_k}{Z_{1N}} = \frac{58.44}{\frac{2420}{3}} = 0.0724$$

$$R_1^* = R_2'^* = \frac{R_{k75℃}^*}{2} = \frac{0.008}{2} = 0.004$$

$$X_1^* = X_2^* = \frac{X_k^*}{2} = \frac{0.0724}{2} = 0.0362$$

(2) 短路电压的标幺值

$$u_k^* = \frac{I_{1N}Z_{k75℃}}{U_{1N}} = \frac{Z_{k75℃}}{Z_{1N}} = Z_{k75℃}^* = \frac{58.8}{\frac{2420}{3}} = 0.0729$$

$$u_{kR}^* = \frac{I_{1N}R_{k75℃}}{U_{1N}} = \frac{R_{k75℃}}{Z_{1N}} = R_{k75℃}^* = \frac{58.8}{\frac{2420}{3}} = 0.008$$

$$u_{kX}^* = \frac{I_{1N}X_k}{U_{1N}} = \frac{X_k}{Z_{1N}} = X_k^* = \frac{58.8}{\frac{2420}{3}} = 0.0724$$

短路电压的百分值

$$u_k(\%) = \frac{I_{1N}Z_{k75℃}}{U_{1N}} \times 100\% = Z_{k75℃}^* \times 100\% = 7.29\%$$

$$u_{kR}(\%) = \frac{I_{1N}R_{k75℃}}{U_{1N}} \times 100\% = R_{k75℃}^* \times 100\% = 0.8\%$$

$$u_{kX}(\%) = \frac{I_{1N}X_k}{U_{1N}} \times 100\% = X_k^* \times 100\% = 7.24\%$$

第六节 变压器的运行特性

变压器的运行特性主要有外特性与效率特性。

一、电压变化率与外特性

变压器负载时，由于其内部存在着电阻和漏电抗，从而产生漏阻抗压降，使得二次侧端电压 U_2 与空载时的 U_{20} 不同，通常用电压变化率来表示二次侧电压变化的程度。电压变化率是表征变压器运行性能的重要数据之一，它反映了变压器供电电压的稳定性。

电压变化率是一次绕组施加额定电压，空载时的二次电压 U_{20} 与给定负载功率因数时二次电压 U_2 的差，用二次额定电压的百分数表示的数值，即

$$\Delta U\% = \frac{U_{20} - U_2}{U_{2N}} \times 100\% = \frac{U_{2N} - U_2}{U_{2N}} \times 100\%$$

$$= \frac{U_{2N}' - U_2'}{U_{2N}'} \times 100\% = \frac{U_{1N} - U_2'}{U_{1N}} \times 100\% \tag{1-51}$$

变压器的电压变化率与变压器的短路参数和负载功率因数有关，运用变压器的简化相量图可推导出表示电压变化率的表达式

$$\Delta U\% = \beta(R_k^* \cos\varphi_2 + X_k^* \sin\varphi_2) \tag{1-52}$$

其中

$$\beta = \frac{I_1}{I_{1N}} = \frac{I_2}{I_{2N}} = \frac{S_1}{S_{1N}} = \frac{S_2}{S_{2N}} \tag{1-53}$$

式中　β——负载系数，反映负载的大小。

由式（1-52）可知，电压变化率的大小与负载大小及其功率因数和变压器的短路阻抗参数有关。

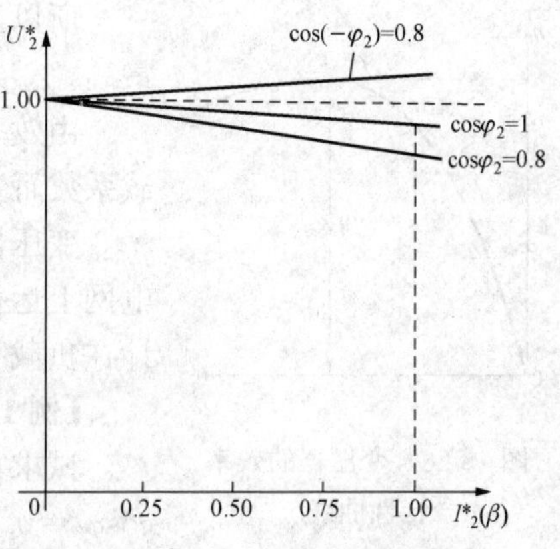

图 1-25　变压器的外特性曲线

当 $U_1=U_{1N}$，$\cos\varphi_2=$ 常数时，U_2 随 I_2 变化的规律 $U_2=f(I_2)$，称为变压器的外特性曲线，如图 1-25所示。由图可见，当变压器负载为纯电阻性，即$\varphi_2=0°$时，外特性是一条稍微下降的曲线，表明变压器的二次电压随负载的增加而稍有下降；当变压器负载为阻感性，即 $\varphi_2>0°$时，外特性是一条下降的曲线，表明变压器的二次电压随负载的增加而下降；当变压器负载为阻容性，即 $\varphi_2<0°$时，外特性是一条稍微上升的曲线，表明变压器的二次电压随负载的增加而增大。

变压器运行时，二次电压随负载的变化而变化，如果电压变化率超出允许范围，就会给用户带来很大的影响，这时就需要通过调压装置进行电压调整。一般电压变化率为±5%，高压绕组抽头常有±5%和±2.5%两种。

二、效率特性与效率

变压器是一种电能转换装置，在能量转换的过程中，会产生铜损耗和铁损耗，使得输出功率小于输入功率。输出功率与输入功率的比，称为效率，即

$$\eta=\frac{P_2}{P_1}\times 100\% \tag{1-54}$$

效率的高低反映了变压器运行的经济性，是表征变压器运行性能的重要指标之一。变压器运行的效率比较高，中小型变压器可以达到 95%～98%，大型电力变压器可以达到 99%以上。

由于变压器的效率很高，直接测取输出功率与输入功率来确定效率，很难得到准确的结果，为此根据

$$\begin{aligned}\eta&=\frac{P_2}{P_1}\times 100\%=\frac{P_2}{P_2+p_{Cu}+p_{Fe}}\times 100\%\\&=\frac{P_1-\sum p}{P_1}\times 100\%=\left(1-\frac{p_{Cu}+p_{Fe}}{P_2+p_{Cu}+p_{Fe}}\right)\times 100\%\end{aligned} \tag{1-55}$$

可用间接的方法计算效率。假设额定电压下的空载损耗 $p_0=p_{Fe}$，认为铁损耗不随着负载变化，即为不变损耗。额定电流时的短路损耗作为额定负载电流时的铜损耗，认为铜损耗与负载系数的平方成正比。计算输出功率时，忽略二次电压的变化，则

$$P_2=mU_{2Nph}I_{2ph}\cos\varphi_2=\beta mU_{2Nph}I_{2Nph}\cos\varphi_2=\beta S_N\cos\varphi_2$$

$$S_N=mU_{2Nph}I_{2Nph}$$

代入效率公式中有

$$\eta=\left(1-\frac{p_0+\beta^2 p_{kN}}{\beta S_N\cos\varphi_2+p_0+\beta^2 p_{kN}}\right)\times 100\% \tag{1-56}$$

在式（1-56）中，令$\frac{d\eta}{d\beta}=0$，可得最大效率时的负载系数为

$$\beta_m=\sqrt{\frac{p_0}{p_{kN}}} \tag{1-57}$$

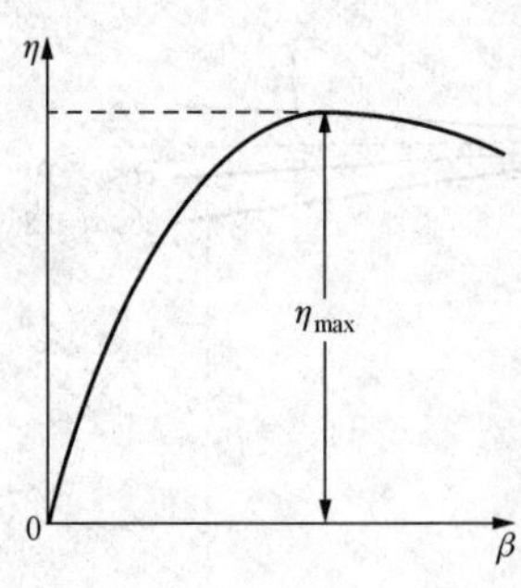

图 1-26 变压器的效率特性曲线

所以当 $p_0=\beta_m^2 p_{kN}$，即铁损耗等于铜损耗时变压器效率达到最高。

由效率公式可知，当负载的功率因数 $\cos\varphi_2$ 一定时，效率随负载系数而变化，将 $\eta=f(\beta)$ 称为效率特性曲线，如图 1-26 所示。

变压器是长期在电网上运行的工作设备，一次侧要长期接在电网上运行，铁损耗总是存在的。一般电力变压器的最大效率设计在负载率 $\beta_m=0.5\sim0.6$。

【例 1-3】 题见［例 1-2］。

试求：(1) 在额定负载，$\cos\varphi_2=1$、$\cos\varphi_2=0.8$ ($\varphi_2>0$) 和 $\cos\varphi_2=0.8$ ($\varphi_2<0$) 时的电压变化率和二次电压。

(2) 在额定负载，$\cos\varphi_2=0.8$ ($\varphi_2>0$) 时的效率；

(3) 当 $\cos\varphi_2=0.8$ ($\varphi_2>0$) 时的最大效率。

解 (1) 额定负载时，负载系数 $\beta=1$。

1) $\cos\varphi_2=1$ 时，$\sin\varphi_2=0$。

电压变化率和二次电压分别为

$$\Delta U\%=\beta(R_k^*\cos\varphi_2+X_k^*\sin\varphi_2)=1\times0.008\times1=0.008$$

$$U_2=(1-\Delta u)U_{2N}=(1-0.008)\times11=10.912(\text{kV})$$

2) $\cos\varphi_2=0.8$ ($\varphi_2>0$) 时，$\sin\varphi_2=0.6$。

电压变化率和二次电压分别为

$$\Delta U\%=\beta(R_k^*\cos\varphi_2+X_k^*\sin\varphi_2)=1\times(0.008\times0.8+0.072\,4\times0.6)=0.049\,84$$

$$U_2=(1-\Delta u)U_{2N}=(1-0.049\,84)\times11=10.452(\text{kV})$$

3) $\cos\varphi_2=0.8$ ($\varphi_2<0$) 时，$\sin\varphi_2=-0.6$。

电压变化率和二次电压分别为

$$\Delta U\%=\beta(R_k^*\cos\varphi_2+X_k^*\sin\varphi_2)=1\times(0.008\times0.8-0.072\,4\times0.6)=-0.037\,04$$

$$U_2=(1-\Delta u)U_{2N}=(1+0.037\,04)\times11=11.407(\text{kV})$$

(2) 一次额定电流为

$$I_{1N}=\frac{S_N}{U_{1N}}=\frac{20\,000\times10^3}{\frac{220\times10^3}{\sqrt{3}}}=157.5(\text{A})$$

$$p_{kN}=I_{1N}^2R_{k75^\circ\text{C}}=157.5^2\times6.448=159.950\,7(\text{kW})$$

$$\eta=\left(1-\frac{p_0+\beta^2p_{kN}}{\beta S_N\cos\varphi_2+p_0+\beta^2p_{kN}}\right)\times100\%$$

$$=\left(1-\frac{47+1^2\times159.950\,7}{1\times20\,000\times0.8+47+1^2\times159.950\,7}\right)\times100\%=98.7\%$$

(3) 最大效率时，负载系数为

$$\beta_m=\sqrt{\frac{p_0}{p_{kN}}}=\sqrt{\frac{47}{159.950\,7}}=0.542$$

最大效率为

$$\eta_{max}=\left(1-\frac{2p_0}{\beta_mS_N\cos\varphi_2+2p_0}\right)\times100\%$$

$$=\left(1-\frac{2\times47}{0.542\times20\,000\times0.8+2\times47}\right)\times100\%=99\%$$

第七节　三 相 变 压 器

目前电力系统均采用三相制，因而三相变压器的应用极为广泛。三相变压器对称运行时，其各相的电压、电流大小相等，相位互差120°；因此在运行原理的分析和计算时，可以取三相中的一相来研究，即三相的问题可以转化为单相的问题。于是前面推导出的基本方程式、等效电路、相量图等方法，可直接用于三相变压器中的任一相。关于三相变压器的特点，如三相变压器的磁路系统、三相绕组的连接方法等问题，将在本节加以研究。

一、三相变压器的磁路系统和电路系统

1. 三相变压器的磁路系统

三相变压器的磁路系统可分为各相彼此独立的磁路和各相彼此相关的磁路两类，如图1-27所示，将三台单相变压器的各相绕组按一定的方式作三相连接，组成的三相变压器，称为三相变压器组或三相组式变压器。其特点是：三相磁路彼此无关，各相之间有电的联系；三相主磁通 $\dot{\Phi}_A$、$\dot{\Phi}_B$、$\dot{\Phi}_C$ 对称，三相空载电流对称；适合于巨型变压器。

如果把三台单相变压器的铁芯拼成如图1-28（a）所示的星形磁路，则当三相绕组外施三相对称电压时，由于三相主磁通 $\dot{\Phi}_A$、$\dot{\Phi}_B$ 和 $\dot{\Phi}_C$ 也对称，故三相磁通之和将等于零，即

$$\dot{\Phi}_A+\dot{\Phi}_B+\dot{\Phi}_C=0 \tag{1-58}$$

这样，中间心柱中将没有磁通通过，因此可以把它省略。进一步把三个芯柱安排在同一平面内，如图1-28（b）所示，就可以得到三相心式变压器。其特点是三相磁路彼此相关，任何一相的磁路都以其他两相的磁路作为自己的回路，且各相磁路长度不等。当外施三相对称电压时，三相空载电流不等，但对变压器负载运行影响极小，适合于中小容量变压器。

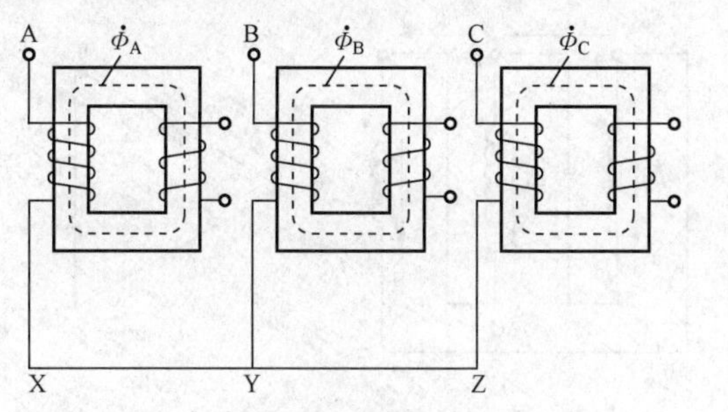

图1-27　三相变压器组的磁路

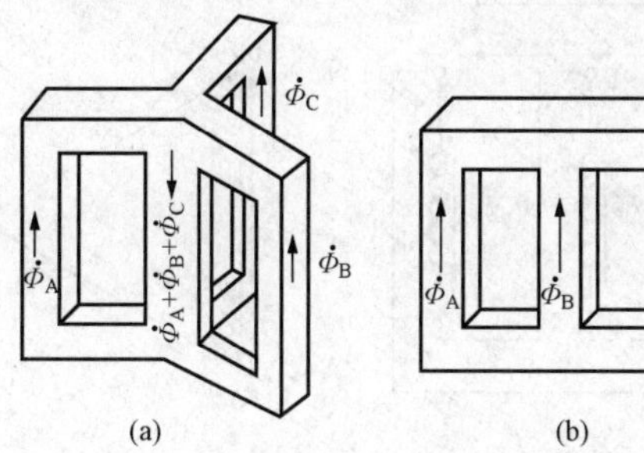

图1-28　三相心式变压器的磁路

（a）3个单相铁芯的合并；（b）三相心式铁芯

与三相变压器组相比较，三相心式变压器的材料消耗较少、效率高、价格便宜、占地面积亦小，维护比较简单；但对大型和超大型变压器，为了便于制造和运输，并减少变电站的备用容量，往往采用三相变压器组。

2. 三相变压器的电路系统

三相变压器的高压绕组的首端通常用大写的A、B、C（或U1、V1、W1）表示，尾端用大写的X、Y、Z（或U2、V2、W2）表示；低压绕组的首端用小写的a、b、c（或u1、v1、w1）表示，尾端用x、y、z（或u2、v2、w2）表示。

三相心式变压器的三个芯柱上分别套有A相、B相和C相的高压绕组和低压绕组，三

相共六个绕组，为绝缘方便，常把低压绕组套在里面、靠近芯柱，高压绕组套装在低压绕组外面。绕组的连接方式如下：

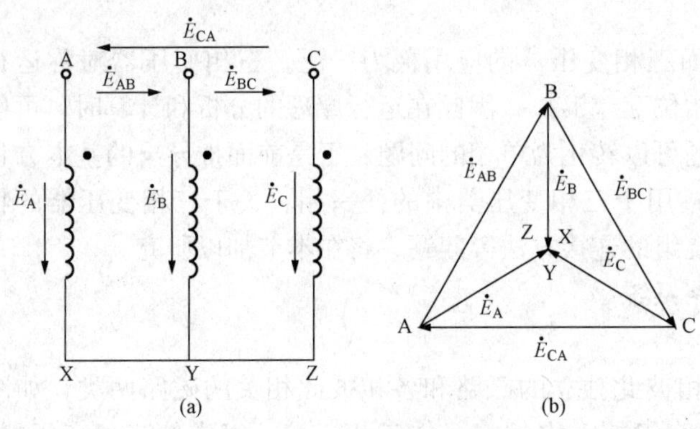

图 1-29 Y连接的三相绕组及电动势相量图

(a) Y连接的三相绕组；(b) 电动势相量图

(1) 星形连接。星形连接是把三相绕组的三个首端 A、B、C 引出，把三个尾端 X、Y、Z 连接在一起作为中性点，用 Y 或 y 表示。当三相高压绕组星形连接时，其接线和电动势相量图如图 1-29 所示。在图中规定的正方向下，$\dot{E}_{AB}=\dot{E}_A-\dot{E}_B$，$\dot{E}_{BC}=\dot{E}_B-\dot{E}_C$，$\dot{E}_{CA}=\dot{E}_C-\dot{E}_A$。

(2) 三角形连接。三角形连接是把一相绕组的尾端和另一相绕组的首端相连，顺次连成一个闭合的三角形回路，最后把首端 A、B、C 引出，用 D 或 d 表示。三角形连接方法有两种，一种是右向三角形连接，一种是左向三角形连接。

当三相低压绕组右向三角形连接时，其接线和电动势相量图如图 1-30 所示。在图中规定的正方向下，$\dot{E}_{ab}=-\dot{E}_b$，$\dot{E}_{bc}=-\dot{E}_c$，$\dot{E}_{ca}=-\dot{E}_a$。当三相低压绕组左向三角形连接时，其接线和电动势相量图如图 1-31 所示。在图中规定的正方向下，$\dot{E}_{ab}=\dot{E}_a$，$\dot{E}_{bc}=\dot{E}_b$，$\dot{E}_{ca}=\dot{E}_c$。

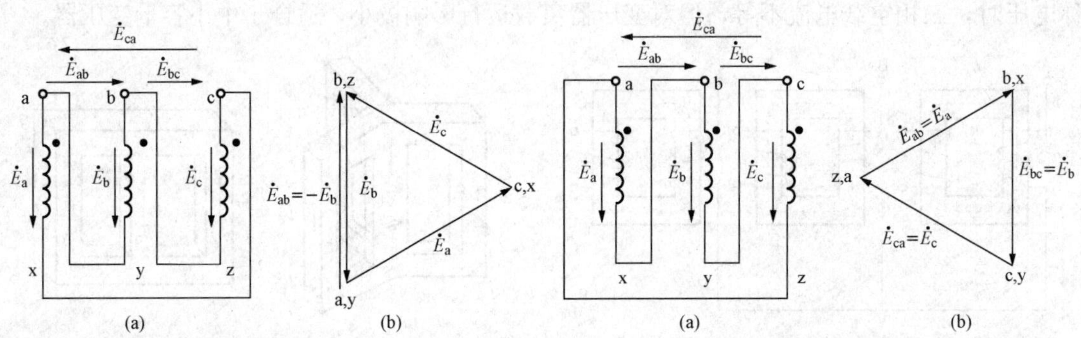

图 1-30 右向 d 连接的三相绕组及电动势相量图

(a) 右向 d 连接的三相绕组；(b) 电动势相量图

图 1-31 左向 d 连接的三相绕组及电动势相量图

(a) 左向 d 连接的三相绕组；(b) 电动势相量图

二、变压器的连接组别

变压器不但能改变电压（电动势）数值，还能使高、低压侧的电压（电动势）之间具有不同的相位关系。变压器的连接组就是用来表示高、低压侧的绕组连接法以及高、低压侧的电压之间的相位关系的。

1. 单相绕组的极性

同一相的高压绕组和低压绕组绕在同一芯柱上，被同一磁通 Φ 所交链。当磁通 Φ 交变时，在同一瞬间，高压绕组的某一端点相对于另一端点的电位为正时，低压绕组必有一个端点其电位也是相对为正，这两个对应的端点就称为同名端或同极性端。

同名端在对应的端点旁用“·”标注。同名端取决于绕组的绕制方向：如高、低压绕组的绕向相同，则两个绕组的上端（或下端）就是同名端；若绕向相反，则高压绕组的上端与低压绕组的下端为同名端，如图 1-32 所示。

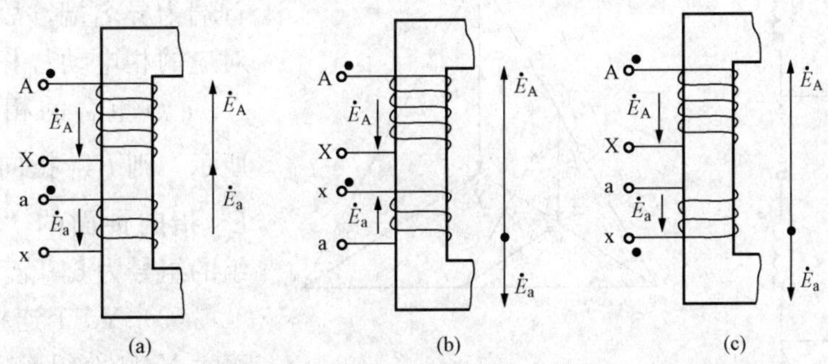

图 1-32 单相变压器高、低压相电动势的相位关系

(a) 高、低压绕组的绕向相同，端头标志相同；

(b) 绕向相同，端头标志相反；(c) 绕向相反，端头标志相同

2. 单相变压器的连接组

为了确定相电压的相位关系，对高压绕组和低压绕组相电压相量的正方向统一规定为从绕组的首端指向尾端，即高压绕组相电动势正方向 $\dot{E}_{AX}$（简写为 $\dot{E}_{A}$），低压绕组相电动势正方向 $\dot{E}_{ax}$（简写为 $\dot{E}_{a}$），如图 1-32 所示。

高压绕组和低压绕组的相电压既可能是同相位，也可能是反相位，取决于绕组的同名端是否同在首端或尾端。

单相变压器高、低压绕组连接用 I，I 表示。为了表明高、低压相电压之间的相位关系，通常采用“时钟表示法”，即把高压绕组相电动势 $\dot{E}_{A}$ 及低压绕组相电动势 $\dot{E}_{a}$ 相量，形象地分别看作时钟的长针和短针，并且令高压绕组相电动势 $\dot{E}_{A}$ 指向钟面的 12，那么低压绕组相电动势 $\dot{E}_{a}$ 所指的钟点数字，就是该连接组的组别号。

根据以上的规定可知，图 1-32（a）所表示的连接组别是 I，I0，高压侧电压与低压侧对应的电压同相。图 1-32（b）、（c）所表示的连接组别是 I，I6，高压侧电压与低压侧对应的电压成反相。总结图 1-32 可以得出单相变压器连接组如下：

若高、低压绕组的首端为同名端，相电势 $\dot{E}_{A}$ 和 $\dot{E}_{a}$ 应为同相，连接组别是 I，I0；若高、低压绕组的首端为非同名端，则 $\dot{E}_{A}$ 和 $\dot{E}_{a}$ 认为反相，连接组别是 I，I6。

3. 三相变压器的连接组

三相变压器的高、低压绕组采用不同的连接时，高压侧的线电压与低压侧对应的线电压之间（如 $\dot{E}_{AB}$ 和 $\dot{E}_{ab}$）可以形成不同的相位，但总是 30°的整数倍，因此，高、低压绕组的相位差仍用时钟数表示。

（1）Yy0 连接组。图 1-33 表示 Yy0 绕组连接图及电动势相量图。此时由于高、低压绕组的首端为同名端，故高、低压绕组对应的相电动势相应为同相位，取 A、a 点重合的相量图，如图中所示，则 $\dot{E}_{AB}$ 指向钟面的“12”，$\dot{E}_{ab}$ 也指向钟面的“12”，故该连接组的组号为 0，记为 Yy0。

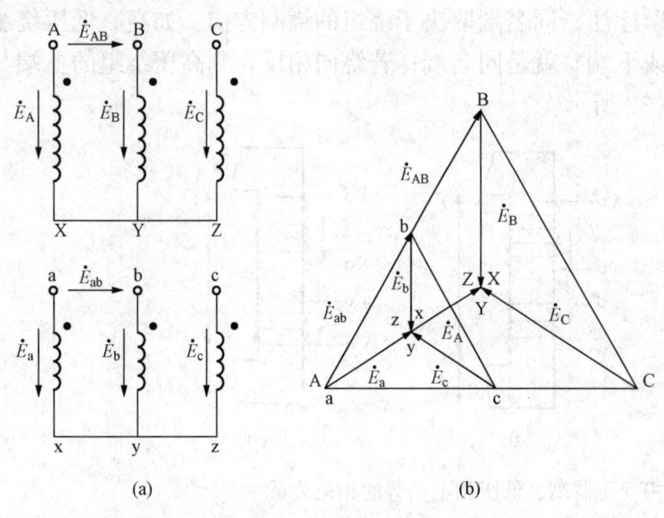

图 1-33 Yy0 连接组

(a) Yy0 连接组接线图；(b) 电动势相量图

(2) Yy6 连接组。图 1-34 表示 Yy6 绕组连接图及电动势相量图。此时由于高、低压绕组的首端为异名端，故高、低压绕组对应的相电动势相应为反相，取 A、a 点重合的相量图，如图中所示，则 $\dot{E}_{AB}$ 指向钟面的“12”，$\dot{E}_{ab}$ 指向钟面的“6”，故该连接组的组号为 6，记为 Yy6。

(3) Yd11 连接组。图 1-35 表示 Yd11 绕组连接图及电动势相量图。此时由于高、低压绕组的首端为同名端，故高、低压绕组对应的相电动势相应为同相位，取 A、a 点重合的相量图，如图中所示，则 $\dot{E}_{AB}$ 指向钟面的“12”，$\dot{E}_{ab}$ 则指向钟面的“11”，故该连接组的组号为 11，记为 Yd11。此时高压侧线电压滞后于低压侧对应的线电压 30°。

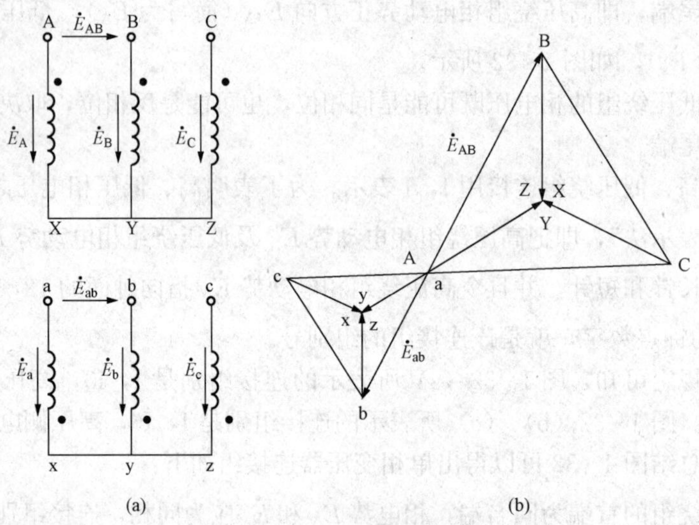

图 1-34 Yy6 连接组

(a) Yy6 连接组接线图；(b) 电动势相量图

此例中，如果把首端标为非同名端，则得 Yd5 连接组。

(4) Yd1 连接组。图 1-36 表示 Yd1 绕组连接图及电动势相量图。同样的方法可以确定该连接组为 Yd1，此时高压侧线电压超前于低压侧对应的线电压 30°。

对于上述 Yy 和 Yd 连接组，如果高压侧的三相标号 A、B、C 保持不变，把低压侧的三相标号 a、b、c 顺序改为标号 c、a、b，则低压侧的各线电压相量将分别转过 120°，相当于连接组号增 4；若改标号为 b、c、a，则相当于连接组号增 8。因而对 Yy 连接组而言，可得 0、2、4、6、8、10 六个偶数组号；同理，对 Yd 连接组而言，可得 1、3、5、7、9、11 六个奇数组号，总共可得 12 个组号。

变压器连接组的种类很多，为了制造和并联运行时的方便，我国规定 Yyn0、Yd11、YNd11、YNy0 和 Yy0 等连接作为标准连接组。五种标准连接组中，以前三种最为常用。Yyn0 连接组的二次侧可引出中性线，成为三相四线制，用于配电变压器时可兼供动力和照明负载。Yd11 连接组用于二次侧电压超过 400V 的线路中，此时变压器有一侧接成三角形，对运行有利。YNd11 连接组主要用于高压输电线路中，使电力系统的高压侧可以接地。

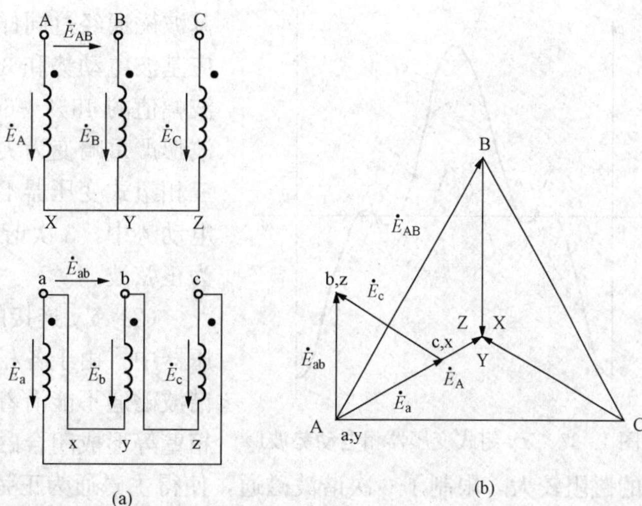

图 1-35　Yd11 连接组

(a) Yd11 连接组接线图；(b) 电动势相量图

三、绕组连接和磁路结构对三相变压器的电动势波形的影响

分析单相变压器时知道，若电源电压为正弦波，则感应电动势也是正弦波，磁通必然是正弦波。但是铁芯磁路达到饱和时，为使主磁通成为正弦波，励磁电流必将变成尖顶波，此时励磁电流中除含有基波分量外，还含有一定的三次谐波分量。对于三相变压器，由于一次侧三相绕组的接法不同，空载电流的 3 次谐波分量能否流通与绕组接法有关，因此磁通波形及电动势波形与绕组接法及磁路结构有关。

1. Yy 连接的三相变压器

由于 3 次谐波电流的频率为基波频率的 3 倍，故三相空载电流的 3 次谐波电流表达式为

$$\left.\begin{aligned} i_{03A} &= I_{03m}\sin 3\omega t \\ i_{03B} &= I_{03m}\sin 3(\omega t-120^\circ) = I_{03m}\sin 3\omega t \\ i_{03C} &= I_{03m}\sin 3(\omega t+120^\circ) = I_{03m}\sin 3\omega t \end{aligned}\right\} \quad (1-59)$$

可见三相空载电流的 3 次谐波是同相位、同大小的。由于一次侧采用 Y 连接，使得 3 次谐波电流无法流通，励磁电流即空载电流近似为正弦形。此时根据变压器铁芯的磁化曲线作出的主磁通波形畸变为平顶波，所以主磁通中除含有基波磁通外，还含有 3、5、7 等次谐波。其中 3 次谐波磁通的作用较大，它的流通情况与磁路有关。

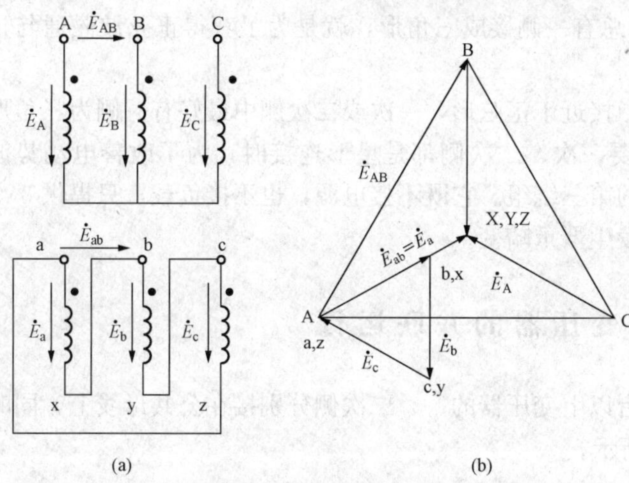

图 1-36　Yd1 连接组

(a) Yd1 连接组接线图；(b) 电动势相量图

(1) Yy 连接的三相组式变压器。在三相组式变压器中，由于各相磁路互相独立，3 次谐波磁通与

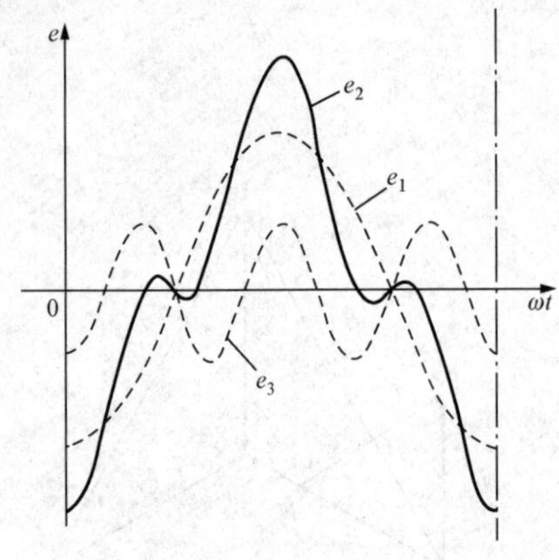

图 1-37 Yy 组式变压器相电动势波形

基波磁通经过同样的路径，因而在一、二次绕组中感应基波电动势和 3 次谐波电动势，其数值可以达到基波幅值的 45%～60%，如图 1-37 所示，使相电动势波形严重畸变为尖顶波，可能会损毁绕组绝缘，因而三相组式变压器不宜采用 Yy 接法。然而在三相的线电动势中，3 次谐波电动势互相抵消，线电动势仍然为正弦波。

(2) Yy 连接的三相心式变压器。在三相心式变压器中，由于各相磁路彼此相关，三相同相位的 3 次谐波磁通不能沿着主磁路铁芯闭合，只能沿着油、油箱壁等形成闭合磁路，如图 1-38 所示。由于这条磁路的磁阻较大，限制了 3 次谐波磁通，使得主磁通为正弦形，从而绕组内的 3 次谐波电动势变得很小，感应相电动势也为正弦形。3 次谐波的作用很小，但是 3 次谐波磁通通过油箱壁或其他铁构件闭合，会产生涡流损耗，降低效率。因此三相心式变压器可以采用 Yy 连接组，但其容量不宜过大。一般只有容量低于 1600kV·A 的变压器才能采用这种连接组。

2. Dy 及 Yd 连接的变压器

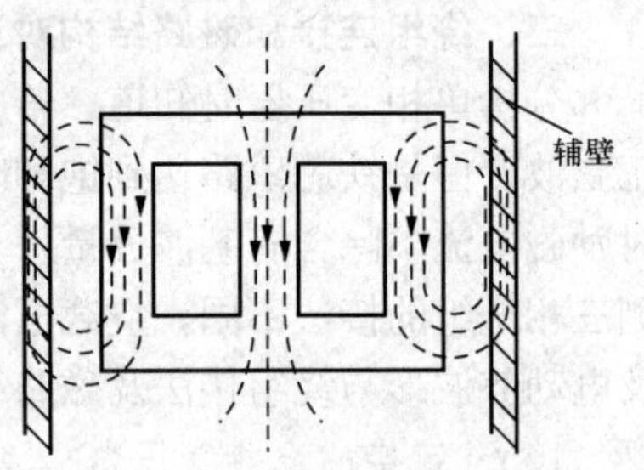

图 1-38 三相芯式变压器中 3 次谐波磁通的路径

Dy 连接的变压器，一次侧采用 D 连接，3 次谐波电流可以流通，因此励磁电流为尖顶波，主磁通为正弦波，相电动势也为正弦波。

Yd 连接的变压器，一次侧采用星形连接。若高压侧接到电源，则一次侧 3 次谐波电流不能流通，因而主磁通和一次、二次侧的相电动势中将出现 3 次谐波；但因二次侧为三角形连接，故三相的 3 次谐波电动势将在闭合的三角形内产生 3 次谐波环流。由于主磁通是由作用在铁芯上的合成磁动势所激励，所以一次侧正弦励磁电流和二次侧 3 次谐波电流共同激励时，其效果与一次侧尖顶波励磁电流的效果完全相同，故此时主磁通和相电动势的波形将接近于正弦形。容量大于 1600kV·A 的变压器，总有一侧接成三角形，就是为了获得正弦波磁通与正弦波电动势。

上述分析表明，为使相电动势波形接近于正弦形，一次或二次侧中最好有一侧为三角形连接。在大容量高压变压器中，当需要一次、二次侧都是星形连接时，为了改善电动势波形，可另加一个接成三角形的小容量的第三绕组。它既不接电源，也不接负载，只提供 3 次谐波电流的通路，以防相电动势波形发生严重畸变。

第八节 变压器的并联运行

变压器的并联运行是指两台或两台以上变压器的一、二次侧分别接在公共母线上，同时向负载供电的运行方式，如图 1-39 所示。

变压器并联运行具有以下优点：

(1) 可以提高供电的可靠性。并联运行时，如果某台变压器发生故障，可以把它从电网切除检修，而电网仍能继续供电，可以保证重要用户的不间断用电。

(2) 可以提高运行经济性，即提高运行效率。并联运行时，可根据负载的大小灵活调整投入并联运行变压器的台数。

(3) 可以减少备用容量，可随着用电量的增加分批增加新的变压器，从而使初期投资减少。

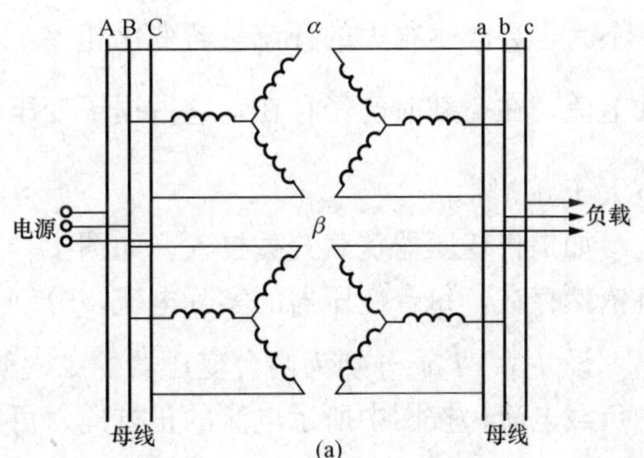

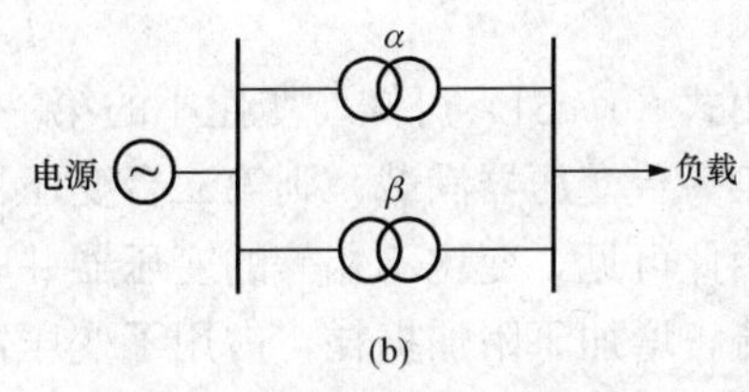

图 1-39 变压器的并联运行

(a) 三相变压器；(b) 单线图

变压器并联运行的最理想情况是：

(1) 空载时并联的各变压器二次侧绕组之间没有环流。这样空载时各变压器二次侧没有铜损耗，一次侧的铜损耗也较少。

(2) 负载时，各变压器按自身的容量合理承担负载，使变压器的装机容量得到充分利用。

(3) 负载时，各变压器对应相的输出电流同相位，使总负载电流等于各变压器负载电流的代数和。这样，在总的负载电流一定时，各变压器所分担的电流最小；如果各变压器的负载电流一定，变压器共同承担的负载电流最大。

为了达到上述理想情况，并联运行的变压器必须满足三个条件：

(1) 各变压器一、二次侧的额定电压分别相等，即各变压器的变比相等。

(2) 各变压器的连接组标号相同。

(3) 各变压器的短路阻抗标幺值相等，短路阻抗角相等。

下面分析并联运行的某一个条件不满足时对运行的影响。为了分析简单，以两台变压器并联运行为例进行研究。

一、变比不相等的变压器并联运行

设两台变压器并联运行的其他条件满足，只有变比不相等，设 $k_{\mathrm{I}}<k_{\mathrm{II}}$，如图 1-40 所示，将负载开关及二次侧回路开关断开，两台变压器的一次侧施加同一电压 $\dot{U}_1$，此时有 $\frac{\dot{U}_1}{k_{\mathrm{I}}}>\frac{\dot{U}_1}{k_{\mathrm{II}}}$，二次侧回路中出现了差额电压 $\Delta\dot{U}$，可以看出空载时变压器内部便有环流存在，其大小为

$$\dot{I}_{\mathrm{h}}=\frac{\Delta\dot{U}}{Z_{\mathrm{kI}}+Z_{\mathrm{kII}}} \tag{1-60}$$

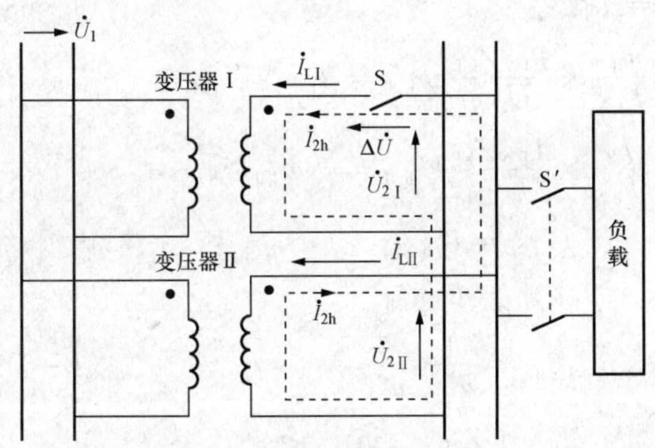

图 1-40 变比不等时的并联运行

所以变比不相等的变压器并联运行，空载时也会产生环流。环流虽然在二次侧产生，但根据磁动势平衡原理在一次侧也存在环流。

由于短路阻抗很小，即使差额电压 $\Delta\dot{U}$

并不大也会产生很大的环流。若变比相差 1%，环流即可达到额定值的 10%。环流不同于负载电流，在空载时已经存在，它占据了变压器的一部分容量，一般变比差 $\Delta k=\dfrac{k_{\mathrm{I}}-k_{\mathrm{II}}}{\sqrt{k_{\mathrm{I}}k_{\mathrm{II}}}}$ 不应大于 0.5%。

如果将变压器负载开关投入，如图 1-40 所示，并联的两台变压器带上负载。这时，环流依然存在，每台变压器的实际电流，分别为各自的负载电流与环流的合成。

设 $\dot{I}_{2\mathrm{I}}$、$\dot{I}_{2\mathrm{II}}$ 分别为两台变压器的二次侧实际电流，$\dot{I}_{\mathrm{LI}}$、$\dot{I}_{\mathrm{LII}}$ 分别为两台变压器的二次侧负载电流。按图中所示电流的正方向，可得

$$\begin{aligned}\dot{I}_{2\mathrm{I}}&=\dot{I}_{\mathrm{LI}}+\dot{I}_{2\mathrm{h}}\\ \dot{I}_{2\mathrm{II}}&=\dot{I}_{\mathrm{LII}}-\dot{I}_{2\mathrm{h}}\end{aligned}\tag{1-61}$$

由式（1-61）可知，变比小的第一台变压器电流大，变比大的第二台变压器电流小，如果第一台变压器满载，则第二台变压器将会欠载。

由此可见，变比不相等的变压器并联运行时，一方面变压器空载时在一、二次侧都会产生环流，增加了附加损耗，占用了变压器的容量，另一方面影响变压器的负载分配，变比小的变压器可能满载，变比大变压器可能欠载，限制了变压器的输出功率。因此当变比稍有不同的变压器如需并联运行时，容量大的变压器具有较小的变比为宜。通常规定变比的偏差不大于 1%，空载环流不超过额定电流的 10%。

二、连接组标号不相同的变压器并联运行

设两台变压器并联运行的其他条件满足，只有连接组标号不相同。

当各变压器的一次侧接到同一电网时，它们的二次电压的相位不同，二次电压的相位差至少是 30°（Yy0 和 Yd11 并联时），则由图 1-41 可知二次电压差

$$\Delta U=2U_{2\mathrm{N}}\sin 15^{\circ}=0.518U_{2\mathrm{N}}\tag{1-62}$$

这么大的电压差将作用在变压器二次绕组构成的回路上，由于变压器本身的漏阻抗很小，必然产生很大的环流，它将烧坏变压器的绕组。所以，连接组标号不相同的变压器绝对不允许并联运行。

三、短路阻抗标幺值不相等的变压器并联运行

设两台变压器并联运行的其他条件满足，只有短路阻抗标幺值不相等。由于各台变压器的阻抗角相差不大，可以认为电流相位基本相同，因而有

$$I_{\mathrm{I}}Z_{\mathrm{kI}}=I_{\mathrm{II}}Z_{\mathrm{kII}}\tag{1-63}$$

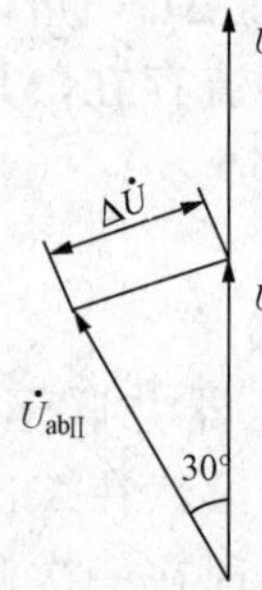

因为
$$I_{\mathrm{I}}Z_{\mathrm{kI}}=\frac{I_{\mathrm{I}}}{I_{\mathrm{IN}}}\times\frac{I_{\mathrm{IN}}Z_{\mathrm{kI}}}{U_{\mathrm{IN}}}U_{\mathrm{IN}}=\beta_{\mathrm{I}}u_{\mathrm{kI}}^{*}U_{\mathrm{IN}}$$

$$I_{\mathrm{II}}Z_{\mathrm{kII}}=\frac{I_{\mathrm{II}}}{I_{\mathrm{IIN}}}\times\frac{I_{\mathrm{IIN}}Z_{\mathrm{kII}}}{U_{\mathrm{IIN}}}U_{\mathrm{IIN}}=\beta_{\mathrm{II}}u_{\mathrm{kII}}^{*}U_{\mathrm{IIN}}$$

$$U_{\mathrm{IN}}=U_{\mathrm{IIN}}$$

所以
$$\beta_{\mathrm{I}}u_{\mathrm{kI}}^{*}=\beta_{\mathrm{II}}u_{\mathrm{kII}}^{*}$$

或者
$$\beta_{\mathrm{I}}:\beta_{\mathrm{II}}=\frac{1}{u_{\mathrm{kI}}^{*}}:\frac{1}{u_{\mathrm{kII}}^{*}}\tag{1-64}$$

图 1-41 Yy0 与 Yd11 变压器并联时的电压差

综合上述分析可得
$$\frac{I_{\mathrm{I}}^{*}}{I_{\mathrm{II}}^{*}}=\frac{Z_{\mathrm{kII}}^{*}}{Z_{\mathrm{kI}}^{*}}=\frac{u_{\mathrm{kII}}^{*}}{u_{\mathrm{kI}}^{*}}=\frac{\beta_{\mathrm{I}}}{\beta_{\mathrm{II}}}$$

短路阻抗标幺值不相等的变压器并联运行时，各台并联变压器承担的负载大小与短路阻抗标幺值成反比。短路阻抗标幺值小的变压器承担的负载大，短路阻抗标幺值大的变压器承担的负载小。如果短路阻抗标幺值大的变压器满载（$\beta=1$）时，短路阻抗标幺值小的变压器将过载（$\beta>1$）。短路阻抗标幺值小的变压器满载（$\beta=1$）时，短路阻抗标幺值大的变压器将欠载（$\beta<1$）。短路阻抗标幺值不相等的变压器并联时，在任何一台变压器都不过载时，只能使短路阻抗标幺值最小的变压器满载。

通过进一步推导，可以得出几台变压器并联时，任一台变压器所分担的实际功率计算式为

$$\beta_{\mathrm{n}}=\frac{\sum S}{u_{\mathrm{kn}}^{*}\sum\frac{S_{\mathrm{N}}}{u_{\mathrm{k}}^{*}}}$$

$$S_{\mathrm{n}}=\beta_{\mathrm{n}}S_{\mathrm{Nn}}=\frac{\sum S}{u_{\mathrm{kn}}^{*}\sum\frac{S_{\mathrm{N}}}{u_{\mathrm{k}}^{*}}}S_{\mathrm{Nn}} \tag{1-65}$$

式中 $\sum S$——变压器承担的总负载；

$\sum\frac{S_{\mathrm{N}}}{u_{\mathrm{k}}^{*}}$——各台变压器的额定容量与自身的阻抗电压标幺值之比的算术和。

若要求任一台变压器都不过载的条件下，计算出最大的输出功率$\sum S_{\max}$，可令短路阻抗标幺值最小的变压器负载系数β为1，则可得

$$\sum S_{\max}=u_{\mathrm{kmin}}^{*}\sum\frac{S_{\mathrm{N}}}{u_{\mathrm{k}}^{*}} \tag{1-66}$$

为了提高供电的可靠性以及使设备得到充分利用，发电厂和变电站都采用多台变压器并联运行。为了得到最理想的并联运行情况，要求各变压器满足变比相等、连接组标号相同、短路阻抗标幺值相等。变比相等、连接组标号相同保证了空载时不产生循环电流，是变压器能否并联的前提。短路阻抗标幺值相等则保证了负载按变压器额定容量成比例分配，从而使设备容量得到充分利用。

第九节 变压器的瞬变过程

变压器运行过程中，由于某种原因，可能使稳定运行状态受到破坏。例如负载的突然变化、突然短路、空载合闸以及电压冲击波作用等。这时，由于电场和磁场的能量发生较大的变化，使绕组中的电压、电流可能会超过额定值许多倍，最后再达到新的稳定值，也就是变压器将会从一种稳定运行状态过渡到另一种稳定运行状态，这个过程叫做瞬变过程，也称暂态过程。这个过程虽然一般很短暂，但有可能使变压器受到严重破坏，因此分析过渡过程，找出其规律性，对变压器的设计、运行都有必要性。

一、变压器的空载合闸

在变压器的二次侧开路的情况下，把一次绕组接到电源称为空载合闸。空载合闸时出现的现象与主磁场的建立密切地联系在一起。

设电源电压随时间按正弦规律变化，则合闸时变压器一次回路的电动势方程式为

$$u_1=\sqrt{2}U_1\sin(\omega t+\alpha_0)=i_0R_1+N_1\frac{\mathrm{d}\Phi}{\mathrm{d}t} \tag{1-67}$$

式中 Φ——与一次绕组交链的总磁通；

α_0——空载合闸时外施电源电压的初相角。

由于电阻电压 i_0R_1 很小，在分析瞬变过程的初始阶段可以忽略不计，所以式（1-67）变为

$$\sqrt{2}U_1\sin(\omega t+\alpha_0)=N_1\frac{\mathrm{d}\Phi}{\mathrm{d}t}$$

即

$$\mathrm{d}\Phi=\frac{\sqrt{2}U_1}{N_1}\sin(\omega t+\alpha_0)\mathrm{d}t \tag{1-68}$$

式（1-68）积分后，解为

$$\Phi=-\frac{\sqrt{2}U_1}{N_1\omega}\cos(\omega t+\alpha_0)+C=-\Phi_m\cos(\omega t+\alpha_0)+C \tag{1-69}$$

式中 C——待定积分常数，可根据初始条件决定。

Φ_m——稳态磁通的幅值。

设空载合闸前铁芯中无剩磁，即 $t=0$ 时，$\Phi=0$，代入式（1-69），可得

$$C=\frac{\sqrt{2}U_1}{N_1\omega}\cos\alpha_0$$

于是空载合闸时与一次绕组交链的总磁通为

$$\Phi=-\Phi_m\cos(\omega t+\alpha_0)+\Phi_m\cos\alpha_0=\Phi'+\Phi'' \tag{1-70}$$

式中 Φ'——磁通的稳态分量；

Φ''——磁通的暂态分量。

式（1-70）表明，合闸时磁通的大小与外施电源电压的初相角有关。下面分析两种特殊情况：

（1）外施电压初相角 $\alpha_0=90°$时合闸。这时有 $\Phi=-\Phi_m\cos(\omega t+90°)=\Phi_m\sin\omega t$。此时磁通的暂态分量 $\Phi''=0$，这表明磁场的建立不需经过瞬变过程，一合闸就建立了稳态磁通，建立该磁通的合闸电流也立即达到稳定空载电流，避免了冲击电流的产生。

（2）外施电压初相角 $\alpha_0=0°$时合闸。这时，$\Phi=-\Phi_m\cos\omega t+\Phi_m$，对应的磁通波形如图1-42所示。这表明此时合闸，变压器中既有磁通的稳态分量，又有磁通的暂态分量，且在合闸的后半个周期瞬间 $\omega t=\pi$，即 $t=\frac{\pi}{\omega}$时，磁通将达到最大值 $\Phi_{max}=2\Phi_m$。由于铁芯具有磁饱和特性，根据磁化特性曲线，产生 $2\Phi_m$ 所需的励磁电流将急剧增大到稳态值的几十倍，甚至上百倍。变压器在空载合闸时所出现的非常大的励磁电流称为励磁涌流。在最不利的情况下合闸，合闸电流可达额定电流的5～8倍。由于合闸时的电压初相角无法控制，所以继电保护装置应按最不利的情况考虑。

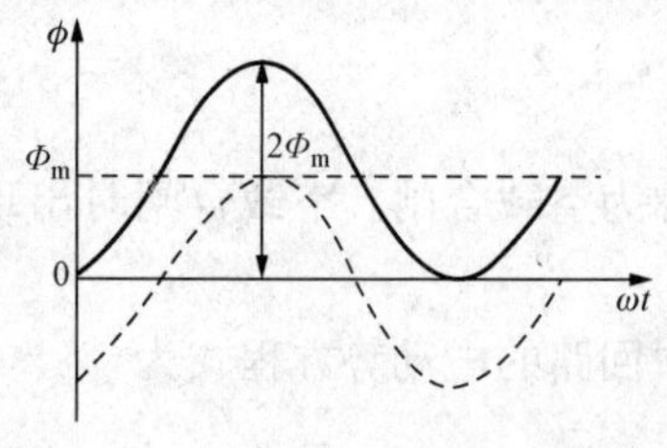

图1-42 α=0时合闸的磁通波形

考虑到绕组电阻 R_1 的存在，励磁涌流将逐渐衰减，衰减的快慢由时间常数 $T=\frac{L_1}{R_1}$ 决定。一般小容量变压器衰减得快，约几个周期后就可达到稳定状态，大容量变压器衰减得较慢，有的衰减过程可达20s之久。

在三相变压器中，由于三相电压彼此相差120°，合闸时总有一相电压的初相角接近于零，所以总有一相的空载

合闸电流较大。但是最不利情况下的5～8倍的额定电流比起短路电流要小得多。虽然有的瞬变过程持续时间较长，但绕组电阻 R_1 的存在使得冲击电流也只是在最初的几个周期内较大，大部分时间内的冲击电流都在额定电流值以下。所以，无论从电磁力或温升考虑，对变压器本身没有多大危害。过电流的影响是在最初几个周期内使电流保护装置误动，为防止这种现象发生，可在变压器一次侧串入一个合闸电阻，合闸完成后将该电阻切除。

二、二次侧突然短路

变压器二次侧发生短路时，由于变压器的短路阻抗很小，稳态短路电流值可达额定电流的10～20倍。变压器二次侧发生突然短路时，短路电流比稳态短路电流值更大，励磁电流可以忽略，则变压器突然短路时一次侧回路的电动势方程式为

$$u_1=\sqrt{2}U_1\sin(\omega t+\alpha_0)=i_kR_k+L_k\frac{\mathrm{d}i_k}{\mathrm{d}t} \tag{1-71}$$

解此微分方程得

$$\begin{aligned} i_k&=-\frac{\sqrt{2}U_1}{\sqrt{R_k^2+X_k^2}}\sin(\omega t+\alpha_0-\varphi_k)+c\mathrm{e}^{-\frac{t}{T_k}} \\ &=I_{km}\sin(\omega t+\alpha_0-\varphi_k)+c\mathrm{e}^{-\frac{t}{T_k}} \end{aligned} \tag{1-72}$$

其中

$$I_{Km}=\frac{\sqrt{2}U_1}{\sqrt{R_k^2+X_k^2}}$$

$$\varphi_k=\arctan\frac{\omega L_k}{R_k}$$

$$T_k=\frac{L_k}{R_k}$$

式中 I_{km} ——突然短路电流稳态分量幅值；

φ_k——短路阻抗角；

c——待定积分常数；

T_k——时间常数。

在一般电力变压器中 ωL_k 远大于 R_k，故 $\varphi_k\approx90^\circ$。

通常，变压器发生突然短路前可能已经处于负载运行，但由于负载电流比短路电流小得多，故可忽略不计，而将突然短路看作是在空载情况下发生的，即初始条件为 $t=0$ 时，$i_k=0$，从而可得

$$c=\sqrt{2}I_k\cos\alpha_0$$

所以

$$i_k=-\sqrt{2}I_k\cos(\omega t+\alpha_0)+\sqrt{2}I_k\cos\alpha_0\mathrm{e}^{-\frac{t}{T_k}} \tag{1-73}$$

式（1-73）表明，突然短路电流的大小与外施电源电压的初相角有关。下面分析两种特殊情况：

（1）外施电压初相角 $\alpha_0=90^\circ$时突然短路，此时 $i_k=\sqrt{2}I_k\sin\omega t$，表明一发生突然短路就直接进入稳态短路，短路电流的数值最小。

（2）外施电压初相角 $\alpha_0=0^\circ$时突然短路。这时，$i_k=-\sqrt{2}I_k(\cos\omega t-\mathrm{e}^{-\frac{t}{T_k}})$，对应的电流波形如图1-43所示。这表明此时突然短路，变压器中既有短路电流的稳态分量，又有短路

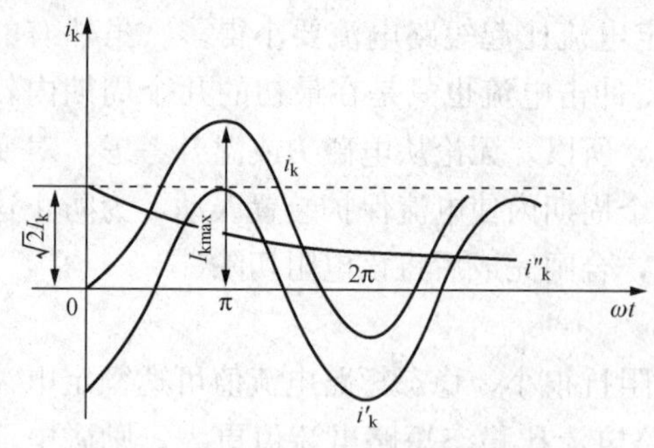

图 1-43 α=0°时突然短路电流波形

电流的暂态分量，且在合闸的后半个周期瞬间 $\omega t=\pi$，即 $t=\dfrac{\pi}{\omega}$ 时，短路电流将达到最大值 i_{kmax}，即

$$i_{kmax}=\sqrt{2}I_k(1+e^{-\frac{\pi}{\omega T_k}})=k_y\sqrt{2}I_k \tag{1-74}$$

$$k_y=1+e^{-\frac{\pi}{\omega T_k}}$$

式中 k_y——突然短路电流最大值与稳态短路电流最大值的比值。

k_y 的大小与时间常数有关。变压器的容量越大，相应的 k_y 也越大。对中小型变压器 $k_y=1.2\sim1.4$；对大型变压器 $k_y=1.7\sim1.8$。

当用标幺值表示时则有

$$I_{kmax}^*=\frac{i_{kmax}}{\sqrt{2}I_N}=k_y\frac{I_k}{I_N}=k_y\frac{U_{1N}}{I_NZ_k}=k_y\frac{1}{Z_k^*} \tag{1-75}$$

式（1-75）说明，I_{kmax}^*与 Z_k^* 成反比，即短路阻抗越小，突然短路电流越大。若 $Z_k^*=0.06$，则 $i_{kmax}^*=(1.2\sim1.8)\dfrac{1}{0.06}=20\sim30$。这是一个很大的冲击电流，它产生很大的冲击力，对变压器有严重影响。为了限制短路电流，应使短路阻抗增大，为了减小变压器的电压变化率，应使短路阻抗减小。因此，设计变压器时必须全面考虑，使短路阻抗有一个合适的值。

在三相变压器中，由于三相电压彼此相差 120°，变压器发生短路时总有一相电压的初相角接近于零，所以总有一相的短路电流较大。

变压器绕组中的电流与漏磁场相互作用，在绕组的各导线上产生电磁力，其大小由漏磁场的磁通密度与电流的乘积决定。由于电流大时漏磁场也正比增强，所以电磁力与电流的平方成正比。当变压器在额定情况下运行时，绕组上所受到的作用力很小，但突然短路时，由于最大短路电流可达额定电流幅值的 20～30 倍，所以绕组上所受到的最大作用力可达额定运行时的 400～900 倍，这么大的电磁力很有可能损坏绕组。

小 结

变压器是依据电磁感应定律进行交流电能传递的静止电器。它是利用一、二次侧匝数不等实现变压的，但一、二次侧的频率是相同的，等于电源的频率。变压器的基本结构部件是铁芯和绕组。铁芯用导磁性能良好的铁磁性材料制成。一、二次侧绕组套装在铁芯柱上，它们之间没有电的直接连接，只有磁的耦合。变压器铭牌上的额定值，是正确、安全、可靠地使用变压器的依据。对于三相变压器，额定电压及额定电流均指线电压和线电流。

变压器的内部磁通，根据分布和作用的不同，可分为主磁通和漏磁通。主磁通与外施电压近似成正比，$U_1\approx E_1=4.44fN_1\Phi_m$，即电压决定磁通。空载电流的大小为额定电流的 2%～10%，其性质基本上是感性无功。单相变压器因磁路饱和的影响，用于建立正弦交变磁场的空载电流，其波形为尖顶波，在分析变压器电磁关系时用等效正弦量表示。励磁阻抗和短路阻抗是变压器的重要参数。励磁阻抗受铁芯饱和程度的影响，不是常数，短路阻抗的实质是一、二次侧绕组漏阻抗，是常数。励磁阻抗由空载试验测定，短路阻抗由短路试验测定。

变压器二次侧负载变化时，通过二次侧磁动势的作用，一次侧磁动势及电流必然相应地发生变化，反映这一变化关系的是磁动势平衡方程式。电压变化率反映了变压器二次电压随负载变化的波动程度。效率反映了变压器运行时的经济性。基本方程式、等值电路和相量图是分析变压器内部电磁关系的三种重要方法。

三相变压器的磁路系统分为两类，一是组式变压器磁路，另一是芯式变压器磁路。前者三相磁路彼此独立，3 次谐波磁通在铁芯中有通路，后者三相磁路彼此相关，3 次谐波磁通在铁芯中无通路。

变压器并联运行的理想情况是：空载时各台变压器的绕组回路间无环流；负载分配与各台变压器的额定容量成正比；各台变压器共同承担的负载电流最大。变压器并联运行的条件中，变比相等和连接组别相同是为了不产生环流，阻抗电压标幺值相等是为了保证负载分配合理，使变压器容量得到充分利用。连接组别不同时并联运行，会产生极大的环流而烧毁变压器。

变压器突然短路电流的大小，取决于突然短路发生瞬间电源电压的初相角 α_0。当 $\alpha_0=0°$ 时发生突然短路，情况最严重，此时出现最大的突然短路电流的暂态分量，以致最大短路电流可达额定电流的 20～30 倍。变压器空载投入，励磁电流很大，可达额定电流的 5～8 倍，其原因是由于铁芯磁通的过渡过程，并考虑到铁芯的饱和特性而引起的。当 $\alpha_0=0°$ 时合闸投入电源，情况最严重，此时铁芯出现最大的暂态磁通分量，以致磁通可达稳态磁通最大值的 2 倍，铁芯深度饱和，励磁电流剧增。

思考题与习题

1. 从物理意义上说明变压器为什么能变压，而不能变频率。

2. 试从物理意义上分析，若减少变压器一次侧绕组匝数（二次绕组匝数不变）二次绕组的电压将如何变化？

3. 变压器一次绕组若接在直流电源上，二次绕组会有稳定直流电压吗？为什么？

4. 变压器铁芯的作用是什么？为什么要用厚 0.35mm、表面涂绝缘漆的硅钢片制造铁芯？

5. 有一台三相变压器，额定容量 $S_N=5000\text{kV}\cdot\text{A}$，额定电压 $U_{1N}/U_{2N}=10/6.3\text{kV}$，Yd 连接。试求：

（1）一、二次侧的额定电流；

（2）一、二次侧的额定相电压和相电流。

6. 变压器空载运行时，是否要从电网取得功率？这些功率属于什么性质？起什么作用？为什么小负荷用户使用大容量变压器无论对电网和用户均不利？

7. 一台 220/110V 的单相变压器，试分析当高压侧加额定电压 220V 时，空载电流 I_0 呈什么波形？加 110V 时空载电流 I_0 呈什么波形，若把 110V 加在低压侧，I_0 又呈什么波形？

8. 变压器中主磁通与漏磁通的作用有何不同？在等效电路中是怎样反映它们的作用的？

9. 一台 380/220V 的单相变压器，如不慎将 380V 加在二次绕组上，会产生什么现象?

10. 变压器制造时存在的问题有：①迭片松散，片数不足；②接缝增大；③片间绝缘损伤。以上问题对变压器性能有何影响?

11. 在变压器高压侧和低压侧分别加额定电压进行空载试验，所测得的铁损耗是否一样? 计算出来的励磁阻抗有何差别? 如试验时，电源电压达不到额定电压，问能否将空载功率和空载电流换算到对应额定电压时的值，为什么?

12. 当一次电源电压不变，在变压器带感性和容性负载时对二次电压有何影响? 容性负载时，二次电压与空载时相比，是否一定增加?

13. 为什么变压器的空载损耗可以近似看成铁损耗，短路损耗可近似看成铜损耗? 负载时变压器真正的铁损耗和铜损耗与空载损耗和短路损耗有无差别，为什么?

14. 变压器电源电压不变，负载（$\varphi_2>0$）电流增大，一次电流、二次电压各如何变化? 当二次电压过低时，如何调节分接头?

15. 一台三相变压器，$S_N=5600\text{kV}\cdot\text{A}$，$U_{1N}/U_{2N}=35/6\text{kV}$，Yd（Y/△）连接。从短路试验（高压侧）得：$U_k=2610\text{V}$，$I_k=92.3\text{A}$，$p_k=53\text{kW}$；当 $U_1=U_{1N}$ 时 $I_2=I_{2N}$，测得电压恰为额定值 $U_2=U_{2N}$。求此时负载的性质及功率因数角 φ_2 的大小。

16. 三相心式变压器和三相组式变压器相比，具有什么优点? 在测取三相心式变压器空载电流时，为何中间一相电流小于旁边两相?

17. 试画出 Yy2、Yd5 三相变压器的接线图。

18. 为什么说变压器的励磁电流中需要有一个 3 次谐波分量，如果励磁电流中的 3 次谐波分量不能流通，对绕组中感应电动势波形有何影响?

19. 变压器并联运行的理想条件是什么? 试分析当某一条件不满足时的变压器运行情况。

20. 一台 Yd11 和一台 Dy11 连接的三相变压器能否并联运行，为什么?

21. 并联运行的变压器若短路阻抗的标幺值或变比不相等时会出现什么现象? 如果各变压器的容量不相等，则对容量大的变压器以上两量是大些好呢还是小些好呢? 为什么?

22. 变压器在什么情况下发生短路时绕组中不存在瞬变分量? 而又在哪种情况下突然短路时其瞬变分量的初值最大? 经过多久出现冲击电流? 大致为额定电流的多少倍? 对变压器有什么危害性?

23. 有一台 60 000kV·A，220/11kV，Yd（Y/△）接线的三相变压器，$R_k^*=0.008$，$X_k^*=0.072$，试求：

（1）高压侧稳态短路电流值及为额定电流的倍数；

（2）在最不利的情况发生突然短路时最大的短路电流是多少?

第二章

异步电动机

交流电机有异步电机和同步电机两大类。异步电机也叫感应电机，它的特点是，其转速除与电网频率有关外，还随负载而变。三相异步电动机在工农业生产中应用极为广泛，如机床、水泵等，在少数场合下，亦有用作发电机的；单相异步电动机则多用于家用电器。异步电动机的优点是结构简单、制造方便、价格便宜、运行可靠、维护方便、运行效率高；其主要缺点是起动电流大，不能经济地在较宽的范围内实现平滑调速，此外功率因数恒滞后，需要从电网吸取滞后的无功电流励磁，降低电网功率因数（对电网来讲是感性负载）。

本章先简要分析交流电机的绕组，然后主要分析异步电动机的工作原理，说明空载和负载时三相异步电动机内的磁动势和磁场，并导出异步电动机的基本方程式和等效电路，最后分析它的运行特性及起动、调速性能。

第一节　交流电机的绕组、电动势和磁动势

所有交流电机的电磁能量和机械能量转换的原因是一样的，特别是它们的定子绕组结构是相同的，在定子绕组中所发生的电磁现象也相同，所以交流电机有共性问题，包括绕组结构、感应电动势、磁动势，下面分别加以介绍。

一、交流电机的绕组

（一）交流绕组的构成原则和分类

1. 三相交流绕组的构成原则

（1）在导体数一定时，获得基波电动势和磁动势要尽可能大。

（2）每相绕组串联的总匝数应相等，且布置情况应相同，在空间互差120°电角度。

（3）三相绕组合成的基波电动势、基波磁动势要对称，各谐波分量要小，波形要接近于正弦形。

满足上述原则构成的三相绕组，即为三相对称绕组。只有在三相对称绕组中，才能感应产生三相对称电动势。此外，还要求绕组的铜损耗小、用铜量省、绝缘性能好、机械强度高、散热条件好、制造工艺简单、检修维护方便。

2. 交流绕组的分类

交流绕组按相数可分为单相、三相和多相绕组；按槽内层数分为单层和双层绕组；按每极下每相槽数分为整数槽和分数槽绕组；按绕法分为同心式、链式、交叉式、叠绕组和波绕组。

（二）三相单层绕组

单层绕组的特点是每个槽内只有一个线圈边，线圈的个数等于整台电机槽数的一半，即$Z/2$，其中Z表示电机槽数。单层绕组的优点是嵌线方便、没有层间绝缘、槽的利用率高。单层绕组按照绕组结构的不同可分为等元件式绕组、同心式绕组、链式绕组等。

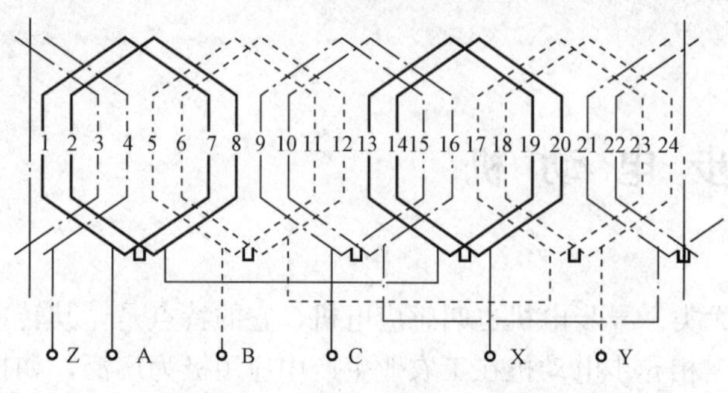

图 2-1 三相单层等元件式绕组

如一台三相单层绕组的电机的极对数 $p=2$，槽数 $Z=24$，每相支路数 $2a=1$，则该电机的等元件式绕组展开图如图 2-1 所示。

若适当改变每相线圈边的连接顺序，也可以得到同心式、链式绕组的展开图，如图 2-2 及图 2-3 所示。

需要说明的是，单层绕组无论采取哪种连接方式，都为等效的整距绕组，故单层绕组不能利用短距来改善电动势和磁动势的波形，且电动势和磁动势的波形较差，铁损耗和噪声也较大，起动性能较差。因此，单层绕组一般用于 10kW 以下的小容量异步电动机的定子绕组。

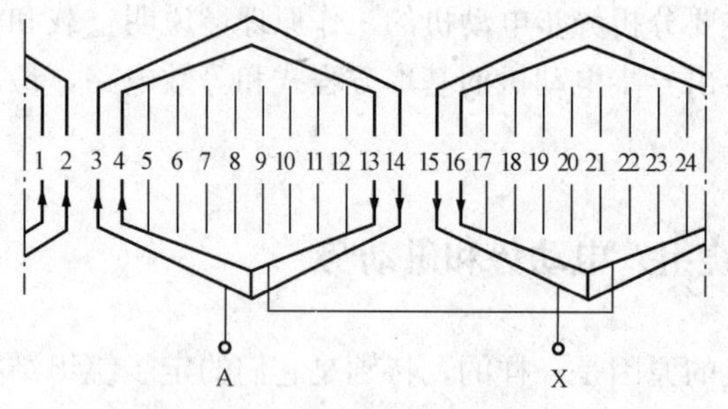

图 2-2 三相单层同心式绕组

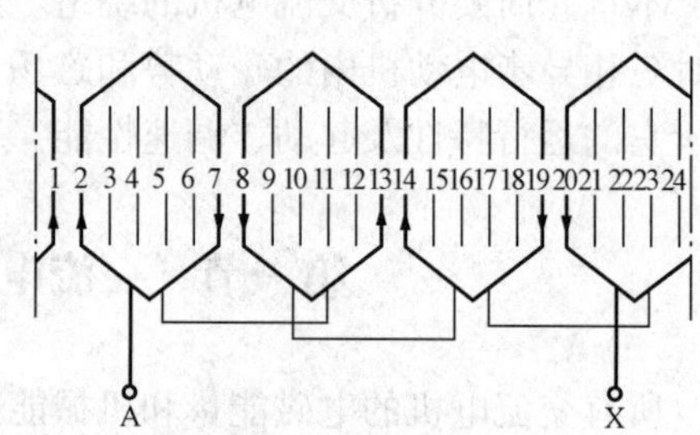

图 2-3 三相单层链式绕组

（三）三相双层绕组

双层绕组的特点是每个槽内放置上、下两层的线圈边，每个线圈的一个有效边放置在某一槽的上层，另一个有效边则放置在相隔节距为 y 的另一槽的下层，整台电机的线圈的总数等于电机的槽数。

一般容量大于 10kW 的三相交流电机，其定子绕组大多采用双层绕组。双层绕组的主要优点有：

(1) 可以选择最有利的节距，并同时采用分布绕组，以改善电动势和磁动势的波形；

(2) 所有线圈具有相同的尺寸，便于制造；

(3) 端部形状排列整齐，有利于散热和增强机械强度。

其主要缺点是嵌线较困难，双层叠绕组的线圈组间连接线比较多，在多极电机中连接线的用铜量大。

双层绕组根据线圈形状和端部连接线的连接方式的不同，可分为叠绕组、波绕组。

如一台相数 $m=3$，极数 $2p=4$，槽数 $Z=36$，并联支路数 $2a=1$，节距 $y=8$ 槽的双层短距叠绕组电机，其 A 相绕组展开图如图 2-4 所示。B 相距离 A 相 120°电角度，C 相距离 A

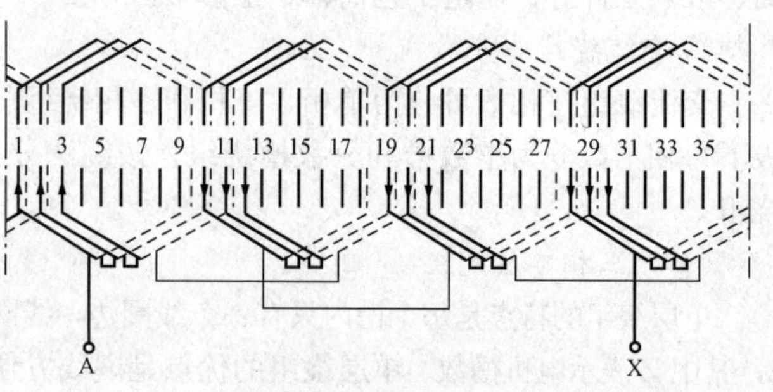

图 2-4 三相双层叠绕组展开图（A 相）

相 240°电角度，绕制方法同 A 相。三相双层波绕组的 A 相展开图如图 2-5所示。

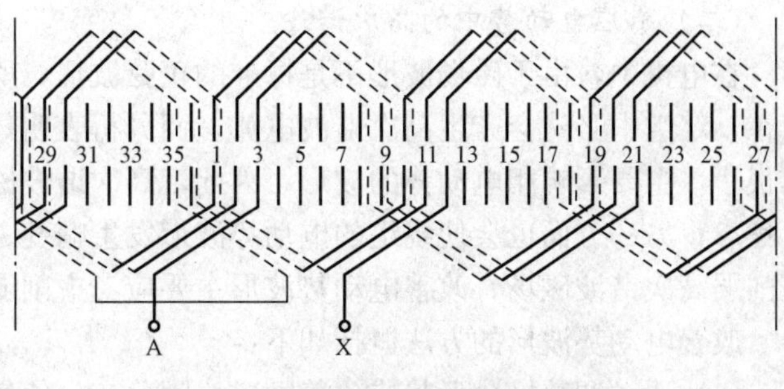

图 2-5　三相双层波绕组展开图（A 相）

双层叠绕组主要用于大中型异步电动机和大型汽轮发电机的定子绕组，双层波绕组一般用于水轮发电机的定子绕组和绕线式异步电动机转子绕组。

二、交流绕组的感应电动势

交流绕组的电动势是由气隙磁场与绕组相对运动产生的，气隙磁场的分布情况及绕组的结构都会影响感应电动势的大小和波形。由于实际电机的气隙磁场沿空间很难做到正弦波分布，所以，可利用傅氏级数将气隙磁场分解为正弦分布的基波和一系列高次谐波。下面先讨论基波电动势，再讨论谐波电动势及其削弱方法。

（一）正弦磁场下交流绕组的感应电动势

一相绕组的电动势 $E_{\Phi1}$ 的计算式为

$$E_{\Phi1}=4.44fNk_{w1}\Phi_1 \tag{2-1}$$

式中　f——感应电动势的频率，$f=\dfrac{np}{60}$；

p——电机的磁极对数，$2p$ 为磁极数；

n——绕组切割磁场的转速；

N——每相绕组每条支路串联的总匝数，对于单层绕组 $N=\dfrac{p}{2a}qN_c$，对于双层绕组 $N=\dfrac{2p}{2a}qN_c$；

q——每个磁极下每相绕组占的槽数；

k_{w1}——考虑到绕组短距、分布排列后整个绕组的感应电动势需要打的总折扣，称为基波绕组系数，$k_{w1}=k_{y1}k_{q1}$；

k_{y1}——线圈的基波短距系数，表示线圈短距时感应电动势比整距时应打的折扣，$k_{y1}=\sin\left(\dfrac{y}{\tau}\times 90°\right)$；

k_{q1}——绕组的基波分布系数，其意义是绕组分布放置时感应电动势比集中放置时应打的折扣，$k_{q1}=\dfrac{\sin\dfrac{q\alpha}{2}}{q\sin\dfrac{\alpha}{2}}=\dfrac{E_{q1}}{qE_{y1}}$；

Φ_1——基波每极磁通量 $\Phi_1=B_{av}l\tau$。

由于三相绕组由对称分布的三个单相绕组构成，在空间错开 120°电角度，所以各相电动势在时间上依次相差 120°电角度，其有效值计算式相同。

三相绕组的线电动势与绕组的接法有关。绕组采用三角形接法时，线电动势等于相电动势，采用星形接法时，线电动势等于相电动势的$\sqrt{3}$倍。

(二) 感应电动势中的高次谐波

在电机中，由于磁场波形不是标准的正弦波形，所以气隙磁场中除基波外还有高次谐波存在，绕组中必然会产生高次谐波电势。而分析表明，高次谐波电动势对相电动势的大小影响很小，主要影响相电动势的波形，因此，高次谐波磁场一方面会引起附加损耗，使电机产生噪声；另一方面也会使绕组的电动势波形发生畸变、电机的性能变坏。所以，必须采取措施削弱高次谐波磁场，改善电动势波形主要应考虑削弱或消除谐波电动势。

改善电动势波形的方法概括如下：

(1) 通过调整极靴形状或改善励磁线圈分布，使气隙磁场分布尽量接近正弦，如图2-6所示。

(2) 三相绕组星形连接，可以消除线电动势中3次及3的倍数次谐波。

(3) 采用短距绕组，可以削弱或消除某次谐波。

图2-7所示为短距绕组消除谐波电动势的原理图。显然节距缩短$\frac{\tau}{\nu}$，可以消除ν次谐波。通常选节距$y=\frac{5}{6}\tau$，可以同时削弱5、7次谐波。线圈短距后，对基波电动势的大小也会有影响，但影响不大，而对谐波的影响较大。

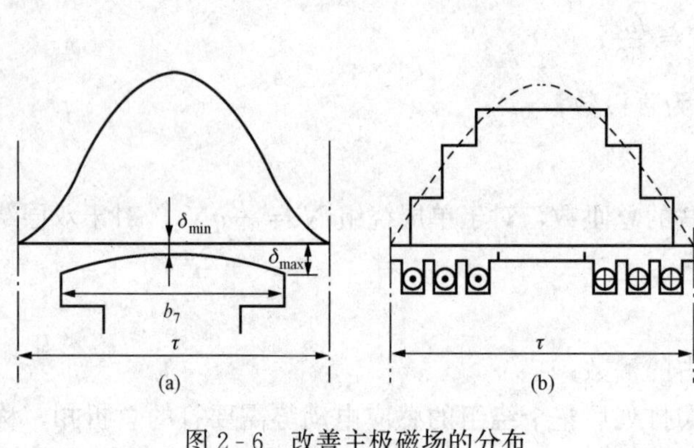

图2-6 改善主极磁场的分布

(a) 凸极电机；(b) 隐极电机

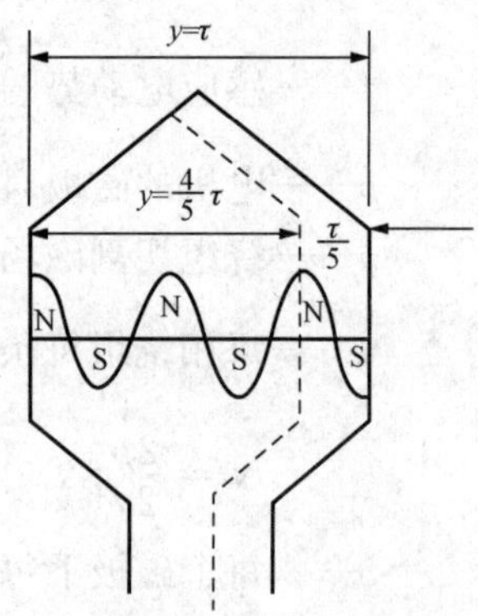

图2-7 短距线圈能消除谐波电动势的原理图

(4) 采用分布绕组，可以抑制谐波电动势。如图2-8所示，两个互差一个角度的平顶电动势波形，叠加以后得到的合成电动势就接近于正弦波了。q越大，抑制谐波的效果越好。但是q的增大会使电机的制造成本增加，并且当$q>6$以后，抑制谐波的效果已不太大了，一般交流电机选$q=2\sim6$即可。在多极的水轮发电机中，由于极数过多而使q达不到2时，常用分数槽绕组来削弱高次谐波电动势。

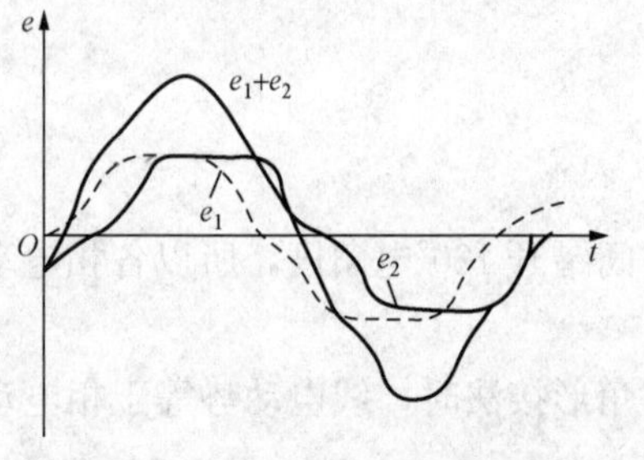

图2-8 分布线圈电动势的合成波形

三、交流绕组的基波磁动势

在交流电机中，定子绕组通入交流电流必然将建立磁动势，它对电机的能量转换和运行性能都有很大的影响。以下主要分析交流绕组磁动势的性质、大小和分布情况。

1. 单相绕组的磁动势

单相整距线圈中通入单相交流电流，产生的磁动势波形是矩形波，用数学方法可以将矩形波分解为基波磁动势和一系列的高次谐波磁动势。而高次谐波磁动势可以采用短距和分布绕组加以削弱，所以下面只讨论基波磁动势。

单相绕组的基波磁动势的表达式为

$$f_{\Phi 1}(x,t)=F_{\Phi 1}\cos\omega t\cos\frac{\pi}{\tau}x=0.9\frac{Nk_{w1}}{p}I\cos\omega t\cos\frac{\pi}{\tau}x \tag{2-2}$$

式中 $F_{\Phi 1}$——单相绕组基波磁动势的最大幅值，$F_{\Phi 1}=0.9\frac{NI}{p}k_{w1}$，$I$ 表示相电流的大小。

由式（2-2）可知：

（1）单相绕组的基波磁动势是脉振磁动势，该磁动势在空间的位置固定不动，沿空间按余弦规律分布，随时间按余弦规律脉振。脉振的频率取决于电流的频率。

（2）单相绕组的基波磁动势的最大幅值为 $0.9\frac{NI}{p}k_{w1}$，其幅值位置在该相绕组的轴线上。

2. 三相绕组的基波磁动势

三相对称绕组中通入对称三相电流，可产生一个空间按余弦规律分布的、幅值恒定的正向旋转磁动势。三相合成磁动势为

$$f_1(t,x)=f_{A1}+f_{B1}+f_{C1}=\frac{3}{2}F_{\Phi 1}\cos\left(\omega t-\frac{\pi x}{\tau}\right)=F_1\cos\left(\omega t-\frac{\pi x}{\tau}\right) \tag{2-3}$$

由式（2-3）可知三相合成磁动势基波具有如下性质：

旋转磁动势波的幅值为基波磁动势幅值的 1.5 倍，即 $F_1=\frac{3}{2}F_{\Phi 1}=1.35\frac{Nk_{w1}}{p}I$；旋转磁动势的转向由电流的相序决定，总是从超前相电流所在的相绕组轴线转向滞后相电流所在的相绕组轴线。改变电流相序，则旋转磁动势改变方向；旋转磁动势的转速由电流的频率和电机的极对数决定，$n_1=\frac{60f}{p}$(r/min)，即旋转磁动势的转速为同步速；旋转磁动势的位置取决于电流，当某相电流达最大值时，合成磁动势的幅值恰好在该相绕组的轴线上。

第二节 异步电动机的结构和工作原理

本节主要讨论异步电动机的基本原理，介绍转差率的概念以及异步电动机的结构和铭牌。

一、异步电动机的结构

异步电动机也叫感应电机，和所有的旋转电机一样，结构上由定子、转子、气隙组成。异步电动机有鼠笼式和绕线式两种，其区别在于转子绕组结构的不同。图 2-9 所示为鼠笼式异步电动机结构。

1. 定子

定子由定子铁芯、定子绕组和机座三部分组成。

定子铁芯是主磁路的一部分。为了减少激磁电流和旋转磁场在铁芯中产生的涡流和磁滞损耗，铁芯由厚 0.5mm 的两面涂以绝缘漆的硅钢片叠成，定子硅钢片形状如图 2-10（a）所示。小型异步电动机的定子铁芯用硅钢片叠装，并压紧成为一个整体后固定在机座内；直

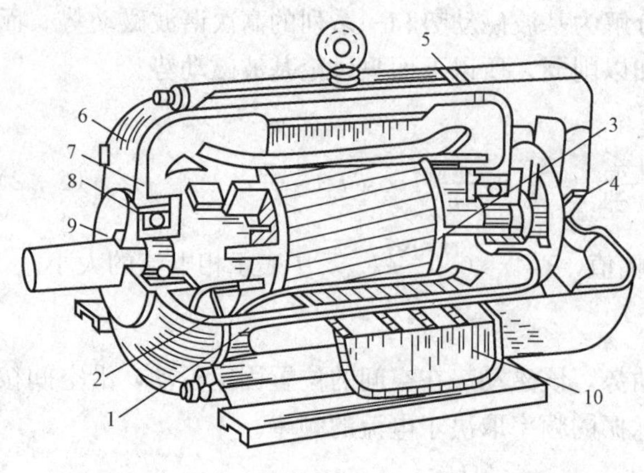

图 2-9 鼠笼式电动机结构图

1—定子；2—定子绕组；3—转子；4—风扇；5—风罩；6—端盖；7—轴承内盖；8—轴承；9—轴承外盖；10—出线盒

径大于 1m 的定子铁芯由扇形冲片拼成。

在定子铁芯内圆，均匀地冲有许多形状相同的槽，用以嵌放定子绕组。定子绕组是电路的一部分，常采用圆铜线或扁铜线绕制成单层或双层叠绕组。异步电动机的定子槽形如图 2-11 所示，小型异步电机通常采用半闭口槽和由高强度漆包线绕成的单层绕组，线圈与铁芯之间垫有槽绝缘。半闭口槽可以减少主磁路的磁阻，使激磁电流减少，但嵌线较不方便。中型异步电机通常采用半开口槽。大型高压异步电机都用开口槽，以便于嵌线。为了得到较好的电磁性能，中、大型异步电机都采用双层短距绕组。

机座是对电机起固定和机械支撑作用的，要求它应有足够的强度和刚度，能够承受运输和运行中的各种作用力。中小型电机采用铸铁机座，为满足通风散热的需要，在机座外面有散热筋。大型电机机座是由钢板焊接而成，在机座内表面和定子铁芯隔开适当的距离，以形成空腔作为冷却空气的通道。在机座的两端装有端盖、轴承等。

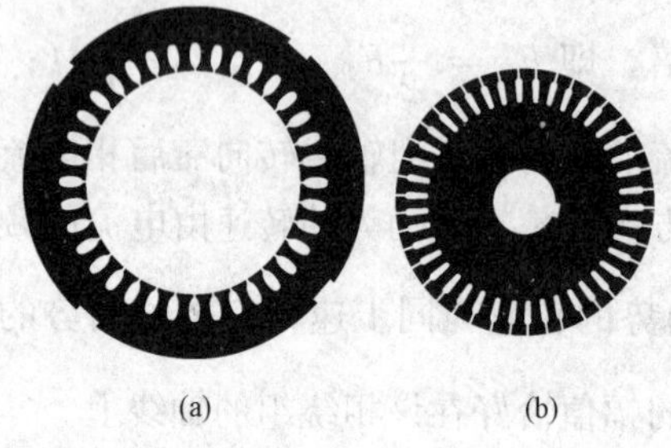

图 2-10 定、转子铁芯的硅钢片

(a) 定子硅钢片；(b) 转子硅钢片

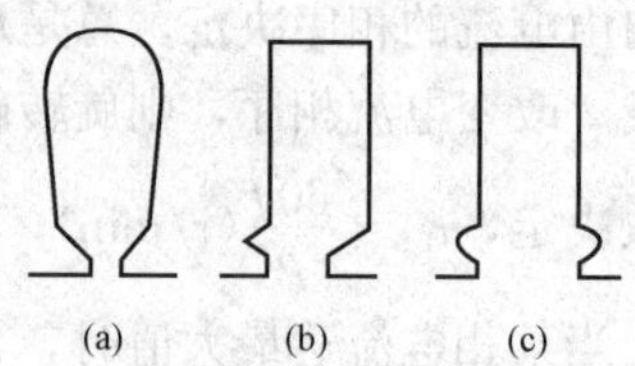

图 2-11 异步电机的定子槽形

(a) 半闭口槽；(b) 半开口槽；(c) 开口槽

2. 转子

转子由转子铁芯、转子绕组和转轴组成。

转子铁芯也是主磁路的一部分，一般由厚 0.5mm 的硅钢片叠压而成，如图 2-10 (b) 所示。中小型电机转子铁芯直接叠装在轴上；大型电机则固定在转子支架上。转轴起支撑转子的作用。整个转子的外表呈圆柱形。根据转子结构的不同，可分为鼠笼型和绕线型两类。

(1) 笼型转子。笼型绕组是一个自行闭合的绕组，它由插入每个转子槽中的导条和两端的环形端环构成，如果去掉铁芯，整个绕组形如一个“圆笼”，因此称为笼型绕组，如图 2-12 所示。为节约用铜和提高生产率，小型笼型电机一般都用铸铝转子；对中、大型电机，由于铸铝质量不易保证，故采用铜条插入转子槽内，再在两端焊上端环的结构。

鼠笼型转子绕组与普通对称三相绕组差别很大，实际上它是一个多相对称绕组，各导条所感应的电动势或电流在时间上是各不相同的，其电动势瞬时值的分布由气隙磁密的空间分布决定，如图 2-13 所示。由图可知，转子的极数等于产生气隙磁密的定子绕组的极数。而每一对磁极下的导条数等于鼠笼转子绕组的相数。由于转子导条数等于转子槽数，所以转子绕组的相数 $m_2=\frac{Z_2}{p}$。由于每相只有一根导条，相当于半匝，所以每相的匝数 $N_2=\frac{1}{2}$。另外，鼠笼转子绕组每相只有一根导条，不存在短距和分布的问题，所以它的绕组系数等于1。

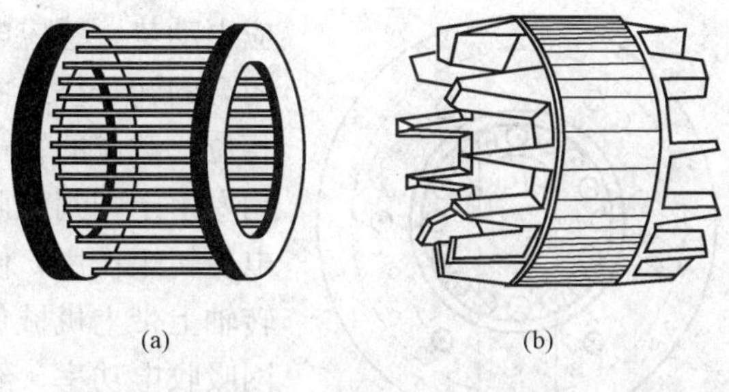

图2-12　鼠笼式转子绕组

(a) 鼠笼绕组；(b) 铸铝鼠笼转子

笼型感应电机结构简单、制造方便，是一种经济、耐用的电机，所以应用极广。

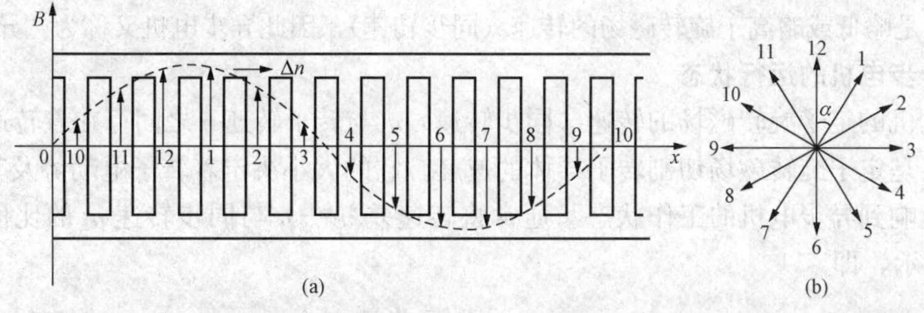

图2-13　鼠笼绕组展开图中的磁密 B、电动势 E、电流 I 分布示意图

(a) 某一时刻的磁密波及 E、I 瞬时值分布；(b) 导条电动势 E 的相量图

(2) 绕线型转子。绕线型转子的槽内嵌有用绝缘导线组成的三相绕组，绕组的三个出线端接到设置在转轴上的三个集电环上，再通过电刷引出，如图2-14所示。绕线式电机转子绕组用铜导线，这种转子的特点是：利用滑环和电刷，可以在转子绕组中接入外加电阻，以改善电动机的起动和调速性能。有的绕线式电机还装有提刷装置，在串入的外加电阻起动完毕后，把电刷提起，用压片将三个集电环直接短路，以减小运行中的损耗。

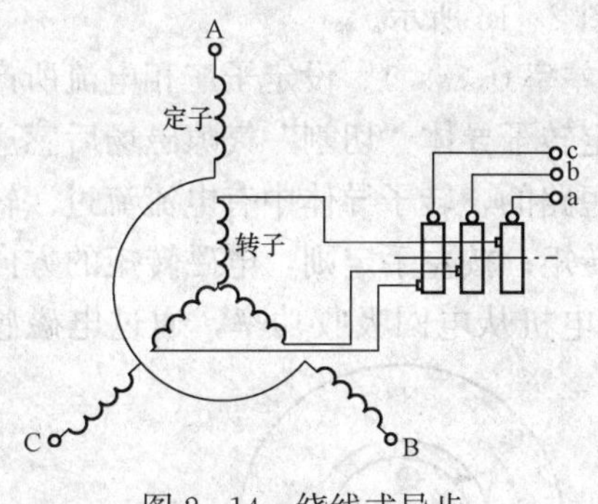

图2-14　绕线式异步电动机接线示意图

与笼型转子相比较，绕线型转子结构稍复杂，价格稍贵，因此只在要求起动电流小、起动转矩大，或需要调速的场合下使用。

3. 气隙

定子和转子之间存在较小的空隙，称为气隙，它也是磁路的一部分。因为磁动势大部分都消耗在气隙上，气隙小则电机的空载磁化电流就小、功率因数高，但易发生扫膛现象。考虑到机械的原因，气隙又不能太小。为减少激磁电流、提高电机的功率因数，异步电动机的气隙选得较小，中、小型电机一般为0.2～2.0mm。

二、异步电动机工作原理

图2-15所示为异步电动机工作原理图，定子三相对称绕组接入交流电源，通入三相对称电流，将产生以同步转速旋转的气隙磁场。图中虚线表示某一瞬时定子旋转磁场的磁通，它以同步转速顺时针方向旋转。转子导体与旋转磁场有相对运动，因而切割磁力线，产生感

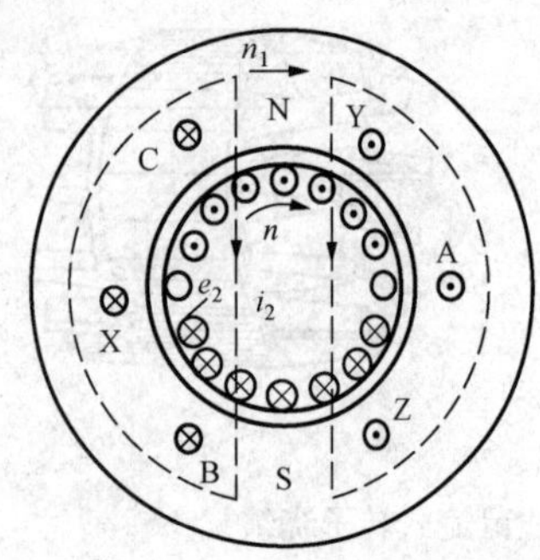

图 2-15 感应电动机工作原理图

应电动势，感应电动势的方向可用右手定则确定。该电动势在闭合的转子绕组中产生电流，转子电流的有功分量与电动势同相位。载流的转子绕组在旋转磁场中将会受到电磁力作用。可用左手定则判断此时转子绕组受到一个顺时针方向的电磁力和电磁转矩作用，使转子以转速 n 随着定子旋转磁场旋转。如果转轴上带上机械负载，电动机将拖动负载一起旋转。电机从电网吸收电功率，经过气隙的耦合作用从轴上输出机械功率。

综上所述，异步电动机就是利用电磁感应原理，通过定子的三相电流产生旋转磁场，并与转子绕组中的感应电流相互作用产生电磁转矩，以进行能量转换。正常情况下，异步电机的转子转速总是略低或略高于旋转磁场的转速（同步转速），因此异步电机又称为“异步电机”。

三、异步电机的运行状态

异步电机的定子旋转磁场的转速（同步转速）n_1 与转子转速 n 之间存在着转速差 n_1-n，此转速差正是定子旋转磁场切割转子导体的速度，它的大小决定着转子电动势及其频率的大小，直接影响到异步电机的工作状态。通常将转速差 n_1-n 与同步转速 n_1 的比值称为转差率，用 s 表示，即

$$s=\frac{n_1-n}{n_1} \tag{2-4}$$

转差率是表征异步电机运行状态的一个基本变量。由式（2-4）可知，转子静止（$n=0$）时，则 $s=1$；转子转速 $n_1=n$ 时，则 $s=0$；所以异步电动机运行时转差率 s 的范围为 $0<s<1$。一般异步电动机在额定负载运行时，额定转差率 $s_N=0.01\sim0.06$。

当异步电机的负载发生变化时，转子的转速和转差率将随之而变化，使转子导体中的电动势、电流和电磁转矩发生相应的变化，以适应负载的需要。按照转差率的正负和大小，异步电机有电动机、发电机和电磁制动三种运行状态，如图 2-16 所示。

当转子转速低于旋转磁场的转速时（$n_1>n>0$），转差率 $0<s<1$。设定子三相电流所产生的气隙旋转磁场为逆时针转向，按右手定则，即可确定转子导体“切割”气隙磁场后感应电动势的方向，如图 2-16（b）所示。由于转子绕组是短路的，转子导体中有电流流过。转子感应电流与气隙磁场相互作用，将产生电磁力和电磁转矩；按左手定则，电磁转矩的方向与转子转向相同，即电磁转矩为驱动性质的转矩。此时电机从电网吸收功率，通过电磁感

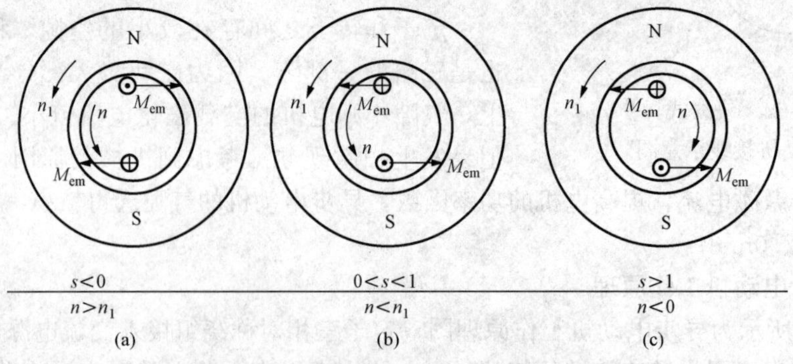

图 2-16 感应电动机的三种运行状态

（a）发电机；（b）电动机；（c）电磁制动

应，由转子输出机械功率，电机处于电动机状态。

若电机用原动机驱动，使转子转速高于旋转磁场转速（$n>n_1$），则转差率 $s<0$。此时转子导体中的感应电动势以及电流的有功分量将与电动机状态时相反，因此电磁转矩的方向将与旋转磁场和转子转向两者相反，如图 2-16（a）所示，即电磁转矩为制动性质的转矩。为使转子持续地以高于旋转磁场的转速旋转，原动机的驱动转矩必须克服制动的电磁转矩；此时转子从原动机吸收机械功率，通过电磁感应由定子输出电功率，电机处于发电机状态。

若由机械或其他外因使转子逆着旋转磁场方向旋转（$n<0$），则转差率 $s>1$。此时转子导体"切割"气隙磁场的相对速度方向与电动机状态时相同，故转子导体中的感应电动势和电流的有功分量与电动机状态时同方向，如图 2-16（c）所示，电磁转矩方向亦与图 2-16（b）中相同。但由于转子转向改变，故对转子而言，此电磁转矩表现为制动转矩。此时电机处于电磁制动状态，它一方面从外界吸收机械功率，同时又从电网吸取电功率，两者都变成电机内部的损耗，即机械能和电能都转化成热能。电机处于电磁制动状态，主要用于电机的快速制动。

四、异步电动机的铭牌

异步电动机的铭牌上标有该电机的型号、额定值和主要技术数据，如表 2-1 所示。

表 2-1　　**铭　　牌**

三相异步电动机					
型号	Y 200L2-6	电压	380V	接法	△
容量	22kW	电流	45A	工作方式	连续
转速	970r/min	功率因数	0.83	温升	80℃
频率	50Hz	绝缘等级	B	重量	
××电机厂	产品编号××	×× 年	××月		

1. 型号

型号是表示电机主要技术条件、名称、规格的一种产品代号，例如：

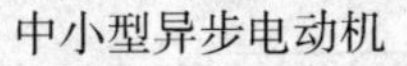

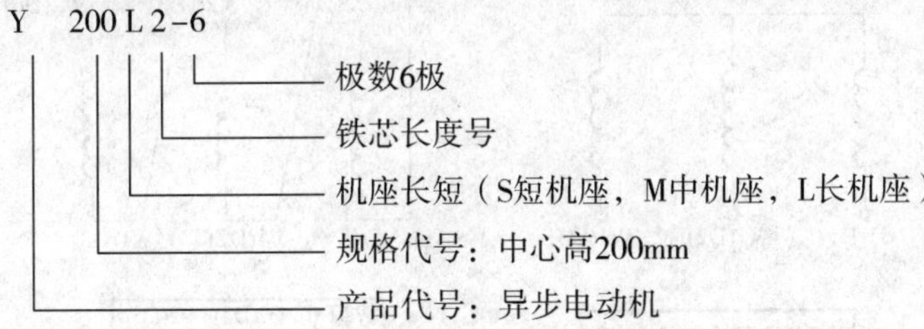

大型异步电动机

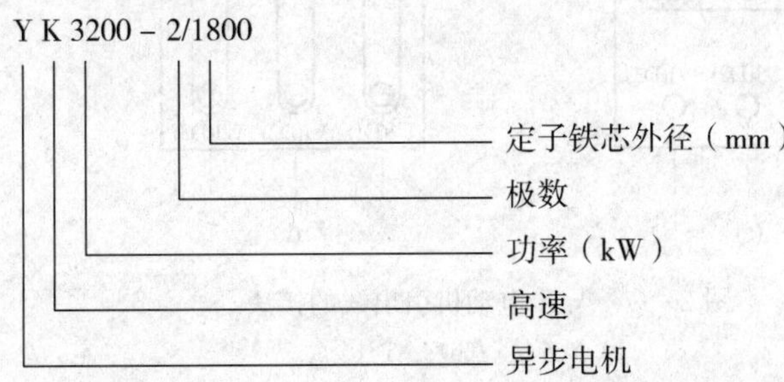

2. 额定值

(1) 额定功率 P_N。电动机在额定情况下运行时，由轴端输出的机械功率，单位为 W 或 kW。

(2) 额定电压 U_N。电动机在额定情况下运行，施加在定子绕组上的线电压，单位为 V 或 kV。

(3) 额定电流 I_N。电动机在额定运行状态下定子绕组中的线电流，单位为 A。

(4) 额定转速 n_N。电动机在额定电压、额定频率、轴端输出额定功率时，转子的转速，单位为 r/min。

(5) 额定频率 f_N。指加于定子侧的电源频率，我国工频规定为 50Hz（赫）。

(6) 额定功率因数 $\cos\varphi_N$。电动机在额定运行情况下的功率因数，一般为 0.8 左右。

(7) 额定效率 η_N。电动机在额定运行情况下的效率，一般为 0.9 左右。

对于三相异步电动机，定子三相绕组为 Y 连接时

$$I_N = I_{phN} \qquad U_N = \sqrt{3}U_{phN}$$

定子绕组△接时

$$I_N = \sqrt{3}I_{phN} \qquad U_N = U_{phN}$$

上述几个量之间的关系为

$$P_N = \sqrt{3}U_N I_N \eta_N \cos\varphi_N \tag{2-5}$$

(8) 接法。三相定子绕组的接法，可采用 Y 或△。接法是电动机出厂时已定的，在电动机出线盒中引出三相绕组的六个首、尾端头，使用时根据铭牌要求进行连接，接法见图 2-17。

(9) 工作制。工作制是指电动机允许运行的持续时间，分为连续工作制、短时工作制、断续周期工作制。

除上述数据外，铭牌上有时还标明额定运行时电机的温升、绝缘等级、防护等级、定额等。对绕线型电机，还常标出转子电压和转子额定电流等数据。

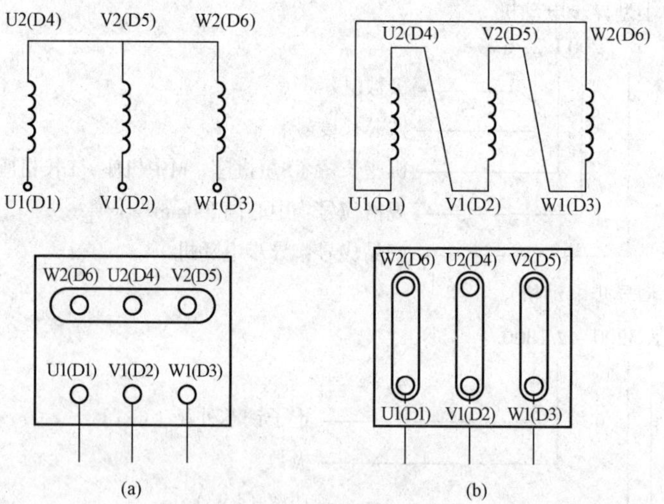

图 2-17　异步电动机引出线的接法

(a) Y 连接；(b) △连接

【例 2-1】 有一台 50Hz 的异步电动机，其额定转速 $n_N=730\text{r/min}$，试求该电动机的额定转差率。

解 已知额定转速为 730r/min，因异步电动机的额定转速略低于同步转速，故知该电动机的同步转速为 750r/min，极数 $2p=8$。于是，额定转差率 s_N 为

$$s_N=\frac{n_1-n}{n_1}=\frac{750-730}{750}=0.02667$$

第三节　三相异步电动机的运行原理

异步电动机是通过电磁感应原理工作的，定、转子之间只有磁的耦合，没有电的直接联系，这和变压器的电磁关系很相似。定子侧就相当于变压器的一次侧，转子侧相当于变压器的二次侧，所以可以将变压器的分析方法用于异步电动机的分析。本节主要分析异步电动机的空载运行、负载运行时的电磁关系。

一、异步电动机的空载运行

异步电动机的定子绕组接到额定频率、额定电压的交流电源上，转轴上不带任何机械负载而空转的运行状态称为异步电动机的空载运行。

（一）空载运行时的电磁过程

当三相异步电动机的定子接到正序对称三相电源时，定子绕组中就将流过一组对称的三相电流，于是定子绕组将产生一个正向同步旋转的基波合成旋转磁动势 $\bar{F}_1$。在 $\bar{F}_1$ 的作用下，将产生通过气隙的主磁场 $\dot{\Phi}_m$。$\dot{\Phi}_m$ 以同步转速旋转，并"切割"转子绕组，使转子绕组内产生三相感应电动势和三相转子电流。气隙磁场和转子电流相互作用产生电磁转矩，使转子顺旋转磁场方向转动起来。

空载运行时，由于转子转速 n 非常接近于同步转速 n_1，此时旋转磁场"切割"转子导体的相对速度接近于零，即 $\Delta n=n_1-n\approx0$，所以转子感应电动势和转子电流很小，可近似认为零，即 $E_2\approx0$，$I_2\approx0$。因此空载运行时，定子磁动势基本上就是产生气隙主磁场的励磁磁动势，空载时的定子电流就近似等于激磁电流，$I=I_m$。但由于异步电动机存在气隙，其空载电流的百分值比变压器的要大。

空载运行时，定子绕组中的三相电流除产生主磁场 $\dot{\Phi}_m$ 外，还要产生定子漏磁场 $\dot{\Phi}_{1\sigma}$，如图 2-18 所示。主磁通通过定子—气隙—转子—气隙—定子构成闭合回路，同时环链定、转子绕组。主磁通在定、转子绕组中分别感应电动势 $\dot{E}_1$、$\dot{E}_2$，起到传递能量的媒介作用。漏磁通仅与定子绕组交链，不进入转子磁路，由槽漏磁通和端部漏磁通、高次谐波漏磁通组成，如图 2-19 所示。定子漏磁通仅在定子绕组中感应漏电动势 $\dot{E}_{1\sigma}$，只起电抗压降的作用，不能起传递能量的媒介作用。

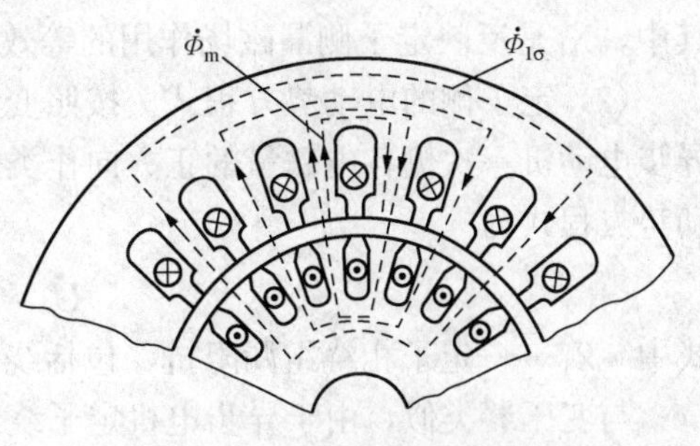

图 2-18　主磁通和漏磁通

此外，每相定子绕组还有电阻 R_1 存在，当电流 $\dot{I}_0$ 通过定子绕组时，还将引起电阻压降 $\dot{I}_0R_1$，上述各电磁关系总结如下：

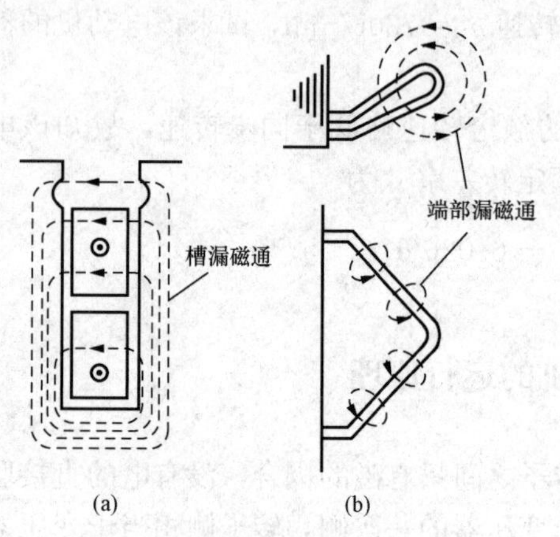

图 2-19　槽漏磁通和端部漏磁通

（a）槽漏磁通；（b）端部漏磁通

$\dot{U}_1$ —— $\dot{I}_0$ —— $\dot{F}_1$ —— $\dot{\Phi}_m$ —— $\dot{E}_1$，$\dot{E}_2\approx 0$

$\dot{F}_1$ —— $\dot{\Phi}_{1\sigma}$ —— $\dot{E}_{1\sigma}$

$\dot{I}_0$ —— $\dot{I}_0 R_1$

（二）空载运行时的电动势方程、等效电路及相量图

1. 电动势方程式

（1）定子绕组的感应电动势。空载运行时，主磁通 $\dot{\Phi}_m$ 以 n_1 的转速切割静止的定子绕组，产生感应电动势 $\dot{E}_1$，根据绕组感应电动势的公式可知 $\dot{E}_1$ 的表达式为

$$\dot{E}_1 = -\mathrm{j}4.44 f_1 N_1 k_{w1} \dot{\Phi}_m \tag{2-6}$$

其有效值表达式为

$$E_1 = 4.44 f_1 N_1 k_{w1} \Phi_m \tag{2-7}$$

式中　$\dot{\Phi}_m$——气隙旋转磁场的每极基波磁通量；

f_1——定子绕组的感应电动势的频率；

N_1——定子绕组的每相串联匝数；

k_{w1}——定子绕组的基波绕组系数。

采用与变压器分析时同样的方法，可以将电动势 $\dot{E}_1$ 看作是空载电流 $\dot{I}_0$ 在激磁阻抗 Z_m 上的压降，即

$$\dot{E}_1 = -\dot{I}_0 Z_m = -\dot{I}_0 (R_m + \mathrm{j}X_m) \tag{2-8}$$

$$Z_m = R_m + \mathrm{j}X_m$$

式中　Z_m——励磁阻抗；

R_m——励磁电阻，反映铁损耗的等效电阻；

X_m——励磁电抗，对应主磁路磁导的电抗。

定子漏磁通 $\dot{\Phi}_{1\sigma}$ 将在定子绕组中感应漏磁电动势 $\dot{E}_{1\sigma}$。把 $\dot{E}_{1\sigma}$ 作为漏抗压降来处理，可得

$$\dot{E}_{1\sigma} = -\mathrm{j}\dot{I}_0 X_1 \tag{2-9}$$

其中，X_1 是反映定子侧漏磁场作用的等效电抗，是定子每相绕组的漏电抗。

（2）定子侧的电动势方程式。按照变压器中对一次侧各电磁量的正方向的规定方法，对异步电动机一次侧各电磁量的正方向作类似的规定，根据基尔霍夫第二定律，定子每相的电动势方程式为

$$\dot{U}_1 = -\dot{E}_1 + \dot{I}_0 Z_1 \tag{2-10}$$

式中　Z_1——定子相绕组漏阻抗，包括绕组电阻和漏电抗，是常数，$Z_1 = R_1 + \mathrm{j}X_1$。

与变压器类似，由于异步电机定子绕组的漏阻抗压降与外加电压相比很小，通常仅为额定电压的 2%～5%，为了分析简单，可忽略不计，所以有

$$\dot{U}_1 \approx -\dot{E}_1$$

$$U_1 \approx E_1 = 4.44 f_1 N_1 k_{w1} \Phi_m \tag{2-11}$$

对于给定的异步电动机，由于匝数、绕组系数均为定值，当频率一定时，主磁通与电源电压成正比，如电源电压不变，则主磁通也基本不变。

2. 等效电路及相量图

根据式（2-8）和式（2-10）可作出异步电动机理想空载时的等效电路及相量图，与变压器空载时等效电路及相量图相同，可参见变压器空载时的等效电路及相量图。

由于异步电动机定、转子之间有气隙，其励磁阻抗比变压器的小，而漏电抗比变压器的要大。

二、异步电动机的负载运行

异步电动机的负载运行是指定子三相绕组接到额定频率、额定电压的三相交流电源上，转轴上带着机械负载转动的运行方式。

（一）负载运行时的电磁过程

在空载运行的异步电动机的转轴上带上负载运行时，一方面定子旋转磁场仍以 n_1 的转速旋转，另一方面，转轴上机械负载的阻力矩使转子转速从空载时的接近 n_1 下降到某值 n，此时，$n<n_1$，电动机沿着旋转磁场的转向以低于 n_1 的速度旋转，旋转磁场切割转子绕组的速度由空载时的接近 0 变为 n_1-n，在转子绕组中产生感应电动势，因转子绕组是短路的，在转子电动势的作用下，转子绕组中将有电流 $\dot{I}_2$ 产生，$\dot{I}_2$ 将产生转子磁动势。

异步电动机负载运行时，定子电流和转子电流都产生磁势，所以此时的气隙主磁通 $\dot{\Phi}_m$ 由定、转子磁动势 $\bar{F}_1$、$\bar{F}_2$ 共同建立。该主磁通同时环链一、二次绕组，在一、二次绕组中分别感应电动势 $\dot{E}_1$、$\dot{E}_2$，同时定、转子磁动势 $\bar{F}_1$、$\bar{F}_2$ 还分别产生仅环链本侧绕组的漏磁通 $\dot{\Phi}_{1\sigma}$、$\dot{\Phi}_{2\sigma}$，并感应漏抗电动势 $\dot{E}_{1\sigma}$、$\dot{E}_{2\sigma}$。此外，每相定、转子绕组还有电阻 R_1、R_2 存在，当定、转子电流分别流过各自侧的绕组时，还将引起电阻压降 $\dot{I}_1R_1$、$\dot{I}_2R_2$。

（二）负载时的磁动势平衡方程式

1. 负载时的转子磁动势

由于三相对称绕组中通入三相对称电流将产生旋转磁动势，同理可知，多相对称绕组中通入多相对称电流也将产生旋转磁动势。对于绕线式异步电动机，其转子绕组为三相对称绕组，流过的电流是三相对称电流，所以转子磁动势是一个旋转磁动势。对于鼠笼式异步电动机，其转子绕组为多相对称绕组，流过的电流是多相对称电流，所以转子磁动势也是一个旋转磁动势。

若定子旋转磁场按 A→B→C 的相序顺时针旋转，转子三相绕组也按 a、b、c 顺时针嵌放，则转子感应电动势和电流的相序也是 a、b、c，而转子旋转磁场的转向取决于转子电流的相序，即从电流超前相绕组轴线转向电流滞后相绕组轴线，所以转子旋转磁动势的转向也是按顺时针旋转，亦即定、转子旋转磁动势 $\bar{F}_1$、$\bar{F}_2$ 转向相同。

设定子旋转磁场的转速为 n_1，异步电动机负载运行时，转子转速为 n，则气隙磁场切割转子的速度为 n_1-n，转子感应电动势和电流的频率 f_2 应为

$$f_2 = \frac{p(n_1-n)}{60} = \frac{pn_1}{60}\frac{n_1-n}{n_1} = sf_1 \tag{2-12}$$

转子旋转磁动势的转速取决于转子电流的频率，所以转子磁动势相对于转子的转速为

$$n_2=\frac{60f_2}{p}=\frac{60sf_1}{p}=sn_1 \tag{2-13}$$

转子本身又以转速 n 在旋转，所以转子旋转磁动势相对于定子的转速为

$$n_2+n=sn_1+n=n_1$$

即转子旋转磁动势与定子旋转磁动势的转速相同。

综上所述，无论转子的实际转速是多少，转子磁动势 $\bar{F}_2$ 和定子磁动势 $\bar{F}_1$ 在空间的转速总是等于同步转速 n_1，它们在空间始终保持相对静止。两者共同建立稳定的气隙主磁场。

2. 磁动势平衡方程式

与变压器类似，异步电动机的主磁通与电源电压成正比，如电源电压不变，则主磁通也基本不变。所以磁动势平衡式为

$$\bar{F}_1+\bar{F}_2=\bar{F}_{\mathrm{m}} \tag{2-14}$$

$$\bar{F}_1=\bar{F}_{\mathrm{m}}+(-\bar{F}_2)=\bar{F}_{\mathrm{m}}+\bar{F}_{1\mathrm{L}}$$

利用多相交流绕组磁动势的一般表达式可得

$$\frac{m_1}{2}\times0.9\frac{N_1k_{\mathrm{w1}}}{p}\dot{I}_{\mathrm{m}}=\frac{m_1}{2}\times0.9\frac{N_1k_{\mathrm{w1}}}{p}\dot{I}_1+\frac{m_2}{2}\times0.9\frac{N_2k_{\mathrm{w2}}}{p}\dot{I}_2$$

式中 $\dot{I}_{\mathrm{m}}$——励磁电流；

m_1、m_2——定、转子绕组的相数。

将上式化简得到电流形式的磁动势方程式为

$$\dot{I}_1=\dot{I}_{\mathrm{m}}-\frac{m_2}{m_1}\times\frac{N_2k_{\mathrm{w2}}}{N_1k_{\mathrm{w1}}}\dot{I}_2=\dot{I}_{\mathrm{m}}+\left(-\frac{\dot{I}_2}{k_{\mathrm{i}}}\right) \tag{2-15}$$

即

$$\dot{I}_1=\dot{I}_{\mathrm{m}}+\dot{I}_{1\mathrm{L}}$$

式中 k_{i}——异步电动机的电流变比，$k_{\mathrm{i}}=\dfrac{m_1N_1k_{\mathrm{w1}}}{m_2N_2k_{\mathrm{w2}}}$；

$\dot{I}_{1\mathrm{L}}$——定子绕组电流的负载分量，即异步电动机带负载以后，定子电流中除激磁分量 $\dot{I}_{\mathrm{m}}$ 以外，还将出现一个补偿转子磁动势的“负载分量” $\dot{I}_{1\mathrm{L}}$，$\dot{I}_{1\mathrm{L}}=-\dfrac{\dot{I}_2}{k_{\mathrm{i}}}$。

负载时异步电动机的励磁磁动势是定、转子绕组的合成磁动势。定子磁动势 $\bar{F}_1$ 也可以分成两部分：产生主磁通的励磁磁动势 $\bar{F}_{\mathrm{m}}$；抵消转子磁动势的负载分量 $\bar{F}_{1\mathrm{L}}$。后者与转子磁动势 $\bar{F}_2$ 大小相等、方向相反，以保持气隙内的主磁通基本不变。

（三）负载时的电动势平衡方程式

1. 定子侧的电动势平衡方程式

异步电动机负载时定子侧的各物理量的关系与空载时类似，只有定子电流由空载时的 $\dot{I}_0$ 变为 $\dot{I}_1$，所以负载时定子侧每相的电动势方程式为

$$\dot{U}_1=-\dot{E}_1+\dot{I}_1R_1+\mathrm{j}\dot{I}_1X_1=-\dot{E}_1+\dot{I}_1Z_1 \tag{2-16}$$

2. 转子侧的电动势平衡方程式

根据绕组知识，可得转子绕组的感应电动势的有效值为

$$E_2 = 4.44 f_2 N_2 k_{w2} \Phi_m$$

由于电动机负载时，转子感应电动势的频率 $f_2 = sf_1$，所以

$$E_2 = 4.44 f_2 N_2 k_{w2} \Phi_m = 4.44 s f_1 N_2 k_{w2} \Phi_m$$

当转子静止时，$s=1$，$f_2 = f_1$，转子感应电动势用 E_{20} 表示，则

$$E_{20} = 4.44 f_1 N_2 k_{w2} \Phi_m \tag{2-17}$$

将上两式比较，得

$$E_2 = sE_{20} \tag{2-18}$$

由于额定运行时异步电动机的转差率很小，所以当转子旋转时，转子绕组的感应电动势相应减小。

转子绕组的漏磁电动势也可用漏抗压降表示，即

$$\dot{E}_{2\sigma} = -\mathrm{j}\dot{I}_2 X_2 \tag{2-19}$$

式中 X_2——转子绕组漏电抗，与转子漏磁通对应的等效电抗。

由于转子绕组感应电动势频率 f_2 变化，所以

$$X_2 = 2\pi f_2 L_2 = 2\pi s f_1 L_2 = sX_{20} \tag{2-20}$$

式中 X_{20}——转子静止时绕组漏电抗。

额定运行时异步电动机的转差率很小，所以当转子旋转时，转子绕组的漏电抗相应减小。

由于异步电动机转子绕组短路，所以按照与变压器类似的分析方法，根据基尔霍夫定律，可写出转子侧的电动势平衡方程式，即

$$\dot{E}_2 + \dot{E}_{2\sigma} - \dot{I}_2 R_2 = 0$$

$$\dot{E}_2 = \dot{I}_2 (R_2 + \mathrm{j}X_2) \tag{2-21}$$

根据上面几式，可得转子绕组的相电流为

$$\dot{I}_2 = \frac{\dot{E}_2}{R_2 + \mathrm{j}X_2} = \frac{s\dot{E}_{20}}{R_2 + \mathrm{j}sX_{20}} \tag{2-22}$$

有效值为

$$I_2 = \frac{sE_{20}}{\sqrt{R_2^2 + (sX_{20})^2}} \tag{2-23}$$

由式（2-23）可知，转子电流 I_2 随 s 的增加而增加。

功率因数角 $\varphi_2 = \arctan \dfrac{sX_{20}}{R_2}$

转子绕组的功率因数为

$$\cos\varphi_2 = \frac{R_2}{\sqrt{R_2^2 + (sX_{20})^2}} \tag{2-24}$$

显然，转子功率因数随 s 的增加而减小。

【例 2-2】 有一台 50Hz、三相、四极的异步电动机，若转子的转差率 $s=5\%$，试求：

（1）转子电流的频率；

（2）转子磁动势相对于转子的转速；

（3）转子磁动势在空间的转速。

解 （1）转子电流的频率为

$$f_2 = sf_1 = 0.05 \times 50 = 2.5(\text{Hz})$$

（2）转子磁动势相对于转子的转速为

$$n_2 = \frac{60f_2}{p} = \frac{60 \times 2.5}{2} = 75(\text{r/min})$$

（3）由于转子转速 $n = n_1(1-s) = 1500 \times (1-0.05) = 1425\text{r/min}$，所以转子磁动势在空间的转速应为

$$1425 + 75 = 1500(\text{r/min})$$

即为同步转速。

第四节　三相异步电动机的等效电路

根据异步电动机负载时定、转子侧的电动势方程式，可作出如图 2-20（a）所示的实际定、转子的耦合电路图，其中定子频率为 f_1，转子频率为 f_2，定子电路和旋转的转子电路通过气隙旋转磁场（主磁场）相耦合。但是由于定、转子频率不同，相数和有效匝数亦不同，故定、转子电路无法连在一起。为了得到定、转子统一的等效电路，必须把转子频率变换为定子频率，转子的相数、有效匝数变换为定子的相数和有效匝数，即需进行频率折算和绕组折算。

一、频率折算

频率折算的物理含义是，用一个静止的等效转子去代替实际旋转的转子，等效转子将与实际转子具有同样的转子磁动势（同空间转速、同幅值、同空间相位），即保持折算前后电磁效应不变。这样等效转子的频率与定子绕组的频率相同。由前面的分析可知，无论转子是转动还是静止，定、转子磁动势间都保持相对静止，它们有相同的转速和转向。所以频率折算时，只需要考虑折算前后转子磁动势的幅值和相位即可。

异步电动机负载时转子电流为

$$\dot{I}_2 = \frac{\dot{E}_2}{R_2 + \text{j}X_2} = \frac{s\dot{E}_{20}}{R_2 + \text{j}sX_{20}}$$

也可写为

$$\dot{I}_2 = \frac{\dot{E}_{20}}{\frac{R_2}{s} + \text{j}X_{20}} = \frac{\dot{E}_{20}}{R_2 + \text{j}X_{20} + \frac{1-s}{s}R_2} \tag{2-25}$$

以上两式表示的转子电流具有同样的大小和相位，但它们所代表的物理意义却完全不同。前一个式子中，转子绕组的感应电动势及漏电抗均与转差率 s 的大小成正比，它对应于转子转动时的情况，具有频率 $f_2 = sf_1$。后一个式子中，转子绕组的感应电动势及漏电抗均与转差率 s 大小无关，它对应于转子静止时的情况，具有频率 $f_2 = f_1$。所以一台以转差率 s 旋转的异步电动机，可以用一台等效的静止的电动机代替，这时，只需要在静止电动机的转子绕组中串入电阻 $\frac{1-s}{s}R_2$，使得转子绕组的每相总电阻变为 $\frac{R_2}{s} = R_2 + \frac{1-s}{s}R_2$，此时等效的静止转子与实际旋转的转子具有同样的转子磁动势，而等效的静止转子的频率与定子的频率相同，图 2-20（b）表示频率折算后，异步电动机定、转子的等效电路图。

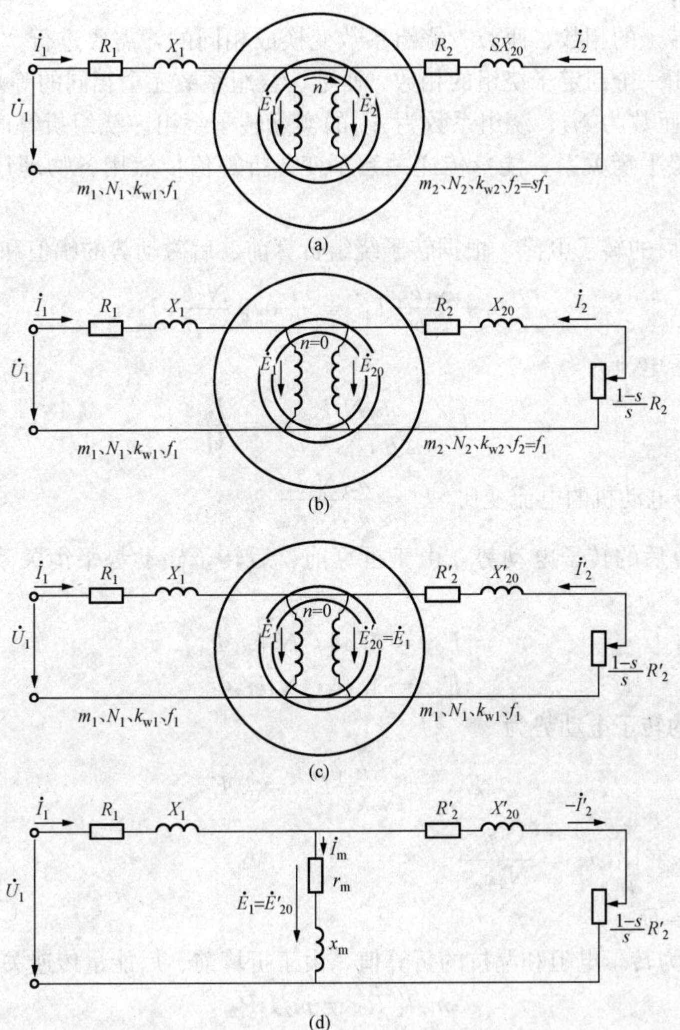

图 2-20　异步电动机 T 形等值电路的形成

（a）定、转子电路实际情况；（b）频率折算后的电路状况；

（c）绕组折算后的电路状况；（d）T 形等值电路

在等效电路图的转子回路中，出现了一个附加电阻$\frac{1-s}{s}R_2$，它在转子电路中将消耗有功功率，而在实际电机的转子中并不存在这项电阻损耗，但实际电机要产生转轴上的机械功率。由于静止的转子与实际旋转的转子是等效的，因此消耗在电阻$\frac{1-s}{s}R_2$上的功率就代表了实际电机转轴上的机械功率，即$\frac{1-s}{s}R_2$是一个表征异步电动机转轴上的总机械功率的等效电阻。

经过频率折算后，定、转子等效电路的频率已相同，但定、转子的匝数、相数、绕组系数还不相同，所以还要进行绕组的折算。

二、绕组折算

为把定子、转子的相数、匝数、绕组系数变换成相同的，需要进行“绕组折算”。所谓绕组折算，就是用一个与定子绕组的相数、匝数、绕组系数完全相同的等效的转子绕组，去代替相数为 m_2、匝数为 N_2、绕组系数为 k_{w2} 的实际转子绕组。绕组折算时，同样应当保持折算前后的磁动势平衡关系、能量传递关系不变。折算值依然用各物理量符号的右上角加“′”来表示。

设 I_2' 为折算后的转子电流，根据转子绕组折算前、后磁动势的幅值和相位不变，应有

$$\frac{m_1}{2}0.9\frac{N_1k_{w1}}{p}I_2' = \frac{m_2}{2}0.9\frac{N_2k_{w2}}{p}I_2$$

所以折算后的转子电流为

$$I_2' = \frac{m_2N_2k_{w2}}{m_1N_1k_{w1}}I_2 = \frac{I_2}{k_i} \tag{2-26}$$

式中 k_i——异步电动机的电流变比，$k_i = \frac{m_1N_1k_{w1}}{m_2N_2k_{w2}}$。

设 E_{20}' 为折算后的转子电动势，由于折算前、后转子磁动势平衡关系不变，主磁通不变，所以

$$\begin{cases} E_{20}' = 4.44f_1N_1k_{w1}\Phi_m \\ E_{20} = 4.44f_1N_2k_{w2}\Phi_m \end{cases}$$

因此折算后的转子电动势为

$$E_{20}' = \frac{N_1k_{w1}}{N_2k_{w2}}E_{20} = k_eE_{20} \tag{2-27}$$

式中 k_e——电压变比，$k_e = \frac{N_1k_{w1}}{N_2k_{w2}}$。

显然 $E_{20}' = E_1$。

设 R_2' 和 X_2' 为转子电阻和漏抗的折算值，由于折算前、后能量传递关系不变，所以有

$$m_1I_2'^2R_2' = m_2I_2^2R_2$$

因此折算后的转子电阻为

$$R_2' = k_ek_iR_2 \tag{2-28}$$

同理

$$m_1I_2'^2X_{20}' = m_2I_2^2X_{20}$$

折算后的转子电抗为

$$X_{20}' = k_ek_iX_{20} \tag{2-29}$$

同样

$$Z_2' = k_ek_iZ_2 = R_2' + jX_{20}'$$

归纳起来，绕组折算时，转子电动势和电压应乘以电压变比 k_e，转子电流应除以电流变比 k_i，转子电阻和漏抗则应乘以 k_ek_i，折算前后转子的总视在功率、有功功率、转子的铜损耗和漏磁场储能均保持不变。

图 2-20（c）表示频率和绕组折算后，定、转子的耦合电路图。

三、T 形等效电路

经过折算，异步电动机的电压方程和磁动势方程为

$$
\begin{cases}
\dot{U}_1 = -\dot{E}_1 + \dot{I}_1 Z_1 \\
\dot{E}'_{20} = \dot{I}'_2\left(\dfrac{R'_2}{s} + \mathrm{j}X'_{20}\right) \\
\dot{I}_\mathrm{m} = \dot{I}_1 + \dot{I}'_2 \\
E_1 = E'_{20} \\
\dot{E}_1 = -\dot{I}_\mathrm{m} Z_\mathrm{m}
\end{cases}
$$

由此画出异步电动机的T形等效电路，如图2-20（d）所示。

由图2-20（d）可以看出，异步电动机空载时，转子转速接近于同步转速，$s\approx 0$，$\dfrac{R'_2}{s}\rightarrow\infty$，转子相当于开路；此时转子电流接近于零，定子电流基本上是励磁电流。当电动机加上负载时，转差率增大，$\dfrac{R'_2}{s}$减小使转子和定子电流增大。负载时，由于定子电流和漏阻抗压降增加，E_1 和相应的主磁通值将比空载时略小。起动时 $s\approx 1$，$\dfrac{R'_2}{s}\approx R'_2$，转子和定子电流都很大，由于定子的漏阻抗压降较大，此时 E_1 和主磁通值将显著减小，仅为空载时的50%～60%。

因为产生气隙中主磁场和定、转子的漏磁场都要由电源输入一定的感性无功功率，所以异步电动机的定子电流 I_1 总是滞后于电源电压 U_1，磁化电流越大，定、转子漏抗越大，电机的功率因数就越低。

这里应当注意，由等效电路算出的所有定子侧的量均为电机中的实际量，而转子电动势、电流则是折算值而不是实际值。等效电路是分析和计算异步电动机的主要工具。

四、简化等效电路

用T形等效电路分析和计算异步电动机性能是比较复杂的，为了简化计算，也希望像变压器那样将励磁支路前移，从而作出简化等效电路，如图2-21所示。变压器励磁阻抗非常大，励磁电流和原边漏阻抗很小，而异步电动机则不然，所以利用简化等效电路计算时会引起较大的误差。不过用于大中型以上的异步电动机时误差并不大，在工程计算中是允许的。

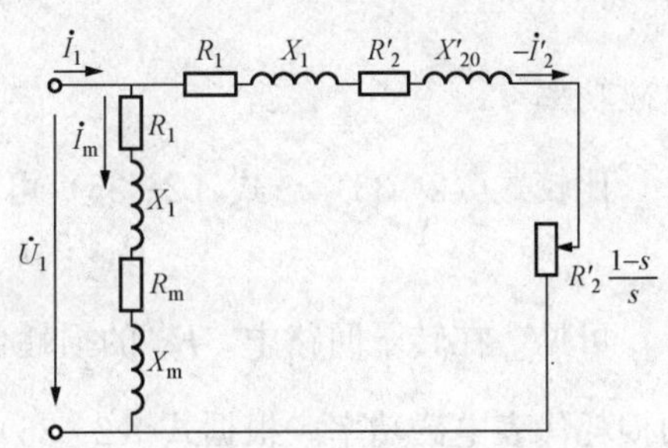

图2-21　异步电动机简化等效电路

和变压器一样，基本方程式、等效电路、相量图是描述电机内部电磁关系的三种不同方式，但它们本质上是一致的。定量分析用等效电路，讨论物理量间的关系用相量图，理论分析用方程式。

第五节　三相异步电动机的特性

本节将用等效电路来分析异步电动机的功率关系，并列出功率方程和转矩方程及其工作特性。

一、功率平衡方程及电磁功率和转换功率

从等效电路中可以看出，电网输入的电功率 P_1，一部分消耗在定子电阻 R_1 上，另一部

分在励磁电阻 R_m 上；余下的功率便是通过气隙旋转磁场、利用电磁感应作用传递到转子上的电磁功率 P_{em}。在转子回路中，由于正常运行时，转差率很小，转子中磁通的变化频率很低，通常仅 1～3Hz，所以转子铁损耗一般可略去不计。因此，从传送到转子的电磁功率中扣除转子铜损耗 p_{Cu2} 后，剩下的就是总机械功率 P_Ω。当产生有效的机械功率以后，电机就会转动起来，自然会产生机械摩擦损耗及附加损耗。所以总机械功率中扣除了转子旋转时的机械损耗 p_Ω 和附加损耗 p_Δ 后，余下的才是转轴上输出的机械功率 P_2。对应的功率流程图如图 2-22 所示。

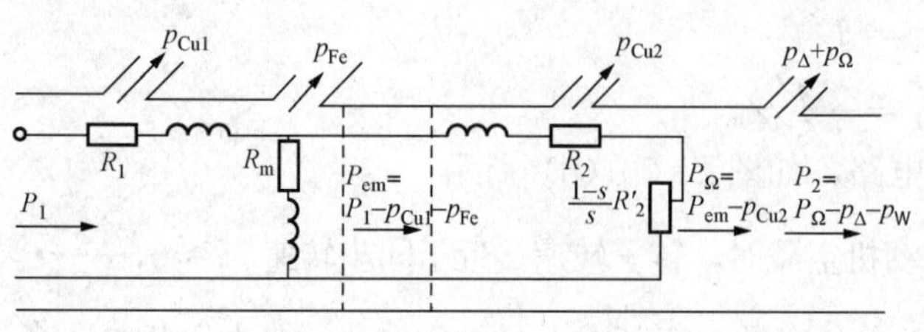

图 2-22 异步电动机功率流程与损耗、电机参数的关系

相应的功率平衡关系有

$$P_{em} = P_1 - p_{Cu1} - p_{Fe} \tag{2-30}$$

$$P_\Omega = P_{em} - p_{Cu2} \tag{2-31}$$

$$P_2 = P_\Omega - p_\Omega - p_\Delta \tag{2-32}$$

由图 2-22 中可知：

电源输入功率 $$P_1 = m_1 U_1 I_1 \cos\varphi_1$$

定子铜损耗 $$p_{Cu1} = m_1 I_1^2 R_1$$

定子铁损耗 $$p_{Fe} = m_1 I_m^2 R_m$$

转子铜损耗 $$p_{Cu2} = m_1 I_2'^2 R_2' \tag{2-33}$$

总机械功率 $$P_\Omega = m_1 I_2'^2 \frac{1-s}{s} R_2' \tag{2-34}$$

电磁功率 $$P_{em} = m_1 I_2'^2 \frac{R_2'}{s} \tag{2-35}$$

比较式（2-33）～式（2-35）可以得出

$$P_{em} : p_{Cu2} : P_\Omega = 1 : s : (1-s) \tag{2-36}$$

可见，在转子回路中，R_2' 的损耗代表转子铜损耗；$\frac{1-s}{s}R_2'$ 的损耗代表总机械功率；$\frac{R_2'}{s}$ 的损耗代表电磁功率。根据式（2-36）可知，传送到转子的电磁功率 P_{em} 中，s 部分变为转子铜损耗，$(1-s)$ 部分转换为机械功率。由于转子铜损耗等于 sP_{em}，所以亦称它为转差功率。异步电动机运行时转差率 s 越大，转子铜损耗越大，电机效率越低。当负载增大时，s 增加也会使 p_{Cu2} 增大；如果人为地增加转子电阻 R_2，则 p_{Cu2} 增大，从而使转差率 s 增大，使电动机转速下降。

综合上述平衡关系可得

$$P_2 = P_1 - \sum p = P_1 - (p_{Cu1} + p_{Fe} + p_{Cu2} + p_\Omega + p_\Delta) \tag{2-37}$$

满载时的附加损耗的大小与槽配合、槽开口、气隙大小和制造工艺等因素有关，一般很难计算，往往根据经验估算。在小型笼型异步电动机中，可达输出功率的 1%～3%；在大型异步电动机中，可取为输出功率的 0.5%。

二、转矩平衡方程和电磁转矩

电机产生的机械功率除以转子机械角速度 Ω 即为相应的转矩。把转子的输出功率方程式，即式（2-32）两端除以机械角速度 Ω，可得转子的转矩方程为

$$\frac{P_2}{\Omega}=\frac{P_\Omega}{\Omega}-\frac{(p_\Omega+p_\Delta)}{\Omega}$$

即

$$M_2=M_{em}-M_0 \tag{2-38}$$

式中 Ω——机械角速度，rad/s，$\Omega=\frac{2\pi n}{60}$；

M_{em}——电磁转矩，$M_{em}=\frac{P_\Omega}{\Omega}$。

作用在转子上的转矩有三个：电磁拖动转矩 M_{em}、空载制动转矩 M_0、负载制动转矩 M_2，也即电动机的输出转矩 M_2。M_{em}由转子电流和气隙主磁通相互作用引起的电磁力所产生，M_0是由电机的机械损耗和附加损耗引起的，M_2是由负载反作用于转子的力矩。稳态时，电磁转矩与负载制动转矩和空载制动转矩相平衡。

因为

$$\begin{cases}\Omega=\dfrac{2\pi n}{60}\\ M_{em}=\dfrac{P_\Omega}{\Omega}=\dfrac{(1-s)P_{em}}{\Omega}=\dfrac{n}{n_1}\dfrac{P_{em}}{\dfrac{2\pi n}{60}}=\dfrac{P_{em}}{\dfrac{2\pi n_1}{60}}=\dfrac{P_{em}}{\Omega_1}\end{cases}$$

所以电磁转矩

$$M_{em}=\frac{P_\Omega}{\Omega}=\frac{P_{em}}{\Omega_1} \tag{2-39}$$

式（2-39）表明，电磁转矩既可用机械功率，也可用电磁功率确定。用机械功率去求电磁转矩时，应除以转子的机械角速度 Ω；用电磁功率去求电磁转矩时，则应除以旋转磁场的同步角速度 Ω_1。

根据式（2-39）结合等效电路可知

$$\begin{aligned}M_{em}&=\frac{P_{em}}{\Omega_1}=\frac{m_1E_2'I_2'\cos\varphi_2}{\Omega_1}\\&=\frac{m_1(\sqrt{2}\pi f_1N_1k_{w1}\Phi_m)I_2'\cos\varphi_2}{\dfrac{2\pi n_1}{60}}=\frac{pm_1N_1k_{w1}}{\sqrt{2}}\Phi_mI_2'\cos\varphi_2\end{aligned} \tag{2-40}$$

令 $C_M=\frac{pm_1N_1k_{w1}}{\sqrt{2}}$为异步电动机转矩常数，则有

$$M_{em}=C_M\Phi_mI_2'\cos\varphi_2 \tag{2-41}$$

式（2-41）说明了电磁转矩与主磁通、转子有功电流的关系，即为电磁转矩的物理表达式。电磁转矩与气隙主磁通量 Φ_m和转子电流的有功分量成正比；增加转子电流的有功分量，可使电磁转矩增大。

因为

$$P_{em}=m_1I_2'^2\frac{R_2'}{s}$$

$$I_2'=\frac{U_1}{\sqrt{\left(R_1+\dfrac{R_2'}{s}\right)^2+(X_1+X_{20}')^2}}$$

$$\Omega = \frac{2\pi f_1}{p}$$

将上述关系代入式（2-39）可得

$$M_{em} = \frac{m_1 p U_1^2 \frac{R_2'}{s}}{2\pi f_1 \left[\left(R_1 + \frac{R_2'}{s}\right)^2 + (X_1 + X_{20}')^2\right]} \tag{2-42}$$

式（2-42）称为电磁转矩的参数表达式，它描述了异步电动机的电磁转矩与电源参数、电机参数和运行参数的关系。

三、异步电动机的转矩特性

异步电动机的输出主要体现在转矩和转速上。在电源为额定电压的情况下，电磁转矩与转差率的关系 $M_{em} = f(s)$ 就称为转矩—转差率特性，或 M_{em}—s 曲线。M_{em}—s 特性是异步电动机最主要的特性。

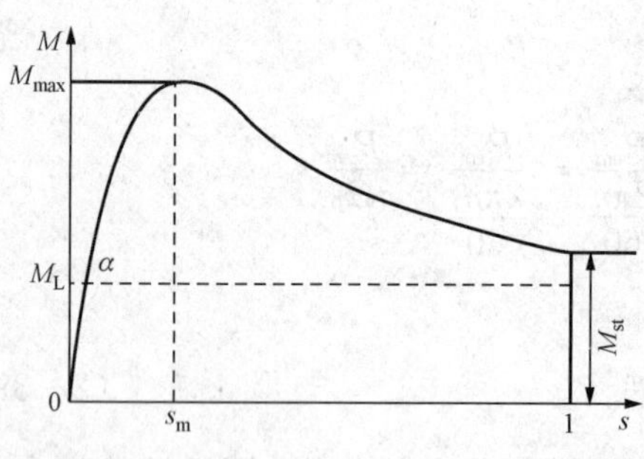

图 2-23　异步电动机的 $M = f(s)$ 曲线

由式（2-42）可知，当电源电压、频率一定，且电机的电阻和漏电抗参数不变时，电磁转矩只与转差率有关，把不同的转差率 s 代入参数表达式中，算出对应的电磁转矩 M_{em}，便可得到转矩—转差率特性 $M_{em} = f(s)$，如图 2-23 所示。

从图 2-23 中可知，当转差率较小时，转矩随着转差率的增大而增大，转差率较大时，转矩随着转差率的增大而减小，因此，转矩特性 $M_{em} = f(s)$ 有一个最大值，称为最大电磁转矩 M_{max}。与最大电磁转矩 M_{max} 相对应的转差率称为临界转差率 s_m，在电动机起动瞬间，$s=1$，此时的电磁转矩称为起动转矩 M_{st}。

根据图 2-23，可将异步电动机的转矩特性分为两部分：

（1）s 在 $0 \sim s_m$ 之间，此区域是异步电动机的稳定运行区。设电动机原来在额定转矩下运行，电磁转矩等于制动转矩，转差率为额定值，转速为额定转速。若负载转矩增大，电磁转矩小于制动转矩，则电动机转速下降，转差率 s 增大；随着 s 的增大，电磁转矩也对应增大，$\frac{dM_{em}}{ds} > 0$，当增加到新的转矩平衡时，电动机即在低于额定转速的新的转速下稳定运行。另外，当电动机在稳定区域运行时，若机械负载突然发生短时变化，必然引起转速变化，当此负载扰动消失后，电动机能自动恢复到原来转速下稳定运行，因此异步电动机在此区域能够稳定运行。

（2）s 在 $s_m \sim 1$ 之间，此区域是异步电动机的不稳定运行区。设在该区域内，负载转矩增大，则电磁转矩小于制动转矩，转速下降，转差率 s 增大；但随着 s 的增大，电磁转矩相应减小，即 $\frac{dM_{em}}{ds} < 0$，从而使得电磁转矩小于制动转矩，转速继续减慢，直至停转。当异步电动机在此区域运行时，若机械负载突然发生短时变化，当此负载扰动消失后，电动机不能自动恢复到原来转速下稳定运行，因此，异步电动机在此区域不能够稳定运行。

通常，也可把 $M_{em} = f(s)$ 曲线画为 $n = f(M_{em})$ 曲线，称之为机械特性曲线，如图 2-

24 所示。

下面讨论转矩特性曲线上的几个特殊点。

(1) 额定转矩 M_N。异步电动机额定负载时转轴上的输出转矩称为额定转矩 M_N，则有

$$M_N = \frac{P_N}{\Omega_N} = 9.55\frac{P_N}{n_N}\times 10^3(\text{N}\cdot\text{m}) \quad (2-43)$$

其中，P_N的单位为 kW，n_N的单位为 r/min。

(2) 最大电磁转矩 M_{max}。从图 2-23 可知，$M_{em}=f(s)$ 曲线有一个最大值 M_{max}。令 $\frac{dM_{em}}{ds}=0$，即可求出产生 M_{max}时的转差率 s_m为

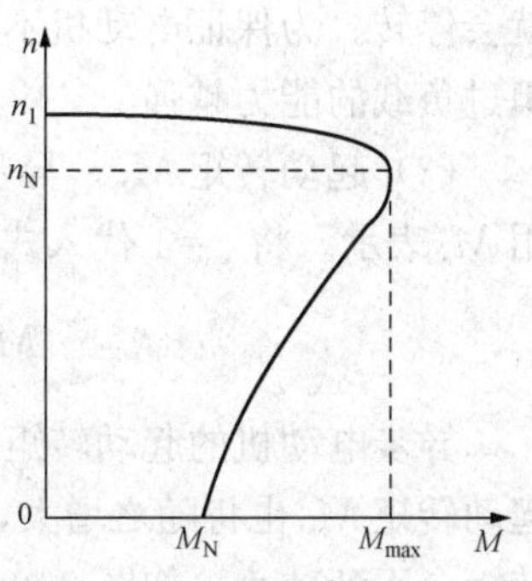

图 2-24　异步电动机的机械特性曲线

$$s_m = \frac{R_2'}{\sqrt{R_1^2 + (X_1 + X_{20}')^2}} \quad (2-44)$$

将 s_m代入式 (2-42)，可得电磁转矩最大值

$$M_{max} = \frac{m_1 p U_1^2}{4\pi f_1[\pm R_1 + \sqrt{R_1^2 + (X_1 + X_{20}')^2}]} \quad (2-45)$$

通常情况下，由于电阻值远远小于电抗值，所以式 (2-44)、式 (2-45) 可简化为

$$s_m \approx \frac{R_2'}{X_1 + X_{20}'} \quad (2-46)$$

$$M_{max} \approx \frac{m_1 p U_1^2}{4\pi f_1 (X_1 + X_{20}')} \quad (2-47)$$

由式 (2-46) 和式 (2-47) 可知，异步电动机的最大电磁转矩与电源电压的平方成正比，如图 2-25 所示，与定、转子漏抗之和近似成反比；最大电磁转矩的大小与转子电阻值无关，但出现最大电磁转矩时的转差率 s_m与转子电阻值 R_2' 成比例，如图 2-26 所示。利用这个特点，可以在转子绕组（绕线式）中串电阻改变转差率（速度）。

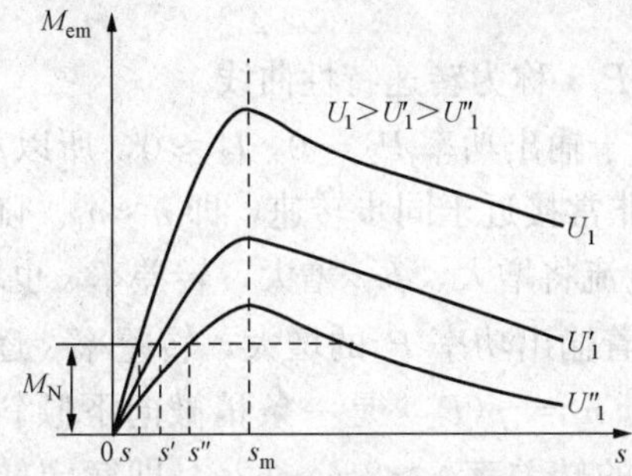

图 2-25　电压下降时的转矩特性曲线

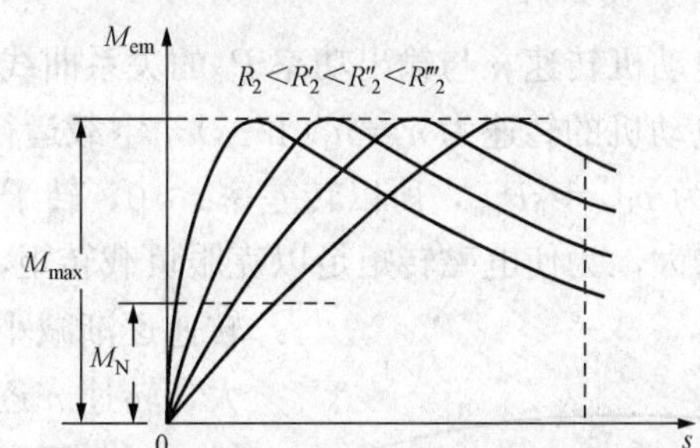

图 2-26　R_2 变化时的转矩特性曲线

电动机的最大电磁转矩与额定转矩之比称为过载能力（或最大转矩倍数），用 k_M表示，则有

$$k_M = \frac{M_{max}}{M_N} \quad (2-48)$$

过载能力 k_M是电机的重要性能指标之一。如果负载的制动转矩大于最大转矩，电动机

就会停转。为保证电动机不因短时过载而停转，通常过载能力为1.6～2.5，且k_M越大，承担过负载的能力越强。

(3) 起动转矩M_{st}。异步电动机接通电源开始起动时（$s=1$）的电磁转矩称为起动转矩，用M_{st}表示。将$s=1$代入式（2-42），可得

$$M_{st}=\frac{m_1 pU_1^2R_2'}{2\pi f_1[(R_1+R_2')^2+(X_1+X_{20}')^2]} \tag{2-49}$$

异步电动机的起动转矩与电源电压的平方成正比，当增大转子电阻R_2'时，s_m就增大，起动转矩M_{st}也将随之增大，直到M_{st}达到最大转矩值为止。此后，R_2'如果继续增大，起动转矩会逐渐减小，如图2-26所示。

对于绕线型电机，可以在转子中接入外加电阻来实现起动转矩达最大这一点。设外加电阻为R_{st}'，则当R_{st}'满足

$$R_2'+R_{st}'=X_1+X_{20}'$$

即

$$R_{st}'=X_1+X_{20}'-R_2' \tag{2-50}$$

此时的起动转矩可达到最大电磁转矩。

如果起动转矩过小，在一定的负载下电动机可能起动不了。通常用起动转矩与额定转矩的比表示起动转矩倍数，即

$$k_{st}=\frac{M_{st}}{M_N} \tag{2-51}$$

k_{st}越大，M_{st}也越大，起动能力越强。一般JO2系列电机的起动转矩倍数在1.0～2.0之间，Y系列电机的起动转矩倍数在1.7～2.2；特殊电机可达到4.0以上。

四、异步电动机的工作特性

在额定电压和额定频率下，电动机的转速n、输出转矩M_2、定子电流I_1、功率因数$\cos\varphi_1$、效率η与输出功率P_2的关系曲线称为异步电动机的工作特性，如图2-27所示。下面分别加以说明。

1. 转速特性

电动机转速n与输出功率P_2的关系曲线$n=f(P_2)$称为转速特性曲线。

电动机的转速为$n=n_1(1-s)$，空载运行时，由于输出功率$P_2=0$，$I_2\approx0$，所以$p_{Cu2}\approx0$。因为$p_{Cu2}=sP_{em}$，所以转差率$s\approx0$，转子的转速非常接近于同步转速，即$n\approx n_1$。随着负载的增大，为使电磁转矩足以克服负载转矩，转子电流将增大，p_{Cu2}增大，转差率s也增大，转速逐渐减小。即随着输出功率P_2的增大，转差率s逐渐增大，转速n逐渐减小。$n=f(P_2)$是一条稍微向下倾斜的曲线。通常额定负载时的转差率$s\approx2\%\sim6\%$，即额定转速约比同步转速低2%～6%。

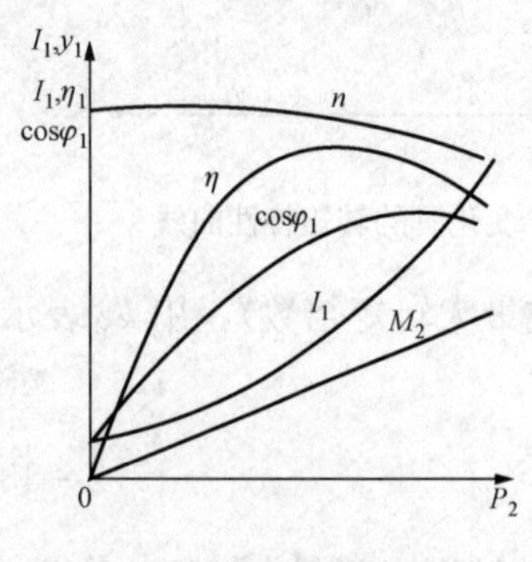

图2-27 工作特性曲线

2. 定子电流特性

异步电动机的定子电流I_1与输出功率P_2的关系曲线$I_1=f(P_2)$称为定子电流特性曲线。

电动机的定子电流$\dot{I}_1=\dot{I}_m+(-\dot{I}_2')$。空载运行时，$P_2=0$，转子电流$I_2'\approx0$，定子电流几乎全部是励磁电流，即

$\dot{I}_1 = \dot{I}_0$；随着负载的增大，转子电流 I_2' 增大，于是定子电流也将随之增大。即随着输出功率 P_2 的增大，定子电流 I_1 逐渐增大，定子电流特性曲线 $I_1 = f(P_2)$ 是上升的。

3. 定子功率因数特性

异步电动机的功率因数 $\cos\varphi_1$ 与输出功率 P_2 的关系曲线 $\cos\varphi_1 = f(P_2)$ 称为定子功率因数特性曲线。

空载时，定子电流基本上是励磁电流，它是无功电流，所以空载时功率因数非常低，小于 0.2。负载时，随着输出机械功率的增加，定子电流中的有功分量也增大，于是电动机的功率因数就逐渐提高。通常在额定负载附近，功率因数将达到其最大值，一般为 0.8～0.9。若负载继续增大，由于转速下降，转差率增大较多，转子频率、转子漏抗增加，转子功率因数下降，转子电流无功分量增大，与之相平衡的定子电流无功分量增大，使定子功率因数 $\cos\varphi_1$ 又重新下降。

4. 输出转矩特性

输出转矩 M_2 与输出功率 P_2 的关系曲线 $M_2 = f(P_2)$ 称为输出转矩特性曲线。

异步电动机的输出转矩 $M_2 = \dfrac{P_2}{\dfrac{2\pi n}{60}}$，空载时，由于 $P_2=0$，所以输出转矩 $M_2=0$。随着输出功率 P_2 的增大，输出转矩 M_2 直线增加，因为从空载到额定负载之间电动机的转速略有减小，使得输出转矩 M_2 进一步增大，所以 $M_2 = f(P_2)$ 是一条过原点稍向上翘的曲线。

5. 效率特性

异步电动机效率 η 与输出功率 P_2 的关系曲线 $\eta = f(P_2)$ 称为效率特性。效率等于输出功率 P_2 与输入功率 P_1 的比，即

$$\eta = \frac{P_2}{P_1} = 1 - \frac{\sum p}{P_2 + \sum p} \tag{2-52}$$

式中　$\sum p$ ——异步电动机的总损耗，$\sum p = (p_{Cu1} + p_{Cu2} + p_{\Delta}) + (p_{Fe} + p_{\Omega})$。

异步电动机从空载到额定负载运行，电源电压一定时，主磁通变化很小，所以铁损耗和机械损耗基本不变，称为不变损耗；铜损耗和附加损耗随负载变化，称为可变损耗。空载时，由于 $P_2=0$，所以 $\eta=0$。负载时，若负载较小，损耗增加缓慢，效率快速上升，直到可变损耗与不变损耗相等时，效率达到最大。负载继续增加，两个铜损耗增加很快，使效率反而下降。效率通常在 $(0.75 \sim 1)P_N$ 时达到最大。容量越大，额定效率 η_N 一般就越高。

由于异步电动机的效率和功率因数都在额定负载附近达到最大值，因此选用电动机时应使电动机的容量与负载相匹配，以使电动机经济、合理、安全地使用。

异步电动机的工作特性通常通过电动机负载试验测出，或通过间接计算得出。通过工作特性既可以掌握负载变化时各个运行量的变化规律，便于对电动机进行安全性、经济性的分析，又可判断电动机的工作性能好坏。

第六节　三相异步电动机的起动和调速

本节主要分析异步电动机的起动性能及调速方法。

一、三相异步电动机的起动

电动机接到电源上，从静止状态开始，升速到稳定运行于某一转速的过程称为起动

过程。

电动机的起动过程中，最先考虑的是起动力矩。为了能让电机转动起来，起动力矩必须大于负载力矩，并且为了让电动机能顺利地加速到额定转速，在整个起动过程中，要求电磁力矩始终大于负载力矩。电磁力矩与负载力矩的差值越大，加速越快，起动过程越短；反之，起动过程将越长。当电磁力矩与负载力矩相等时，电动机起动完毕，并且稳定地在某一固定转速下运行。

在额定电压下直接起动电动机，由于起动瞬间主磁通大约降为额定值的一半，且起动时的功率因数又很低，所以造成起动电流很大，普通鼠笼电动机的起动电流可达到额定电流的4～7倍，起动力矩达到额定力矩的0.9～1.3倍，可见异步电动机的起动电流大而起动力矩不大，即起动性能差。

起动电流大对电动机本身没有太大影响。因为异步电动机不存在换向的问题，对不频繁起动的异步电动机而言，短时的大电流不会构成危害，对频繁起动的异步电动机而言，出现短时的大电流可能会引起电动机内部发热较多而温升过高，但是只要限制每小时起动的次数，电动机也是能够承受的。所以若仅考虑电动机本身，是可以直接起动的。

起动电流大对供电变压器有一定的影响。电力网的容量相对于单个的电动机是很大的，而具体的供电变压器容量是按照负载总容量设置的。正常情况下由于变压器的电流不超过额定电流，因此输出电压比较稳定，电压变化率在允许的范围内。起动时，由于起动电流大，会使变压器的输出电压下降。电压的下降，对于电动机来说，会使电磁力矩下降很多，可能使欲起动的电动机无法起动，也可能使负载大的电动机停转、照明灯变暗等。因此，当供电变压器容量相对于电动机不是很大时，异步电动机是不可以直接起动的。只有大容量变压器才允许大功率电动机直接起动，小容量变压器只允许小功率电动机直接起动。

电动机起动时，只有起动力矩大于1.1倍负载力矩的条件下才能使电动机正常起动。显然，如果电动机空载或轻载，起动力矩是足够大的，可以直接起动。如果电动机是重载起动，则起动力矩就不能满足要求，此时就不可以直接起动。

对于欲直接起动的电动机，需要降低起动电流；对于欲重载起动的电动机，需要增加起动力矩。根据

$$I_{st}=\frac{U_1}{\sqrt{(R_1+R_2')^2+(X_1+X_{20}')^2}}=\frac{U_1}{Z_k}$$

$$M_{st}=\frac{m_1pU_1^2R_2'}{2\pi f_1[(R_1+R_2')^2+(X_1+X_{20}')^2]}$$

可知，降低起动电流的方法有两种：①降低电源电压；②增大定、转子侧的电阻或电抗。当增大转子侧的电阻时，一定要适当而不能过分，否则可能会引起起动力矩的降低。

总体上，对于起动的要求可归纳为：①尽可能小的起动电流，以减小对电网的冲击；②尽可能大的起动力矩，以缩短起动时间；③起动设备简单、经济、可靠；④起动过程中的功率损耗尽可能小。

不同电动机特点不同，下面分别讨论各种电动机适合的起动方法。

（一）鼠笼电动机的起动

鼠笼电动机的起动方法主要有两种：直接起动和降压起动。

1. 直接起动

直接起动是用普通开关（隔离开关、铁壳开关、空气开关等）把电动机直接接到电源上

的起动方式，如图 2-28 所示。由于此时电动机的电压是额定电压，所以又称为全压起动。

直接起动时，起动电流大，会给电源带来不良影响，以至于影响使用同一电源的其他设备的正常工作。所以直接起动方法的使用主要取决于供电变压器容量。一般地，只要直接起动电流在电力系统中引起的电压降不超过（10%～15%）U_N（对于经常起动的电动机取10%），就可以采用直接起动。

直接起动的优点是设备简单、操作方便、投资和维修费用低，在可能的情况下，应尽量优先采用。在发电厂中，由于供电变压器容量大，一般都采用直接起动。若供电变压器的容量不够大，就采用降压起动。

2. 降压起动

降压起动就是在起动时，降低加在电动机定子绕组上的电压，使起动时的电压小于额定电压，待电动机转速上升到一定数值后，再使电动机承受额定电压，这样可以限制起动电流。但此时因为加在电动机的电压降低了，所以会引起起动力矩的减小，这种方法适用于对转矩要求不高的小容量电动机带轻载的情况起动。降压起动可以采取以下几种方法。

（1）定子回路串电抗器起动。如图 2-29 所示，起动时，在异步电动机定子回路串入电抗器，使电抗器与电动机一起分担电源电压，从而降低了电动机上的电压，减小了起动电流。等起动完毕后将电抗器切除，电动机就进入正常运行。

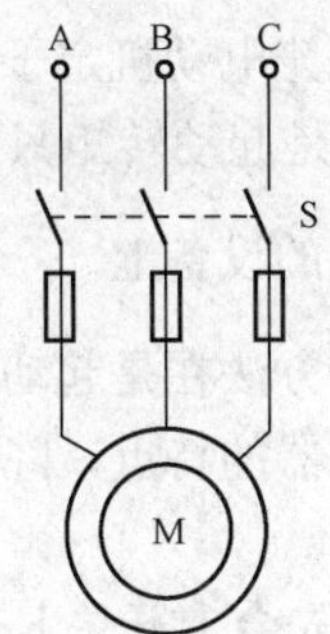

图 2-28 电动机直接起动接线图

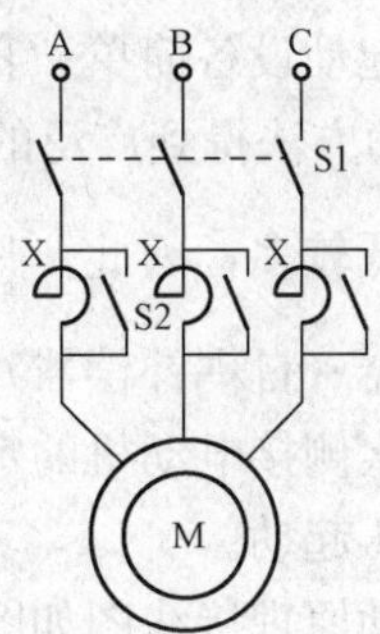

图 2-29 定子回路串电抗器起动接线图

用该方法起动时，如果电动机所加的电压降到 $\frac{1}{k}U_N$（k 为电动机端电压之比，$k>1$），则起动电流就是直接起动时的$\frac{1}{k}$，起动力矩 $\left[M_{st}\propto\left(\frac{1}{k}U_N\right)^2\right]$ 就是直接起动时的$\frac{1}{k^2}$，即 $I'_{st}=\frac{1}{k}I_{st}$，$M'_{st}=\frac{1}{k^2}M_{st}$。

定子回路串电抗器降压起动所用的设备费用较高，通常用于高压电动机的起动。

（2）Y—△起动。这种起动方法只适用于正常工作时定子绕组为三角形接法且三相绕组首尾六个端子全部引出来的电动机的起动。

起动时，将定子绕组接成 Y 形，直到电动机转速接近额定转速时，再改接成△形。其原理接线如图 2-30 所示，起动时，合上开关 k_1，再把开关 k_2 置于起动位置（Y 形侧），定子绕组成 Y 形连接。起动完毕，开关 k_2 置于运行位置（△形侧），定子绕组成△形连接，进入正常运行。

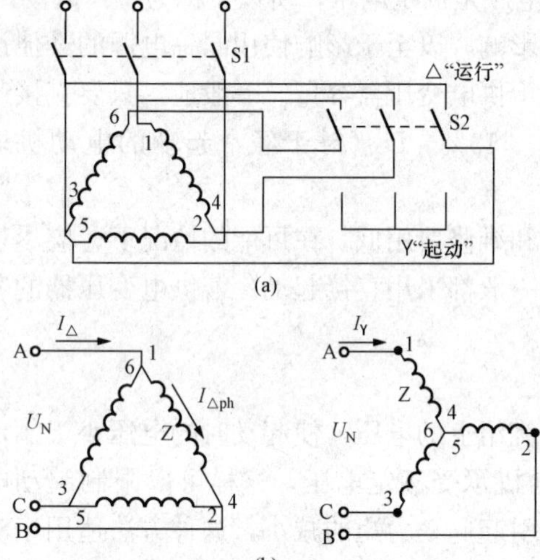

图 2-30 Y—△起动

(a) 原理接线图；(b) Y和△连接的原理图

设电源电压为 U_N，定子绕组每相阻抗为 Z，Y和△形法时的电流分别为 I_{stY} 和 $I_{st\triangle}$，则

$$I_{stY}=\frac{U}{\sqrt{3}Z}, I_{st\triangle}=\frac{\sqrt{3}U}{Z}$$

整理可得

$$\frac{I_{stY}}{I_{st\triangle}}=\frac{1}{3} \tag{2-53}$$

可见，Y形接法起动时，由电源供给的起动电流只有△形接法起动时的$\frac{1}{3}$，从而减小了起动电流。由于起动转矩正比于电压的平方，所以Y形接法起动时的起动转矩也只有△形接法起动时的$\frac{1}{3}$，即

$$\frac{M_{stY}}{M_{st\triangle}}=\frac{1}{3} \tag{2-54}$$

综上所述，利用Y-△起动，其起动电流和起动转矩都变为直接起动时的$\frac{1}{3}$。这种起动方法的最大优点是起动设备简单，我国生产的一些型号的鼠笼电动机定子绕组都采用△形接法，使得Y—△起动方法得到广泛的应用。这种方法的缺点是起动转矩只有△形接法起动时的$\frac{1}{3}$，起动转矩降低较多，因此，只能用于轻载或空载起动的设备上。

(3) 自耦变压器（自耦补偿器）起动。自耦变压器起动方法在是起动时，将自耦变压器一次侧接电源，二次侧接电动机的定子绕组，利用自耦变压器的特点，降低加在电动机上的电压，从而实现降压起动。

自耦变压器起动原理接线图如图 2-31 所示。起动时，先合上开关 K1，再合开关 K2 于起动位置，此时的电源经过自耦变压器降低电压后加在电动机上，限制了起动电流，直到电动机转速接近额定转速时，再合开关 K2 于运行位置，将自耦变压器切除，电动机在额定电压下正常工作。自耦变压器的二次侧通常有几组抽头可供选择。

设电网电压为 U_N，自耦变压器的变比为 $k_a(k_a>1)$，则自耦变压器二次侧的电压为$\frac{U_N}{k_a}$，这也就是加在电动机定子绕组上的电压，所以通过定子绕组的电流也即自耦变压器二次侧的电流 I_{2st} 为直接起动时的$\frac{1}{k_a}$，即 $I_{2st}=\frac{1}{k_a}I_{stN}$，（$I_{stN}$ 为额定电压下直接起动时的起动电流），自耦变压器一次侧的电流也就是电网供给的电流为

$$I_{1st}=\frac{1}{k_a^2}I_{stN} \tag{2-55}$$

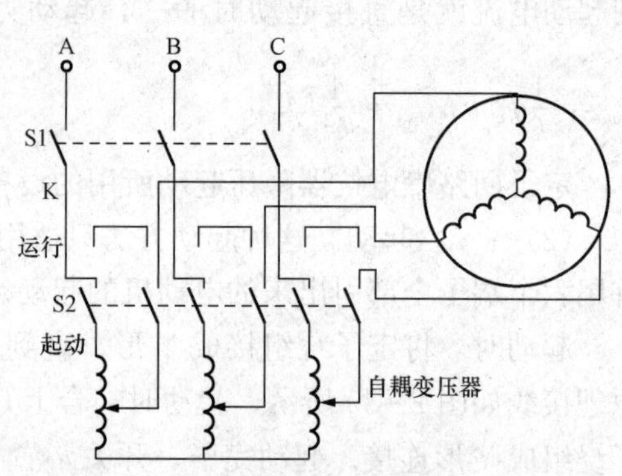

图 2-31 自耦变压器降压起动

采用自耦变压器后，加在电动机定子绕组上的电压降为$\frac{U_N}{k_a}$，所以起动转矩变为直接起动时

的$\frac{1}{k_a^2}$，即

$$M_{st}=\frac{1}{k_a^2}M_{stN} \tag{2-56}$$

所以，利用自耦变压器起动，其起动电流和起动转矩都降为直接起动时的$\frac{1}{k_a^2}$，这种起动方法的优点是对电动机绕组的连接方式没有要求，并且可以根据需要灵活选择自耦变压器的抽头，但是所需设备的体积大、投资高，因此，只能用于不需要频繁起动的大容量电动机。

（二）绕线式异步电动机的起动

我们知道，采用降压起动方法，在降低起动电流的同时，使得起动转矩也大大降低，所以只能适用于轻载或空载起动的场合，而不能满足重载起动的要求，因而需要选用性能更好的绕线式异步电动机。

绕线式异步电动机的结构是转子有三相绕组，一般均接成Y形，起动时，通过滑环、碳刷与外部电阻连接，正常运行时三相转子绕组通过滑环短接，切除外部电阻，如图2-32所示。若转子绕组在通过滑环直接短接的情况下起动，与鼠笼式电动机一样，起动电流I_{st}大，起动转矩M_{st}不大。绕线式异步电动机的特点是转子绕组的电阻可以通过外接电阻灵活改变，根据起动电流和起动转矩的相关分析可知，转子绕组的电阻适当增大既可以使起动电流降低，又可以使起动转矩增大，适用于电动机在重载情况下的起动，所以绕线式异步电动机是一种起动性能更好的电动机。

绕线式异步电动机所串接的起动设备有起动变阻器和频敏变阻器。

1. 转子回路串起动变阻器起动

如图2-32所示，在转子回路中串入起动变阻器起动时，随着转速的升高，逐级切除串入的起动电阻。起动完毕，将起动变阻器全部切除，电动机进入正常运行。

转子回路中串入起动变阻器起动时的工作过程如图2-33所示，曲线1是转子串入起动电阻后的$M=f(s)$曲线。由图可见，此时起动转矩很大，起动转矩与负载转矩的差值很大，转子升速很快。随着转速的上升，转差率s下降，电磁转矩沿着曲线1逐渐减小。为了缩短起动时间，增大起动转矩，可逐级切除起动电阻。当起动转矩M_{st}下降到等于切换转矩M_T的b点时，切除一段起动电阻。此时，工作点由b点变为曲线2上的点，起动转矩M_{st}也增大，然后转差率s继续减小，转速继续上升，电磁转矩沿着曲线2逐渐减小。这样一段一段地切除起动电阻，直到完全切除起动电阻，使起动变阻器退出工作，此时随着s的减小，转

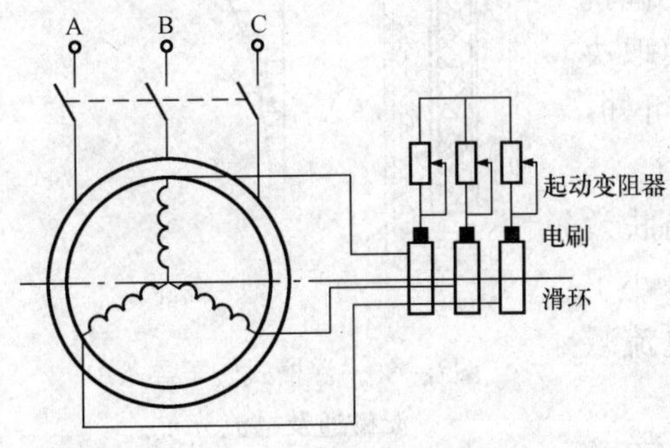

图2-32　绕线式转子串入起动变阻器起动

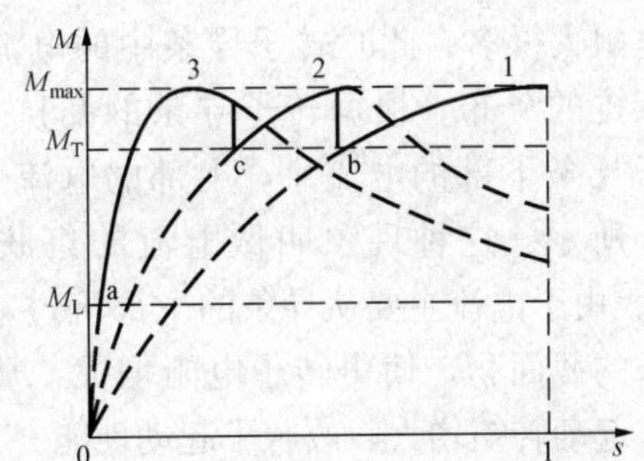

图2-33　绕线式电动机转子串电阻起动过程

速继续上升，电磁转矩沿着曲线3变化，直到起动转矩与负载转矩相等即稳定在a点时，电动机起动完毕，进入正常运行。

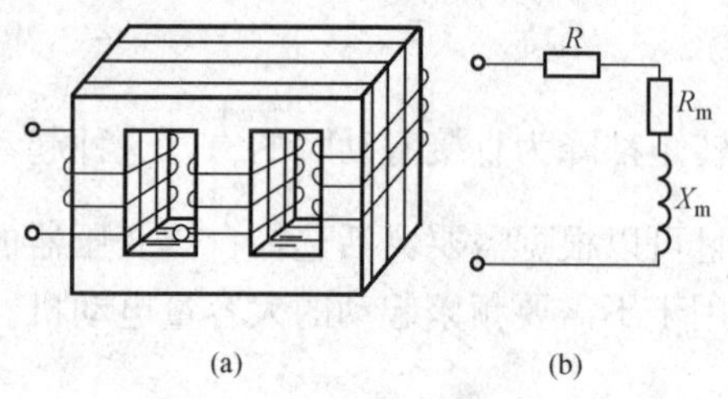

图2-34 频敏变阻器原理图

(a) 结构示意图；(b) 等值电路

2. 转子回路串接频敏变阻器起动

频敏变阻器是一铁损耗很大的三相电抗器，如图2-34(a)所示，它像变压器一样有三柱式铁芯，铁芯用厚钢板叠成。在每相铁芯柱上各有一个绕组，构成一个特殊结构的三相铁芯线圈，且铁芯间有可以调节的气隙。其对应的等值电路如图2-34(b)所示。

电动机和频敏变阻器的连接方式与接起动变阻器完全相同。在电动机接上电源起动的瞬间，转子频率$f_2=50$Hz，频敏变阻器铁芯中的涡流损耗大，因此等值电路中的R_m也大，从而限制了起动电流，增大了起动转矩。随着转速的升高，转子频率f_2逐渐减小，频敏变阻器铁芯中的涡流损耗也逐渐减小，R_m也逐渐减小，由于转速是连续变化的，所以转子频率f_2的变化是连续的，从而使转子回路的电阻能自动、无级地减小，使起动过程迅速而平稳地进行。

(三) 深槽和双鼠笼异步电动机的起动

鼠笼异步电动机结构简单，维护方便，但起动性能差。绕线式异步电动机起动性能好，但结构复杂，价格昂贵。深槽式和双鼠笼式异步电动机综合了上述两种电动机的优点，其结构类似于鼠笼电动机，同时像绕线式异步电动机一样，随着起动过程的进行，转子电阻值由最大值逐渐减小，因此在实际生产中得到了广泛的应用，像火力发电厂的风机、排粉机的电动机就属于此类电机。

1. 深槽式异步电动机

深槽式异步电动机的定子结构与普通鼠笼电动机一样，转子导条的截面深而窄，一般槽深与槽宽的比为$\frac{h}{b}=10\sim12$，如图2-35所示。当转子导条中流过电流时，槽漏磁通的分布如图2-35(a)所示，如果把转子导条的截面自上而下均匀地分割成若干个导体，这些导体之间相当于并联关系。由图可见，导条下部的导体所环链的漏磁通比上部的导体所环链的漏磁通大得多，所以下部的导体漏抗大，上部的导体漏抗小。起动时，由于转子电流频率$f_2=f_1$较高，所以转子导条的漏抗比电阻大得多，此时转子导条中的电流分布主要取决于漏抗的分布。根据转子导条的漏抗分布情况可知，转子导条下部的电流小，上部的电流大，如图2-35(b)所示。这种现象叫做电流的集肤效应（趋肤效应）。由于电流主要从导条的上部流过，相当于减小了导条的截面积，使得转子电阻增大，从而起动电流减小、起动转矩增大，改善了起动性能。

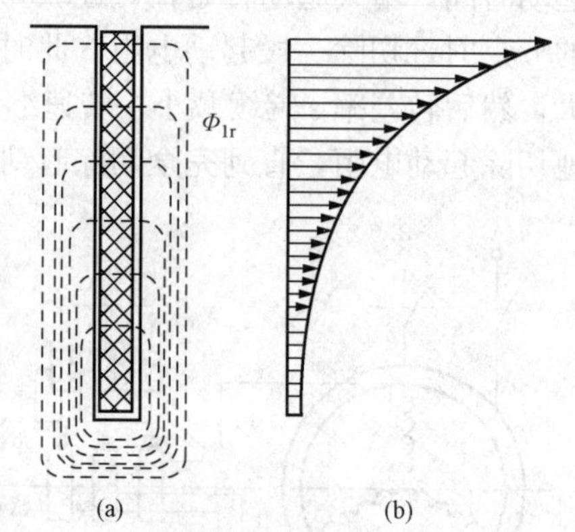

图2-35 深槽式转子导条中漏磁通及电流分布

(a) 槽形及槽漏磁通分布；

(b) 电流密度分布

随着电动机转速的升高，转差率逐渐减小。正常运行时，由于s_N一般很小，转子导条中的电流频率很低，转子导条的漏抗比电阻小得多，此时转子导条中的电流分布主要取决于电阻的分布。转子导条的电阻自上而下是均匀分布的，转子导条中的电流也接近均匀分布，此时集肤效应现象消失，转子导条的截面积增大，使正常运行时的转子电阻变小，从而电动机仍然具有良好的运行性能。

2. 双鼠笼式异步电动机

双鼠笼式异步电动机的定子结构与普通鼠笼电动机一样，转子由上层和下层两套鼠笼构成，在上层笼和下层笼之间存在缝隙，上层笼用黄铜或青铜制成，它的电阻率 ρ 大，且截面积小，因而上层笼的电阻大。下层笼用紫铜制成，它的电阻率 ρ 小，且截面积大，因而下层笼的电阻小，如图 2-36 所示。

双鼠笼式异步电动机也是利用集肤效应原理工作的。由于该种电机的上层笼和下层笼之间缝隙的存在，因此产生漏磁通。起动时，由于 $s=1$，f_2 最大，转子漏抗 X_2 大，电流分布取决于漏抗 X_2 的分布，由于集肤效应，使得上层笼的漏抗远小于下层笼的漏抗，所以起动时电流主要集中从上层笼流过。又因上层笼的电阻大，所以起动电流小，功率因数高，起动转矩大。

正常运行时，由于 s_N 一般很小（$s_N=0.01\sim0.06$），转子的频率很低，转子漏抗比电阻小得多，此时转子的电流分布主要取决于电阻的分布。由于下层笼的电阻小，转子中的电流主要从下层笼流过，此时集肤效应现象消失，使正常运行时的转子电阻变小，从而电动机具有良好的运行性能。

起动时，上层笼起主要作用，所以上层笼又叫起动笼。运行时下层笼起主要作用，所以下层笼又叫做工作笼。实际运行时，上层笼和下层笼中同时有电流流过，电磁转矩由它们共同产生，所以双鼠笼式异步电动机的 $M=f(s)$ 曲线可以看作是两台普通鼠笼电动机的 $M=f(s)$ 曲线叠加，如图 2-37 所示，由图可见，双鼠笼式电动机起动转矩大，可以重负载起动。

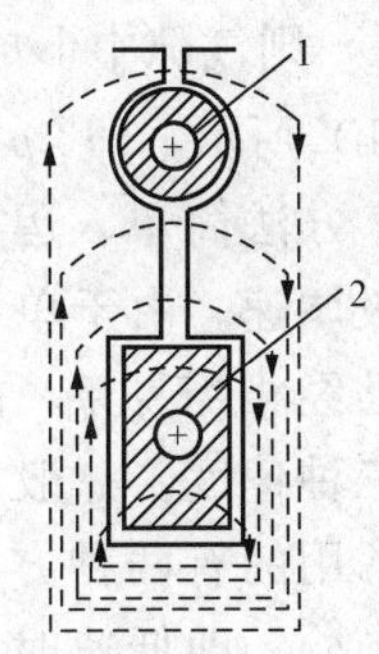

图 2-36 双鼠笼式转子导条截面及槽形

1—上鼠笼；2—下鼠笼

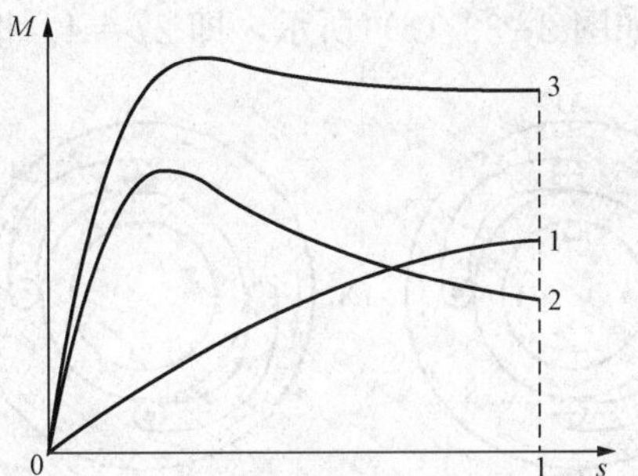

图 2-37 双鼠笼式电动机的 $M=f(s)$ 曲线

1—上鼠笼 $M=f(s)$ 曲线；2—下鼠笼 $M=f(s)$ 曲线；3—双鼠笼 $M=f(s)$ 曲线

深槽式和双鼠笼式异步电动机也有一些缺点。由于导条截面积的改变，使它们的槽漏磁通增多，转子漏抗比普通鼠笼电动机增大，使其功率因数、最大转矩和过载能力较普通的笼型电动机小。

二、异步电动机的调速

异步电动机的主要优点是结构简单、价格便宜、运行可靠、维护方便，所以在生产实际中作为主要的动力源用于实现拖动和控制作用。当异步电动机拖动负载时，除了对它的输出转矩和功率有一定要求，往往对它的转速也有一定要求，因此需要对电动机进行调速。在生产过程中人为地改变电动机的转速，称为调速。实际应用中常用闸阀控制，但为了节能，需要从电动机本身进行电气调速。调速性能的好坏，主要体现在调速范围、调速的稳定性、调速的平滑性及调速的经济性方面。调速性能好的电机、其调速范围广（最高转速与最低转速的比）、调速的平滑性好（转速不是分级跳跃的，而是连续变化的），调速设备简单、调速过程中的损耗小。

因为异步电动机的转速为

$$n=(1-s)n_1=\frac{60f_1}{p}(1-s) \tag{2-57}$$

所以，异步电动机的调速方法有以下三种：

（1）变极调速；

（2）变频调速；

（3）改变转差率 s 调速。

（一）变极调速

变极调速是通过改变电动机定子绕组的极对数，使电动机的同步转速改变来实现调速的。这种调速是分级的，其平滑性差。在调速时，需要定、转子绕组的极对数保持一致，所以该调速方法只适合于普通鼠笼电动机，不适合于绕线式电动机。

改变电动机定子绕组的极对数，可以将定子绕组采用两套不同极对数的绕组，但这样从制造的角度看是很不经济的，所以为了提高材料的利用率，一般采用单绕组变极，即通过改变一套绕组的连接方式而得到不同极对数的磁动势，以实现变极调速。

变极调速原理可以通过图 2-38 说明。如果定子三相绕组中的每相都由两个线圈组串联组成，每个线圈组如果都用一个集中线圈表示，则：把两个线圈顺向串联，则气隙中形成四极磁场，如图 2-38（a）所示，即 $2p=4$。把两个线圈反向串联，则气隙中形成两极磁场，如图 2-38（b）所示，即 $2p=2$。

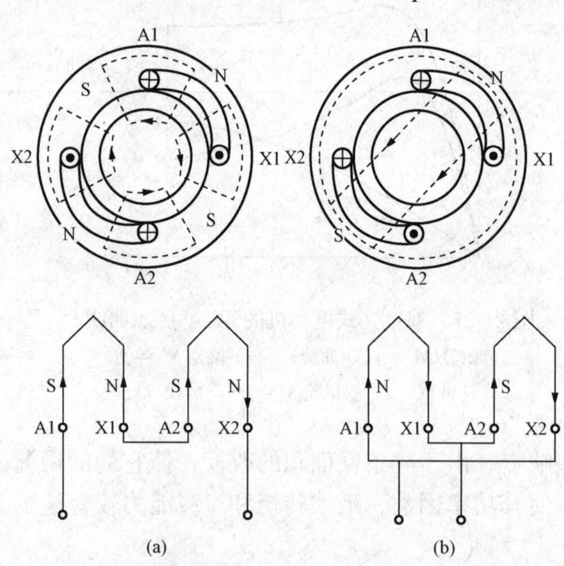

图 2-38 变极调速原理

（a）正向串联连接；（b）反向并联连接

变极调速方法简单、运行可靠，但只能实现有级调速。由于单绕组三速电机绕组接法已经相当复杂，故变极调速不适宜超过三种速度。一般三相绕组之间的连接最常用的有两种方式，一种是△→YY($2p$→p)，即低速时接为△，高速时接为 YY，此种变极连接方法适用于恒功率负载变极调速；另一种是 Y→YY ($2p$→p)，即低速时接为 Y，高速时接为 YY；此种变极连接方法适用于恒转矩负载变极调速。

（二）变频调速

变频调速是通过改变电源频率来实现异步电动机的调速的。这种方法的调速性能好，变速范围大，可以实现无级调速，但需要一套专门的变频设备，调速系统较为复杂，设备投资较高。目前交流变频调速技术发展很快，静止的电力电子变频器具有体积小、控制方便的特点，所以变频调速逐渐进入实用中，应用前景十分广阔。

（三）改变转差率调速

1. 改变定子端电压调速

如图 2-39 所示，当定子端电压减小时，$M=f(s)$ 曲线 1 变为曲线 2，工作点的转差率由 s_1 变为 s_2，从而实现了调速。但应用这种调速方法时，因为转差率变化不大并且减小了最大电磁转矩，所以实际调速效果较差，适应于泵与风机类负载。

2. 转子回路串电阻调速

对于绕线式电动机，当增加转子电阻时，如图 2-39 所示，$M=f(s)$ 曲线 1 变为曲线 3，重负载情况下转差率变化较多，最大电磁转矩不变，容易实现平滑的调速。

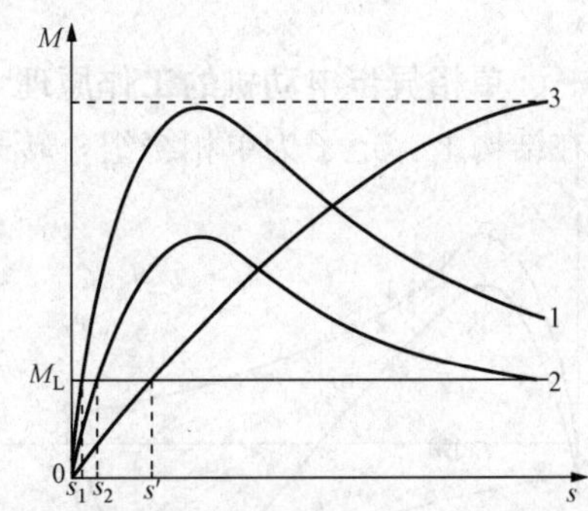

图 2-39 改变定子电压和转子电阻调速

在恒转矩负载调速时，由电磁转矩的参数表达式可知，若绕组参数 R_1、X_1、X'_{20} 都不变，则 $\frac{R'_2}{s}$ 不变，即转差率随转子回路总电阻成正比例变化。设 R'_{dj} 为绕线式电动机转子回路串入的调速电阻，此时对应的转差率为 s'，则有

$$\frac{R'_2}{s}=\frac{R'_2+R'_{dj}}{s'} \tag{2-58}$$

由于 R'_{dj} 需长期流过转子负载电流，这种调速方法会使损耗增大、效率降低，但它的优点也很明显，那就是方法简单，可以均匀调速。

3. 电磁调速异步电动机——滑差电动机

电磁调速异步电动机是由普通鼠笼式电动机和电磁调速转差离合器组成的，图 2-40 所示为电磁调速转差离合器的原理结构图。离合器的主动转子 1 与鼠笼式电动机 5 之间是刚性连接。主动转子是一个钢制的杯状圆筒，从动转子由爪状磁极 2 固定在从动轴上。主动转子与从动转子之间有气隙。爪状磁极 2 上有励磁绕组 4，该绕组的电流由直流电源供给，形成 N、S 交替的结构。在调速过程中，鼠笼式电动机的转速始终不变，主动转子 1 与电动机一起转动，从而切割爪极磁场产生涡流 3，涡流与爪极磁场相互作用产生转矩，使从动转子跟随主动转子以低于主动转子的速度一起旋转。从动转子的转速大小主要与励磁绕组 4 中的电流有关，电流越大，主动转子与从动转子之间的磁场作用越强，从动转子的转速越快，反之

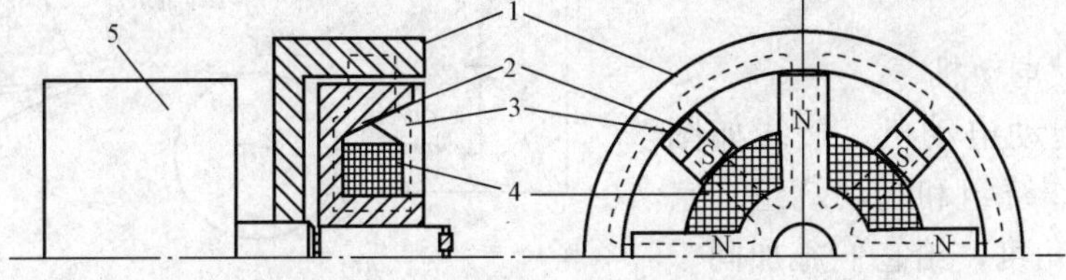

图 2-40 电磁转差离合器原理结构

1—主动转子；2—爪状磁极；3—涡流；4—励磁绕组；5—鼠笼式电动机

越慢。所以通过调节励磁绕组中的电流大小可以调节转速。

电磁调速异步电动机的结构简单、运行可靠、维修方便，是一种无级调速电动机，调速范围广，起动转矩大，已被广泛应用。

第七节 单相异步电动机

单相异步电动机是由单相电源供电的，广泛应用于家电及医疗器械中。由于单相异步电动机体积相对较大，运行性能较差，所以单相异步电动机一般只做成1kW以下的小容量电机。

一、单相异步电动机的工作原理

在结构上，定子为单相绕组，转子为鼠笼式。当单相交流绕组中通入单相交流电流，将产生一个脉动磁动势。一个脉动磁场可以看作由两个转速相同、转向相反的旋转磁场构成。这两个磁场都切割转子导体，分别产生感应电动势和感应电流，从而形成正向、反向电磁转矩，叠加后即为推动转子转动的合成转矩。图2-41所示为单相异步电动机的 $M=f(s)$ 曲线。

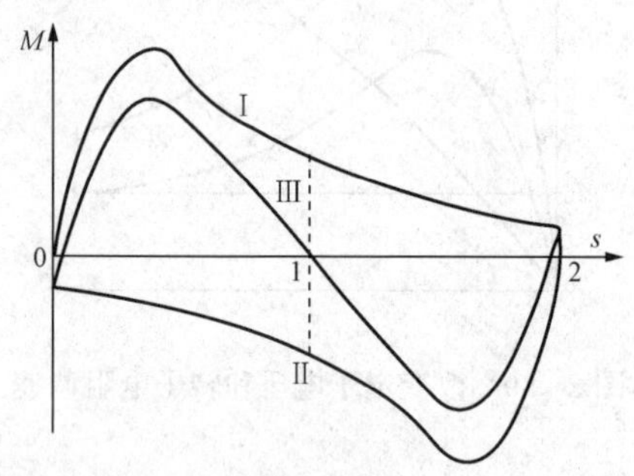

图2-41 单相异步电动机 $M=f(s)$ 曲线
Ⅰ—正向 $M=f(s)$；Ⅱ—反向 $M=f(s)$；Ⅲ—合成 $M=f(s)$

由图2-41可见，转子静止时，单相异步电动机的合成转矩为0，即单相异步电动机无起动转矩。当转子转动后，电磁转矩 $M\neq 0$，且电磁转矩 M 无固定方向。说明了单相异步电动机若不采取措施，将不能自行起动。若外施转矩并使其大于负载转矩时，电动机就会转动起来，转向与外施转矩的方向相同。

二、起动方法

单相异步电动机不能自行起动的根本原因在于单相绕组产生的是一个脉动磁场，所以必须设法建立一个旋转磁场，才能解决异步电动机的起动问题。单相绕组是无法建立一个旋转磁场的，必须在定子上加辅助绕组（也叫起动绕组）。根据绕组磁动势知识可知，多相对称绕组中通入多相对称电流可以产生旋转磁场，所以让辅助绕组与原来的绕组（也称为工作绕组）空间上相距90°电角度，分别通入时间上相距90°电角度的两相交流电流，就可以在电动机内产生一个旋转磁场。常用的起动方法有分相起动和罩极起动两种。

1. 分相起动电动机

（1）电容起动电动机。接线如图2-42所示，工作绕组和起动绕组在空间上互差90°电角度，给它们施加同一交流电源电压 $\dot{U}$，在起动绕组回路中串入电容 C，使起动绕组回路中的电流

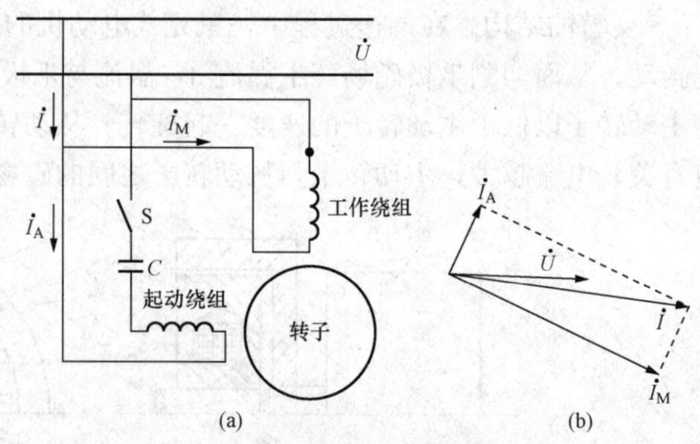

图2-42 电容分相电动机
（a）接线原理；（b）相量图

$\dot{I}_A$ 超前电压 $\dot{U}$，工作绕组回路中的电流 $\dot{I}_M$ 滞后电压 $\dot{U}$，如果合理选择绕组参数和电容 C，可以使工作绕组和起动绕组回路中的电流互差 90°电角度，这样就可以产生一个旋转磁场，使单相异步电动机能够自行起动。

如果把起动绕组和电容 C 都按照短时运行设计，则需要在起动绕组回路中串入一个离心开关S，当电动机转速达到 70%～80%n_N时，令离心开关S断开，起动绕组退出工作，工作绕组单独运行。

(2) 电容运转电动机。电容运转电动机与电容起动电动机的电路及工作过程基本相同，只是把起动绕组和电容 C 都按照长期运行设计，起动结束后，起动绕组和工作绕组继续共同运行。此时单相异步电动机相当于两相异步电动机，这种电机也称为电容电动机。

(3) 电阻起动电动机。这种电机也是由起动绕组和工作绕组组成的，给两个绕组施加同一交流电源电压 $\dot{U}$。起动绕组回路不串入电容 C，也不需要离心开关，只是设计时需让起动绕组和工作绕组具有不同的阻抗值，例如，把工作绕组放置在定子槽的底部（增大电抗）、选用较粗的导线（减小电阻），起动绕组放置在定子槽的上部（减小电抗）、选用较细的导线（增大电阻），从而使得两绕组中的电流产生相位差，如图 2 - 43 所示，实现电阻分相，产生旋转磁场，使单相异步电动机自行起动。

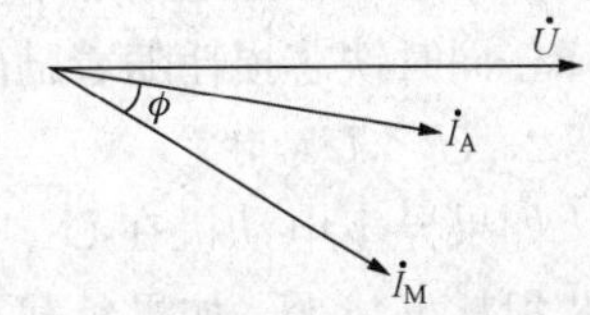

图 2 - 43　电阻分相的相量图

电阻起动电动机的起动转矩小，只适用于比较容易起动的场合。

分相电动机的转向取决于旋转磁场的转向，总是从电流超前相绕组的轴线转向电流滞后相绕组的轴线。通过改变并联到单相电源的两绕组的任一个的首、末端，即可改变该电机的转向。

2. 罩极电动机

罩极电动机的定子采用凸极结构，工作绕组为集中绕组，如图 2 - 44 所示，在凸极极靴表面的$\frac{1}{4}$～$\frac{1}{3}$处开一个凹槽，将短路环罩在极靴较窄的那部分，短路环即为罩极绕组。

当工作绕组通入单相交流电流时，产生脉振磁通，一部分磁通不穿过短路环，一部分磁通穿过短路环，根据楞次定律，穿过短路环的磁通在短路环中产生的感应电流将阻碍罩极中磁通的变化，使得穿过短路环的磁通变化，因此磁极下的磁通分成两部分，这两部分磁通在空间、时间上都存在着相位差，所以在磁极下就会有一个旋转磁场产生，罩极电动机就能自行起动。

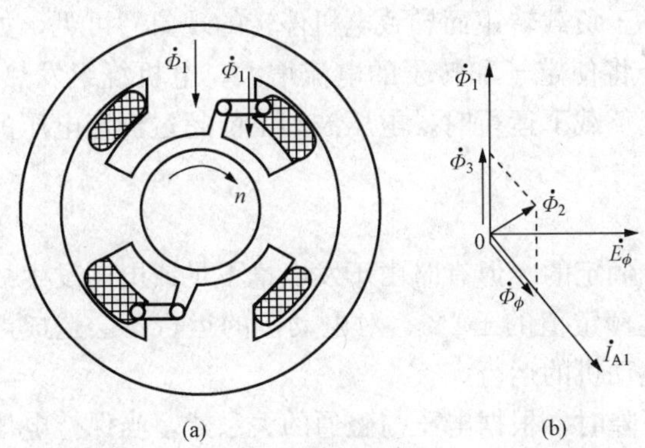

图 2 - 44　罩极电动机的磁通及相量图
（a）磁通分布；（b）相量图

罩极电动机的起动转矩很小，只适用于小型风扇、电动模具及电唱机中，容量一般在 30～40W 以下，该电机的转向由极靴的未罩部分转向被罩部分。

第八节 异步电动机的异常运行

异步电动机在实际运行中，电源电压或频率不等于额定值、三相电压或三相负载不对称的可能性是存在的，这些状态称为电动机的异常运行状态。

一、非额定电压下运行

为了充分利用材料，电动机在额定电压下运行时，总是将铁芯设计在处于接近饱和的状态。当电压变化时，电机铁芯的饱和程度随之发生变化，这将引起励磁电流、功率因数以及效率的变化。若实际电压与额定电压之差不超过±5%是允许的，对电动机的运行不会有显著的影响；若电压变化超过±5%，对电动机的运行将有大的影响。

1. 当 $U_1>U_N$ 时

如果电动机在 $U_1>U_N$ 的情况下工作，主磁通 Φ_m 将增加，由于此时磁路的饱和程度将进一步增加，在磁通增加不多的情况下，励磁电流 I_m 将增加很多，从而使电机的功率因数下降，同时铁芯损耗随着励磁电流 I_m 的增加而增加，导致电机效率的下降，也使温升提高。

2. $U_1<U_N$ 时

如果异步电动机在 $U_1<U_N$ 的情况下工作，主磁通 Φ_m 将减小，励磁电流 I_m 随之减小，铁芯损耗也减少。如果负载一定，电动机的转速将下降，转差率增大，转子电流增加，转子铜损耗也随之增加。

若异步电动机轻载运行，由于转子电流和转子铜损耗较小，在定子电流的励磁分量和负载分量中，励磁分量起主要的作用，从而定子电流随励磁分量的减小而减小，定子功率因数提高。同时轻载时的铁芯损耗起主要作用，效率随铁芯损耗的减小而略有提高。可见，轻载运行时，U_1 的降低对电动机的运行是有利的。在实际应用中，Y—△形起动的电动机，在轻载时常接成 Y 形，以改善电动机的功率因数和效率。

在正常负载的情况下，U_1 的降低对电动机的运行是不利的。因为此时的定子电流的两个分量中，负载分量起主要作用，定子电流将随负载分量的增加而增加。虽然由于磁通减少使铁芯损耗降低，但因铜损耗随电流的平方增加，且此时铜损耗起主要作用，所以，总损耗还是增加，引起绕组的发热加剧、效率降低。另外，由于电动机的最大转矩正比于电压的平方，若电压下降太多，还可能出现最大转矩小于负载转矩而导致电机停转的现象。可见，如果电动机的负载在额定值附近，端电压的下降将使定子和转子的电流增大，电机绕组发热，效率下降。所以，运行规程规定，电动机额定负载下运行时，电压波动不能超过额定电压的±5%。

二、非额定频率下运行

在大多数的情况下，电网的频率都是保持额定的。但有时由于发电量不足或电网发生故障，频率会发生变化。如果频率的变化不超过额定值的±1%，对电动机的运行不会造成严重的影响。但如果频率偏差太大，则会影响电动机的运行。

根据前面所述，在不计定子绕组的阻抗压降时，根据电压与磁通的关系式，当保持电压不变时，主磁通将与频率成反比。当实际频率高于额定频率（$f_1>f_N$）时，主磁通将减少，励磁电流随之减小。同时，定子电流也减小，转速 n 上升，对电动机的功率因数、效率和通风冷却都会有所改善。当频率低于额定频率（$f_1<f_N$）时，则主磁通将增大，磁路饱和程

度增加，励磁电流显著增大，从而定子电流也增大，电动机的铁芯损耗和铜损耗也增大，引起电机的功率因数及效率的降低。同时，电动机的转速减小，使通风冷却条件变差、温升提高。此时，电动机必须减小负载，使电动机在轻载下运行，防止电机过热。

三、电压不对称下运行

异步电动机的不对称运行分析常用对称分量法。由于异步电动机定子绕组为Y形无中线或△连接，电机内只有正序和负序分量。

转子的正序分量电流与正向旋转磁场相互作用，产生正向电磁转矩，转子的负序分量电流与负序的旋转磁场相互作用，产生负序的电磁转矩，其方向与转子的转向相反，为制动转矩，从而引起不对称运行的铜损耗增加、效率降低，并可能引起电机过热。另外，负序转矩为制动转矩将使电动机出力减小。

可见，电动机在不对称运行时，其性能将变差。不对称运行对电机有弊而无利。

四、一相断线的运行

三相异步电动机的电源一相断线、三相绕组中的一相断线都是断相运行。异步电动机的断相类型如图2-45所示，断相运行是烧坏电机绕组的最主要原因之一。

断相运行可以看作是不对称运行的一种。由于负序分量的存在使电机的运行性能变差。当电机在额定负载下断相时，由于断相后负序转矩的存在使电机的过载能力下降，如果电机最大转矩小于负载转矩，将发生停机事故；如果电机的最大转矩大于负载转矩，电动机仍可继续运行，但此时转速将降低，同时定、转子电流增大，电机温升提高，若长时间运行可能烧坏绕组。

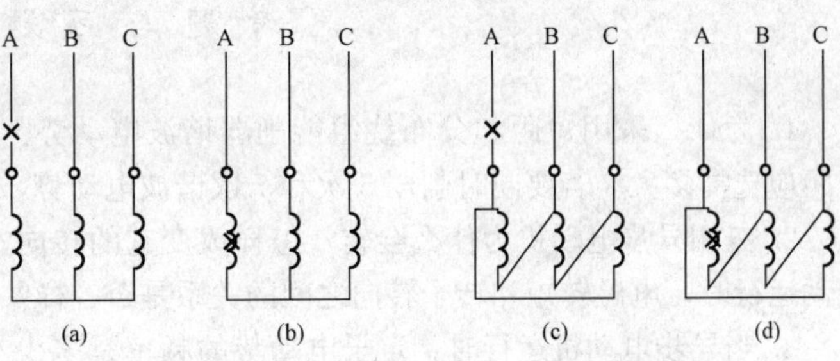

图2-45 三相异步电动机的一相断线

若是空载或轻载下断相，转速下降不多，断相稳态电流也不大。

小　结

三相异步电动机的工作原理可概述为：定子三相绕组流过三相对称电流产生旋转磁场，转子导体切割旋转磁场产生感应电动势和感应电流，转子感应电流与旋转磁场相互作用产生电磁转矩，拖动转子转动。转差率是异步电机的一个重要物理量，按转差率不同，异步电机可分为电动机状态、发电机状态、电磁制动状态。在结构上，异步电动机可分为鼠笼式和绕线式两大类，它们的定子结构相同，但转子结构不同。鼠笼式电机的转子绕组是多相对称绕组，绕线式电机的转子绕组为三相对称绕组。

异步电动机定子、转子之间的电磁关系与变压器一、二次的电磁关系很相似，定子相当于变压器一次侧，转子相当于二次侧。因此，异步电动机的分析方法和变压器的分析方法也基本一样，只是异步电动机的磁场是旋转的，同时定、转子回路的频率在运行时也不同，因此，分析过程比变压器复杂些，另外，异步电动机存在能量转换的问题，转轴上输出机械功率，电磁转矩是重点。在异步电动机中，不管转子的转速如何，定、转子磁动势总保持相对静止。

作异步电动机的等值电路比作变压器的等值电路复杂，必须进行频率折算和绕组折算。频率折算实际上就是在静止的转子中串入一个附加电阻$\frac{1-s}{s}R_2$，以此代替实际旋转的转子。附加电阻是表示电动机总机械功率的等效电阻。

电磁转矩是异步电动机的重要指标，应用其物理含义式及其参数表达式，可分析运行情况，画出$M=f(s)$曲线。$M=f(s)$曲线上可分为稳定和不稳定运行区，最大转矩处是这两个区的分界点。$M=f(s)$曲线还可用来分析最大电磁转矩、起动转矩及额定转矩等指标。

异步电动机起动存在的主要问题是起动电流大。鼠笼式电动机可采用降压起动来减小起动电流，但这也同时减小了起动转矩。而绕线式电动机则可通过转子回路串入电阻来改善起动性能。深槽式和双鼠笼式电动机均是利用转子导体集肤效应原理，调节起动过程中转子回路电阻从而达到改善起动性能的目的。电力生产中常用的异步电动机调速方法有变极调速、改变转差率调速、变频调速。

单相异步电动机由于没有起动转矩，需要设置一个空间上相差一定角度的绕组，以产生旋转磁场。按磁场获得的方式不同，可分为分相电动机和罩极电动机。

思考题与习题

1. 为什么采用短距和分布绕组能削弱谐波电动势？为了消除 5 次或 7 次谐波电动势，节距应选择多大？若要同时削弱 5 次和 7 次谐波电动势，节距应选择多大？

2. 三相异步电动机为什么会转？怎样改变它的转向？异步电机作发电机运行和作电磁制动运行时，电磁转矩和转子转向之间的关系是否一样？怎样区分这两种运行状态？

3. 当异步电动机运行时，定子电动势的频率是多少？转子电动势的频率为多少？由定子电流产生的旋转磁动势以什么速度切割定子，又以什么速度切割转子？由转子电流产生的旋转磁动势以什么速度切割转子，又以什么速度切割定子？它与定子旋转磁动势的相对速度是多少？

4. 已知一台型号为 JO2-82-4 的三相异步电动机的额定功率为 55kW，额定电压为 380V，额定功率因数为 0.89，额定效率为 91.5%，试求该电动机的额定电流。

5. 已知某异步电动机的额定频率为 50Hz，额定转速为 970r/min，问该电机的极数是多少？额定转差率是多少？

6. 异步电动机等效电路中的附加电阻$\frac{1-s}{s}R'_2$的物理意义是什么？能否用电感或电容来代替，为什么？

7. 异步电动机定子绕组与转子绕组没有直接联系，为什么负载增加时，定子电流和输入功率会自动增加，试说明其物理过程。从空载到满载，电机主磁通有无变化？

8. 试说明转子绕组折算和频率折算的意义，折算是在什么条件下进行的？

9. 异步电动机带额定负载运行时，若负载转矩不变，电源电压下降过多，对电动机的M_{max}、M_{st}、Φ_1、I_1、I_2、s及η有何影响？

10. 漏抗的大小对异步电动机的运行性能，包括起动转矩、最大转矩、功率因数有何影响，为什么？增大异步电动机的气隙对空载电流、漏抗、最大转矩和起动转矩有何影响？

11. 普通笼型异步电动机在额定电压下起动时，为什么起动电流很大而起动转矩不大？深槽式或双笼电动机在额定电压下起动时，起动电流较小而起动转矩较大，为什么？

12. 绕线转子异步电动机在转子回路中串入电阻起动时，为什么既能降低起动电流又能增大起动转矩？试分析比较串入电阻前后起动时的 Φ_1、I_2、$\cos\varphi_2$、I_{st} 是如何变化的？串入的电阻越大是否起动转矩越大？为什么？

13. 绕线式异步电动机在起动和运行时，如将它的三相转子绕组接成 Y 形短接，或接成△形短接，问对起动性能和运行性能有无影响，为什么？

14. 一台鼠笼异步电动机原来转子导条是铜的，后因损坏改成铝条，在其他条件不变情况下，对起动性能有何影响？最大电磁转矩是否改变？若负载转矩不变，其转差率将如何变化？

15. 三相绕线式异步电动机在起动结束后，为什么要将电刷提起并将三个滑环连在一起？

16. 为什么说一般的电动机不适用于需要在宽广范围内调速的场合，简述异步电动机有哪几种主要的调速方法。

17. 两台同样的笼型异步电动机共轴连接，拖动一个负载。如果起动时将它们的定子绕组串联以后接至电网上，起动完毕后再改接为并联。试问这样的起动方法，对起动电流和转矩的影响怎样？

18. 绕线式三相异步电动机拖动恒转矩负载运行，试定性分析转子回路突然串入电阻后降速的电磁过程。

19. 为什么在变频恒转矩调速时要求电源电压随频率成正比变化？若电源的频率降低，而电压的大小不变，会出现什么后果？单绕组变极调速的基本原理是什么？一台四极异步电动机，采用单绕组变极方法变为两极电机时，若外加电源电压的相序不变，电动机的转向将会怎样？

20. 一台三相 4 极异步电动机额定功率为 28kW，额定电压为 $U_N=380V$，额定效率为 $\eta_N=90\%$，$\cos\varphi=0.88$，定子为三角形连接。在额定电压下直接起动时，起动电流为额定电流的 6 倍，试求用 Y—△起动时起动电流是多少？

21. 一台三相 4 极绕线式异步电动机，$f_1=50Hz$，转子每相电阻 $R_2=0.015\Omega$，额定运行时转子相电流为 200A，转速 $n_N=1475r/min$，试求：

（1）额定电磁转矩；

（2）在转子回路串入电阻将转速降至 1120r/min，求所串入的电阻值（保持额定电磁转矩不变）；

（3）转子串入电阻前后达到稳定时定子电流、输入功率是否变化，为什么？

22. 当电源电压不对称时，三相异步电动机定子绕组产生的磁动势是什么性质？当三相是 Y 连接或△连接异步电动机缺相运行时，定子绕组产生的磁动势又是什么性质？

23. 三相异步电动机起动时，如电源一相断线，这时电动机能否起动，如绕组一相断线，这时电动机能否起动？Y、△连接是否一样？如果运行中电源或绕组一相断线，能否继续旋转，有何不良后果？

第三章

同步电机

同步电机是电力系统中重要的电气设备。在现代发电厂中，几乎全部使用同步发电机发出交流电能。此外，从运行原理上讲，同步电机既可以用作发电机，也可作为电动机或调相机运行，因此在电力系统及工矿企业中，同步电机的应用极为广泛。

由于同步电机主要用作发电机，所以本章主要研究同步发电机的工作原理、基本结构、运行原理及运行性能。

第一节　同步发电机的工作原理及结构和额定值

一、同步发电机的基本工作原理

与所有旋转电机一样，同步发电机也由定子、转子、气隙构成，其工作原理如图 3-1 所示。三相定子绕组 AX、BY、CZ 均匀对称分布在定子铁芯中，转子上有磁极及励磁绕组。工作时将转子绕组中通入直流电流，在气隙中将产生按正弦规律分布的磁场。用原动机拖动转子以一定的转速旋转，静止的三相定子绕组将依次切割磁场，并且在三相绕组中产生三相交变感应电动势，其方向可用“右手定则”确定，当接通定子电路后就可以输出交流电能，从而实现由其他形式的能向电能的转化。

三相绕组感应电动势的大小可根据 $E=4.44fNk_{w1}\Phi_0$ 计算。感应电动势的波形，由转子磁场在气隙空间分布的波形决定，若转子磁极形状的设计合理，使它产生的磁场在气隙空间按正弦规律分布，则定子绕组就能得到正弦波形的感应电动势，如图 3-2 所示，为三相正弦波形。感应电动势的相序由转子的转向决定。当转子每转过一对磁极，绕组感应电动势就经历一个周期的变化，若转子上有 p 对磁极，转子的转速为 n r/min，则每分钟内感应电动势变化 pn 个周期；电动势在 1s 内所变化的周期数即为感应电动势的频率，即

$$f=\frac{np}{60} \tag{3-1}$$

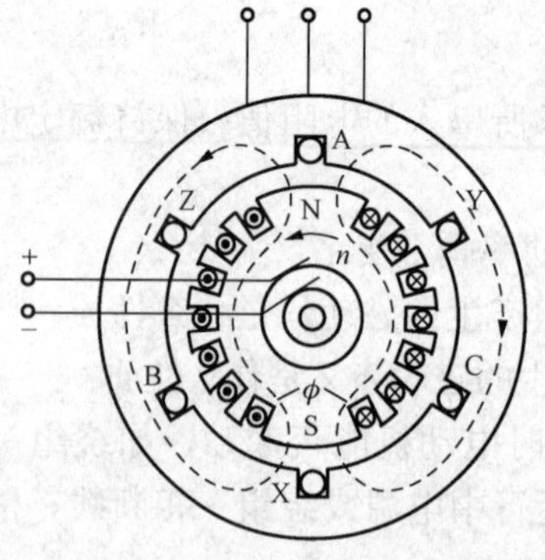

图 3-1　同步发电机的工作原理图

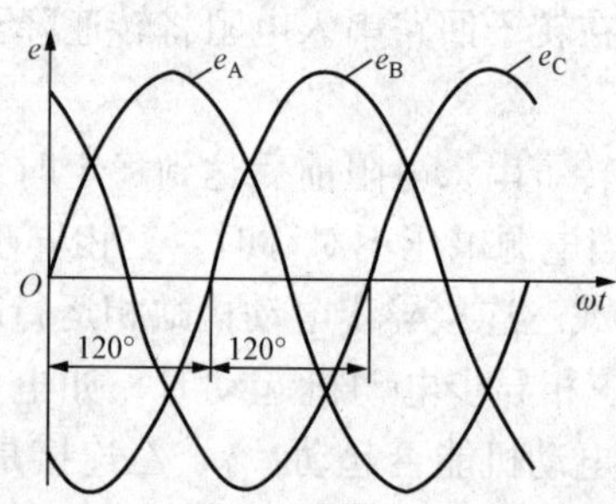

图 3-2　定子三相绕组感应电动势波形

对于已制造好的同步发电机，磁极对数 p 已定，则电动势频率和转速之间保持严格不变的关系，同步发电机就是指电机转子转速 n 与定子电流频率 f 和极对数 p 保持严格不变的关系的电机。并且由该频率的电流所产生的旋转磁场的转速大小与转子转速大小相同，即 $n_1=n$，这也是同步发电机的"同步"二字的得名原由。

二、同步发电机的结构

同步发电机按结构型式可分为旋转电枢式和旋转磁极式两种。在旋转磁极式发电机中，按磁极形状又可分为隐极式和凸极式两种，如图 3-3 所示。火力发电厂采用汽轮发电机，其转子为隐极式结构，一般是卧式的、气隙均匀的。水力发电厂采用水轮发电机，其转子为凸极式结构，一般是立式的、气隙不均匀的，极弧下气隙小，极间气隙大。

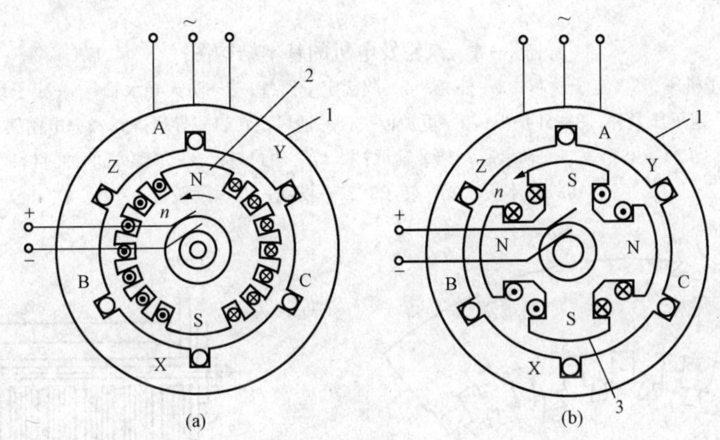

图 3-3　旋转磁极式发电机的结构类型

(a) 隐极式；(b) 凸极式

1—定子；2—隐极式转子；3—凸极式转子

(一) 隐极式同步发电机的结构

火力发电厂多采用隐极式结构的汽轮发电机，为了提高电机的运行效率，一般制成 3000r/min 的高速电机，因为这样可以使电机的体积缩小，降低损耗和造价，但为了保证达到一定容量的要求，需要使转轴变长，所以从外形上看汽轮发电机为细长的。图 3-4 所示为汽轮发电机的基本结构图。

1. 定子

同步发电机的定子也称为电枢，与异步电动机的定子结构一样，由定子铁芯、电枢绕组、机座和端盖等部件组成。

(1) 定子铁芯。定子铁芯是由 0.35mm 或 0.5mm 厚的两面涂有绝缘漆的硅钢片叠装而成，定子外径较小时，采用圆形冲片，当定子外径大于 1m 时，采用扇形冲片，如图 3-5 所示。沿轴向成多段式，每段长度 30～60mm，段与段间留有 6～10mm 的径向通风道以增加定子铁芯的散热面积。定子铁芯的两端用非磁性材料制成的压板压紧，并固定在机座上，如图 3-6 所示。

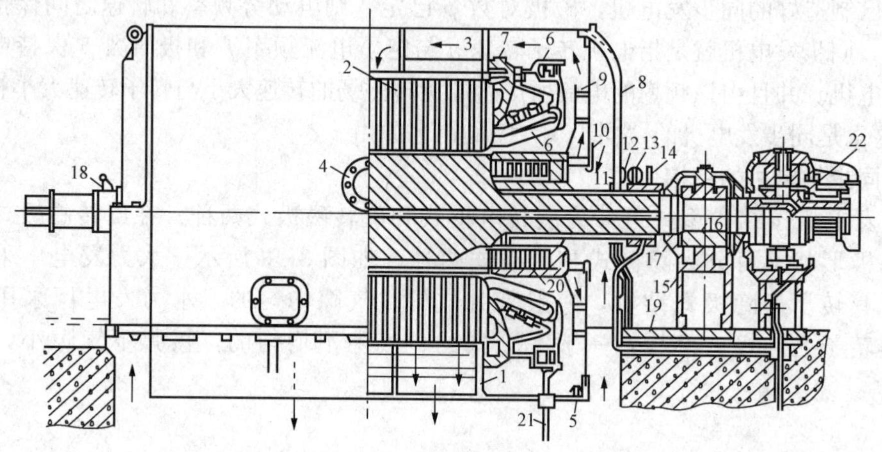

图 3-4 汽轮发电机的基本结构图

1—定子机座；2—定子铁芯；3—外壳；4—调起定子设备；5—防火导水管；6—定子绕组；7—定子压紧环；8—外护板；9—里护板；10—通风壁；11—导风屏；12—电刷架；13、14—电刷；15—轴承座；16—轴承衬；17—油封口；18—汽轮机的油封口；19—基本板；20—转子；21—端线；22—励磁机

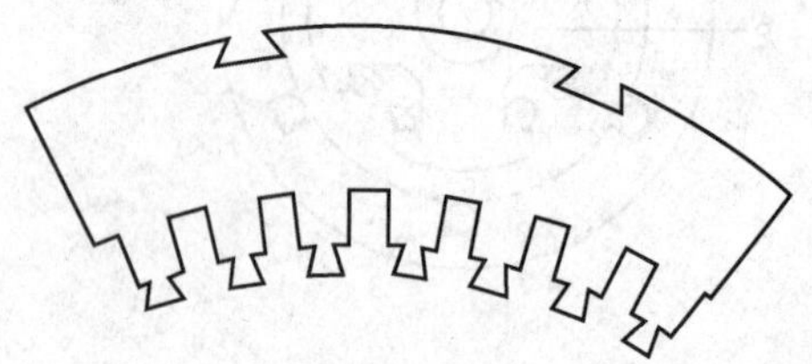

图 3-5 定子铁芯扇形片

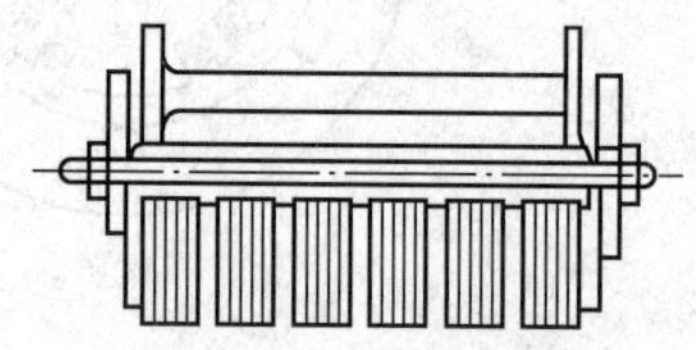

图 3-6 定子铁芯压紧结构

(2) 定子绕组。定子绕组也叫电枢绕组，一般为双层叠绕组，是由包有绝缘的扁铜线绕制而成的。绕组的直线部分置于槽内，并根据电压等级选择槽绝缘及层间绝缘，在槽口处用绝缘材料制成的槽楔固定。为了防止突然短路电流产生的巨大电磁力而引起端部变形，绕组的端部要用线绳绑扎或压板紧固，如图 3-7 所示。

(3) 机座。机座常由钢板焊接而成，它必须有足够的强度和刚度，在机座与铁芯之间需留有适当的通风道，满足通风和散热的需要。

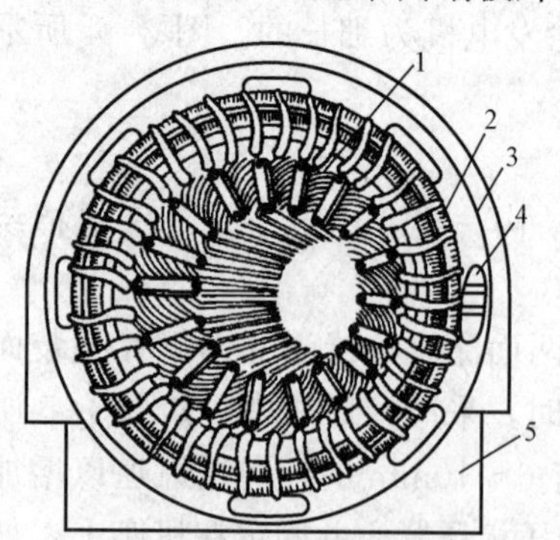

图 3-7 定子绕组部分

1—定子绕组；2—端部连接线；3—机壳；4—通风口；5—机座

2. 转子

转子由转子铁芯、转子绕组、阻尼绕组、护环、滑环和风扇等组成。

(1) 转子铁芯。转子铁芯由高机械强度和导磁性能好的合金钢制成，具有良好的导磁性能，且能承受巨大的离心力作用，在其外圆上开有槽，构成发电机的主磁极，如图 3-8 所示。

(2) 转子绕组。转子绕组也叫励磁绕组，是由包有绝缘的扁铜线绕制成的同心式绕组（见图 3-9），放置在转子槽内，串联起来构成转子的直流电路，槽口处用非导磁的强度很高的硬铝或铝青铜做成槽楔压紧。

(3) 阻尼绕组。阻尼绕组一般装设在某些大型汽轮发电机的转子上，是由置于槽楔下的铜条及其转子两端的铜环组成的闭合回路，是一个短路绕组。当同步发电机短路或不对称运行时，阻尼绕组中会产生感应电流削弱负序旋转磁场的作用，此外同步发电机发生振荡时，也会通过阻尼作用使振荡衰减。对于中、小容量的汽轮发电机，由于转子铁芯中的涡流有阻尼作用，所以一般不用阻尼绕组。

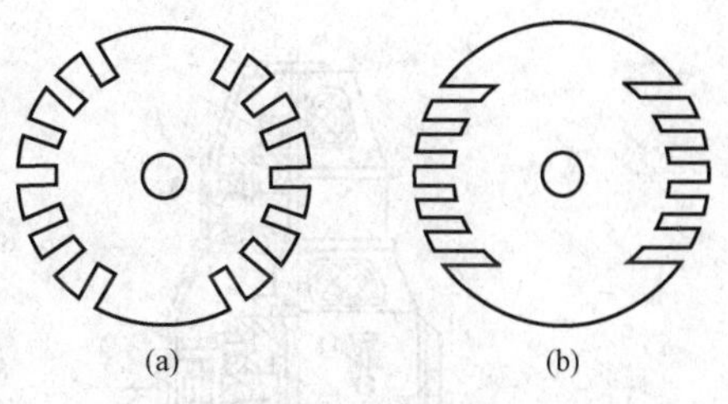

图 3-8　转子铁芯

(a) 辐射形排列；(b) 平行排列

(4) 护环和中心环。护环和中心环属于转子的紧固件，是由非磁性的合金钢制成的。护环是一个圆筒形的钢套［见图 3-10 (a)］，套紧在励磁绕组端部，防止绕组端部甩出。中心环是一个圆盘形的环，［见图 3-10 (b)］，用来支持护环和防止转子绕组端部的轴向位移。

(5) 滑环（集电环）。滑环置于转轴上，通过与电刷配合作用，将外部的直流电流导入旋转的转子绕组中。

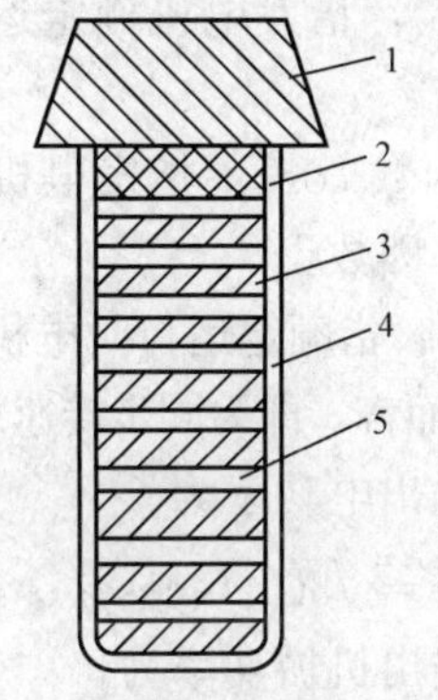

图 3-9　转子槽部剖面图

1—槽楔；2—楔下垫条；3—扁铜线；4—槽绝缘；5—匝间绝缘

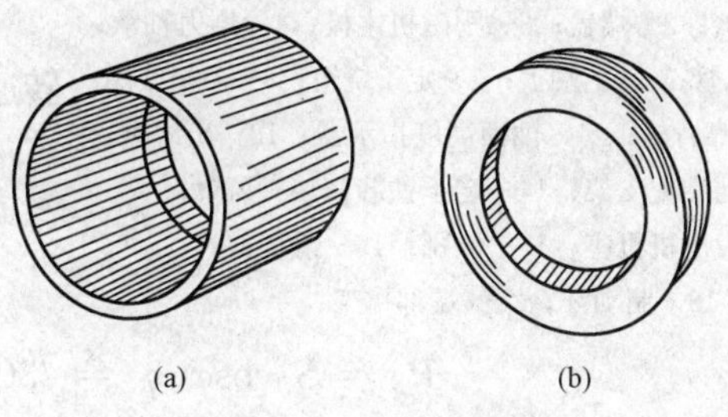

图 3-10　护环和中心环

(a) 护环；(b) 中心环

(二) 凸极式同步发电机的结构

凸极式同步发电机可分为卧式、立式两种，水力发电厂多采用立式的水轮发电机，绝大部分同步电动机、同步补偿机都采用卧式结构。由于水轮发电机的转速较低，为了达到额定频率，就需要增加电机的极数，从而使其在容量一定的情况下，呈现出短、粗的外形。图 3-11 所示为悬式水轮发电机的结构。

水轮发电机的结构与汽轮发电机的结构类似，主要区别在定子绕组和阻尼绕组上。

水轮发电机的极数较多，为了节约磁极间的连接线，定子绕组多采用双层波绕组，并多采用分数槽绕组。水轮发电机的阻尼绕组一般装设于磁极的极靴部位，其结构如图 3-12 所示，由插入极靴槽中的铜条和两端的端环构成一个闭合的绕组，所起作用在同步发电机中也是抑制振荡，在同步电动机和调相机中是起动绕组。

三、同步发电机的铭牌数据

(一) 型号

发电机的型号由数字和字母两部分组成，标在铭牌上，用来表示一台发电机的结构特点、类型等内容，如型号 QFQ-50-2 中，Q 表示汽轮，F 表示发电机，Q 表示氢冷，50 表示

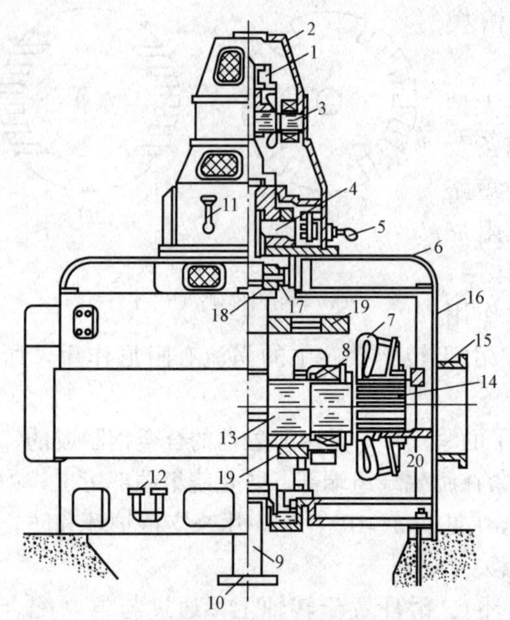

图 3-11 悬式水轮发电机结构

1—励磁机换向器；2—端盖；3—励磁机主极；4—推力轴承；5—冷却水进出水管；6—上端盖；7—定子绕组；8—磁极线圈；9—主轴；10—靠背轮；11—油面高度指示器；12—出线盒；13—磁轭与装配支架；14—定子铁芯；15—风罩；16—发电机机座；17—碳刷；18—滑环；19—制动环；20—端部撑架

额定功率（单位 MW），2 表示极数；型号 TS 880/210-40 中，T 表示同步，S 表示水轮发电机，880 表示定子铁芯外径（单位 cm），210 表示定子铁芯长度（单位 cm），40 表示极数。

（二）额定值

额定值标在铭牌上，主要有以下几种：

（1）额定容量 S_N（或额定功率 P_N）：指发电机额定运行时电机的输出视在功率或有功功率。

（2）额定电压 U_N：指发电机额定运行时定子绕组的线电压。

（3）额定电流 I_N：指发电机额定运行时定子绕组的线电流。

（4）额定功率因数 $\cos\varphi$：指发电机额定运行时电机的功率因数。

（5）额定转速 n_N：指额定运行时电机的转速，对同步发电机而言，即为同步转速。

对于发电机，输出电功率为

$$P_N = S_N\cos\varphi_N = \sqrt{3}U_N I_N\cos\varphi_N$$

对于电动机，输出机械功率为

$$P_N = S_N\cos\varphi_N\eta_N = \sqrt{3}U_N I_N\cos\varphi_N\eta_N$$

除上述额定值以外，铭牌上还常常列出一些其他的运行数据，如额定运行时的温升、频率 f_N、效率 η_N、励磁电流 I_{fN}、励磁电压 U_{fN}等。

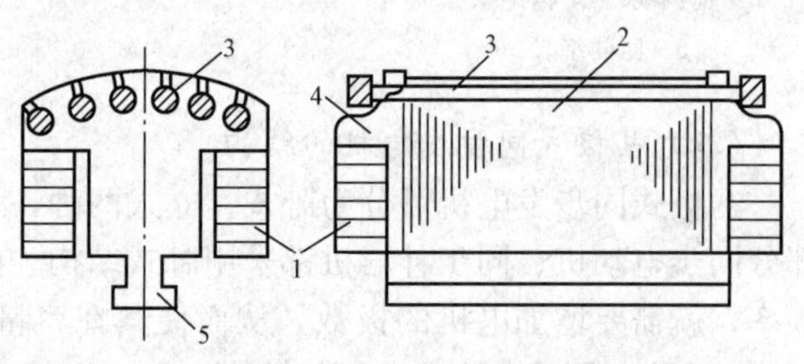

图 3-12 磁极阻尼绕组

1—励磁绕组；2—磁极铁芯；3—阻尼绕组；4—磁极压板；5—T 形尾

四、同步发电机的励磁方式

获得励磁电流的方法称为励磁方式。目前同步电机采用的励磁方式分为两大类：一类是用直流发电机作为励磁电源的直流励磁机励磁系统；另一类是用硅整流装置将交流转化成直流后供给励磁的整流器励磁系统。

（1）直流励磁机励磁系统。直流励磁机励磁系统普遍用在中、小型汽轮发电机中，直流励磁机通常与同步发电机同轴，采用自励或者他励接法，如图 3-13 所示。采用他励接法时，励磁机的励磁电流由另一台被称为副励磁机的同轴的直流发电机供给。

（2）交流励磁机励磁系统。静止整流器励磁系统中，同一轴上有三台交流发电机，即主发电机、交流主励磁机和交流副励磁机。副励磁机的励磁电流可以采用永磁发电机，副励磁机的输出电流经过静止晶闸管整流器整流后供给主励磁机，而主励磁机的交流输出电流经过静止的硅整流器整流后供给主发电机的励磁绕组，如图 3-14 所示。

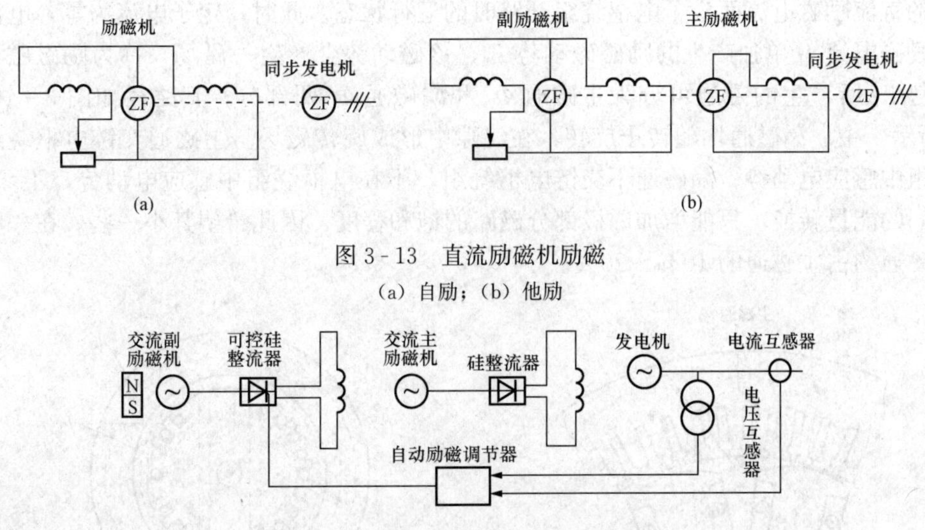

图 3-13　直流励磁机励磁

(a) 自励；(b) 他励

图 3-14　他励静止硅整流器励磁系统

上述系统中，静止整流器输出的直流必须经过电刷和集电环才能输送到旋转的励磁绕组，对于大容量的同步发电机，其励磁电流达到数千安培，使得集电环严重过热。因此，在大容量的同步发电机中，常采用不需要电刷和集电环的旋转整流器励磁系统，如图 3-15 所示。主励磁机是旋转电枢式三相同步发电机，旋转电枢的交流电流经与主轴一起旋转的硅整流器整流后，直接送到主发电机的转子励磁绕组。交流主励磁机的励磁电流由同轴的交流副励磁机经静止的晶闸管整流器整流后供给。由于这种励磁系统取消了集电环和电刷装置，故又称为无刷励磁系统。

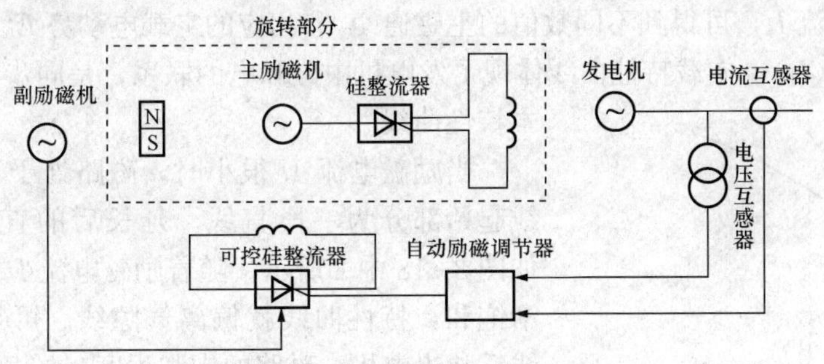

图 3-15　旋转整流器交流励磁系统

第二节　同步发电机的电枢反应

同步发电机的运行主要表现在各种运行条件下发电机的电动势、电压、电流、功率因数、励磁电流等物理量之间的关系。本章主要研究三相同步发电机在稳定对称运行时的内部电磁关系、电机的基本方程、等效电路、相量图和各种运行特性以及发电机并网后的功角特性、功率调节及静态稳定性等。

一、同步发电机的空载运行

同步发电机的空载运行是指同步发电机转子被原动机拖动到同步转速，转子励磁绕组通以恒定的直流励磁电流而定子电枢绕组开路时的运行状态。此时，定子电流为零，电机气隙中只有励磁电流 I_f 单独产生的励磁磁动势 $\bar{F}_f$，该磁动势会产生一磁场，称为励磁磁场。励磁磁动势 $\bar{F}_f$ 所产生的磁通可分为主磁通 Φ_0 和漏磁通 $\Phi_{f\sigma}$ 两部分，其路径如图 3-16 和图 3-17 所示。主、漏磁通均随转子旋转，在气隙中形成旋转磁场。主磁通交链电枢绕组，在电枢绕组中感应电动势；漏磁通不交链电枢绕组，不在电枢绕组中感应电动势，不参与定、转子之间的能量转换，只能增加磁极部分磁路的饱和程度，因此希望其小一些。在一般电机中，漏磁通约占主磁通的 10%～20%。

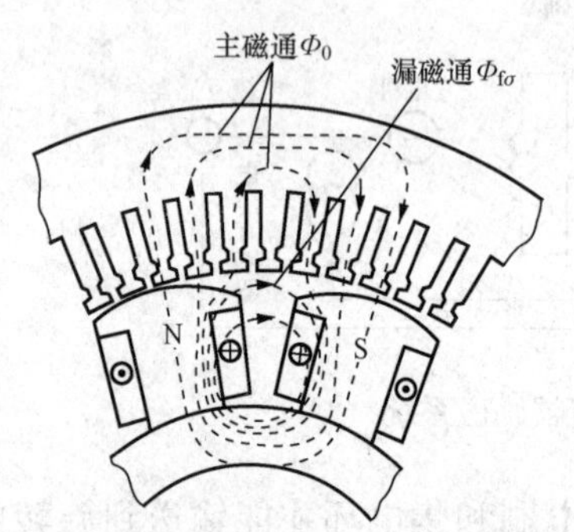

图 3-16　凸极式同步发电机的励磁磁场

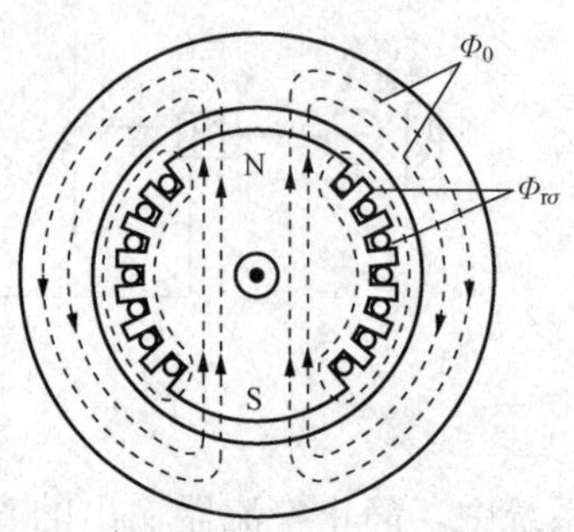

图 3-17　隐极式同步发电机的励磁磁场

设转子的同步转速为 n_1，同步发电机空载运行时，由励磁磁动势 $\bar{F}_f$ 产生的主磁通切割定子绕组感应出频率为 $f=\frac{pn_1}{60}$ 的三相对称空载电动势 E_0，其基波空载电动势的有效值为

$$E_0 = 4.44fNk_{w1}\Phi_0 \tag{3-2}$$

改变励磁电流 I_f，可得到不同数值的主磁通 Φ_0 和相应的空载电动势 E_0，由此得到空载特性曲线 $E_0=f(I_f)$。空载特性曲线体现了发电机中磁和电的联系，是同步发电机的一条基本特性曲线。

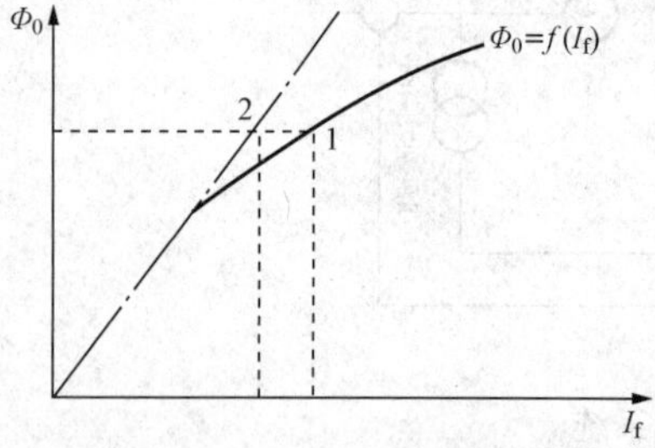

图 3-18　同步发电机的空载特性

当励磁电流 I_f 很小时，磁路处于不饱和状态，曲线起始部分为一段直线，延长后的直线称为气隙线，如图 3-18 中 2 所示。随着励磁电流 I_f 的增加，铁芯逐渐饱和，特性曲线就偏离气隙线。可见，空载特性曲线反映出电机主磁路的饱和程度。

当磁路饱和时，对应额定电压的励磁电流由 $I_{f\delta}$ 增至 I_{f0}，称两电流的比值为饱和系数

$$k_s = \frac{I_{f0}}{I_{f\delta}} \tag{3-3}$$

k_s 是一个大于 1 的数，它反映电机的饱和程度，与电机的运行特性和制造成本有关，其值越大，磁路饱和越深。同步发电机的饱和系数 k_s 一般为 1.1～1.2。

二、同步发电机的电枢反应

同步发电机空载运行时，电枢绕组开路，气隙中只有以同步转速 n_1 旋转的转子励磁磁场；带上对称负载后，电枢绕组中将流过对称三相电流，电枢绕组就会产生电枢磁动势 $\bar{F}_a$ 及相应的电枢磁场，此时，气隙内的磁场由电枢磁动势 $\bar{F}_a$ 和励磁磁动势 $\bar{F}_f$ 共同作用产生。

由于定子绕组感应电动势和电流的频率决定于转子的转速 n 和极对数 p，即 $f=\frac{pn}{60}$，而定子绕组的极对数是按转子同一极对数设计的，所以电枢磁动势基波的转速 $n_1=\frac{60f}{p}=n$。也就是说，$\overline{F}_a$ 和 $\overline{F}_f$ 转向相同、转速相等，在空间相对静止，两者共同作用建立负载时气隙的合成磁动势。我们把电枢磁动势的存在对气隙磁场的影响，称为电枢反应。

电枢反应的性质取决于电枢磁动势 $\overline{F}_a$ 和励磁磁动势 $\overline{F}_f$ 在空间的相对位置。分析表明，此相对位置取决于空载电动势 $\dot{E}_0$ 和负载电流 $\dot{I}$ 之间的相位角 ψ，ψ 称为内功率因数角。ψ 角大小与同步发电机的内阻抗及外加负载性质有关，即外加负载性质不同（电阻、电感或电容），$\dot{E}_0$ 与 $\dot{I}$ 之间的相位差随之不同，电枢反应性质也不同。

为了分析电枢反应性质，称转子主磁极轴线为直轴（亦称纵轴），用 d 轴表示；称转子相邻磁极轴线间的中线为交轴（亦称横轴），用 q 轴表示。

下面分析不同负载性质时的电枢反应。

由于 $\overline{F}_a$ 和 $\overline{F}_f$ 在空间相对静止，所以取电枢绕组某一相（A 相）电动势达最大值瞬间来分析。

1. $\psi=0°$时的电枢反应

内功率因数角 $\psi=0°$，表明同步发电机的空载电动势 $\dot{E}_0$ 和定子电流 $\dot{I}$ 同相，如图 3-19（a）时间相量图所示。此时，A 相电动势瞬时值达最大，A 相电流瞬时值也达最大，三相合成电枢磁动势 $\overline{F}_a$ 的轴线就处在 A 相绕组轴线位置上，与 q 轴重合，滞后励磁磁动势 $\overline{F}_f$ 90°［见图 3-19（b）］，称 $\psi=0°$时的电枢反应为交轴电枢反应，电枢磁动势 $\overline{F}_a$ 称作交轴电枢反应磁动势 $\overline{F}_{aq}$，对应的电枢电流称作交轴电枢电流 $\dot{I}_q$。此时，$\overline{F}_\delta=\overline{F}_f+\overline{F}_a$。交轴电枢反应使气隙磁场的波形发生了畸变。

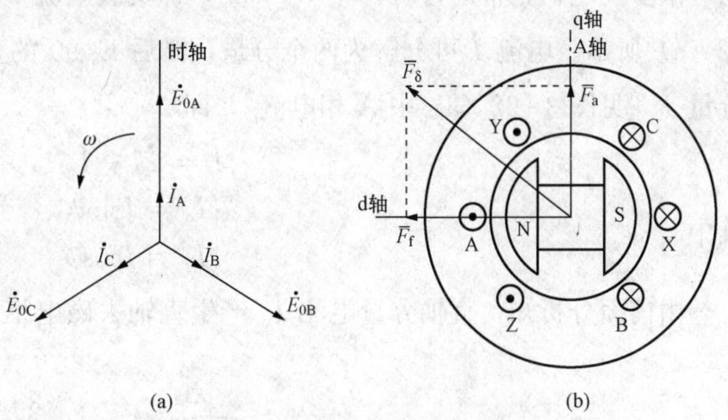

图 3-19　$\psi=0°$时的电枢反应

（a）时间相量图；（b）空间向量图

从近似角度分析，$\varphi\approx\psi=0°$，则可说发电机带上电阻性负载时产生交轴电枢反应。

2. $\psi=90°$时的电枢反应

内功率因数角 $\psi=90°$，表明同步发电机的定子电流 $\dot{I}$ 滞后空载电动势 $\dot{E}_0$ 90°，A 相电流 $\dot{I}_A=0$，如图 3-20（a）时间相量图所示。此时，电枢磁动势 $\overline{F}_a$ 的空间位置滞后 A 相绕组轴线 90°，即 d 轴反方向上［见图 3-20（b）］，称 $\psi=90°$时的电枢反应为直轴电枢反应，电枢磁动势 $\overline{F}_a$ 称作直轴电枢反应磁动势 $\overline{F}_{ad}$，对应的电枢电流称作直轴电枢电流 $\dot{I}_d$。此时，$\overline{F}_\delta=\overline{F}_f-\overline{F}_a$，气隙磁场被削弱了，此时电枢反应也称为直轴去磁电枢反应，电机端电压下降。

从近似角度分析，$\varphi\approx\psi=90°$，则可说发电机带上电感性负载时产生直轴去磁电枢反应。

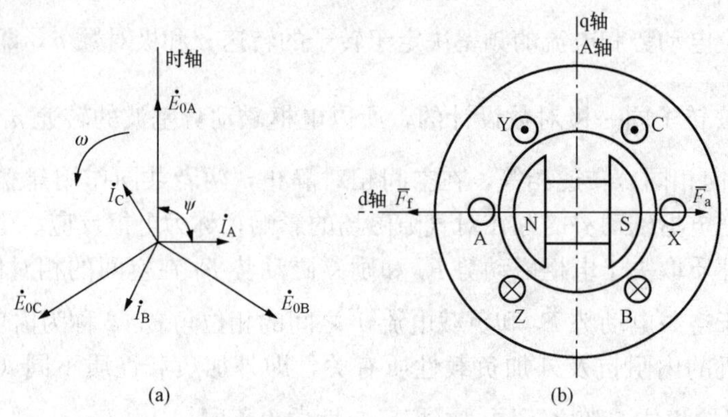

图 3-20 $\psi=90°$时的电枢反应

(a) 时间相量图；(b) 空间向量图

3. $\psi=-90°$时的电枢反应

内功率因数角$\psi=-90°$，表明同步发电机的定子电流 $\dot{I}$ 超前空载电动势 $\dot{E}_0$ 90°，A 相电流 $\dot{I}_A=0$，如图 3-21（a）时间相量图所示。此时，电枢磁动势 $\overline{F}_a$ 的空间位置超前 A 相绕组轴线 90°，即与 d 轴重合，如图3-21（b）所示。$\overline{F}_\delta=\overline{F}_f+\overline{F}_a$，结果使气隙磁场增强了，因而该电枢反应称为直轴助磁电枢反应，电机端电压上升。

从近似角度分析，$\varphi\approx\psi=-90°$，则可说发电机带上电容性负载时产生直轴助磁电枢反应。

4. 一般情况下的电枢反应

同步发电机正常运行时，$0°<\psi<90°$，即负载电流 $\dot{I}$ 滞后空载电动势 $\dot{E}_0$ ψ 角，如图 3-22（a）所示。电流 $\dot{I}$ 可分解为两个分量，滞后 $\dot{E}_0$ 90°的直轴分量 $\dot{I}_d$ 和与 $\dot{E}_0$ 同相位的交轴分量 $\dot{I}_q$［见图 3-22（a）中 A 相电流］，即

$$\dot{I}=\dot{I}_d+\dot{I}_q \tag{3-4}$$

其中

$$\begin{cases} I_d=I\sin\psi \\ I_q=I\cos\psi \end{cases} \tag{3-5}$$

由前面分析知，直轴分量电流 $\dot{I}_d$ 产生直轴去磁电枢反应磁动势 $\overline{F}_{ad}$，交轴分量电流 $\dot{I}_q$ 产生交轴电枢反应磁动势 $\overline{F}_{aq}$，如图 3-22（b）所示；显然$0°<\psi<90°$时的电枢反应为$\psi=0°$和$\psi=90°$两种情况的合成。

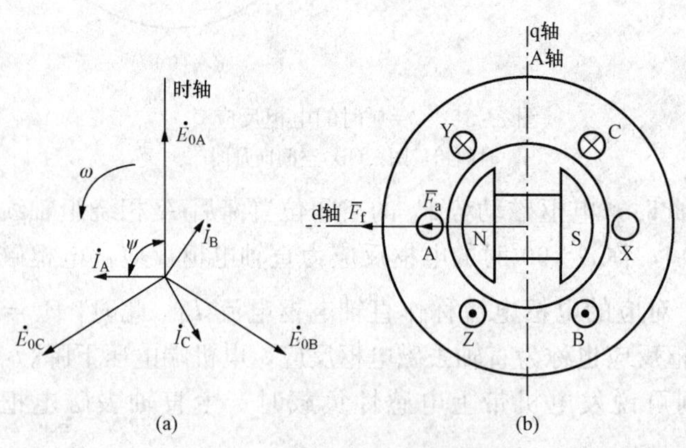

图 3-21 $\psi=-90°$ 时的电枢反应

(a) 时间相量图；(b) 空间向量图

从图 3-22（b）可以看出，$\overline{F}_a$ 滞后 $\overline{F}_f$ $90°+\psi$ 电角度，类似于电流 $\dot{I}$，电枢磁动势 $\overline{F}_a$ 也可以分解为两个分量，即

$$\overline{F}_a=\overline{F}_{ad}+\overline{F}_{aq} \tag{3-6}$$

其中

$$\begin{cases} F_{ad}=F_a\sin\psi \\ F_{aq}=F_a\cos\psi \end{cases} \tag{3-7}$$

可见，$0° < \psi < 90°$时的电枢反应既有交轴又有直轴去磁性质。

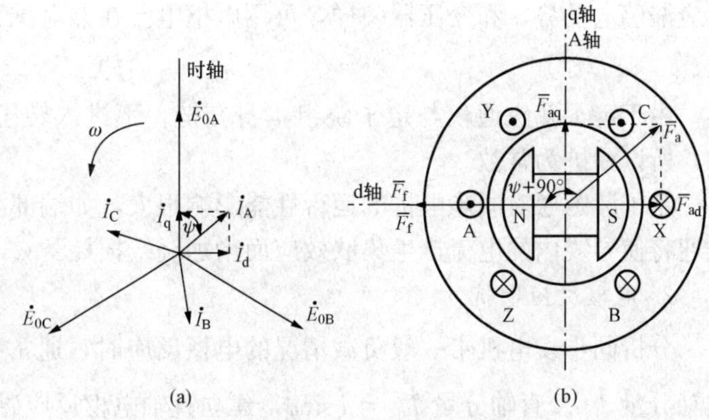

图 3-22　$0° < \psi < 90°$时的电枢反应
(a) 时间相量图；(b) 空间向量图

三、电磁转矩

同步发电机空载运行时不发生电枢反应，没有机电能量转换；带上负载后，电枢电流建立电枢反应磁场，它与转子磁场之间存在相互作用，负载不同时，电枢磁场与转子磁场之间的相互作用也不同，从而影响电机内部的机电能量转换。

1. 有功电流产生电磁力，形成电磁转矩

当发电机带纯电阻负载时，近似认为 $\psi \approx \varphi = 0°$，电枢电流产生交轴电枢反应，即当电枢绕组中流过有功电流时产生交轴电枢反应磁场。转子励磁绕组的载流导体在该磁场作用下产生电磁力 f_1、f_2，其方向由左手定则确定，如图 3-23 所示，这时的电磁力对转子转轴形成电磁转矩，它的方向和转子的转向相反，是制动转矩。原动机对转轴的驱动转矩克服电磁转矩做功，把机械能转化为发电机输出的电能。发电机的有功负载越大，交轴电枢反应越强，制动的电磁转矩越大，为维持转子转速（或频率）不变，需相应地增大原动机的驱动转矩（调节汽轮机的汽门或水轮机的水门），用于克服制动转矩。

2. 无功电流产生电磁力而不形成电磁转矩

当发电机带电感（或电容）负载时，近似认为 $\psi \approx \varphi = 90°$（或 $-90°$），电枢电流产生直轴电枢反应，即无功电流产生直轴电枢反应磁场。转子励磁绕组的载流导体在该磁场作用下产生电磁力 f_1、f_2，如图 3-24 所示，这时的电磁力对转子转轴不形成转矩，不影响电机转速，不需要调节原动机的输入功率。但直轴电枢反应的结果使气隙磁场削弱（或增强），使发电机端电压降低（或上升），若要维持端电压不变，应改变发电机的励磁电流。

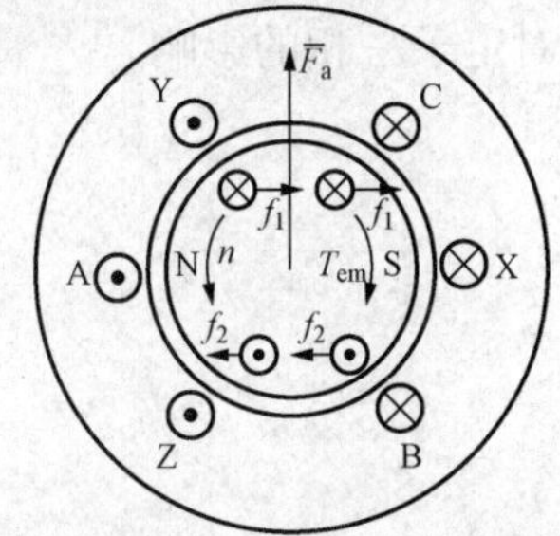

图 3-23　有功电流形成电磁转矩

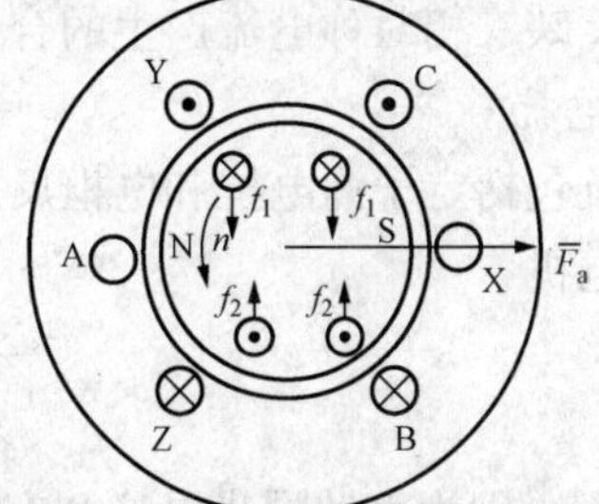

图 3-24　无功电流不形成电磁转矩

第三节　同步发电机的电动势方程和相量图

一、同步电抗

1. 漏电抗

同步发电机的定子漏磁通包括槽部漏磁通、端部漏磁通和高次谐波磁通，它们在电机中

感应漏感电动势，和变压器一样，可用电枢电流在漏电抗 X_σ 上的压降来表示，则

$$\dot{E}_\sigma = -\mathrm{j}\dot{I}X_\sigma \tag{3-8}$$

由于定子漏磁通仅与定子绕组本身交链，不进入转子，其路径主要是气隙，磁路不饱和，所以漏抗为常数。

定子漏磁通对同步电机的运行性能影响很大，如端部漏磁通会使绕组端部发热，槽部漏磁通将使导线内的电流产生集肤效应而增加绕组损耗。

2. 电枢反应电抗

分析同步发电机带一般负载情况的电枢反应时，通常把负载电流分解成直轴分量 $\dot{I}_\mathrm{d}$ 和交轴分量 $\dot{I}_\mathrm{q}$ 。直轴分量 $\dot{I}_\mathrm{d} = \dot{I}\sin\psi$，建立直轴电枢反应磁动势 $\overline{F}_\mathrm{ad}$ ，在 $\overline{F}_\mathrm{aq}$ 的作用下产生直轴电枢反应磁通 $\dot{\Phi}_\mathrm{ad}$，$\dot{\Phi}_\mathrm{ad}$ 在电枢绕组中感应直轴电枢反应电动势 $\dot{E}_\mathrm{ad}$ ；交轴分量 $\dot{I}_\mathrm{q} = \dot{I}\cos\psi$，建立交轴电枢反应磁动势 $\vec{F}_\mathrm{aq}$，在 $\vec{F}_\mathrm{aq}$ 的作用下产生交轴电枢反应磁通 $\dot{\Phi}_\mathrm{ad}$，$\dot{\Phi}_\mathrm{ad}$ 在电枢绕组中感应交轴电枢反应电动势 $\dot{E}_\mathrm{aq}$。当磁路不饱和时，直轴和交轴的磁阻恒定，存在 $E_\mathrm{ad}\propto\Phi_\mathrm{ad}\propto F_\mathrm{ad}\propto I_\mathrm{d}$ 和 $E_\mathrm{aq}\propto\Phi_\mathrm{aq}\propto F_\mathrm{aq}\propto I_\mathrm{q}$，同时电动势滞后对应磁通（或电流）90°，因此电枢反应电动势也可以用电抗压降的形式来表示，即

$$\dot{E}_\mathrm{ad} = -\mathrm{j}\dot{I}_\mathrm{d}X_\mathrm{ad} \tag{3-9}$$

$$\dot{E}_\mathrm{aq} = -\mathrm{j}\dot{I}_\mathrm{q}X_\mathrm{aq} \tag{3-10}$$

式中 X_ad——直轴电枢反应电抗；

X_aq——交轴电枢反应电抗。

对于凸极式同步发电机，直轴气隙比交轴气隙小，直轴磁阻比交轴磁阻小，$X_\mathrm{ad}>X_\mathrm{aq}$；对于隐极式同步发电机，其气隙均匀，$X_\mathrm{ad}=X_\mathrm{aq}=X_\mathrm{a}$。可见，隐极式同步发电机为凸极式同步发电机的特例。

电枢反应电抗是对应电枢反应磁通的电抗，其大小反映了电枢反应作用的强弱；就大小而言，电枢反应电抗为一等效电抗，它是每相电枢电动势与所对应电流的比值，应理解为三相对称电枢电流产生合成的电枢反应磁场感应于一相的电枢电动势与其对应的相电流的比值。它综合反映三相对称电流产生的合成电枢反应磁场对定子一相的影响。

3. 同步电抗

同步电抗包括定子漏电抗和电枢反应电抗。

对凸极电机

$$X_\mathrm{d} = X_\mathrm{ad} + X_\sigma \tag{3-11}$$

$$X_\mathrm{q} = X_\mathrm{aq} + X_\sigma \tag{3-12}$$

X_d 和 X_q 分别为直轴同步电抗和交轴同步电抗，$X_\mathrm{d}>X_\mathrm{q}$。

直轴磁路的气隙小，应当考虑铁芯饱和程度的影响，因而 X_d 具有不饱和值和饱和值之分；而交轴磁路气隙较大，可认为 X_q 只有非饱和值，为常量。

对隐极式同步发电机，$X_\mathrm{t}=X_\mathrm{a}+X_\sigma$，$X_\mathrm{t}$ 为隐极式同步发电机的同步电抗。

同步电抗是同步发电机的一个重要参数，它表征了同步发电机对称稳定运行时电枢反应磁场和电枢漏磁场对电枢电路的作用，其大小直接影响同步发电机端电压随负载波动的程度和在大电网运行时的稳定性，也影响同步发电机短路电流的大小。

二、凸极同步发电机的电动势方程和相量图

同步发电机带对称负载运行时，气隙主磁场由励磁磁动势和电枢反应磁动势共同作用产生，由于凸极式同步发电机气隙不均匀，只考虑磁路不饱和情况，利用叠加原理，把电枢反应磁动势分解为直轴分量 $\overline{F}_{ad}$ 和交轴分量$\overline{F}_{aq}$，分别讨论励磁磁动势 $\overline{F}_{f}$ 和电枢反应磁动势 $\overline{F}_{ad}$、$\overline{F}_{aq}$ 单独作用时产生的磁通和相应的电动势，同时考虑漏磁场的作用。各磁动势、磁通和电动势的关系如下

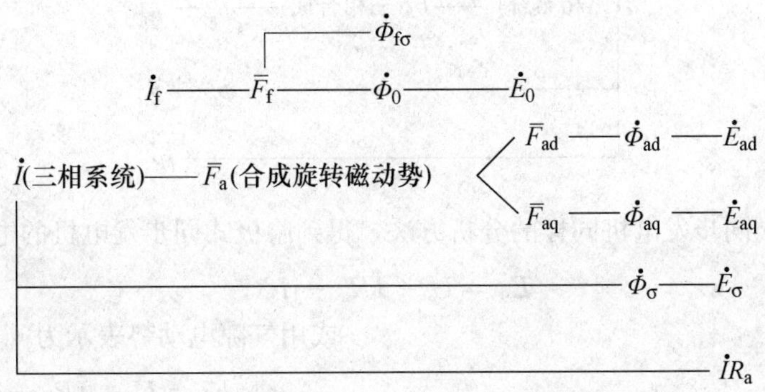

按照图 3-25 规定电动势、电压和电流的正方向，根据基尔霍夫电压定律，可得到凸极式同步发电机的电动势方程为

$$\dot{E}_0+\dot{E}_{ad}+\dot{E}_{aq}+\dot{E}_{\sigma}=\dot{U}+\dot{I}R_a \tag{3-13}$$

或用气隙电动势表示为

$$\dot{E}_{\delta}+\dot{E}_{\sigma}=\dot{U}+\dot{I}r_a \tag{3-14}$$

$$\dot{E}_{\delta}=\dot{E}_0+\dot{E}_{ad}+\dot{E}_{aq} \tag{3-15}$$

图 3-25　各物理量正方向的规定

将式（3-8）～式（3-10）代入式（3-13）可得凸极式同步发电机的电动势方程为

$$\dot{E}_0=\dot{U}+\dot{I}R_a+\mathrm{j}\,\dot{I}_dX_d+\mathrm{j}\,\dot{I}_qX_q \tag{3-16}$$

在已知发电机参数（R_d、X_d、X_q）、端电压 U、电枢电流 I、功率因数 $\cos\varphi$ 和内功率因数角 ψ 的情况下，可根据电动势方程式作出凸极式同步发电机带感性负载时的相量图，如图 3-26 所示。

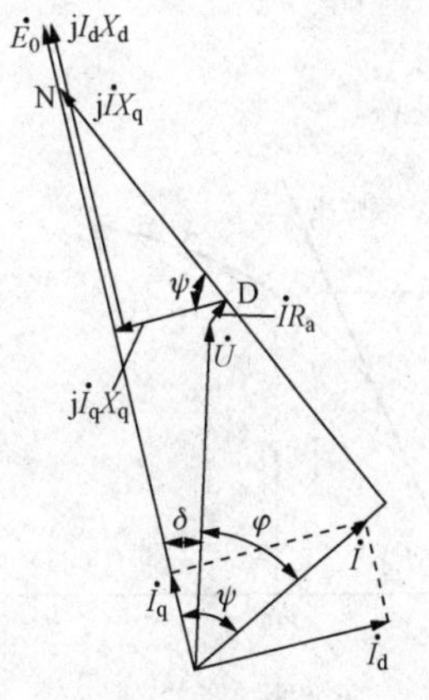

图 3-26　凸极式同步发电机带感性负载时的相量图

作相量图的步骤为：

（1）以电压 $\dot{U}$ 为基准，由已知 φ 角作出电流 $\dot{I}$，它滞后 $\dot{U}$ 为 φ 角。

（2）根据 ψ 角将电流 $\dot{I}$ 分解为 $\dot{I}_d$ 和 $\dot{I}_q$ 。

（3）在电压 $\dot{U}$ 上加 $\dot{I}R_a$ 相量，它与电流 $\dot{I}$ 同相位。依次再加上 $\mathrm{j}\,\dot{I}_qX_q$ 和 $\mathrm{j}\,\dot{I}_dX_d$ 相量，它们分别超前电流 $\dot{I}_q$ 和 $\dot{I}_d$ 90°。

（4）连接电压 $\dot{U}$ 的首端和 $\mathrm{j}\,\dot{I}_dX_d$ 的末端，得到相量 $\dot{E}_0$。

在图 3-26 中还可根据三角函数关系，求得 ψ 角的计算公式为

$$\psi=\arctan\frac{U\sin\varphi+IX_q}{U\cos\varphi+IR_a} \tag{3-17}$$

三、隐极式同步发电机的电动势方程和相量图

与凸极式同步发电机的分析方法类似，隐极式同步发电机的各有关物理量之间的关系为

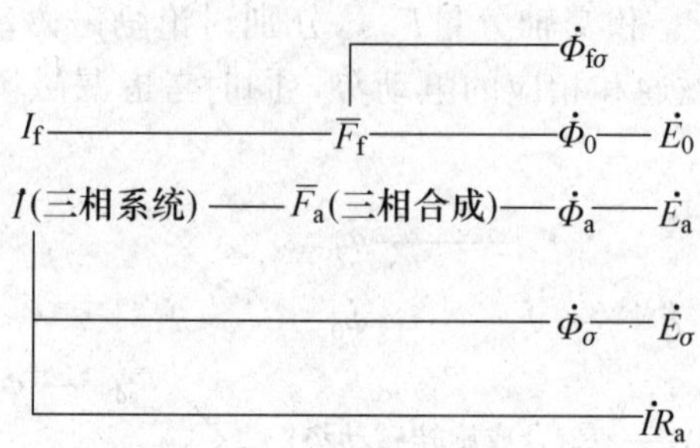

按照和凸极式同步发电机同样的分析方法，得到隐极式同步发电机的电动势方程为

$$\dot{E}_0 = \dot{U} + \dot{I}R_a + j\dot{I}X_t \tag{3-18}$$

或用气隙电动势表示为

$$\dot{E}_\delta = \dot{U} + \dot{I}R_a + j\dot{I}X_\sigma \tag{3-19}$$

由式（3-19）可作出隐极式同步发电机的相量图和等效电路，如图 3-27 所示。

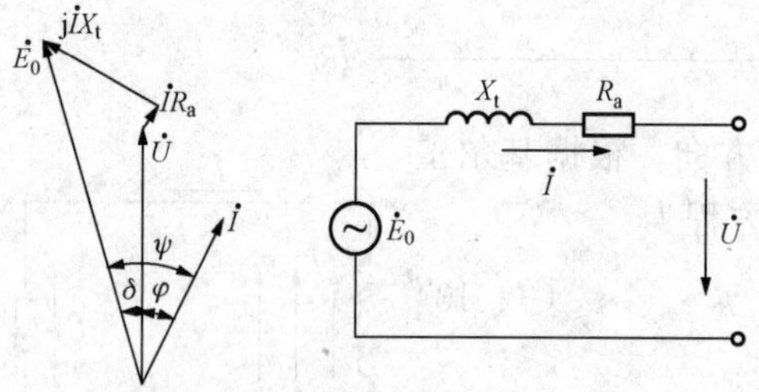

图 3-27　隐极式同步发电机的相量图和等效电路

从隐极式同步发电机的相量图可得出

$$E_0 = \sqrt{(U\cos\varphi + IR_a)^2 + (U\sin\varphi + IX_t)^2} \tag{3-20}$$

$$\psi = \arctan\frac{U\sin\varphi + IX_t}{U\cos\varphi + IR_a} \tag{3-21}$$

第四节　同步发电机的运行特性

同步发电机在保持转速为恒定值时，三个主要物理量即端电压 U、电枢电流 I 和励磁电流 I_f 之间的关系可用电机的运行特性来反映。同步发电机的运行特性主要有空载特性、短路特性、外特性和调整特性。

一、空载特性

空载特性是指发电机处于额定转速、定子电枢绕组开路时，空载电压 U_0 与励磁电流 I_f 之间的关系 $U_0=f(I_f)$。

空载特性可用实验方法测定。实验时，如图 3-28（a）所示，将电枢绕组开路，原动机把发电机拖动到同步转速，并维持不变。逐渐增加励磁电流 I_f，直到 $U_0=1.25U_N$ 左右为止，记取对应的 U_0 和 I_f 值，得到空载特性的上升分支；然后逐渐减小励磁电

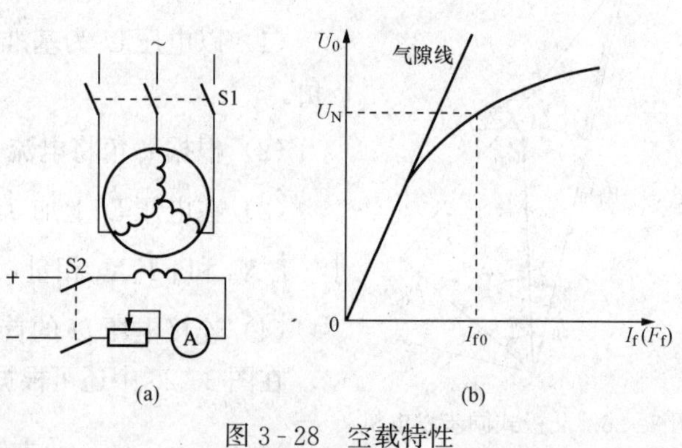

图 3-28　空载特性
（a）实验原理接线图；（b）空载特性曲线

流 I_f，记取对应的 U_0 和 I_f 值，得到空载特性的下降分支。由于磁滞现象，上升和下降的磁化曲线不会重合，实际应用中的空载特性曲线为两条分支的平均值，如图 3-28（b）所示。

当空载电压较低时，磁路中的铁芯不饱和，特性曲线为一直线；电压升高到一定程度时，铁芯开始饱和，特性曲线偏离直线（气隙线）。

空载特性是同步发电机的基本特性之一，它表明了电机磁路的饱和情况，把它和短路特性相配合，可确定电机的基本参数；生产实际中，它还可以检查三相电枢绕组的对称性、判断励磁绕组和定子铁芯有无故障等。

二、短路特性

1. 短路特性分析

短路特性是指发电机在同步转速下，电枢绕组三相短路时，定子稳态短路电流 I_k 与励磁电流 I_f 的关系，$I_k=f(I_f)$。

短路特性可通过三相稳态短路实验测定。如图 3-29 所示，实验时，将三相绕组出线端短接，保持同步速不变，调节励磁电流 I_f，使定子短路电流 I_k 从零逐渐增加，直到 $I_k=1.25I_N$ 左右为止，记取对应的 I_f 和 I_k，作出短路特性 $I_k=f(I_f)$，如图 3-30 所示。

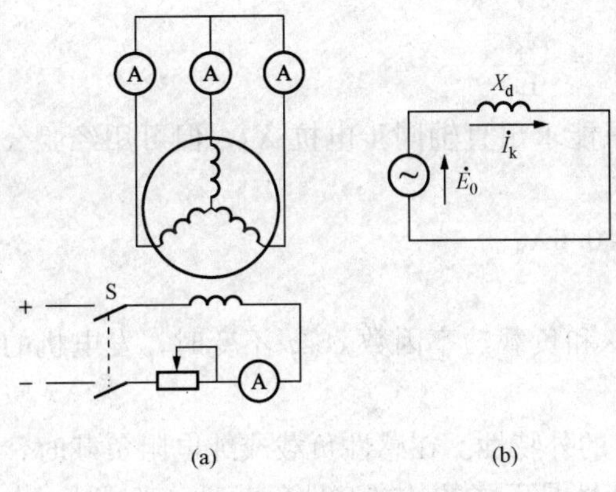

图 3-29 短路特性

（a）实验原理接线图；（b）短路时等效电路

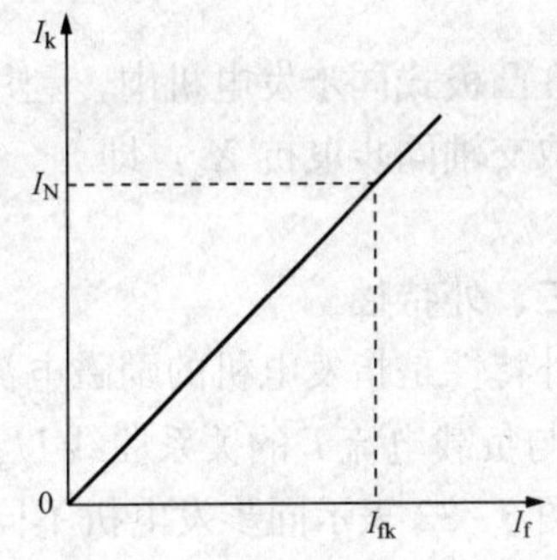

图 3-30 短路特性曲线

短路特性为一条过原点的直线。因为，一方面，电枢绕组短路时，$U=0$，忽略电枢电阻 R_a 的情况下，发电机相当于电感电路［见图 3-29（b）］，电枢电流和电枢反应磁动势只有直轴分量，对应的电抗为直轴同步电抗 X_d，电枢反应磁动势起去磁作用。此时

$$\dot{E}_\delta=\dot{U}+\dot{I}R_a+\mathrm{j}\,\dot{I}X_\sigma\approx\mathrm{j}\,\dot{I}X_\sigma \tag{3-22}$$

由于 X_σ 很小，所以 $\dot{E}_\delta$ 很小，则感应气隙电动势的气隙磁通 $\dot{\Phi}_\delta$ 或气隙磁动势 $\bar{F}_\delta$ 很小，电机的磁路处于不饱和状态，$E_0\propto I_f$。另一方面，由等效电路知

$$\dot{E}_0=\mathrm{j}\dot{I}_kX_d \tag{3-23}$$

X_d 在磁路不饱和时为常数，故 $E_0\propto I_k$，所以 $I_k\propto I_f$。

从磁路角度分析，同步发电机三相稳态短路时，电枢电流产生直轴电枢反应磁动势对气隙磁动势去磁的结果，使气隙磁通和电动势都很小，所以短路电流不会过大；从电路角度分析，$I_k=\dfrac{E_0}{X_d}$，因发电机内部的同步电抗数值较大，限制了短路电流。

2.同步电抗的求取

利用空载特性和短路特性可确定直轴同步电抗 X_d 的值，由式（3-23）得

$$X_d = \frac{E_0}{I_k} \tag{3-24}$$

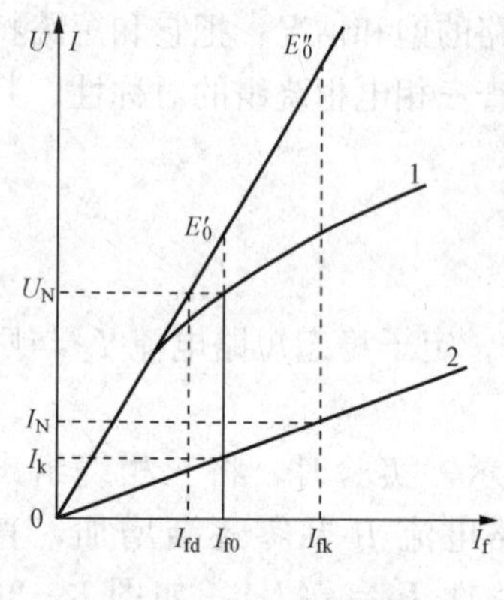

图 3-31　特性曲线

1—空载特性；2—短路特性

当电机的磁路不饱和时，X_d 为常数；当磁路饱和时，X_d 的大小随磁路的饱和而减小。

求 X_d 不饱和值时，首先给定一励磁电流 I_f，在空载特性的不饱和段或气隙线上确定对应 I_f 的 E_0 值，然后在短路特性曲线上确定对应 I_f 的短路电流 I_k 的值，如图 3-31 所示。于是

$$X_{d(不)} = \frac{E'_0}{I_k} = \frac{E''_0}{I_N} \tag{3-25}$$

发电机一般在额定电压附近运行，磁路总是有些饱和，因此求取 X_d 饱和值时，首先在空载特性上取对应额定电压 U_N 的励磁电流 I_{f0}，再从短路特性上取出对应 I_{f0} 的短路电流 I_k，则

$$X_{d(饱和)} = \frac{U_N}{I_k} \tag{3-26}$$

在凸极式同步发电机中，利用上述方法只能求出直轴同步电抗 X_d，但可用经验公式近似求取交轴同步电抗 X_q，即

$$X_q \approx 0.6X_d \tag{3-27}$$

三、外特性

外特性是指发电机的励磁电流 I_f、转速 n 和负载功率因数 $\cos\varphi$ 不变时，发电机的端电压 U 与负载电流 I 的关系曲线 $U=f(I)$。

图 3-32 表示同步发电机不同功率因数时的外特性。在感性负载或纯电阻负载时，由于电枢反应去磁作用和定子漏抗压降影响，外特性是下降的；在容性负载且 $\psi<0°$ 时，由于电枢反应助磁作用及容性电流的漏抗压降使端电压上升，所以外特性是上升的。由此可知，为使在不同功率因数条件下电机工作于额定点 $U=U_N$、$I=I_N$，感性负载时要增大励磁电流，容性负载时应减小励磁电流。

负载变化时，必然会引起发电机端电压的波动。为描述电压波动程度，引入电压变化率。电压变化率是指发电机在额定工作情况且励磁电流和转速保持不变的条件下，切除全部负载后，端电压的变化值对额定电压的百分比，用 $\Delta U\%$ 表示，即

$$\Delta U\% = \frac{E_0 - U_N}{U_N} \times 100\% \tag{3-28}$$

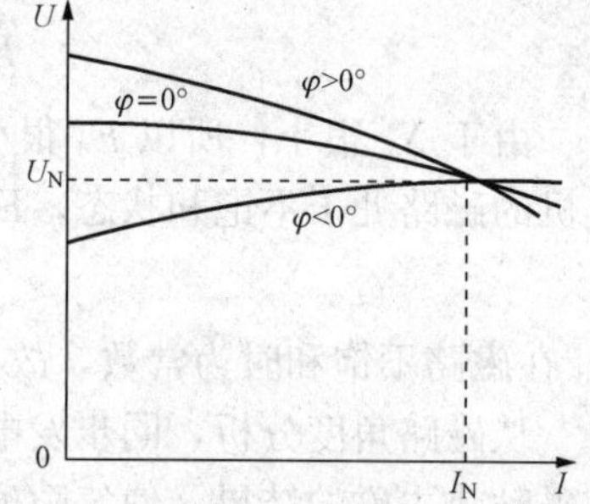

图 3-32　同步发电机不同功率因数时的外特性

影响电压变化率的因素有负载的大小、性质及同步阻抗。电压变化率是表征同步发电机运行性能的重要数据之一，电压变化率越大，电机端电压波动程度越大。现代发电设备都配有快速自动调压装置，可及时自动调节励磁维持电压基本不变。为防止故障切除时导致电压剧烈上升击

穿绝缘，要求 $\Delta U\% < 50\%$。一般地，汽轮发电机的 $\Delta U\% = 30\% \sim 48\%$，水轮发电机的 $\Delta U\% = 18\% \sim 30\%$，均为 $\cos\varphi_N = 0.8$（滞后）时的数据。

四、调整特性

当发电机负载电流变化时，为保持端电压不变，必须调节发电机的励磁电流。调整特性是指发电机的转速 n、端电压 U 和负载功率因数 $\cos\varphi$ 一定时，励磁电流与负载电流的关系 $I_f = f(I)$。

与外特性相反，对于感性和电阻性负载，转子电流随着负载的增加而增加，特性是上升的；而对容性负载，因负载电流的助磁作用，特性会下降，如图 3-33 所示。

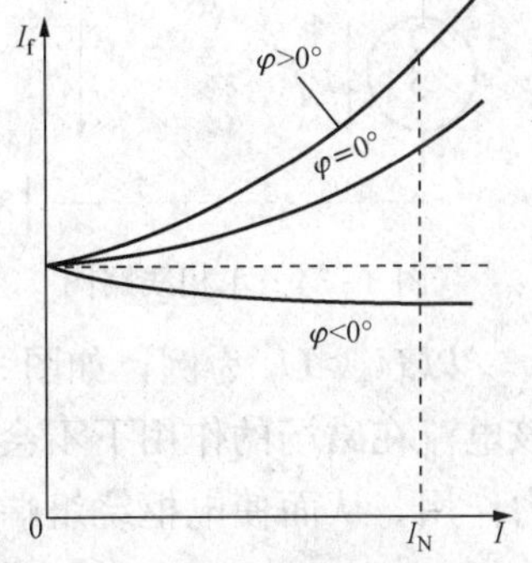

图 3-33　同步发电机不同功率因数时的调整特性

在给定功率因数情况下，根据调整特性曲线，可确定在给定的负载变化范围内，维持电压不变所需的励磁电流的变化范围。运行人员可利用调整特性曲线，使电力系统中无功功率的分配更合理一些。

第五节　同步发电机的并列

在一般发电厂中，总是有多台同步发电机并联运行，而更大的电力系统也必然由多个发电厂并联而成。因此，研究同步发电机投入并联的方法以及并联运行的规律，对于动力资源的合理利用、发电设备的运行和维护、供电的可靠性、稳定性和经济性等，具有极为重要的意义。

同步发电机的并联运行，是指将两台或更多台同步发电机分别接在电力系统的对应母线上，或通过主变压器、输电线路接在电力系统的公共母线上，共同向用户供电。这样做有利于提高供电的可靠性、合理利用动力资源及发电设备，提高供电的经济性以及提高电能质量。

一、并联运行条件

已励磁的同步发电机并联投入电网时，为避免发生电磁冲击和机械冲击，要求发电机端各相电动势的瞬时值要与电网端对应相电压的瞬时值完全一致。所以待并列的同步发电机必须满足以下条件：

（1）发电机的电压和电网电压大小相等；

（2）发电机的电压相位和电网电压相位相同；

（3）发电机的频率和电网频率大小相等；

（4）发电机的电压相序和电网电压的相序相同。

其中，条件（4）是电机设计、制造和安装时，在根据发电机的转向确定了发电机相序时就已得到满足。因此，运行人员在设计并列操作时，一般只需调整发电机使其满足其余三个条件即可。

下面分析其他三个条件中有一个条件不满足而进行并网时对电机的影响。

1. 电压大小不等

如图 3-34 所示，因为三相对称，用单相线路图来分析。若待并发电机电压与电网电压大小不等，在开关 S 未合闸时，a、b 两点间存在电压差 $\Delta\dot{U} = \dot{U}_g - \dot{U}_c$，开关 S 合闸瞬间，

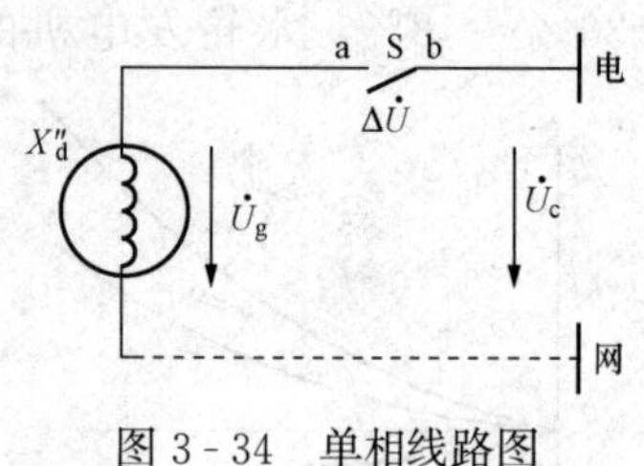

图 3-34 单相线路图

发电机在电压差作用下会产生冲击电流 $\dot{I}_c$。忽略待并发电机的电枢电阻，则冲击电流表达式为

$$\dot{I}_c = \frac{\Delta\dot{U}}{jX''_d} \tag{3-29}$$

由于次暂态同步电抗 X''_d很小，所以即使 ΔU 不大，冲击电流也会很大。

以 $U_g > U_c$ 为例，如图 3-35 所示，产生的冲击电流 $\dot{I}_c$滞后 $\dot{U}_g$ 90°，为感性无功电流，该电流在磁场的作用下不会在转轴上产生电磁转矩，但在电枢绕组中会产生很大的冲击力作用，从而使电枢绕组端接部分受到冲击力而变形。$U_g < U_c$ 时结论相同，读者可自行分析。

2. 电压相位不同

待并发电机电压与电网电压大小相等但相位不同时，在发电机与电力系统所组成的回路中，将因相位不同在开关 S 两端形成电压差 $\Delta\dot{U} = \dot{U}_g - \dot{U}_c$。反相时，$\dot{U}_g$ 与 $\dot{U}_c$ 的相位差为 180°，$\Delta\dot{U}$ 最大，如图 3-36 所示。此时，冲击电流最大，其巨大的电磁力将使发电机损坏。

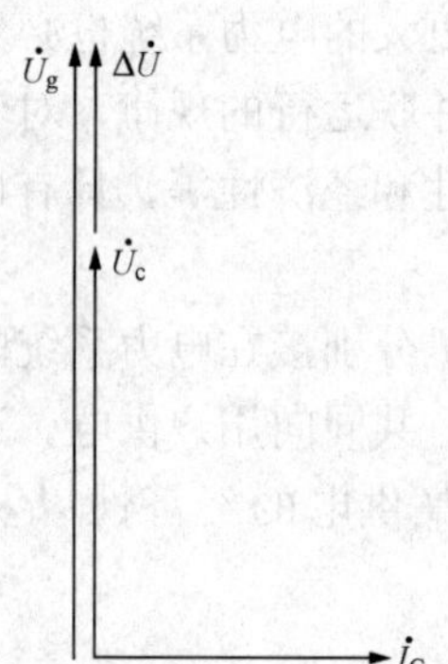

图3-35 电压大小不等时的相量图

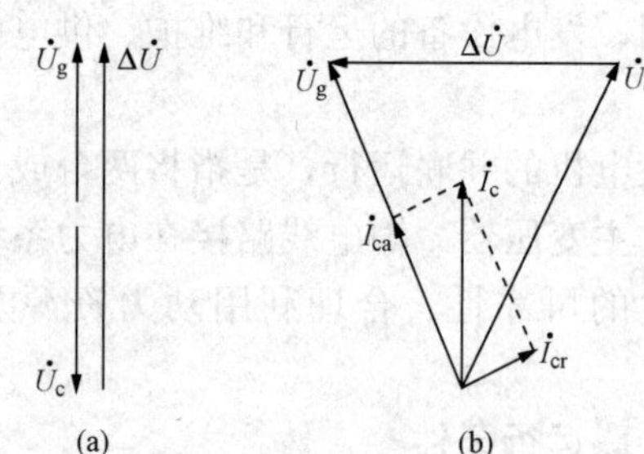

图 3-36 电压相位不同时的相量图
(a) $\dot{U}_g$、$\dot{U}_c$ 反相；(b) $\dot{U}_g$ 超前 $\dot{U}_c$

3. 频率不等

待并发电机频率与电网频率不同时，电压 $\dot{U}_g$ 与 $\dot{U}_c$ 的旋转方向相同但旋转角速度不同，其角速度分别为 $\omega_g = 2\pi f_g$ 和 $\omega_c = 2\pi f_c$，$\dot{U}_g$ 与 $\dot{U}_c$ 之间有相对运动产生，如图 3-37 所示。两相量间的相位差将在 0°～360°之间不断变化，电压差 $\Delta\dot{U}$(称为拍振电压）有规律地忽大忽小，产生的冲击电流（称为拍振电流）也时大时小。该电流会使发电机发生振动，使电枢绕组端部受冲击力而变形，还会使电枢绕组发热。

需要指出的是，频率相差越大，变化越剧烈，投入并联的操作越困难，若投入电网，发电机很难被拉入同步；如果频差不大，不会产生严重后果，此时并网，电流的有功分量所产生的转矩会把发电机的转子拉入同步，这就是同步发电机的自整步作用。

在实际操作中，上述三个条件允许有一定的偏差，如电压偏差 ΔU 不超过 10%，电压相位偏差小于 10%，频率偏差不超过 0.2%～0.5%（即 0.1～0.25Hz)。

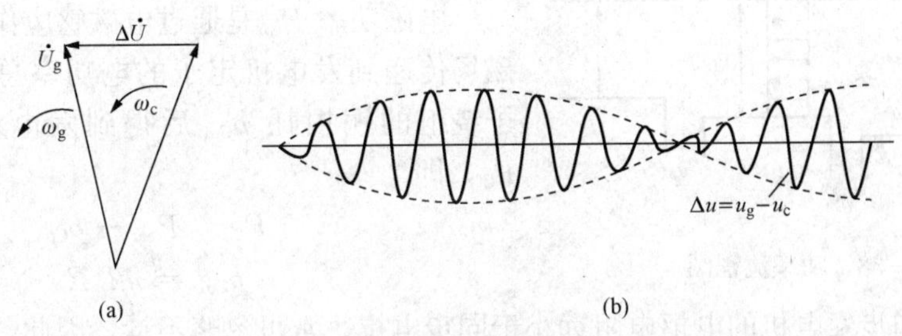

图 3 - 37　频率不等时的相量图和波形图

（a）相量图；（b）波形图

二、并联运行方法

1. 准同步法

准同步法是将发电机调整到完全符合并联条件后的合闸并网操作过程。其优点是投入瞬间电网和电机基本没有冲击；缺点是并列条件苛刻，要同时满足并列条件需较长时间，特别是当电网发生故障时，电网的电压和频率均在变化，采用准同步并列比较困难。所以主要用于系统正常时的并联运行，一般已励磁的发电机并网都采用该方法。

2. 自同步法

当电网出现故障而要求迅速将备用发电机投入时，由于电网电压和频率出现不稳定，准同步法很难操作，往往要求采用自同步法实现并联运行。其步骤为：首先验证发电机的相序，然后将发电机转子励磁绕组跨接一个 5～10 倍于励磁电阻的灭磁电阻后形成闭合回路，以免电枢的冲击电流在励磁绕组中感应大电动势而损坏绕组；同时把励磁回路的调磁电阻放置在对应空载额定电压的阻值位置。发电机在无励磁的情况下起动，调节发电机转速使之接近同步速时，合上发电机的同步开关，并立即加上直流励磁，依靠定、转子磁场间形成的电磁转矩，把发电机拉入同步。自同步法的优点是操作简单、迅速，便于自动化和实现重合闸；缺点是在并列合闸时，会产生较大的冲击电流和冲击转矩，一般常用于紧急状态下的并列操作。

第六节　同步发电机有功功率的调节和静态稳定

一、有功功率平衡

同步发电机并入电网后，电能的发、输、用都是同时进行的，输入和输出功率必须保持平衡。因此，发电机输出的功率要根据电力系统的需要随时进行调节。

1. 功率平衡方程

同步发电机由原动机拖动、在对称负载下稳定运行时，由原动机输入的机械功率 P_1 在扣除了机械损耗 p_{mec}、铁耗 p_{Fe} 和附加损耗 p_{ad} 后，转化为电磁功率 P_{em}，其功率平衡方程为

$$P_{em}=P_1-(p_{mec}+p_{Fe}+p_{ad})=P_1-p_0 \tag{3-30}$$

$$p_0=p_{Fe}+p_{mec}+p_{ad} \tag{3-31}$$

式中　p_0——空载损耗。

其功率流程如图 3 - 38 所示。

上式中没有考虑励磁损耗，即认为励磁功率与原动机输入功率无关。若励磁机同轴运转，则 P_1 还应扣除输入励磁机的全部功率才能得到电磁功率 P_{em}。

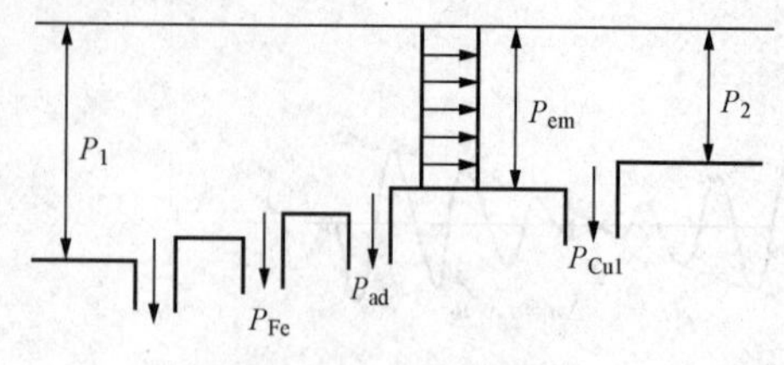

图 3-38 功率流程图

电磁功率 P_{em} 是通过电磁感应作用由气隙合成磁场传递到发电机定子的电功率总和，在扣除定子绕组的铜损耗 p_{Cu1} 后得到发电机的输出功率 P_2，即

$$P_2 = P_{em} - p_{Cu1} \tag{3-32}$$

$$p_{Cu1} = mI^2R_a \tag{3-33}$$

中、大型同步发电机的电枢电阻远小于同步电抗，常可忽略不计，因此

$$P_{em} \approx P_2 = mUI\cos\varphi \tag{3-34}$$

式中 U、I——每相值。

2. 转矩平衡方程

功率与转矩间的关系式为

$$P = M\Omega$$

式中 Ω——转子的机械角速度，$\Omega=\dfrac{2\pi n}{60}$rad/s。

在式（3-30）两端同除以 Ω，得同步发电机的转矩平衡方程为

$$M = M_1 - M_0 \tag{3-35}$$

或

$$M_1 = M + M_0$$

式中 M_1——原动机加在发电机轴上的转矩，驱动性质；

M——电磁转矩，制动性质；

M_0——空载转矩，制动性质。

这表明电机稳定运行时驱动转矩与制动转矩相互平衡。

二、功角特性

同步发电机并联在无穷大电网（U 为常数），且电机磁路不饱和（X_d、X_q 或 X_t 为常数），又维持励磁电流不变（E_0 不变）时，发电机的电磁功率大小只取决于功角 δ 变化的规律，即 $P_{em}=f(\delta)$，称为同步发电机的有功功率功角特性。

1. 凸极式同步发电机的功角特性

对凸极式同步发电机，忽略电枢绕组电阻 R_a，根据凸极式同步发电机的相量图 3-26，由式（3-34）得

$$\begin{aligned}P_{em} &\approx P_2 = mUI\cos\varphi = mUI\cos(\psi-\delta) = mUI(\cos\psi\cos\delta+\sin\psi\sin\delta)\\&= mU(I_q\cos\delta+I_d\sin\delta)\end{aligned} \tag{3-36}$$

从图 3-26 可知

$$I_qX_q = U\sin\delta, \qquad I_dX_d = E_0 - U\cos\delta \tag{3-37}$$

将式（3-37）代入式（3-36），并加以整理，最后可得

$$P_{em} = m\frac{E_0U}{X_d}\sin\delta + m\frac{U^2}{2}\left(\frac{1}{X_q}-\frac{1}{X_d}\right)\sin2\delta \tag{3-38}$$

式中 P_{em}——基本电磁功率，$P_{em} = m\dfrac{E_0U}{X_d}\sin\delta$；

$m\dfrac{U^2}{2}\left(\dfrac{1}{X_q}-\dfrac{1}{X_d}\right)\sin2\delta$——附加电磁功率。

附加电磁功率与励磁电流 I_f（或 E_0）无关，且仅当 $X_d\neq X_q$ 时才存在，故也称磁阻功

率。式（3-38）就是功角特性表达式，其特性曲线如图 3-39（a）所示。

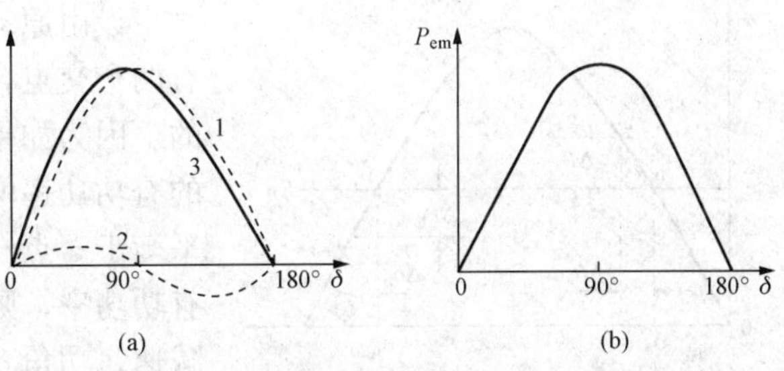

图 3-39 同步发电机有功功率功角特性

（a）凸极式；（b）隐极式

由图 3-39（a）可见，基本电磁功率于 $\delta=90°$时达最大值，附加电磁功率则于 $\delta=45°$时达最大值，总的电磁功率在略小于 90°时达最大值，与基本电磁功率曲线相比，稍有畸变。

2. 隐极式同步发电机的功角特性

对于隐极式同步发电机，由于 $X_d=X_q=X_t$，附加电磁功率为零，所以 P_{em} 等于基本电磁功率，即

$$P_{em}=m\frac{E_0U}{X_t}\sin\delta \tag{3-39}$$

其功角特性曲线如图 3-39（b）所示。

从图中可以看出，当 $\delta=90°$时，隐极式同步发电机的电磁功率达最大值，称为功率极限，即 $P_{emmax}=m\dfrac{E_0U}{X_t}$；对应的功角称为功率极限角，即为 90°。

3. 功角的双重含义

从功角特性可以看出，发电机输出有功功率的大小与功角 δ 有关。前面已经知道，功角 δ 是电动势 $\dot{E}_0$ 与电压 $\dot{U}$ 之间的时间相位角，这是功角 δ 的时间含义；功角 δ 也是产生感应电动势 $\dot{E}_0$ 的主磁通 $\dot{\Phi}_0$ 与产生端电压 $\dot{U}$ 的定子合成磁通 $\dot{\Phi}_U$ 之间的夹角，即转子磁极与定子等效磁极之间的空间夹角。

三、有功功率调节

为分析简便，如图 3-40 所示，以隐极式同步发电机为例，并且不计饱和影响，忽略电枢电阻，则并列于无穷大电网的同步发电机，要想改变输出的有功功率，功角 δ 必须改变。

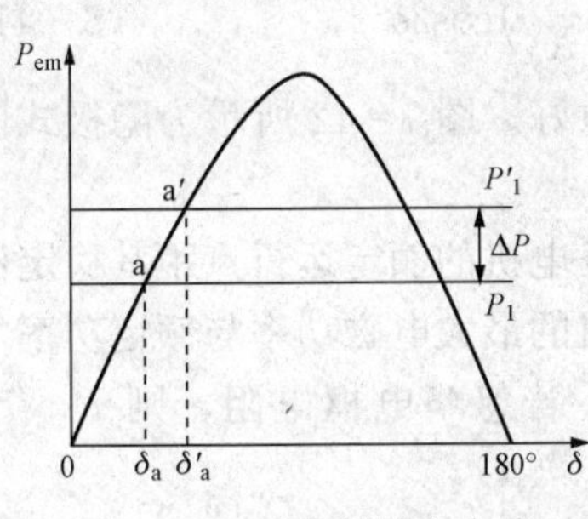

图 3-40 功角特性上有功功率的调节

发电机的输入功率为 P_1，在忽略各种损耗情况下，$P_1=P_2=P_{em}$，其对应工作点为 a，功角 δ_a。当增大原动机转矩，即增大输入功率至 P'_1，此瞬间由于定、转子磁极运动的惯性，两者之间的空间功角 δ 未来得及变化，发电机的输出功率未发生变化，对应的电磁转矩也未变化，这样出现了功率差 $\Delta P=P'_1-P_{em}$，在对应 ΔP 的剩余转矩的作用下，功角 δ 增大，输出功率增大，即电磁转矩增大，直到输入功率和输出功率达到新的平衡，发电机重新稳定运行于 a′点。

由此可见，要增加发电机的输出功率，必须增加原动机的输入功率，使功角 δ 增大；直到 $\delta=90°$时，电磁功率达到最大值 P_{emmax}。

四、静态稳定

与电网并联、在某一工作点运行的同步发电机，当电网或原动机偶然发生微小扰动时，若在扰动消失后发电机能自行回复到原运行状态稳定运行，则称发电机是静态稳定的；反之就是不稳定的。下面用图 3-41 来说明静态稳定问题。

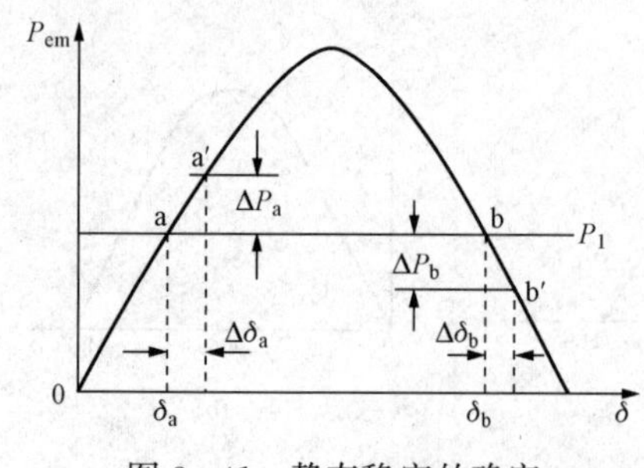

图 3-41 静态稳定的确定

设由原动机输入的有功功率为 P_1，它与功角特性有两个交点，分别为 a、b，但实际上只有 a 点是稳定的。因为如果在 a 点运行，当某种微小扰动使原动机的有功功率增加了 ΔP_a 时，则功角将增大至 $\delta+\Delta\delta$ 而平衡于 a′点。当扰动消失后，由于电磁功率大于输入有功功率，则对应的电磁转矩大于原动机转矩，电机减速，功角 δ 减小，输出功率减小，最终电机回到原功率平衡点 a，可见 a 点为稳定运行点，在功角 δ 从 0°到功率极限角范围内，情况与 a 点相同。

反之，若最初电机在 b 点运行，对应的功角 $\delta_b>90°$，正的功角增量引起负的发电机功率变量 ΔP_b。发电机功率的变化，使制动转矩小于原动机的驱动转矩，于是电机加速，功角 δ 增大，发电机的功率和对应的电磁转矩继续减小，功角 δ 继续增大，这种情况继续下去，发电机运行点离 b 点越来越远，致使发电机最后失去了同步。所以 b 点为不稳定运行点，在功角 δ 从功率极限角到 180°范围内，情况与 b 点相同。

综上可知，发电机功角特性上的稳定运行区域为 0°到功率极限角。为了判断同步发电机是否稳定并衡量其稳定程度，可引入比整步功率 $P_{syn}=\frac{dP_{em}}{d\delta}$，单位为 kW/rad，作为电机静态稳定的判据。若 $\frac{dP_{em}}{d\delta}>0$，则是稳定的；若 $\frac{dP_{em}}{d\delta}<0$，则为不稳定；而 $\frac{dP_{em}}{d\delta}=0$ 处便是静态稳定极限。

对于隐极式同步发电机

$$P_{syn}=\frac{dP_{em}}{d\delta}=m\frac{E_0U}{X_t}\cos\delta \tag{3-40}$$

对于凸极式同步发电机

$$P_{syn}=\frac{dP_{em}}{d\delta}=m\frac{E_0U}{X_d}\cos\delta+mU^2\left(\frac{1}{X_q}-\frac{1}{X_d}\right)\cos2\delta \tag{3-41}$$

在稳定区域内，功角 δ 愈小，P_{syn} 愈大，电机的稳定性愈好。图 3-42 所示为隐极式同步发电机的功角特性和比整步功率特性。

在实际应用中，为使同步发电机能够稳定地运行，应使发电机的额定运行点距其稳定极限有一定的距离，使电磁功率比额定功率大很多。定义发电机的最大电磁功率与额定功率之比为静态过载能力，用 K_m 表示。对于隐极式同步发电机，若忽略电枢电阻，则 $P_{emN}=P_N$，有

$$K_m=\frac{P_{emmax}}{P_N}=\frac{\frac{mE_0U}{X_t}}{\frac{mE_0U}{X_t}\sin\delta_N}=\frac{1}{\sin\delta_N} \tag{3-42}$$

式中 δ_N——电机额定运行时的功角，一般为 30°～40°，与之相对应 K_m 在 1.7～2 之间。

从式（3-42）可看出，增大励磁电流（即增大 E_0）和减小同步电抗可以提高同步电机的极限功率，从而提高过载能力和静态稳定性。

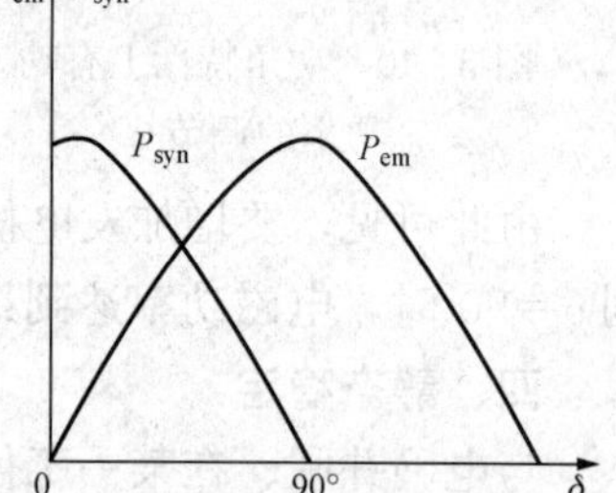

图 3-42 隐极式同步发电机的功角特性和比整步功率特性

第七节　同步发电机无功功率的调节和V形曲线

一、无功功率功角特性

和分析有功功率一样，当 E_0、U 和参数 X_d、X_q 或 X_t 为常数时，无功功率 Q 也随功角 δ 而变，无功功率 Q 与 δ 的关系 $Q=f(\delta)$，称为同步发电机的无功功率功角特性。

发电机的无功功率为

$$Q = mUI\sin\varphi$$

按照习惯，设发电机输出感性无功功率，Q 为正值。

对凸极式同步发电机

$$Q=m\frac{E_0U}{X_d}\cos\delta-m\frac{U^2}{2}\left(\frac{1}{X_q}+\frac{1}{X_d}\right)+m\frac{U^2}{2}\left(\frac{1}{X_q}-\frac{1}{X_d}\right)\cos2\delta \qquad (3-43)$$

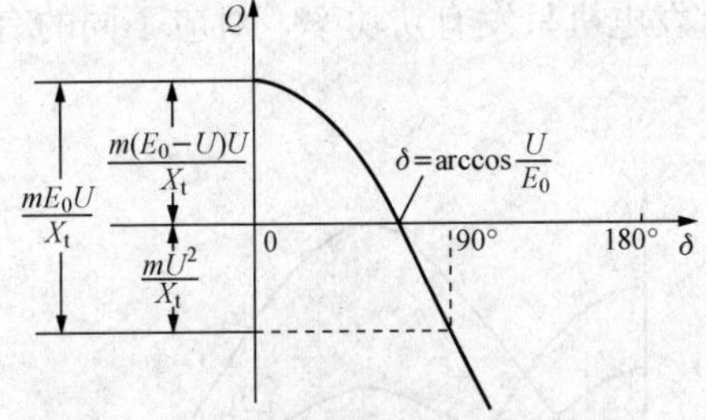

图 3-43　隐极式同步发电机的无功功率功角特性

对隐极式同步发电机

$$Q = m\frac{E_0U}{X_t}\cos\delta - m\frac{U^2}{X_t} \qquad (3-44)$$

其特性曲线如图 3-43 所示。

二、无功功率调节

与电网并联运行的同步发电机，不仅要向电网输出有功功率，还要输出无功功率。分析表明，调节发电机的励磁电流可调节其无功功率。下面仍以隐极式同步发电机为例来加以说明。

1. 无功功率大小的调节

从能量守恒的观点看，同步发电机与无穷大电网并联运行时，如果只是调节无功功率，则不需要改变原动机的输出功率。设发电机运行状态为：有功功率功角特性曲线为 1—1，无功功率功角特性曲线为 2—1，来自原动机的机械功率为 P_1，如图 3-44 所示。此时发电机工作于 a 点，功角为 δ_a，输出有功功率为 P_{ema}，输出无功功率为 Q_a。维持 P_1 不变，仅增大励磁电流 I_f，E_0 也相应增大，有功功率功角特性曲线变为 1—2，无功功率功角特性曲线变为 2—2。由于 P_1 不变，则电机的工作点由 a 变为 b，功角由 δ_a 变为 δ_b，此时无功功率变为 Q_b，有功功率不变。由此可见，增加励磁电流，可以增加无功功率输出；减小励磁电流，可以减小无功功率输出。由于来自原动机的功率未变，所以发电机的有功功率输出不变。

需要指出，通过调节励磁电流来调节无功功率，对有功功率不会有影响。但改变励磁电流，会影响电机的静态稳定性能。而改变原动机的功率调节有功功率时，由于功角改变了，不仅有功功率发生变化，无功功率也将发生相应变化。

2. 无功功率性质的改变

假设不计饱和影响，电机电磁功率 P_{em} 和输出功率 P_2 均恒定，端电压 U 保持不变，则有

$$P_{em} = \frac{mE_0U}{X_t}\sin\delta = 常数 \qquad 或 \qquad E_0\sin\delta = 常数$$

$$P_2 = mUI\cos\varphi = 常数 \qquad 或 \qquad I\cos\varphi = 常数$$

而忽略电枢电阻后，$P_{em}=P_2$，即

$$\frac{E_0}{X_t}\sin\delta = I\cos\varphi = 常数$$

由图 3 - 45（a）可知，当调节励磁电流使 E_0 变化时，由于 $I\cos\varphi$=常数，定子电流相量 $\dot{I}$ 的末端轨迹是一条与 $\dot{U}$ 垂直的水平线 I_a-I_a；又由于 $E_0\sin\delta$=常数，故相量 $\dot{E}_0$ 的末端轨迹为一条与 $\dot{U}$ 平行的直线 $P-P$。据此在图 3 - 45（b）中画出了四种不同励磁电流时的相量图。

（1）正常励磁时，$\dot{I}_1$ 与 $\dot{U}$ 同相，$\varphi_1=0°$，$\cos\varphi_1=1$，定子电流最小，全为有功分量，这时发电机只发有功功率，对应不同的有功功率就有不同的正常励磁电流。

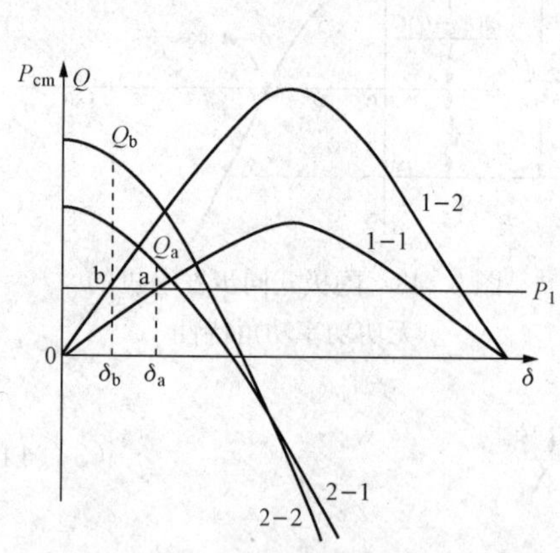

图 3 - 44 改变励磁电流时的功角特性

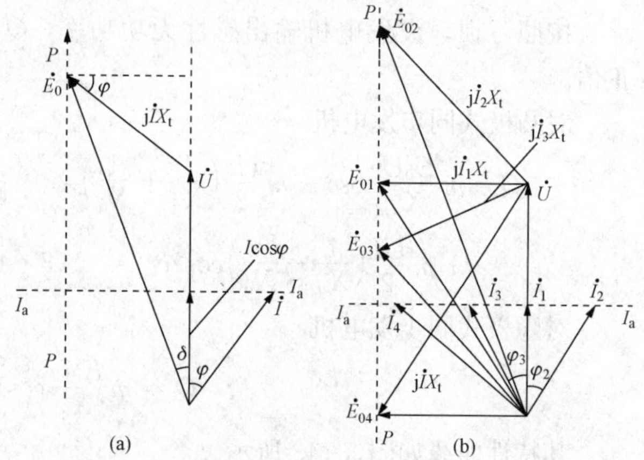

图 3 - 45 U、P_2 为常数、不同励磁电流时的隐极式同步发电机相量图

（2）过励时，定子电流 $\dot{I}_2$ 滞后于端电压 $\dot{U}$ φ_2 角，$\varphi_2>0°$，此时发电机除了向电网发出有功功率外，还发出感性无功功率（或认为是从电网中吸收容性无功功率）。

（3）欠励时，定子电流 $\dot{I}_3$ 超前于端电压 $\dot{U}$ φ_3 角，$\varphi_3<0°$，此时发电机除了向电网发出有功功率外，还发出容性无功功率（或认为是从电网中吸收感性无功功率）。

（4）如果进一步减小励磁电流，电动势 E_0 进一步减小，功角 δ 和超前的功率因数角 φ 将继续增大，直至发电机已达稳定运行的极限状态，此时，如果再减小励磁电流，发电机就不能稳定运行。

三、V 形曲线

由上述分析可知，在原动机输入功率不变，即发电机输出功率 P_2 恒定时，改变励磁电流将引起同步电机定子电流大小和相位的变化。励磁电流为正常励磁值时，定子电流 I 最小；偏离此点，无论是增大还是减小励磁电流，定子电流都会增加。定子电流 I 与励磁电流 I_f 的关系 $I=f(I_f)$ 如图 3 - 46 所示，其曲线形似字母 V，故称之为 V 形曲线。对应一个给定的有功功率输出，就有一条 V 形曲线，有功功率越大，曲线越向上移。

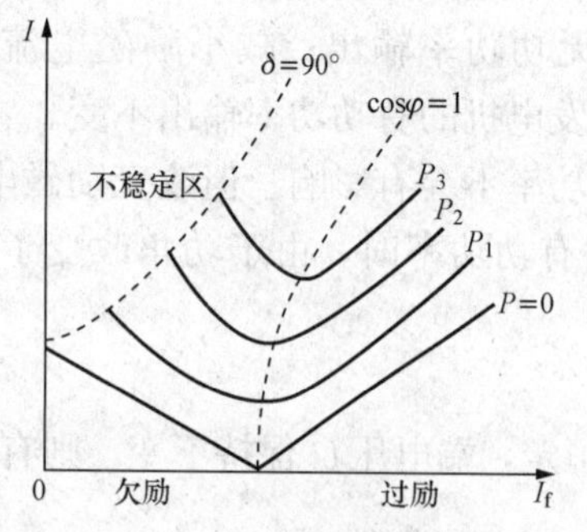

图 3 - 46 隐极式同步发电机的 V 形曲线
（$P_3>P_2>P_1>0$）

图 3 - 46 所示为一族曲线。每条曲线的最低点对应于 $\cos\varphi=1$，电枢电流最小，全为有功分量，励磁电流为正常

值。将各曲线的最低点连接起来就得到一条 $\cos\varphi=1$ 的曲线。以该曲线为基准，在曲线的右侧，发电机处于“过励”（也称迟相）运行状态，功率因数是滞后的，发电机向电网发出感性无功功率；而在曲线的左侧，发电机处于“欠励”（也称进相）运行状态，功率因数是超前的，发电机向电网发出容性无功功率。V 形曲线左侧还存在一个不稳定运行区，且与欠励状态相连，因此，同步发电机不宜在欠励状态下运行。

第八节　同步电动机和同步调相机

从运行原理来说，所有的旋转电机都是既可作为发电机运行，又可作为电动机运行。同步发电机除可作发电机、电动机外，还可以作为调相机运行，以调节电网的功率因数。下面以隐极式同步发电机为例，说明同步电机的可逆过程。

一、同步电机的可逆原理

同步电机作为发电机运行时，转子磁极轴线超前定子等效磁极轴线功率角 δ，转子磁极拖动定子等效磁极以同步速旋转，电磁转矩为制动性质，如图 3-47（a）所示。发电机将原动机输入的机械功率扣除电机本身的损耗后，转变为电磁功率输送到电力系统。此时，发动机既可以向电网输送有功功率，又可向电网输送无功功率。

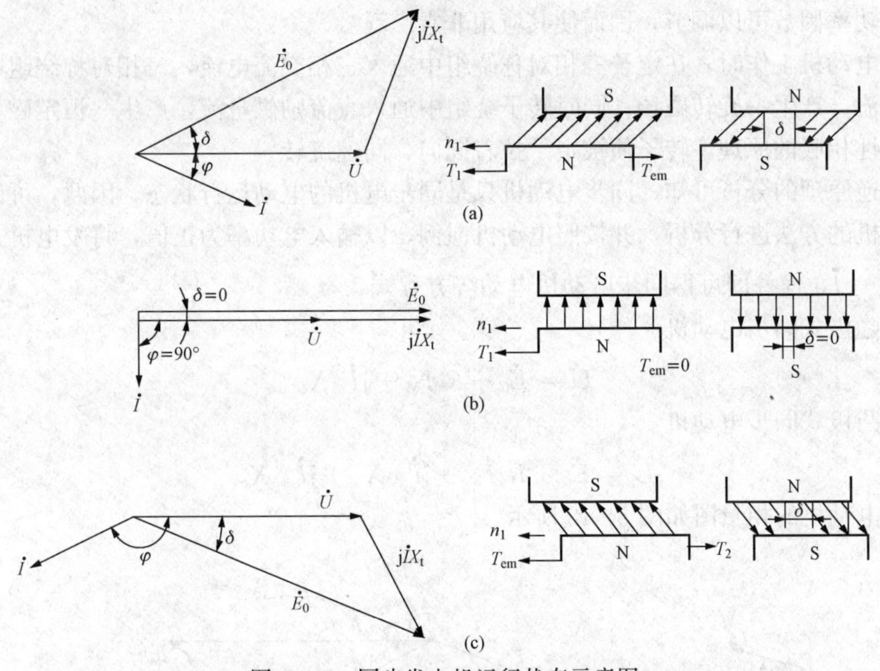

图 3-47　同步发电机运行状态示意图

（a）制动运行；（b）空载运行；（c）电动机运行状态

如果逐渐减小来自原动机的输入机械功率，功率角 δ 逐渐减小，电磁功率也逐渐减小。当原动机的机械功率仅能抵偿发电机的空载损耗、维持电机同步旋转时，功角为零［见图 3-47（b）］，电磁功率也为零，发电机处于空载运行状态，此时，发动机不向电网输送有功功率，仅向电网输送无功功率。

如果继续减小原动机的功率（甚至撤去原动机），定子等效磁极将超前转子磁极功角，功角变为很小的负值，电磁功率也为负值，意味着此时电机开始从电网吸取有功功率，用以抵偿电机的空载损耗，相应的电磁转矩也由制动转矩变为驱动转矩。定子等效磁极拖着转子磁极以同步速旋转。由于电机轴上不带机械负载，电机从电网吸取的有功功率仅用来补偿电机的空载损耗，处于电动机空载运行状态。此时，发动机不向电网输送有功功率，仅向电网输送无功功率。若让该电机承担调节无功功率的任务，就称该电机处于调相运行状态。

如果在同步电机转轴上加上机械负载，则驱动性质的电磁转矩不仅要用来克服空载制动转矩，还要用来克服制动性质的负载转矩，负值的功率角将增大，转子磁极比定子等效磁极更落后［见图 3-47（c）］，此时，发动机向电网吸取有功功率，向电网输送无功功率，处于电动机运行状态。

综上所述，由同步发电机过渡到同步电动机运行时，功率角、电磁功率都由正变负，电磁转矩也由制动性质变为驱动性质，在此过程中，功角是判断同步电机运行状态的标志：$0°<\delta<90°$为发电机运行状态；$\delta\approx0°$（正值）为发电机空载运行状态；$\delta\approx0°$（负值）为电动机空载运行状态，也称调相运行状态；$-90°<\delta<0°$为电动机运行状态。

二、同步电动机

同步电动机的特点是其转速不随负载变化而变，永远保持与电网频率所对应的同步速相同，且其功率因数可以调节，因而使其应用非常广泛。

同步电动机工作时，在定子三相对称绕组中通入三相交流电流，三相对称绕组中流过三相对称电流，产生一旋转磁场；同时转子绕组中通入直流励磁电流，产生一恒定磁场。根据磁极间异性相吸的原理，转子便被定子拉着同向、同速旋转。

由可逆原理的分析可知，同步电动机只是同步电机的电动运行状态，因此，可以用分析同步发电机的方法进行分析，并按照电动机惯例，以输入电功率为正值，将发电机方程式中的电流用$-\dot{I}_M$代替即可得同步电动机电动势方程式

对于隐极式同步电动机

$$\dot{U}=\dot{E}_0+R_a\dot{I}_M+j\dot{I}_MX_t \tag{3-45}$$

对于凸极式同步电动机

$$\dot{U}=\dot{E}_0+R_a\dot{I}_M+j\dot{I}_{dM}X_d+j\dot{I}_{dM}X_q \tag{3-46}$$

同步电动机的相量图如图 3-48 所示。

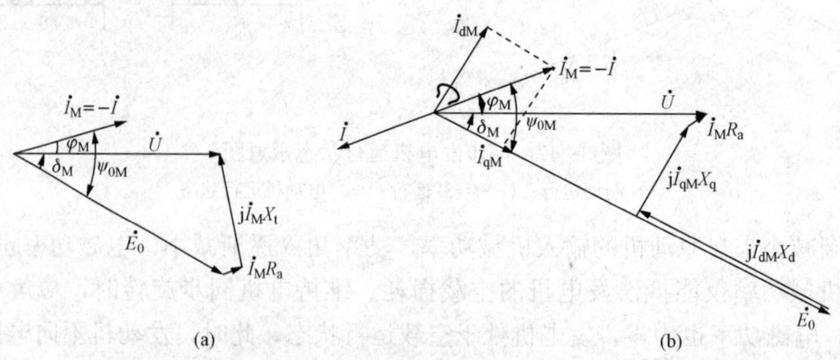

图 3-48 同步电动机的相量图

（a）隐极式；（b）凸极式

对于隐极式同步电动机

$$P_{em} = m\frac{E_0 U}{X_t}\sin\delta_M \tag{3-47}$$

对于凸极式同步电动机

$$P_{em} = m\frac{E_0 U}{X_d}\sin\delta_M + m\frac{U^2}{2}\left(\frac{1}{X_q}-\frac{1}{X_d}\right)\sin 2\delta_M \tag{3-48}$$

同步电动机的V形曲线与同步发电机相似。

同步电动机在电磁功率不变时改变励磁电流，也有三种励磁状态［见图3-49］："正常励磁"状态时，电动机没有无功功率输出；"过励"状态时，电动机从电网吸收容性无功功率（或向电网发出感性无功功率）；"欠励"状态时，电动机从电网吸收感性无功功率（或向电网发出容性无功功率）。

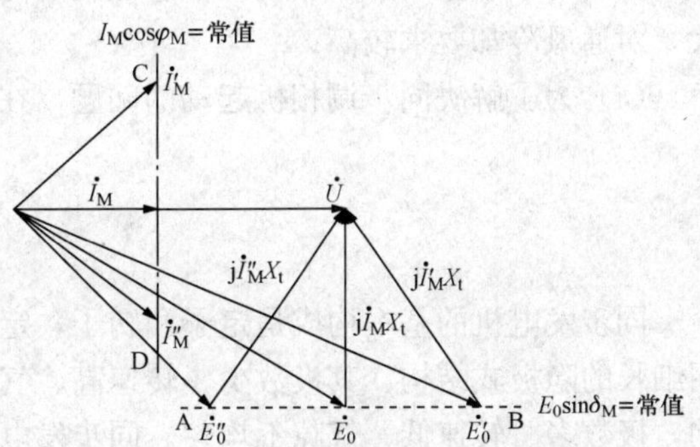

图3-49 恒功率、励磁电流变化时同步电动机的相量图

通过改变同步电动机的励磁电流可以改变它的无功功率输出，从而改善电网的功率因数，尤其是同步电动机在"过励"状态下，向电网发出感性无功功率的特性，很有实际意义。在恒速负载、需要改善功率因数的情况下，经常首选同步电动机。

同步电动机起动时，转子绕组加入直流励磁电流以后，在气隙中产生静止的转子磁场。当在定子绕组中通入三相交流电以后，在气隙中则产生旋转磁场。定、转子磁场之间存在有相对运动，但由于旋转磁场以同步速旋转，而转子本身存在惯性，不可能一下子达到同步速，这样旋转磁场已经转过180°，但转子刚刚转过一点，转矩方向又相反了，一个周期内，转子上的平均转矩为零，所以同步电动机不能自行起动，这是同步电动机的缺点，一般需采用辅助电动机起动、异步起动、调频起动等方法起动。

三、同步调相机

同步调相机也称同步补偿机，是一种专门设计的无功功率发电机，是空载运行的同步电动机。一般水轮发电机常改为调相运行，此时发电机不向电网输送有功功率，仅向电网输送无功功率，所以在忽略空载损耗时，定子电流为纯无功性质，对应的电势方程式为

$$\dot{E}_0 = \dot{U} + j\dot{I}X_t \tag{3-49}$$

即

$$\dot{I} = -j\frac{\dot{E}_0-\dot{U}}{X_t} \tag{3-50}$$

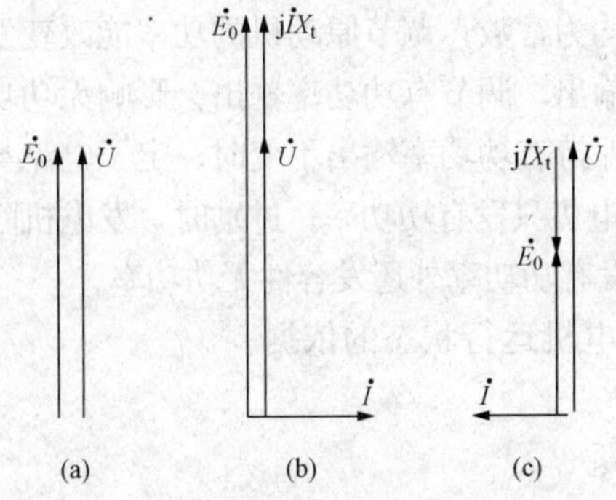

图3-50 调相机的相量图（发电机惯例）
（a）正常励磁；（b）过励磁；（c）欠励磁

与式（3-50）对应的相量图如图3-50所示。调相运行时不发无功功率，处于"正常励磁"状态。调相机向电网发感性无功电流，处于"过励"运行状态，调相机起电容器的作用，过励程度越大，调相机发出的感性无功电流越大。调相机向电网发送容性无功电流，处于"欠励"运行状态，调相机起电感线圈

的作用，欠励程度越大，调相机发出的容性无功电流越大。

至于专门制作的调相机，与同步电机相比，有以下特点：

(1) 调相机的额定容量指的是在过励状态下的额定视在功率。通常的欠励容量，空冷的电机约为过励时额定容量的50%～60%；氢冷的约为30%～40%。

(2) 调相机转轴上不带机械负载，没有过载能力的要求，所以转轴可以比同容量的电动机细。为了节省励磁绕组的用铜量，电机的气隙很小，同步电抗较大，转速较高。

(3) 为了尽量增加调相机提供感性无功能力，励磁线圈导线截面较大，但励磁损耗仍较大，对通风冷却要求较高。

(4) 为了解决同步调相机起动的问题，在其转子上安装鼠笼绕组。

小　　结

同步发电机的基本构成是定子和转子，定子为电枢，转子为磁极。汽轮发电机的转子采用细长的隐极式结构，其极数少、转速高、气隙均匀；水轮发电机转子采用短粗的凸极式结构，极数多、转速低、气隙不均匀。同步发电机在磁极数一定时，定子绕组的感应电动势的频率和电机的转速之间有着严格不变的关系。

同步发电机在对称稳定运行时，各个电磁量之间的关系，即电动势方程式和磁动势方程式。方程式、相量图和等效电路是分析同步发电机对称运行的重要工具。

电枢反应实质上是指电枢磁动势对气隙磁动势的影响。电枢反应的性质与负载性质及内部阻抗有关，即取决于内功率因数角的大小。同步发电机带不同性质的负载时，由于电枢反应的性质不同，因此发电机端电压的变化不同。

发电机的同步电抗反映了电枢反应磁场和定子漏磁场的作用情况，同步电抗的大小对发电机的运行特性有重大影响。同步发电机在保持转速为恒定值时，三个主要物理量即端电压、电枢电流和励磁电流之间的关系，可根据电机的运行特性分析。

同步发电机并列方法有准同步法和自同步法，采用准同步法并列，可避免发电机在并网时产生强烈的冲击电流和冲击转矩，但并列时必须满足并列的条件。采用自同步法并列，可快速并网，常用于事故状态下的紧急操作。

同步发电机的功角特性反映了同步发电机的功率和电机本身参数的关系。用比整步功率和静态过载能力来衡量发电机静态稳定性能。

同步发电机与无穷大电网并联运行时，端电压和频率均为常数，调节原动机的功率能改变发电机有功功率输出，调节励磁电流能改变发电机无功功率输出。调节有功功率输出会影响无功功率的输出，而调节无功功率时不会影响有功功率的输出。保持有功功率输出不变时，定子电流与励磁电流之间的关系可用V形曲线描述。正常励磁时，发电机只发有功功率；过励时，发电机除了发有功功率外还发感性无功功率；欠励时，发电机除了发有功功率外还发容性无功功率。

同步电机的运行原理是可逆的，功率角是判断同步电机运行状态的依据。

思考题与习题

1. 同步发电机是如何工作的？其感应电动势频率与转速、极对数间有何关系？某台同

步发电机的 $f=50\text{Hz}$，极对数 $2p=2$，则该电机的转速为多少？若同步发电机的极对数为4、6、8、10、12时，对应的电机转速分别为多少？

2. 同步发电机按照转子的结构可分为哪几种？各有何特点？

3. 若将同步发电机的励磁绕组通入反向的直流电流，维持转子转向不变，电枢绕组中产生三相电动势相序是否改变？若将同步发电机的转子转向改变，维持励磁绕组通入直流电流的方向不变，电枢绕组中产生三相电动势的相序是否改变？

4. 同步发电机带不同性质的三相对称负载时，电枢磁动势和励磁磁动势的性质、大小、转速、转向、位置各是怎样的？

5. 同步发电机的电枢反应是什么？电枢反应性质取决于什么？下述情况电枢反应性质各是什么样的？

(1) 三相对称电阻负载。

(2) 电容负载 $X_C=0.8$，发电机的同步电抗 $X_t=1.2$。

(3) 电感负载 $X_L=0.8$

试分析同步发电机带不同负载时的性质以及对电机的影响。

6. 同步发电机的定子漏抗、电枢反应电抗、同步电抗分别对应哪些磁通？数值上大一些好还是小一些好？

7. 分析下列情况对同步电抗的影响：

(1) 电枢绕组匝数增加；

(2) 铁芯饱和程度增大；

(3) 电机气隙增加；

(4) 转子绕组匝数增加。

8. 同步发电机直轴电抗、交轴电抗及漏抗的大小之间有何关系？

9. 同步发电机的 ψ、φ、δ 是指什么？下列运行状态分别与哪个角度有关？

(1) 功率因数超前、滞后；

(2) 过励、欠励；

(3) 去磁、助磁；

(4) 发电机状态、电动机状态、调相机状态。

10. 同步发电机的运行特性包括哪些？画出对应的特性曲线。试分析同步发电机带感性对称负载时，端电压会如何变化？如何进行调节？

11. 同步发电机的并列方法有哪些？其特点各是什么？准同步并列的条件是什么？试分析在不满足并列条件时并列会产生什么后果？

12. 同步发电机有功功率功角特性是什么？试分别画出隐极式同步发电机、凸极式同步发电机的有功功率功角特性曲线，并指出功率极限、功率极限角。

13. 功率角 δ 的双重物理意义是什么？

14. 并列运行于无穷大容量电网的同步发电机，如何调节其有功功率、无功功率？调节有功功率时是否影响无功功率？调节无功功率时是否影响有功功率？

15. 同步补偿机的用途是什么？应装在什么地方？为什么？

16. 一台汽轮发电机并联于无穷大电网，额定负载时功角 $\delta=20°$，现因故障，电网电压降为 $60\%U_N$。试求：为使 δ 角不超过 $25°$，应加大励磁使 E_0 上升为原来的多少倍（假设磁路不饱和)？

17. 一台 QFS-100-2 的汽轮发电机，额定电压 $U_N=10.5kV$，$\cos\varphi_N=0.85$（滞后），$f_N=50Hz$，试求：

（1）发电机的额定电流。

（2）额定运行时发电机发出的有功功率、无功功率。

（3）该电机的转速。

18. 一台国产三相 72500kW 的水轮发电机，$U_N=10.5kV$，$\cos\varphi_N=0.8$，Y 连接，空载特性为：

E_0^*	0.55	1.0	1.21	1.27	1.33
I_f^*	0.52	1.0	1.51	1.76	2.09

短路特性为过原点的直线，$\dot{I}_k^*=1$ 时，$\dot{I}_f^*=0.965$。

试求：

（1）直轴同步电抗标幺值 $X_{d不}^*$ 和 $X_{d饱}^*$；

（2）同步电抗的不饱和值和饱和值的欧姆值。

19. 一台三相汽轮发电机 $P_N=25000kW$，$U_N=10.5kV$，Y 连接，$\cos\varphi_N=0.8$（滞后），$X_t=9.39\Omega$，电枢电阻可略去不计。求额定负载下，发电机的励磁电势 E_0 及其内功率因数角 ψ。

20. 有一台三相凸极同步发电机，其直轴和交轴同步电抗标幺值分别为 $X_d^*=1.0$，$X_q^*=0.6$，电枢电阻可以忽略不计。试求发电机发出额定电压、额定功率、$\cos\varphi_N=0.8$（滞后）时发电机励磁电势的标幺值 E_0^*，并作出相量图。

21. 设有一凸极式同步发电机，Y 连接，$X_d=1.2\Omega$，$X_q=0.9\Omega$，和它相连的无穷大电网的线电压为 230V，额定运行时 $\delta_N=24°$，每相空载电动势 $E_0=225.5V$，求该发电机：

（1）在额定运行时的基本电磁功率；

（2）在额定运行时的附加电磁功率；

（3）在额定运行时的总的电磁功率；

（4）在额定运行时的比整步功率。

22. 有一台发电机向一感性负载供电，有功电流分量为 1000A，感性无功电流分量为 1000A，求：

（1）发电机的电流 I 和 $\cos\varphi$；

（2）在负载端接入调相机后，如果将 $\cos\varphi$ 提高到 0.8，发电机的有功电流、无功电流和调相机的电流各为多少？发电机的总电流为多少？

（3）如果将 $\cos\varphi$ 提高到 1，发电机的有功电流、无功电流和调相机的电流各为多少？发电机的总电流为多少？

第四章

直流电机

直流电机是历史上出现最早的电机，是生产和使用直流电能的装置。与交流电机相比，直流发电机的供电质量好，直流电动机的起动、运行性能好，但直流电机的结构复杂。本章主要分析直流电机的原理、结构，并进一步分析直流电机运行特性和电动机的起动、调速问题。

第一节　直流电机的基本工作原理及结构

一、基本工作原理

1. 构成

直流发电机的工作原理图如图 4 - 1 所示，如同所有旋转电机一样，它也是由定子、转子、气隙构成的。定子上装有一对固定的磁极 N、S，用于产生磁场。转子上有电枢铁芯，电枢铁芯上有电枢绕组 abcd。电枢绕组的两端分别与两个圆弧形的铜片连接，称此铜片为换向片。换向片之间互相绝缘，由换向片构成的整体称为换向器。换向器固定在转轴上，换向片与转轴之间也互相绝缘。空间位置固定不动的电刷 A、B 与换向片接触，整个旋转部分为机电能量转换中枢，称为电枢。电枢旋转时，电枢绕组通过换向片、电刷与外电路接通，从而成为一个闭合回路。

2. 直流发电机的基本工作原理

由 N、S 极产生的磁场分布如图 4 - 2 所示，当电机在原动机的驱动下匀速旋转时，根据电磁感应原理，电枢导体切割磁力线将产生感应电动势，所以每一根导体感应电动势为

$$e = B(x)lv \tag{4-1}$$

式中　$B(x)$——导体所在处的磁密；

l——导体切割磁力线部分的长度；

v——导体运动的速度。

导体内感应电动势的方向可用右手定则判断。导体内感应电动势的波形如图 4 - 3 所示。可见，导体内感应电动势是交流电动势，但电动势不是直接引出，是通过电刷引出的，电刷 A 总是与 N 极下的导体接触，它的电位总是低于电刷 B 的电位，所以电刷 A、B 之间输出的将是脉动的直流电

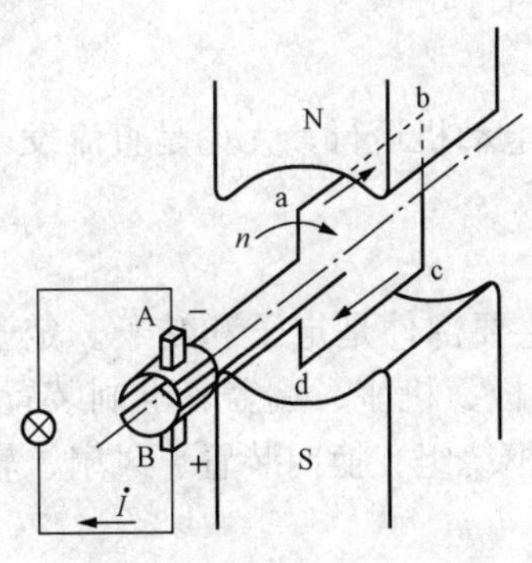

图 4 - 1　直流发电机的工作原理图

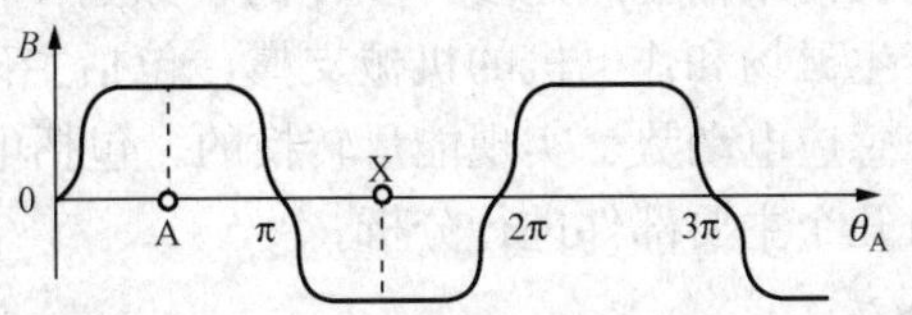

图 4 - 2　气隙磁场的分布

动势，其波形如图4-4所示。此时，若在电刷A、B之间接上负载，则负载上的电流就是脉动的直流电流。

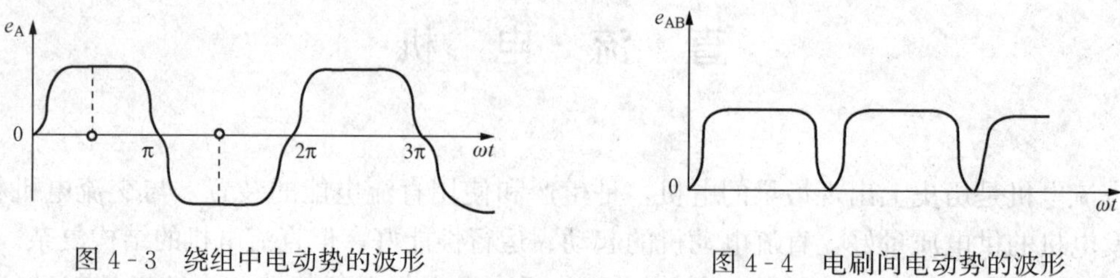

图4-3 绕组中电动势的波形

图4-4 电刷间电动势的波形

需要说明的是，实际电机的一对磁极下的导体数和换向片数量很多，从而使输出直流电的脉动减小。实践和分析表明，当每极下的元件数大于8时，电压的脉动已经小于1%，可以认为是直流电压。

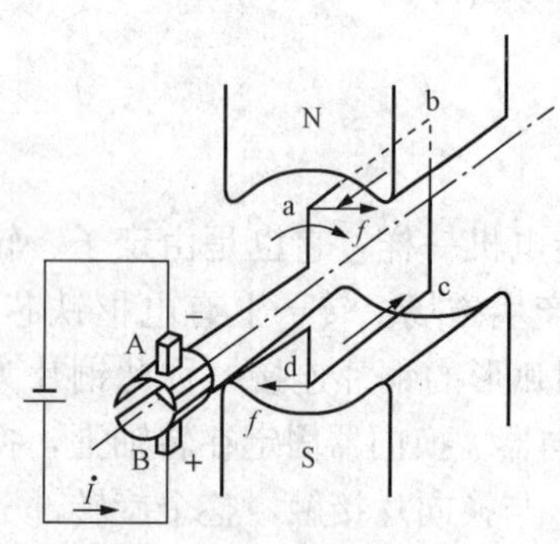

图4-5 直流电动机的工作原理图

综上所述，电枢绕组中的电动势是交流电动势，由于换向器的整流作用，电刷间输出电动势为直流（脉振）电动势。直流发电机实质上就是一台装有换向装置的交流发电机。

3. 直流电动机的基本工作原理

直流电动机的工作原理图如图4-5所示。将直流电压通过电刷和换向器加到线圈上，导体中就有直流电流流过。根据电磁力定律，带电导体在磁场中受到电磁力的作用，作用力的大小为

$$f = Bil \tag{4-2}$$

产生的电磁转矩为

$$M = BilD \tag{4-3}$$

式中 D——电枢的直径。

由于电枢导体中的电流随其所处磁极极性的改变而改变方向，从而使电磁转矩的方向不变，推动转子转动起来。

总而言之，直流电动机是由直流电源供电的，通过换向器将直流电“逆变”为绕组中的交流电，从而产生方向不变的电磁转矩，使电动机转动起来。直流电动机实质上就是一台装有换向装置的交流电动机。

4. 直流电机的可逆性

在一定的条件下直流电机既可以作发电机运行，也可以作电动机运行，无论是直流发电机还是直流电动机，它们实质上都是具有换向装置的交流电机。

二、直流电机的基本结构

直流电机的结构型式是多种多样的，如图4-6所示，其主要部件是定子和转子。定子的作用是产生磁场和作电机的机械支撑，包括主磁极、换向磁极、机座、端盖、电刷装置。转子是用来感应电动势、实现能量转换的，包括电枢铁芯、电枢绕组、换向装置、风扇、转轴。下面对几个主要部件进行分析。

1. 主磁极

主磁极简称主极，是用来建立主磁场（N、S交替排列）的，可以用永久磁铁制成，也可

以用电磁式的，即由铁芯和励磁绕组来构成，如图 4-7 所示，一般采用后者。主磁极的铁芯分成极靴和极身，极靴的作用是使气隙磁通密度的空间分布均匀并减小气隙磁阻，同时，对励磁绕组起支撑作用。为了降低涡流损耗，主磁极采用 1～1.5mm 厚的低碳钢片叠制，并且用铆钉把叠片紧固成一个整体，固定在机座上。励磁绕组可以用圆形或矩形截面的绝缘导线绕制成一个集中绕组。

2. 换向极

换向极即换向磁极，也叫辅助极，如图 4-8 所示，是用来改善换向的，由铁芯、绕组构成，位于相邻的两个异性主磁极之间。换向极铁芯一般采用整块钢或 1～1.5mm 钢片叠制，换向极与磁轭铁芯之间设有非磁性板以调节磁阻。换向极绕组与电枢绕组串联。

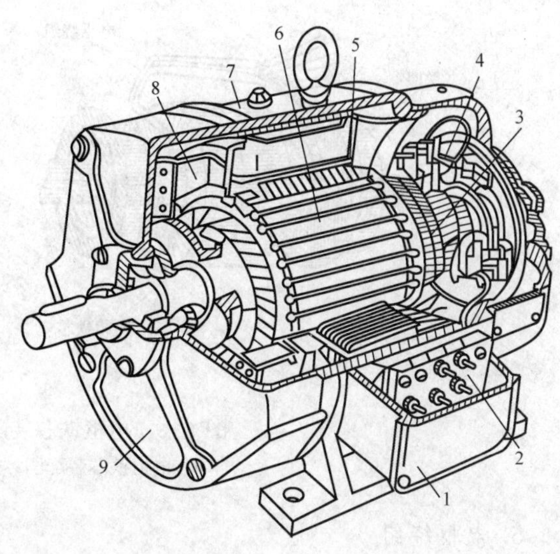

图 4-6 直流电机的内部结构图

1—出线盒；2—接线板；3—换向器；4—电刷装置；5—主磁极；6—电枢；7—机座；8—风扇；9—端盖

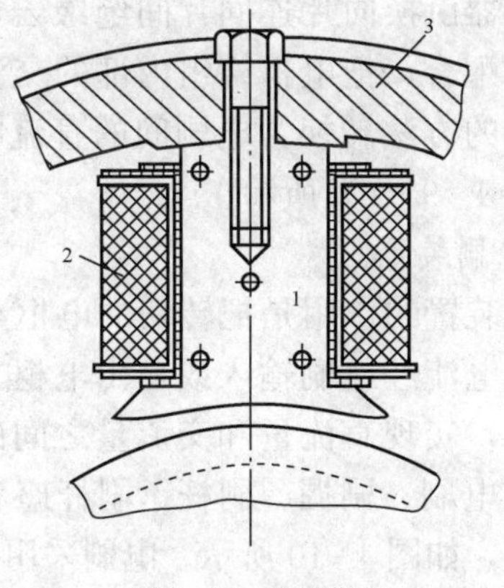

图 4-7 主磁极

1—主极铁芯；2—励磁绕组；3—机座

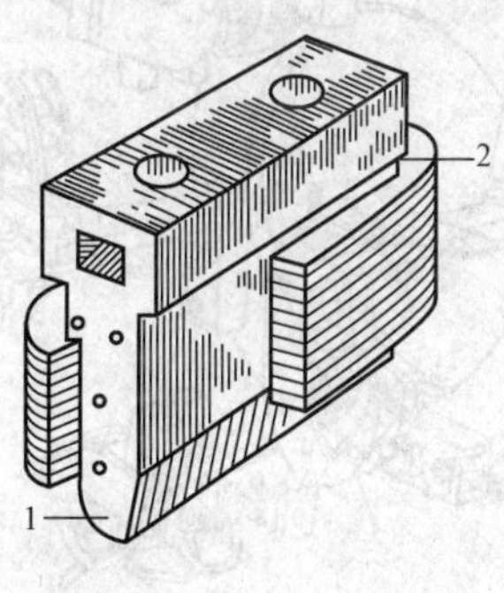

图 4-8 换向极

1—换向极铁芯；2—换向绕组

3. 机座

机座是起机械支撑作用并构成磁回路的，是磁路的一部分（支承）框架，采用钢板焊接（大中型电机）或铸钢（小电机）结构，以保证良好的导磁性能和机械性能。机座一般制成圆筒形，也有的为了节约安装空间及维护方便而制成八角形，并在水平方向分成两半。

4. 电枢铁芯

电枢铁芯的作用是构成磁路、嵌放电枢绕组，为了降低涡流损耗，采用 0.35～0.5mm 厚的硅钢片叠压而成，如图 4-9（a）所示。沿电枢铁芯外圆冲槽，槽内放绕组。为了防止放在槽中的绕组在离心力的作用下甩出，槽内有槽楔，电枢铁芯也是主磁路的一部分。

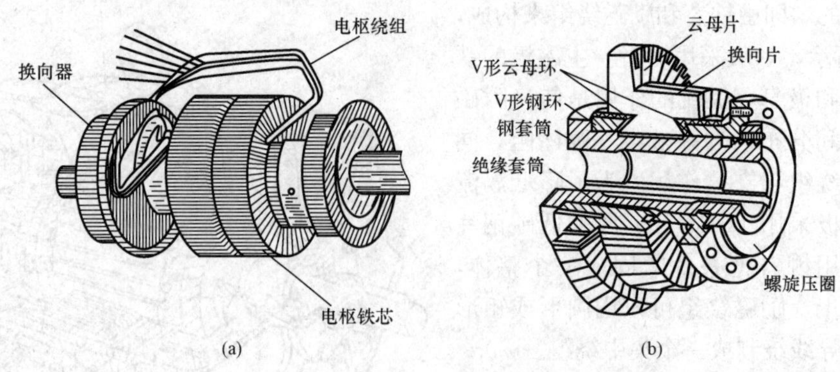

图 4-9 电枢铁芯装配图和换向器结构

(a) 电枢铁芯装配图；(b) 换向器结构图

5. 电枢绕组

电枢绕组的作用是感应电动势，承载电流以及产生转矩。如图 4-9（a）所示，电枢绕组通常采用由棉绕或绢绕的圆截面铜线或扁铜线制成的纤维绝缘电磁线绕制，再由电刷分成若干支路。

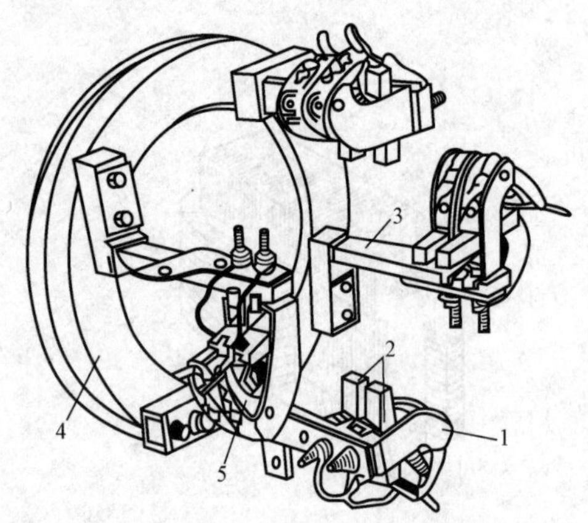

图 4-10 直流电机的电刷装置

1—刷握；2—电刷；3—刷杆；4—刷杆座；5—弹簧压板

6. 换向器

换向器由换向片连同片间绝缘云母构成，通过与电刷配合，把电枢绕组内部的交流电动势用机械换接的方法转换为电刷间的直流电动势。其结构如图 4-9（b）所示。

7. 电刷装置

电刷装置的作用是把转动的电枢与外电路相连接，使电流经电刷输入或输出电枢，通过与换向器配合，实现直流量和交流量之间的转换。电刷装置由电刷、刷握、刷杆、刷杆座和汇流条等零件构成，如图 4-10 所示。电刷采用接触电阻较高的碳刷、石墨刷和金属石墨刷，一般不用金属刷，因为金属刷会产生火花。电刷被安装在电刷架上。

三、励磁方式

主磁极的励磁绕组获得励磁电流的方式称为励磁方式。直流发电机的励磁方式分为他励式和自励式（包括并励式、串励式和复励式），如图 4-11 所示。

他励式是指由其他的独立电源对激磁绕组进行供电的励磁方式，自励式是指发电机的励磁电流由发电机本身提供的励磁方式。并励式是指发电机的励磁绕组与电枢绕组并联，串励式是指发电机的励磁绕组与电枢绕组串联，复励式是指发电机有两个励磁绕组，一个与电枢绕组串联，一个与电枢绕组并联，是两种励磁方式的结合。复励式中又可以分为积复励和差复励，当两个励磁绕组所产生的磁动势方向相同时为积复励，当两个励磁绕组所产生的磁动势方向相反时为差复励。差复励一般只用于电焊机。

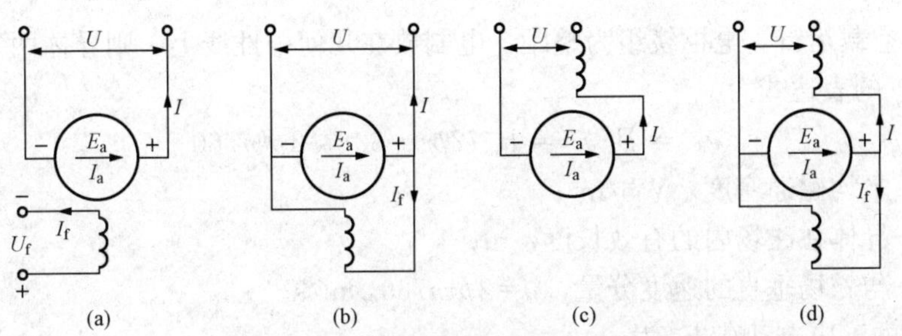

图 4-11　直流电机按励磁方式分类
（a）他励式；（b）并励式；（c）串励式；（d）复励式

他励方式中，励磁电流较稳定；并励时励磁电流随电枢端电压而变；串励时励磁电流随负载而变，由于励磁电流大，励磁绕组的匝数少而导线截面积较大；复励时以并励绕组为主，以串励绕组为辅。对于小型直流电机，为了减小体积，采用永磁式。

四、直流电机的型号和额定值

1. 型号

我国目前设计制造的直流电机型号很多，常见的系列有 Z2、Z3、Z4 系列及 Z 和 ZF 系列。如 ZF423/230 表示直流发电机电枢铁芯外径 423mm，铁芯长 230mm。

2. 额定值

直流电机的额定值是指电机正常运行时各物理量的数值，此时也称电机满载运行，否则称为欠载运行或过载运行。额定值主要包括：

（1）额定功率 P_N：发电机的额定功率是指额定运行时的输出电功率，电动机的额定功率是指输出的机械功率，单位为 W 或 kW。

（2）额定电压 U_N：对发电机是指在额定电流下输出额定功率时的端电压；对电动机是指直流电源电压，单位为 V。

（3）额定电流 I_N：对发电机是指带额定负载时的输出电流；对电动机是指带额定负载时的输入电流，单位为 A。

（4）额定值之间的关系：

对发电机

$$P_N = U_N I_N$$

对电动机

$$P_N = \eta_N U_N I_N$$

式中　η_N——额定效率。

此外还有额定励磁电压 U_{fN}(V)、额定励磁电流 I_{fN}(A)、额定转速 n_N(r/min)、额定温升、工作方式等。

第二节　直流电机的感应电动势和电磁转矩

一、电枢绕组的感应电动势

当电枢绕组旋转时，绕组将切割气隙磁场而感应电动势。电枢的感应电动势是指正负电刷之间的感应电动势，即每条支路中各串联导体感应电动势的总和。

设电机为空载运行，电枢绕组为整距，电刷放在几何中性线上，则导体两端的平均感应电动势 e_{av}(V) 的表达式为

$$e_{av} = B_{av}lv = B_{av}l2p\tau n/60 = 2p\phi n/60 \tag{4-4}$$

式中 B_{av}——平均磁通密度，Wb/m^2；

l——导体在磁场内的有效长度，m；

v——与磁场垂直的速度分量，$v=2p\tau n/60$，m/s。

电枢绕组的感应电动势 E_a 为

$$E_a = e_{av}\frac{N}{2a} = \frac{2p\phi n}{60}\frac{N}{2a} = C_e\phi n \tag{4-5}$$

式中 C_e——由电机结构决定的电动势常数，$C_e = \frac{pN}{60a}$；

N——电枢绕组的总导体数。

感应电动势的方向按右手定则确定。对直流发电机，在原动机拖动下，电枢旋转感应电动势，在该电动势作用下向外输出电流，电动势与电枢电流方向相同，所以电动势称为电源电动势。电动机的电枢导体中也产生同样的感应电动势，但因为与外部所加的电压方向相反，与电枢电流方向相反，所以称之为反电动势。

二、直流电机的电磁转矩

当电枢绕组中流过电流时，电枢绕组将与气隙磁场相互作用而产生电磁转矩。假设电枢是光滑的，导体均匀分布在电枢表面，绕组为整距，电刷放在几何中性线上。

根据电磁学定律可知，B、i、l 三者的方向互相垂直，所以电磁力的大小可直接利用式(4-2) 来计算，电磁力的方向按左手定则确定。

先求一根导体所受电磁力的平均值，即

$$f = B_{av}i_a l$$

式中 i_a——各支路中流过的电流。

设 I_a 为电枢总电流，则

$$i_a = \frac{I_a}{2a}$$

作用在电枢上的电磁转矩为

$$M = Nf\frac{D}{2} = N\frac{\phi}{\tau l}\times\frac{I_a}{2a}l\frac{p\tau}{\pi} = \frac{Np}{2a\pi}I_a\phi = C_M I_a\phi \tag{4-6}$$

式中 C_M——由电机结构决定的转矩常数，$C_M = \frac{Np}{2a\pi}$；

D——电枢的直径。

由式 (4-6) 可以看出，对于已经制成的电机，它的电磁转矩正比于每极磁通和电枢电流。

对直流发电机，电磁转矩的方向与电机转速方向相反，所以它是制动性质；对电动机，电磁转矩的方向与转速方向相同，因此它为驱动性质。感应电动势及电磁转矩的计算公式对于电动机和发电机是完全相同的。

三、直流电机的可逆原理

设有一台并励直流发电机，它由原动机拖动，拖动转矩为 M_1，并联运行在直流电网上，因此，它向电网输出功率，这时电机的电流和转矩方向如图 4-12 (a) 所示，电流 I_a 与电动势

E_a 同方向，输出正的电磁功率，电磁转矩 M 与转速 n 的方向相反，是制动转矩。如果减小这台发电机的输入功率，即减小 M_1，电机转速将降低，电机的感应电动势 E_a 也将减小。

由于电网电压 U 不变，所以电枢电流 I_a 也将减小，输出功率也减小。当 E_a 减小到使 $E_a=U$ 时，I_a 将等于零，电枢就不再向电网输出功率，这时发电机的输入功率仅为补偿它的机械损耗及铁损耗。如这时再减小输入功率或把原动机撤去，电机的转速将继续下降，这时 $E_a<U$，因此有电流从电网输入电枢，电流的方向与发电机运行时的相反，它所产生的电磁转矩 M 的方向也将相反（因为磁场方向没有变），成为拖动转矩，因此可以拖着电机继续旋转，不会停下来，如图 4-12（b）所示，这时的电功率由电网输入电枢，电机已开始作为电动机运行，它能以输出转矩 M_2 带动负载运转。由此可以看出：当 $E_a>U$ 时，有电功率输出，它是发电机；当 $E_a<U$ 时，有电功率输入，它就成为电动机。

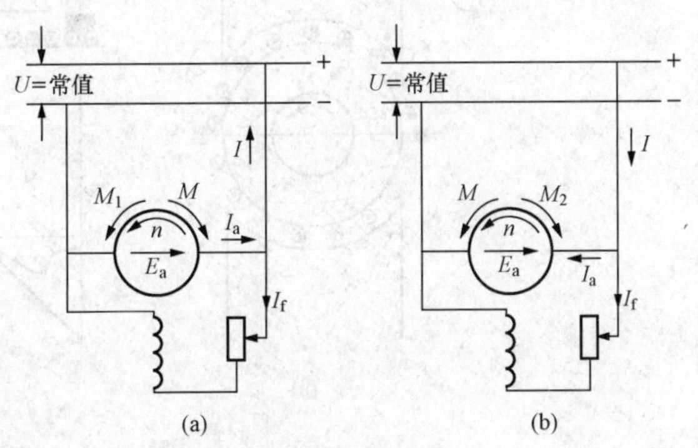

图 4-12 并励直流发电机和电动机运行情况

（a）并励直流发电机；（b）并励直流电动机

第三节 电枢反应和换向

一、电枢反应

1. 概述

电机空载时，气隙中磁场仅由主磁场的励磁磁动势产生。负载时，由于电枢电流的产生，使气隙磁场由励磁磁动势和电枢磁动势共同建立。由于电枢磁动势的影响，电机中的气隙磁场与空载时不同，把电枢磁动势对励磁磁动势的作用使气隙中的磁场发生变化的现象称为电枢反应。

2. 主磁场

电机空载时的主磁极磁场如图 4-13 所示。由于电机磁路结构对称，所以主磁场以主磁极轴线对称分布。磁极与电枢之间的气隙在磁极轴线处最小，从极轴向两边缘方向气隙逐渐增大，所对应的磁阻在极面下较小，极面下的磁通密度较大，偏离极面后，由于磁阻增大，两极间气隙处磁通密度急剧减小，在两极之间的中线——几何中性线（或称几何中性轴）处，磁通密度为零。定义磁通密度 $B=0$ 处的直线位置为物理中性线或电气中性轴，电机空载时物理中性线与几何中性线重合。

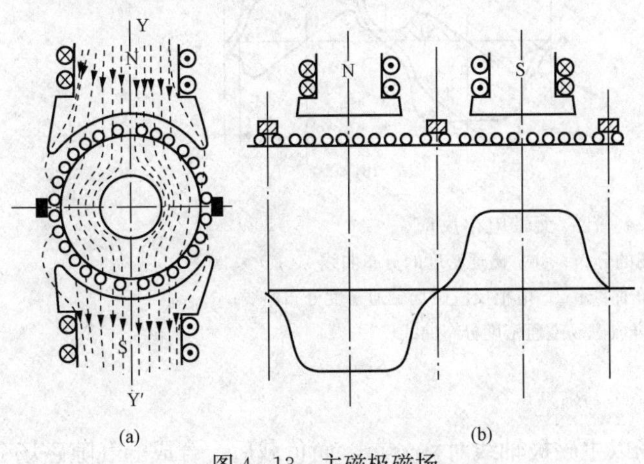

图 4-13 主磁极磁场

（a）主磁场；（b）主磁场磁通密度分布曲线

3. 电枢磁场

当电刷在几何中性线位置时，由电枢电流单独励磁的磁动势作用下产生的磁场分布如图4-14所示。该磁场以电刷为轴线对称分布，电枢铁芯一半呈Na极性，一半呈Sa极性。

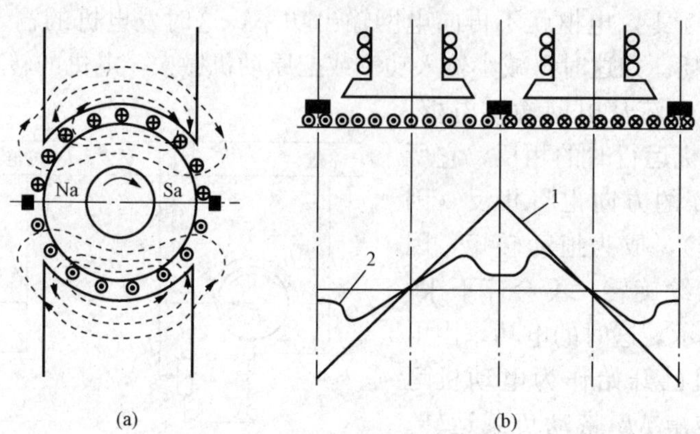

图4-14 电枢磁场

1—电枢磁动势曲线；2—磁通密度曲线

4. 电刷在几何中性线上的电枢反应

电刷在几何中性线位置时，电枢磁场的磁极轴线与主磁极磁场轴线正交，所以称为交轴电枢反应磁场。

若不考虑磁路饱和，把电枢磁场叠加在主磁场上，就能得到直流电机负载时的气隙磁场的分布情况，如图4-15所示。由于电枢磁动势的轴线位于交轴，电枢磁通所经的路线与主磁极磁通的路线相垂直，所以称此种电枢反应为交轴电枢反应。

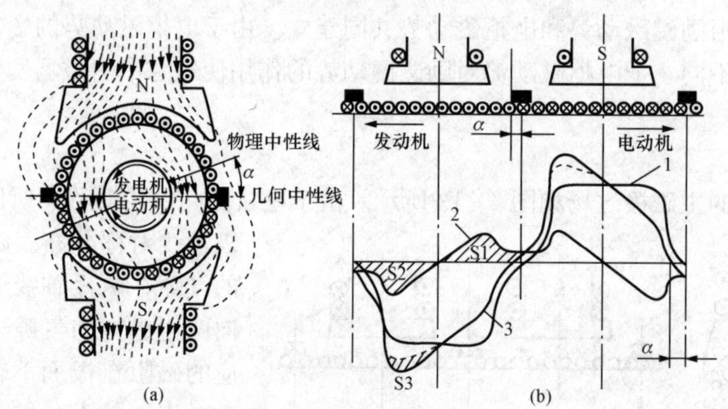

图4-15 交轴电枢反应

(a) 合成磁场的分布；(b) 磁通密度的分布曲线

1—主磁场磁通密度分布曲线；2—电枢反应磁场磁通密度分布曲线；

3—合成磁场磁通密度分布曲线

分析图4-15可知：

(1) 气隙磁场畸变。空载时主磁场以主磁极轴线对称分布，而负载后，合成的气隙磁场分布发生了变化，主磁极一半极面下磁场被增强，一半极面下磁场被削弱，物理中性线偏离几何中性线。进一步可以分析出，作为发电机运行时，物理中性线顺旋转方向偏移；作为电动机运行时，物理中性线逆旋转方向偏移。电枢电流越大，电枢磁场越强，气隙合成磁场畸变越严重。

（2）气隙磁场被削弱。由于电机一般工作在磁化曲线的膝点，电机磁路饱和，所以一半极面下所增加的磁通要比另一半极面下减少的磁通略少，每一个极面下的总磁通略有减少，所以电枢反应可称为交轴去磁性电枢反应。

5. 电刷位置偏离几何中性的电枢反应

如果电刷位置偏离几何中性线一个角度 β，如图 4-16 所示，则电枢电流的分布也随之改变，电枢磁动势的轴线也随着电刷移动。为了分析方便起见，可以认为电枢磁动势由两部分所组成。在 2β 角度范围内的导体所产生的磁动势固定作用在直轴，称为直轴电枢反应。若其作用方向与主磁极极性相同，使主磁通增强，则呈现助磁作用；若其作用方向与主磁极极性相反，使主磁通减弱，则呈现去磁作用。在 2β 角度范围以外的导体所产生的磁动势作用在交轴，称为交轴电枢反应，对电机磁场的影响同上分析。

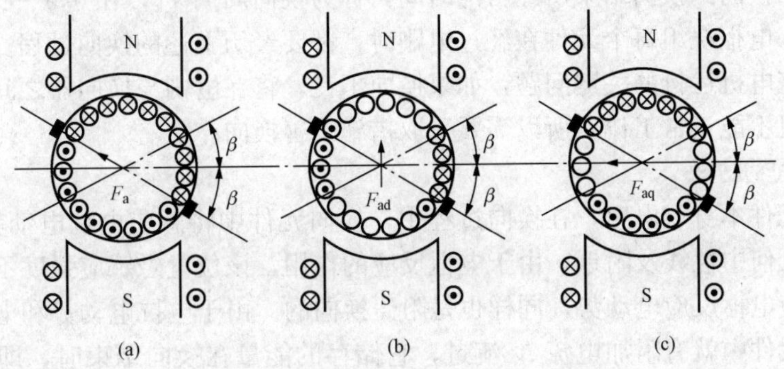

图 4-16　电枢反应分解为交轴和直轴分量

（a）电枢磁动势；（b）直轴分量；（c）交轴分量

二、换向

1. 换向概述

在前面已经讨论过，直流电机电枢绕组中的电动势和电流是交变的，只是借助于旋转的换向器和固定的电刷的作用，才能使直流发电机在电刷两端获得直流电压，使直流电动机产生恒定的电磁转矩，因此，换向是直流电机的一个特殊问题。

电枢绕组是一个闭合绕组，当电枢旋转时，电枢绕组的每个元件，在依次循环中轮换，即绕组元件从一条支路经过电刷时被短路随后进入另一条支路，在此过程中被电刷短路元件中的电流要随着改变方向，这个过程就叫做电流换向，简称换向。

2. 换向过程

图 4-17 表示元件“1”的换向过程。为了简单起见，假设电刷宽度等于换向片宽度。图中表示电枢绕组以线速度 v 从右向左移动，观察“1”号元件中电流换向的过程。

换向前：如图 4-17（a）所示，电刷与换向片“1”接触，元件 1 属右支路，通过的电流为 $+i_a$，方向为顺时针。换向中：如图 4-17（b）所示，电刷与换向片“1”、“2”同时接触，故元件“1”被短接，其电流被分流了一部分，剩下的电流为 i。换向后：如图 4-17（c）所示，电刷与换向片“2”接触，元件“1”变成属于左支路了，因此通过它的电流方向变为逆时针，为 $-i_a$。

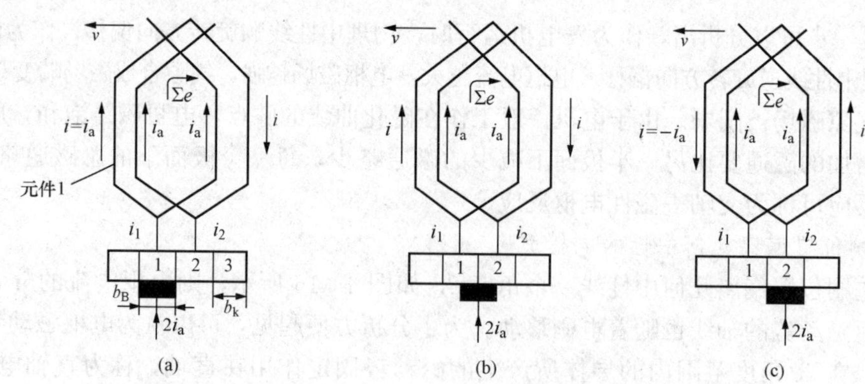

图 4-17 换向元件中电流换向的过程

(a) 换向前；(b) 换向中；(c) 换向后

元件从开始换向到换向结束所经历的时间，称为换向周期 T_k，在 0.5～2ms 之间，直流电机在运行时，电枢绕组每个元件在经过电刷时，都要经历上述的换向过程。

换向是直流电机运行的关键问题，如果换向不良，将在电刷与换向器之间产生有害的火花，甚至使电机不能正常工作，所以需要采取措施改善换向。

3. 改善换向的方法

由于换向元件本身有电感，在换向过程中，换向元件中将感应电抗电动势，阻碍换向；换向元件处在几何中性线及附近，由于电枢反应的作用，该位置磁感应强度不为零，因此换向元件中将感应电枢反应电动势，同样也是阻碍换向的。由于电抗电动势和电枢反应电动势的存在，换向元件中就有附加电流 i_K 流过，它储存的能量在换向结束时，即电刷脱离换向元件瞬间以火花的形式释放出来。严重的火花能灼伤换向片和电刷，使电机不能正常工作，因此直流电机需改善换向。

改善换向的主要方法是装设换向极，如图 4-18 所示，为消除换向元件中电抗电动势和电枢反应电动势对换向的不利影响而采用换向极，换向极设置于 N、S 主磁极之间的几何中性线上，换向极绕组与电枢绕组串联，由电枢电流励磁，换向极产生的磁动势克服了换向极所在处的电枢反应，在换向元件中感应换向电动势，从而改善换向。换向极的极性应该与其所在处的电枢磁场的极性相反，对发电机而言，换向极的极性与换向元件即将进入的主磁极的极性相同，对电动机则相反。

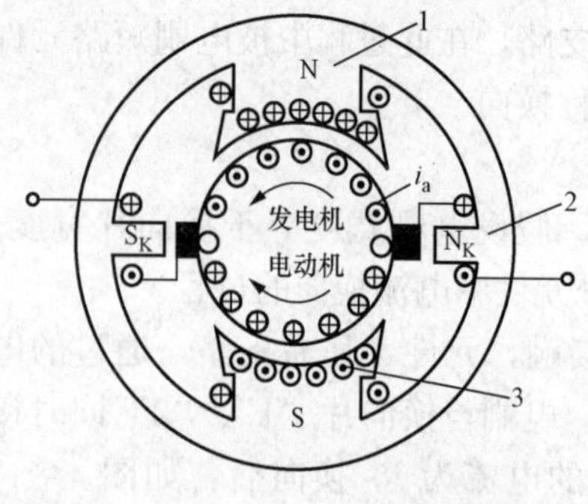

图 4-18 直流电机换向极的位置

1—主磁极；2—换向极；3—补偿绕组

换向极的安培匝数要设计得大一些，这是由于换向极铁芯减少了电枢反应磁路的磁阻，如果电枢反应得不到充分克服，那么可能比不设换向极时还差。另外，为调节换向极铁芯回路的磁阻，在磁轭与换向极铁芯之间插入非磁性调节板并调节其厚度。

改善换向也可选用合适的电刷，以增加电刷与换向器的接触电阻来降低附加电流 i_K。另外换向极克服了其所在处的电枢反应，除此之外的电枢反应仍然存在，所以可装设补偿绕组，如图 4-18 所示，在主磁极的极靴处设置与电枢绕组串联的补偿绕组，电枢电流流过补偿绕组，可以完全消除电枢反应。补偿绕组实际只在相当大型的直流电机中使用。

以上的分析都是建立在换向器表面与电刷完全接触的基础上。但实际换向器表面总是不可能很圆，而且有尘埃，高速运行的直流电机电刷还存在跳动，特别是铁道用电动机自身还存在振动。所以对于那些使用场合，往往希望换向电动势设计得大一些。负载急剧变动的直流电机也希望把换向电动势设计得大一些。

第四节　直流电机的运行特性

一、直流电机的基本方程

1. 电动势平衡方程

直流发电机是将轴上输入的机械能转换为电能输出的装置。在稳定运行状态下，轴上输入的机械转矩与电磁转矩始终处于平衡状态。所以从能量观点看，发电机稳定运行状态下也是一个能量平衡系统，因此，可以根据能量守恒原理导出其基本关系式。下面以并励发电机为例进行说明。

直流发电机接上负载以后，将在电枢绕组和负载所构成的回路中产生电流 I_a。显然，I_a 与 E_a 的方向相同，如图 4-19 所示。若发电机输出的端电压为 U，则根据基尔霍夫定律可得电动势与电压的关系式为

$$E_a = U + I_a R_a \tag{4-7}$$

式中　R_a——电枢回路的总电阻，包括电枢电阻、换向绕组、补偿绕组的电阻以及电刷和换向器间的接触电阻等。

对于并励发电机

$$I_a = I + I_f \tag{4-8}$$

式中　I_f——励磁电流，$I_f = \dfrac{U}{R_f}$；

R_f——励磁电阻；

I——发电机输出的电流。

由式（4-7）可见，发电机的电动势 E_a 总是大于其端电压 U，且 E_a 与 I_a 同方向。

若电机为电动机，则按电动机惯例，可作出图 4-20 所示的他励直流电动机的运行原理图，根据回路电压定律，可以写出电动机稳态运行时的电压平衡方程，即

$$U = E_a + I_a R_a \tag{4-9}$$

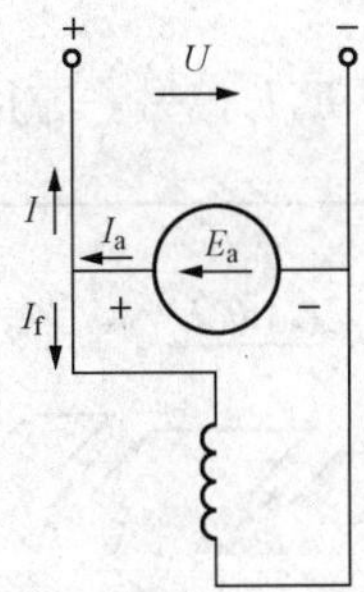

图 4-19　并励发电机的电动势

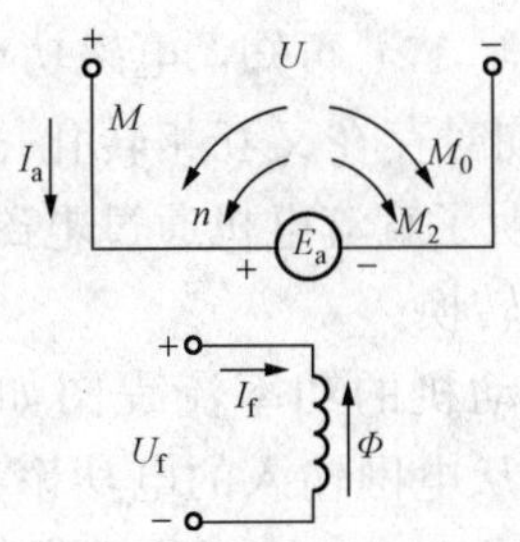

图 4-20　他励直流电动机

式（4-9）表明，加在电动机电枢两端的电压是用于克服反电动势 E_a 和电枢回路总电阻压降 I_aR_a 的，只要电动机在转动，反电动势 E_a 就存在。反电动势 E_a 的计算公式与发电机电动势相同。对于并励直流电动机，有

$$I = I_a + I_f \tag{4-10}$$

对于串励直流电机，有

$$I = I_a = I_f \tag{4-11}$$

2. 功率平衡方程式

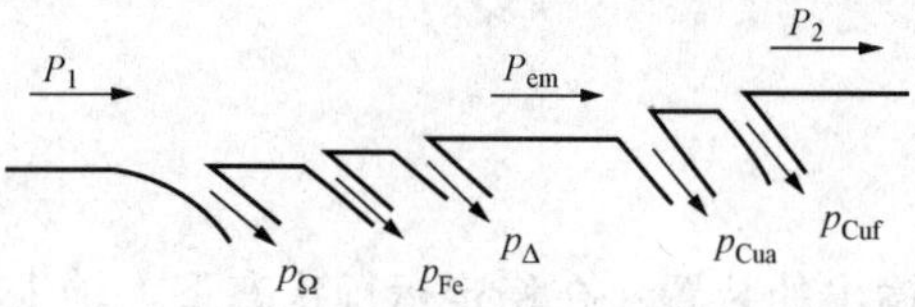

并励直流发电机的功率流程图如图 4-21 所示。设 P_1 为输入功率，P_2 为输出功率，在能量转换过程中，必然会有损耗，则输入功率与输出功率之间的差即为总损耗，则功率平衡方程为

$$P_2 = P_1 - \sum P \tag{4-12}$$

图 4-21 并励直流发电机的功率流程图

总损耗主要包括：

（1）铜损耗 p_{Cu}：铜损耗是指电流流过绕组导线时，由电路的直流电阻引起的损耗。直流电机的铜损耗主要有电枢回路铜损耗 p_{Cua} 和励磁回路铜损耗 p_{Cuf}。对于他励发电机，励磁损耗由励磁电源提供。

（2）铁损耗 p_{Fe}：铁损耗是电枢铁芯在磁场中旋转时，硅钢片中的磁滞与涡流产生的损耗，属于不变损耗。

（3）机械损耗 p_Ω：机械损耗是指各运动部件的摩擦引起的损耗，如轴承摩擦、电刷摩擦、转子与空气的摩擦以及风扇所消耗的功率。当转速固定时，它几乎也是常数，所以可视为不变损耗。

（4）附加损耗 p_Δ：由于齿槽存在、漏磁场畸变引起的损耗。

由于 p_{Fe}、p_Ω、p_Δ 在电机空载时即存在，故称为空载损耗 p_0，即

$$p_0 = p_{Fe} + p_\Omega + p_\Delta \tag{4-13}$$

$$\sum p = p_{Fe} + p_\Omega + p_\Delta + p_{Cua} + p_{Cuf} \tag{4-14}$$

根据功率平衡关系有

$$P_{em} = P_1 - p_0 \tag{4-15}$$

$$P_2 = P_{em} - (p_{Cua} + p_{Cuf}) \tag{4-16}$$

电磁功率也可以用电磁转矩表示为

$$P_{em} = M\Omega = E_aI_a \tag{4-17}$$

式中 Ω——机械角速度。

由式（4-17）可知，电磁功率 P_{em} 一方面表现为电功率 E_aI_a，另一方面表现为机械功率 $M\Omega$，两者同时存在又互相转化。因此，电磁功率 P_{em} 表明了直流电机通过电磁感应实现了机电能量的转换。

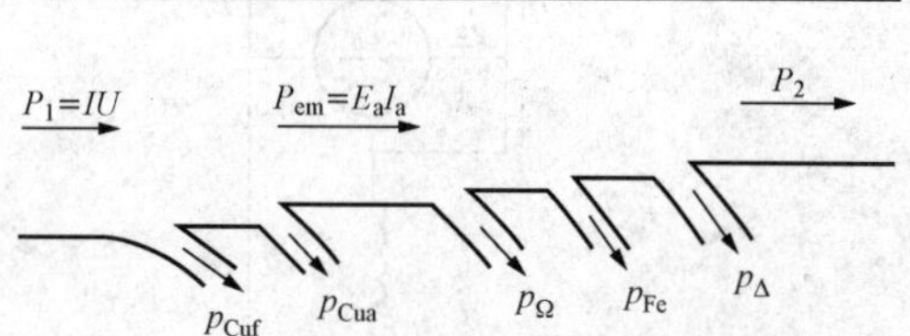

图 4-22 并励电动机的功率流程图

并励电动机的功率流程图如图 4-22 所示。电动机从电网输入的电功率为 P_1，$P_1 = UI$，输入的电功率 P_1 扣除铜损耗 p_{Cuf} 和 p_{Cua} 后，其余的功率成为电磁功率 P_{em}，$P_{em} =$

E_aI_a。电磁功率全部转化为机械功率$M\Omega$，但不能全部都作为机械功率输出，因为尚需补偿机械损耗p_Ω、铁损耗p_{Fe}和附加损耗p_Δ，其余的功率才是电动机轴上输出的（有效的）机械功率P_2。由此可得并励直流电动机功率平衡方程为

$$P_{em}=P_1-(p_{Cua}+p_{Cuf}) \tag{4-18}$$

$$P_2=P_{em}-(p_\Omega+p_{Fe}+p_\Delta)=P_{em}-p_0 \tag{4-19}$$

$$P_2=P_1-\sum p=P_1-(p_{Cua}+p_{Cuf}+p_\Omega+p_{Fe}+p_\Delta) \tag{4-20}$$

对于他励直流电动机，电动机从电网输入的电功率P_1中不包括励磁功率。

3. 转矩平衡方程

根据力学中的牛顿定律，直流发电机在稳态运行时，作用在电机轴上的所有转矩必须保持平衡。由前面的分析可知，电机轴上共作用有3个转矩，M_1为原动机的拖动转矩，其方向与发电机转子转速n的方向一致，是驱动性质的；M为电磁转矩，其方向与n相反，是制动性质的；M_0为空载损耗转矩，是电机的机械摩擦以及铁损耗引起的阻力转矩，M_0的方向永远与n的方向相反，也是制动性质，因此可以写出稳定运行时的转矩平衡方程为

$$M_1=M+M_0 \tag{4-21}$$

式（4-21）说明，原动机输入的驱动转矩被两个制动转矩所平衡。

对于电动机，将式（4-19）两端同时除以电机的机械角速度Ω，可得转矩方程式

$$\frac{P_2}{\Omega}=\frac{P_{em}}{\Omega}-\frac{p_0}{\Omega}$$

即

$$M_2=M-M_0$$

或

$$M=M_2+M_0 \tag{4-22}$$

式（4-22）说明，电动机在转速恒定时，驱动性质的电磁转矩M与制动性质的转矩M_2和空载转矩M_0相平衡。

电机的效率为

$$\eta=\frac{P_2}{P_1}\times 100\% \tag{4-23}$$

二、直流发电机的运行特性

直流发电机运行时，通常可测得的量有：发电机的端电压U、负载电流I、励磁电流I_f、转速n等，其中转速n由原动机所确定，一般保持为额定转速。因此，在U、I、I_f三个量中，保持其中一个量不变，另外两个物理量之间的关系称为发电机的运行特性，可用来表征发电机的运行性能。

发电机的运行特性曲线有空载特性、外特性、调节特性三种。运行性能与励磁方式有关，以上三种特性中空载特性和外特性比较重要，下面分别着重讨论这两种特性。

1. 空载特性

空载特性是指保持转速n为常值，空载运行($I=0$)时，端电压U_0与励磁电流I_f的关系，即$U_0=f(I_f)$。空载特性可通过空载试验测取，图4-23所示为他励发电机的试验接线图。发电机的空载特性曲线

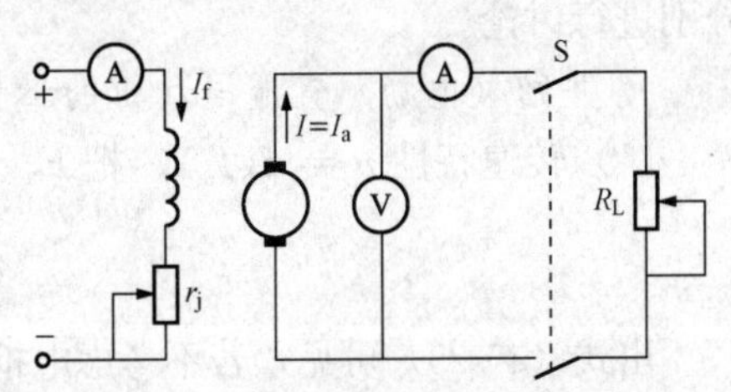

图4-23　他励发电机的接线图

与其他电机一样，都是一条磁化曲线，如图4-24所示。

2. 外特性

发电机的外特性是当n为常值、I_f为常值时，端电压U与负载电流I的关系，即$U=f(I)$。

外特性可通过外特性试验测取。分析试验结果可知，外特性曲线为一条略微下垂的曲线，如图4-25所示。由图可见，有载时的端电压比空载时低。根据$U=E_a-I_aR_a$以及$E_a=C_e\phi n$可知，对于他励发电机而言，当负载增加时，电枢回路电阻压降增加，使U下降。另外，电枢反应的去磁作用也使电枢绕组电动势E_a减小，从而使U下降。

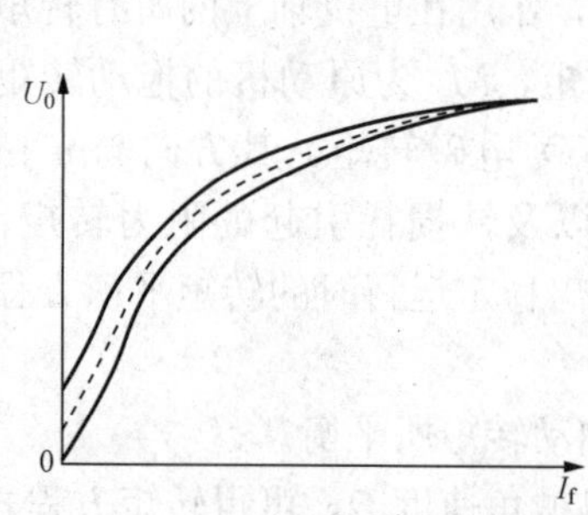

图4-24 他励发电机的空载特性

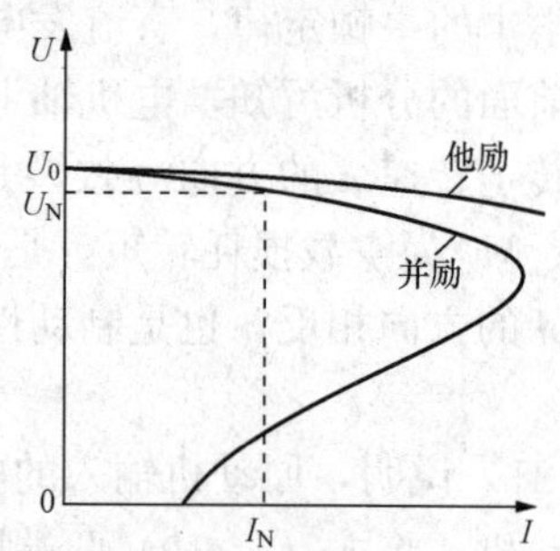

图4-25 他励和并励发电机的外特性

对于并励发电机，由于励磁绕组是跨接在电枢两端的，由以上两个原因引起的发电机输出的端电压下降，可以造成励磁电流的减小，使磁通减少，从而电枢电动势进一步降低，又导致端电压进一步下降，所以外特性比他励电机下垂得更多。

发电机端电压随负载电流增大而降低的程度，通常用电压变化率或称电压调整率来表示。根据国家标准规定，电压变化率是指发电机由额定负载$U=U_N$、$I=I_N$过渡到空载$U=U_0$、$I=0$时，电压升高的数值对额定电压的百分比，即

$$\Delta U\%=\frac{U_0-U_N}{U_N}\times 100\% \tag{4-24}$$

一般他励发电机的电压变化率为5%～10%。

三、直流电动机的工作特性

由前面的分析可知，电动机运行时的转速、转矩、效率与负载大小之间存在着一定的关系。直流电动机的工作特性就是指外加电压$U=U_N$（额定电压）、电枢回路中无外加电阻、励磁电流$I_f=I_{fN}$（额定励磁电流）时，电动机的转速n、电磁转矩M和效率η等与电枢电流I_a之间的关系，即表示为$n、M、\eta=f(I_a)$。

不同励磁方式的直流电动机，工作特性差别很大，因此对并励（他励）和串励电动机要分别进行讨论。

1. 并励（他励）直流电动机的工作特性

（1）转速特性$n=f(I_a)$。把$E_a=C_e\phi n$代入式（4-9）即得

$$n=\frac{U}{C_e\phi}-\frac{R_a}{C_e\phi}I_a \tag{4-25}$$

由式（4-25）可见，若不考虑电枢反应的影响，当I_a增加时，转速n要下降，不过因为R_a较小，电枢电阻压降I_aR_a一般只占额定电压U_N的5%，因此下降得不多，所以转速特性是

一条向下略微倾斜的直线，如图 4-26 中曲线 1 所示。如果考虑在大负载时电枢反应有去磁效应，则在 I_a 较大时，转速特性会出现上翘，如图 4-26 中虚线 1 所示。设计电机时要注意这个问题，因为一般情况下只有转速 n 随着电流 I_a 的增加略为下降，才能使电机稳定运行。

（2）转矩特性 $M=f(I_a)$。根据电磁转矩公式 $M=C_M\Phi I_a$ 可见，转矩特性是一条通过坐标原点的直线，如图 4-26 中曲线 3 所示，如果考虑到电枢反应有去磁效应，当 I_a 较大时，特性曲线将略微向下弯曲。

（3）效率特性 $\eta=f(I_a)$：

$$\eta=\frac{P_2}{P_1}=1-\frac{\sum p}{P_1}=1-\frac{p_{Fe}+p_\Omega+p_\Delta+p_{Cuf}+I_a^2R_a}{U(I_a+I_f)} \tag{4-26}$$

令 $\frac{d\eta}{dI_a}=0$，可得

$$p_\Omega+p_{Fe}+p_\Delta=I_a^2R_a \tag{4-27}$$

即当电动机的不变损耗等于随电流平方而变化的可变损耗时，电动机的效率达到最高。通常在额定负载 3/4～1 的范围内，效率可达到最大值，效率特性如图 4-26 中曲线 2 所示。

2. 串励电动机的工作特性

串励电动机的主要特点是电枢电流与励磁电流相等，即 $I_a=I_f$，如果电机的磁路没有饱和，则励磁电流 I_f 与主磁通 Φ 呈线性变化关系，即

$$\Phi=K_fI_f=K_fI_a \tag{4-28}$$

（1）转速特性 $n=f(I_a)$。将式（4-28）代入式（4-25）即得串励电动机的转速特性表达式

$$n=\frac{U}{C_e'I_a}-\frac{R_a'}{C_e'} \tag{4-29}$$

其中 $C_e'=K_fC_e$，$R_a'=R_a+R_f$。转速特性如图 4-27 中曲线 1 所示。从串励电动机的转速特性曲线可以看出，当电枢电流（或者说轴上负载转矩）增大时，转速 n 迅速下降；而当电枢电流较小时，由于 R_a' 较小，n 会迅速升高；从理论上讲，当电枢电流为零时，n 为无穷大。为此，串励直流电动机不允许在空载或轻载下运行。

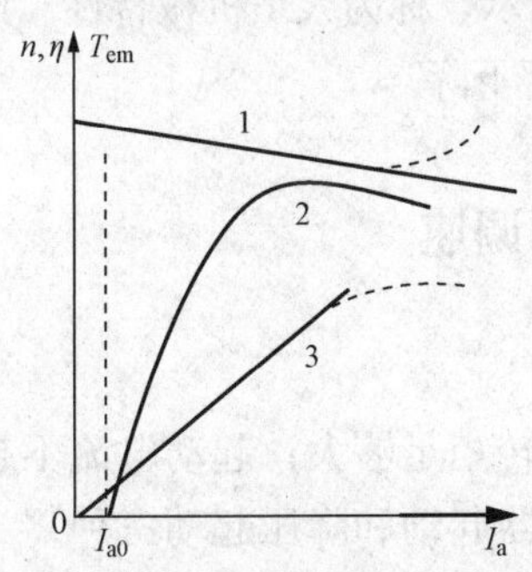

图 4-26　并励（他励）直流电动机工作特性

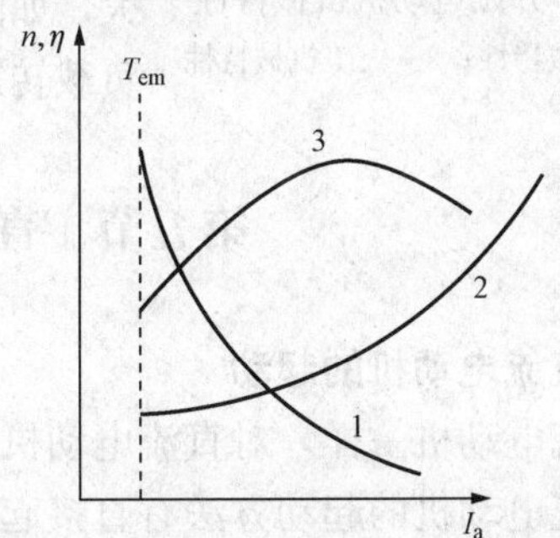

图 4-27　串励直流电动机工作特性
1—转速特性；2—转矩特性；3—效率特性

（2）转矩特性 $M=f(I_a)$。串励电动机的转矩特性表达式为

$$M=C_M\Phi I_a=C_M'I_fI_a=C_M'I_a^2 \tag{4-30}$$

其中，$C_M'=C_MK_f$。转矩特性如图 4-27 中曲线 2 所示。

(3) 效率特性 $\eta=f(I_a)$。串励电动机的效率特性与并励电动机完全相同，如图 4-27 中曲线 3 所示。

串励电动机有一个可贵的特性，就是它能在不太大的过载电流下，产生较大的过载转矩，这时由于电流加大，磁通也同时加大，由式（4-30）可知，若磁路不饱和的话，转矩 M 正比于 I_a^2，若电流增加到额定值的两倍，则转矩将增大到四倍（实际上由于磁路饱和，增加的转矩小于平方倍），这一特性很适合于起动力矩大的场合，如拖动闸门、电车、电力机车等这样一类负载。

四、直流电动机的机械特性

直流电动机主要用于电力拖动系统，拖动生产机械旋转，所以其主要特性是表现在转速与输出转矩的关系上，表示为 $n=f(M)$，因为转速和转矩都是机械量，所以这个关系称为电动机的机械特性。励磁方式不同，各类直流电动机的机械特性有很大差别。下面主要对并励（他励）直流电动机的机械特性进行分析。

因为 $M=C_M\phi I_a$，所以

$$I_a=\frac{M}{C_M\phi}$$

代入式（4-25），就可得到机械特性表达式，即

$$n=\frac{U}{\phi C_e}-\frac{I_aR_a}{\phi C_e}=\frac{U}{\phi C_e}-\frac{R_a}{C_eC_M\phi^2}M=n_0-\beta M \tag{4-31}$$

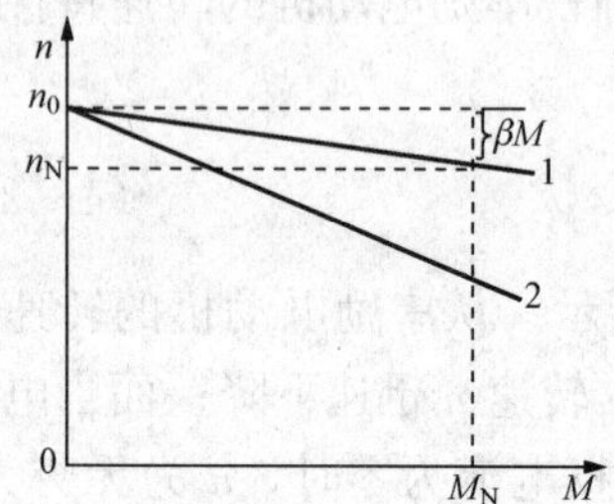

图 4-28 并励电动机机械特性
1—自然机械特性；2—人工机械特性

式中 n_0——理想空载转速，$n_0=\dfrac{U}{\phi C_e}$；

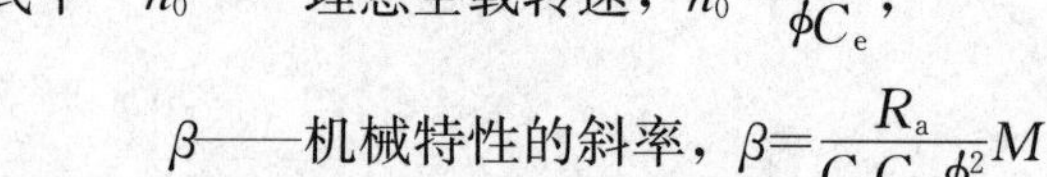

β——机械特性的斜率，$\beta=\dfrac{R_a}{C_eC_M\phi^2}M$。

机械特性是一条直线，如图 4-28 中的曲线 1 所示，这条直线稍向下倾斜，这是因为 β 值很小（R_a 很小）的缘故，称为自然机械特性。可见负载转矩增大时，转速 n 只稍微下降。若在电枢回路中串入附加电阻，则 β 值会增大，直线的斜率增大，如图 4-28 中的曲线 2 所示，称为人工机械特性。此时若负载转矩增大，转速 n 将显著下降。

第五节 直流电动机的起动和调速

一、直流电动机的起动

与交流电动机一样，对直流电动机起动的要求是：起动转矩足够大；起动电流不超过允许值。直流电动机的起动方法有直接起动、电枢回路串变阻器起动和降压起动三种。

1. 直接起动

直接起动是指直流电动机不经过任何起动设备直接接到额定电源上的起动，其最大优点是起动设备简单，操作简便。

由电动机的电动势方程可得

$$I_a=\frac{U-E_a}{R_a} \tag{4-32}$$

电动机起动时，由于 $n=0$，$E_a=0$，所以

$$I_a = \frac{U}{R_a} \tag{4-33}$$

由于电枢回路电阻 R_a 很小，所以起动电流值很大，能达额定电流的10～20倍。它会在电刷和换向器的接触处产生强烈火花，对绕组和转轴产生强大的冲击力和冲击转矩，在线路上会产生很大电压降等。一般电动机起动时，要求起动电流限制在2～2.5倍额定电流范围内，起动转矩为1.2～2倍额定转矩，因此该方法只适用于小容量的直流电动机起动。

2. 电枢回路串变阻器起动

电枢回路串变阻器起动过程中，随着转速 n 的升高，E_a 也逐渐增大，起动电流逐渐下降，由于起动转矩 $M=C_M\phi I_a$，所以起动转矩也逐渐减小。为保持有一定数值的起动转矩，在起动过程中要求逐级切除起动电阻。图4-29表示并励电动机起动原理。由于起动电阻是按短时运行设计的，如长时间有较大电流通过，会因过热而损坏，因此起动完毕，必须全部切除起动电阻。

此法所需设备不多，在中、小容量电动机中得到广泛应用。但它起动时能耗大，故较大容量电机宜用降压起动。

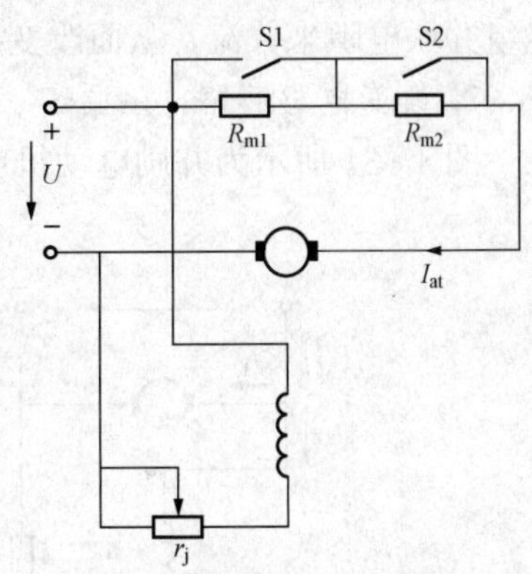

图4-29 并励电动机起动原理图

3. 降压起动

降压起动能有效地降低起动电流，在起动过程中，逐渐提升电源电压，使电动机转速按需要的加速度上升，以控制起动时间。

此法的优点是起动电流小、能耗小、可平稳升速；但缺点是需要专用电源，投资较大，以前均采用直流发电机作其专用电源，故很少采用。随着半导体技术的发展，使用晶闸管整流电源所组成的“晶闸管—电动机”系统已越来越广泛。

需指出的是，对串励电动机绝对不允许在空载状态下起动，否则将达到危险的高速而损坏电机。

二、直流电动机调速

直流电动机具有良好的调速性能，即能在宽广的范围内平滑而经济地调速，因此它在电力拖动系统中得到广泛的应用。由式（4-25）可知，直流电动机的调速有三种方法，即改变励磁电流（主磁通）调速、改变电枢回路电阻值调速和改变电枢端电压调速。

1. 改变励磁电流（主磁通）调速

并励电动机可以通过改变励磁回路的励磁电阻来改变励磁电流，以改变主磁通，达到调速目的。图4-30所示为并励电动机改变励磁电流调速的原理图。当电枢端电压 U 保持不变时，增大励磁回路的励磁电阻，则励磁电流减小，使主磁通减小。由于惯性作用，瞬间电动机转速还来不及改变，电枢电动势 E_a 却减小了，从而破坏了原来的电动势平衡关系，此时电枢电流 I_a 急剧增大，由于电枢电流的增大一般比主磁通的减小来得快，因此相应的电磁转矩增大，在负载转矩不变的情况下，电动机的转速便升高。这又使电枢电动势增大，电枢电流减小，相应的电磁转矩逐渐下降，一直持续到电磁转矩重新与负载转矩相平衡为止。这时电动机便在比原转速高的情况下稳定运行。

采用这种调速方法，电动机只能在额定转速以上改变，故此法为“调高”。因额定运行

时磁路已近饱和，若再增大励磁电流，主磁通增加甚微，转速近乎不下降，故一般都采用增大 R_f、减小主磁通来提高转速，故称为弱磁升速。

由于电机磁场越弱，转速越高，换向就越困难，电枢反应的去磁作用对电机稳定性的影响越大，故其最高速度受机械强度、换向及运行稳定性的限制，对普通电动机最高转速与最低转速之比（称转速比）约为 2∶1，对专用的电机也不超过 4∶1。

弱磁调速的优点是由于励磁电流很小，能耗小、效率高，同时设备简单、控制方便。

对串励电动机则不能在串励回路串接外电阻来改变励磁电流，正确的方法是采用与串励绕组并联电阻来分流，从而改变励磁电流来达到调速的目的。

2. 改变电枢回路电阻调速

图 4－31 所示为并励电动机电枢回路串电阻调速的原理图。

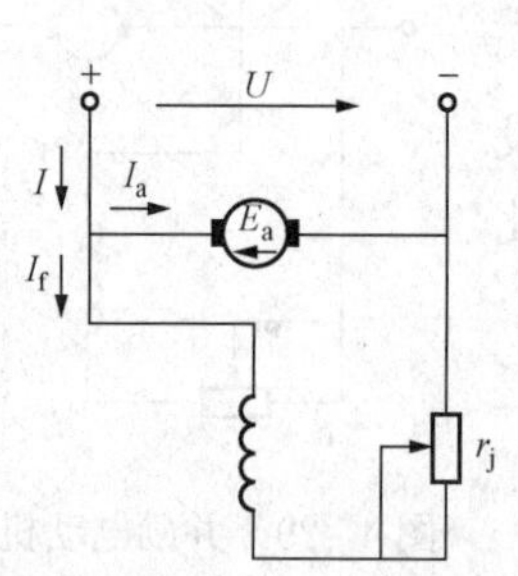

图 4－30 并励电动机改变励磁电流调速的电路图

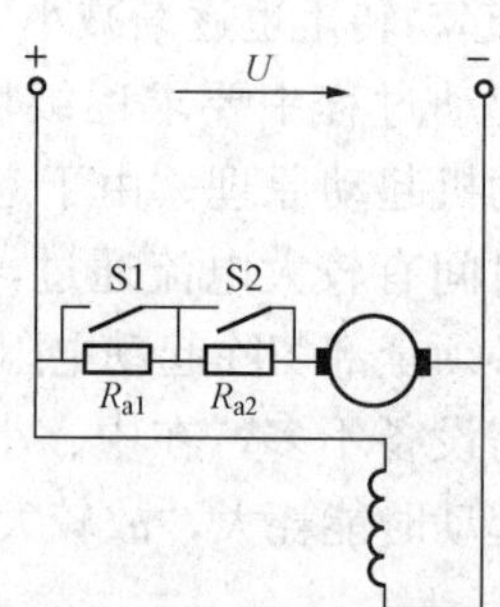

图 4－31 改变串入电枢回路的电阻调速接线原理图

在电源电压、主磁通不变（忽略电枢反应的去磁作用）的情况下，当电枢回路调节电阻增大时，由于电动机的惯性，它的转速还来不及改变，这时电枢电动势也未变。但由于电枢回路电阻的增大，使电枢电流及相应的电磁转矩减小，在负载转矩不变的情况下，转速就下降，这又使电枢电动势不断减小，促使电枢电流增大，电磁转矩相应增大，一直持续到电磁转矩重新与负载转矩相平衡为止，这时电动机便在比原转速低的情况下稳定运行。可见，增加电枢回路串电阻可降低转速。

这种调速方法操作简单，控制设备不复杂，且调速电阻又可兼作起动变阻器。但它串在电枢回路里，电流大、能耗大、效率低、经济性差。

在串励电动机中利用在电枢回路串电阻调速的物理过程及有关优缺点，与并励电动机类似。

3. 改变电枢端电压调速

由式（4－25）可知，提高或降低电枢端电压而不改变其励磁（主磁通），则在一定的负载转矩下，电动机的转速也将相应地增加或降低，从而达到调速目的。

由于电源电压固定不变，为此必须采用一单独的直流电源向电动机供电。以前常用“发电机—电动机”组，即用一台直流发电机作直流电动机的供电电源，改变直流发电机的电压来改变电动机的转速。用这种方法调速设备复杂、价格昂贵。近年来，晶闸管（可控硅）整流设备作为直流电源的直流电动机调速系统，已得到相当广泛的应用，由于晶闸管整流电路便于调压，用它向直流电动机的电枢绕组和励磁绕组供电，可以得到很好的调速性能。

由于电动机端电压不能超过额定值，因此改变端电压只能实现低于额定转速调速。若再配以改变电动机励磁电流调速，则它可在极宽广的范围内平滑地调速，其转速比可达25∶1。

三、直流电动机的反转

要改变电动机的转向，只需改变电磁转矩的方向。电磁转矩的方向取决于电枢电流的方向和主磁场的方向，因此，改变电动机转向的方法有两种：

（1）在励磁绕组中电流方向不变（即主磁场方向不变）的情况下，换接电枢绕组两端头（即改变电枢电流方向）；

（2）在电枢绕组中电流方向不变的情况下，换接励磁绕组两端头（即改变励磁电流方向）。若电枢电流方向和主磁场方向同时变换，显然其转向不变。

在实际应用中，一般不采用换接励磁绕组两端头的方法来改变转向，这是因为励磁绕组电感大，在换接瞬间会产生较大自感电动势，易危及励磁绕组的绝缘。

小　　结

本章主要介绍了直流电机的基本结构、基本电磁原理以及直流电机的运行特性等问题。重点应弄清楚电枢绕组的构成原理、电枢反应的概念以及发电机、电动机的基本方程式。直流电机也是实现机电能量转换的装置。

直流电机的结构包括定子与转子两大部分，定子用来建立磁场，并作为机械支撑，转子即电枢，用来嵌入绕组，并兼作磁路，以感应电动势产生电磁转矩。定子和转子之间有一定的空隙。直流电机的换向器在电机旋转时起换向作用，从而从电枢输出直流电功率。

发电机的励磁方式有他励和自励两大类，自励又可分为并励、串励、复励三种，复励有积复励和差复励。

额定值是保证电机可靠工作、具有规定的使用寿命并且具有良好性能的依据。合理使用电机，要特别注意电机的额定值与负载的匹配，是电机能够发挥最大效率的基本保证。

直流电机电枢中的电动势也是交流的，这种绕组中的交流电动势是通过电枢旋转、换向器和电刷间的换接来实现输出直流电动势的，对照电子器件的整流换向作用，人们称直流电机的换向是机械换向。电枢电动势表示式很简单，但要掌握每个符号的含义及单位。对发电机而言，由电枢绕组感生电动势 E_a，且 $E_a>U$，因此 E_a 与 I_a 同方向，而电磁转矩 M 与转速 n 反方向，为制动性质转矩。对电动机而言，电枢电流和磁场作用产生电磁转矩是输出的驱动转矩，而电枢感应电动势则以反电动势的形式存在，即 $E_a<U$，因此 E_a 与 I_a 反方向。感应电动势和电磁转矩在发电机和电动机中的作用虽然不同，但它们的计算公式是一样的。

直流发电机常按其励磁方式分类。直流发电机能自励是其一大优点，因此应了解自励发电机电压建立的原理、建立电压的实际操作方法及改变自励发电机极性的措施。

思 考 题 与 习 题

1. 直流发电机是如何发出直流电的？如果没有换向器，直流发电机能否发出直流电？

2. “直流电机实质上是一台装有换向装置的交流电机”，你怎样理解这句话？

3. 在直流发电机中，为了把交流电动势转变成直流电压而采用了换向器装置；但在直流电动机中，加在电刷两端的电压已是直流电压，那么换向器有什么用呢？

4. 从原理上看，直流电机电枢绕组可以只由一个线圈做成，但实际的直流电机用很多线圈串联组成，为什么？是不是线圈愈多愈好？

5. 已知某直流电动机铭牌数据如下：额定功率 $P_N=75kW$，额定电压 $U_N=220V$，额定转速 $n_N=1500r/min$，额定效率 $\eta_N=88.5\%$。试求该电机的额定电流。

6. 直流发电机和直流电动机的电枢电动势的性质有何区别，它们是怎样产生的？直流发电机和直流电动机的电磁转矩的性质有何区别，它们又是怎样产生的？

7. 把一台他励发电机的转速提高 20%，空载电压会提高多少（励磁电阻保持不变）？若是一台并励发电机，则电压升高得多还是少（励磁电阻保持不变）？

8. 直流发电机的感应电动势与哪些因素有关？若一台直流发电机的额定空载电动势是 230V，试问在下列情况下电动势的变化如何？

（1）磁通减少 10%；

（2）励磁电流减少 10%；

（3）磁通不变，速度增加 20%；

（4）磁通减少 10%，同时速度增加 20%。

9. 造成换向不良的主要电磁原因是什么？采取什么措施来改善换向？

10. 换向磁极的作用是什么？它装在哪里？它的绕组如何励磁？

11. 何谓电枢反应？电枢反应对气隙磁场有何影响？直流发电机和直流电动机的电枢反应有哪些共同点？又有哪些主要区别？

12. 一台直流电机，轻载运行时换向良好，当带上额定负载时，后刷边出现火花。问应如何调整换向极下气隙或换向极绕组的匝数，才能改善换向？

13. 试述并励直流发电机的自励过程和自励条件？

14. 试解释他励和并励发电机的外特性为什么是一条下倾的曲线？

15. 他励直流发电机由空载到额定负载，端电压为什么会下降？并励发电机与他励发电机相比，哪一个的电压变化率大？

16. 若把直流发电机的转速升高 20%，问在他励方式下运行和并励方式下运行时，哪一种运行方式下空载电压升高的较多？

17. 一台 4 极、82kW、230V、970r/min 的他励直流发电机，如果每极合成磁通等于空载额定转速下具有额定电压时每极的磁通，试求当电机输出额定电流时的电磁转矩。

18. 并励直流电动机的起动电流取决于什么？正常工作时的电枢电流又决定于什么？

19. 并励直流电动机起动时，常把串接于励磁回路的磁场变阻器短接，为什么？若在起动时，励磁回路串入较大电阻，会产生什么现象？

20. 并励直流电动机在运行时励磁回路突然断线，问电机有剩磁的情况下会产生什么后果？若在起动时就断线，又会出现什么后果？

21. 一台正在运行的并励直流电动机，转速为 1450r/min。现将它停下来，用改变励磁绕组的极性来改变转向后（其他均未变），当电枢电流的大小与正转时相同时，发现转速为 1500r/min，试问这可能是什么原因引起的？

22. 对于一台并励直流电动机，如果电源电压和励磁电流保持不变，制动转矩为恒定值。试分析在电枢回路串入电阻 R_j 后，对电动机的电枢电流、转速、输入功率、铜损耗、铁损耗及效率有何影响？为什么？

23. 一台并励电动机的额定功率 $P_N=96kW$，额定电压 $U_N=440V$，额定电流 $I_N=255A$，额定励磁电流 $I_{fN}=5A$，$n_N=500r/min$。已知电枢电阻为 0.078Ω，试求：

(1) 电动机的额定输出转矩；

(2) 在额定电流时的电磁转矩；

(3) 电机的空载转速；

(4) 在总制动转矩不变的情况下，当电枢回路串入 0.1Ω 电阻后的稳定转速。

第五章

控 制 电 机

控制电机一般是指用于自动控制、自动调节、远距离测量、随动系统以及计算装置中的微特电机。控制电机是在普通旋转电机的基础上发展起来的多种具有特殊性能的小功率电机，就电磁过程及所遵循的基本规律而言，它和普通旋转电机并没有本质区别，但普通旋转电机功率大，着重于对电机起动、运行、调速及制动等方面性能指标的要求；而控制电机输出功率较小，着重于电机的高可靠性、高精度和快速响应。

控制电机按其功能和用途可分为自动控制系统中的信号元件类控制电机、功率元件类控制电机两大类。凡是用来转换信号的都称为信号元件类控制电机，凡是用来把信号转换成输出功率或把电能转换为机械能的都称为功率元件类控制电机。信号元件类电机包括旋转变压器、测速发电机、自整角机；功率元件类电机包括伺服电动机、步进电动机、力矩电动机、直线电动机等。

第一节 伺服电动机

伺服电动机把输入的电压信号变换成转轴上的角位移或角速度而输出，它在自动控制系统中作为执行元件，故又被称为执行电动机。伺服电动机转轴的转向与转速随着输入的控制电压信号的方向和大小而改变，并且能带动一定大小的负载。

伺服电动机按其使用的电源性质的不同，可分为交流伺服电动机和直流伺服电动机两大类。交流伺服电动机一般用于功率较小的控制系统中，其输出功率为0.1～100W。直流伺服电动机一般用于功率较大的控制系统中，其输出功率通常为1～600W，但也有的可达数千瓦。

自动控制系统对伺服电动机的基本要求如下：

（1）宽广的调速范围。伺服电动机的转速随着控制电压的改变能在宽广的范围内连续调整。

（2）机械特性和调节特性均为线性。伺服电动机线性的机械特性和调速特性有利于提高自动控制系统的动态精度。

（3）无自转现象存在。伺服电动机在控制电压为零时能立即自行停转。

（4）快速响应。伺服电动机的机电时间常数要小，相应地要有较大的堵转转矩和较小的转动惯量。这样，电动机的转速能够随着控制电压的改变而迅速地发生相应的变化。

一、交流伺服电动机

1. 结构简介

交流伺服电动机实际上是两相异步电动机，其定子绕组为两相绕组，结构完全相同，并在空间相距90°电角度。定子绕组中的一相绕组作为励磁绕组，另一相绕组作为控制绕组，这两个绕组通常是分别接在两个不同的交流电源上（两者频率相同）。交流伺服电动机的转子有鼠笼型和空心杯形两种，无论哪种转子，它的转子电阻都做得比较大，目的是使转子在移动时产生制动转矩，使伺服电动机在控制绕组不加电压时，能及时制动，防止自转。其余的部件与普通异步电动机相同。

2. 基本工作原理

交流伺服电动机是以单相异步电动机原理为基础的，如图 5-1 所示。励磁绕组接到电压为 U_f 的交流电源上，控制绕组接到控制电压 U_C 上，当有控制信号输入时，两相绕组便产生旋转磁场。该磁场与转子中的感应电流相互作用产生转矩，使转子跟着旋转磁场以一定的转差率转动起来，其同步转速

$$n_1 = \frac{60f}{p} \tag{5-1}$$

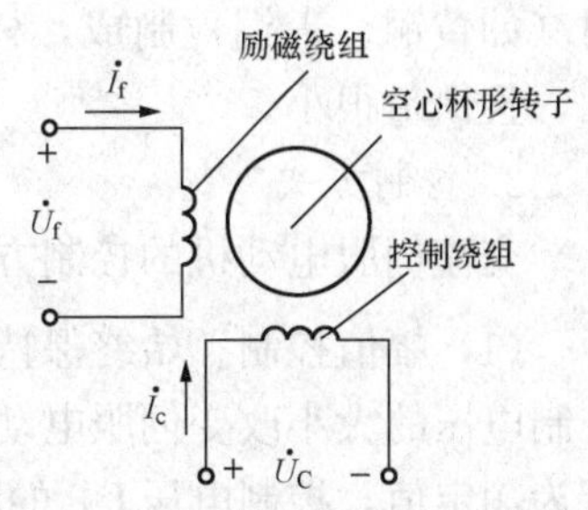

图 5-1　交流伺服电动机的工作原理图

转向与旋转磁场的方向相同，把控制电压的相位改变 180°，则可改变伺服电动机的旋转方向。

对伺服电动机的要求是控制电压一旦取消，电动机必须立即停转。但根据单相异步电动机的原理，电动机转子一旦转动以后，再取消控制电压，仅剩励磁电压单相供电，它将继续转动，即存在“自转”现象，这意味着失去控制作用，这是不允许的。其解决办法就是使转子导条具有较大电阻。由三相异步电动机的机械特性可知，转子电阻对电动机的转速转矩特性影响很大（见图 5-2），转子电阻增大到一定程度，例如图中 r_{23} 时，最大转矩可出现在 $s=1$ 附近。为此目的，把伺服电动机的转子电阻 R_2 设计得很大，使电动机在失去控制信号，即成单相运行时，正转矩或负转矩的最大值均出现在 $s_m>1$ 的地方，这样可得出如图 5-3 所示的机械特性曲线。

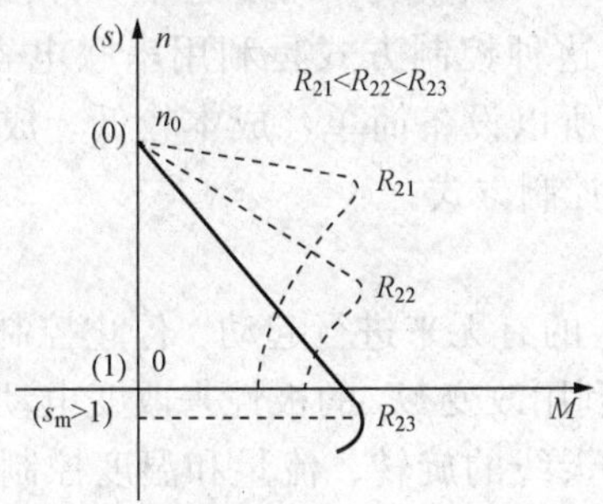

图 5-2　对应于不同转子电阻 R_2 的 $n=f(M)$ 曲线

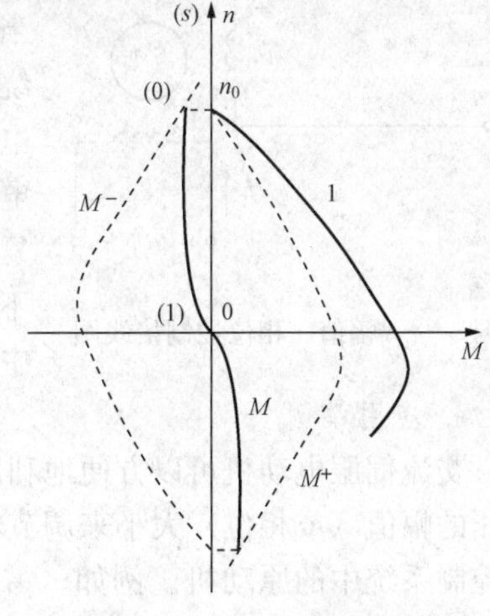

图 5-3　$U_C=0$ 时交流伺服电动机的 $n=f(T)$ 曲线

图 5-3 中曲线 1 为有控制电压时伺服电机的机械特性曲线，曲线 M^+ 和 M^- 为去掉控制电压后，脉动磁场分解为正、反两个旋转磁场对应产生的转矩曲线。曲线 M 为去掉控制电压后单相供电时的合成转矩曲线。从图 5-3 中可以看出，它与异步电动机的机械特性曲线不同，它是在第二和第四象限内。当速度 n 为正时，电磁转矩 M 为负；当 n 为负时，M 为正，即去掉控制电压后，单相供电时的电磁转矩的方向总是与转子转向相反，所以，是一个制动转矩。由于制动转矩的存在，可使转子迅速停止转动，保证了不会存在“自转”现象。停转所需要的时间，比两相电压 U_C 和 U_f 同时取消、单靠摩擦等制动方法所需的时间要少

得多。这正是交流伺服电动机在工作时，励磁绕组始终是接在电源上的原因。

综上所述，增大转子电阻 R_2，有利于消除"自转"，同时还使稳定运行段加宽、起动转矩增大，有利于调速和起动。因此，目前交流伺服电动机的鼠笼导条，通常都是用高电阻材料（如黄铜、青铜）制成，杯形转子的壁很薄，一般只有 0.2～0.8mm，因而转子电阻较大，且惯量很小。

3. 控制方式

交流伺服电动机的控制方式有三种，分别是幅值控制、相位控制以及幅值—相位控制。

（1）幅值控制。始终保持控制电压 $\dot{U}_C$ 与励磁电压 $\dot{U}_f$ 之间的相位差为 90°，只通过调节控制电压的大小改变伺服电动机的转速，这种控制方式称为幅值控制。使用时，励磁电压保持为额定值，控制电压 U_C 的幅值在额定值与零之间变化，伺服电动机的转速也就在最高转速至零转速之间变化。

（2）相位控制。这种控制方式是通过调节控制电压与励磁电压之间的相位角 β 来改变伺服电动机的转速，而控制电压和励磁电压均保持为额定值。当 $\beta=0°$ 时，控制电压与励磁电压同相位，气隙磁动势为脉振磁动势，故电动机停转，$n=0$。当 $\beta=90°$ 时，磁动势为圆形旋转磁动势，电动机转速最高。当 $\beta=0°\sim90°$ 变化时，电动机的转速由低向高变化。

（3）幅值—相位控制。这种控制方式是对幅值和相位差都进行控制，即通过改变控制电压的幅值及控制电压与励磁电压间的相位差 β 来控制伺服电动机的转速。如图 5-4 所示为幅值—相位控制接线图，当调节控制电压的幅值来改变电动机的转速时，由于转子绕组的耦合作用，励磁绕组中的电流随之发生变化，励磁电流的变化引起电容的端电压变化，致使控制电压与励磁电压之间的相位角 β 也改变，所以这是一种幅值和相位的复合控制方式。这种控制方式是利用串联电容器来分相，不需要移相器，所以设备简单，成本较低，成为实际应用中最常用的一种控制方式。

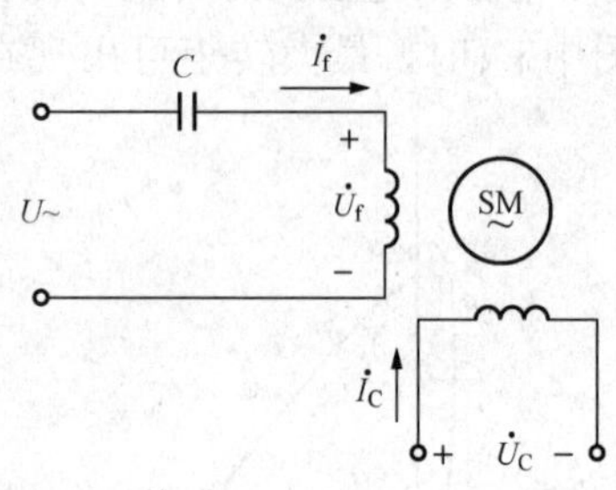

图 5-4 幅值—相位控制接线图

4. 应用举例

交流伺服电动机可以方便地利用控制电压 U_C 的有无来进行起动、停止控制；利用改变电压的幅值（或相位）大小来调节转速的高低；利用改变 U_C 的极性来改变电动机转向。它是控制系统中的原动机。例如，雷达系统中扫描天线的旋转、流量和温度控制中阀门的开启、数控机床中刀具运动，甚至连船舰方向舵与飞机驾驶盘的控制都是用伺服电动机来带动的。

二、直流伺服电动机

直流伺服电动机是指使用直流电源的伺服电动机，它的基本结构和工作原理与普通直流他励电动机相同，不同点只是它做得比较细长一些，以便满足快速响应的要求。

1. 直流伺服电动机的分类及结构

直流伺服电动机按结构可分为普通型直流伺服电动机、盘形电枢直流伺服电动机、空心杯电枢直流伺服电动机和无槽电枢直流伺服电动机等种类。

（1）普通型直流伺服电动机。普通型直流伺服电动机的结构与他励直流电动机的结构基本相同，也由定子、转子两大部分所组成。根据励磁方式它又可分为永磁式和电磁式两种。

永磁式直流伺服电动机是在定子上装置由永久磁铁做成的磁极；电磁式直流伺服电动机的磁极上套有励磁绕组。这两种电机的转子铁芯均由硅钢片冲制叠压而成，在转子的外圆周上均匀开槽，在转子槽内放置电枢绕组，并经换向器和电刷引出。为提高控制精度和响应速度，伺服电动机的电枢铁芯长度与直径之比要比普通直流电动机大，气隙也较小。

当定子中的励磁磁通和转子中的电枢电流相互作用时，就会产生电磁转矩驱动转子旋转，恰当地控制转子中的电枢电流的大小和方向，就可控制直流伺服电动机的转动速度和转动方向。电枢电流为零时，伺服电动机则停止不转。永磁式和电磁式直流伺服电动机的惯性比其他类型伺服电动机大。

(2) 盘形电枢直流伺服电动机。图 5 - 5 所示为盘形电枢直流伺服电动机的结构示意图。它的定子由永久磁铁和前后铁轭所组成，磁铁可以在圆盘电枢的一侧放置，也可以在两侧同时放置。盘形电枢伺服电动机的转子电枢由线圈沿转轴的径向圆周排列，并且用环氧树脂浇注成圆盘形。盘形电枢绕组中通过的电流是径向电流，而磁通是轴向的，径向电流与轴向磁通相互作用产生电磁转矩，驱动伺服电动机旋转。

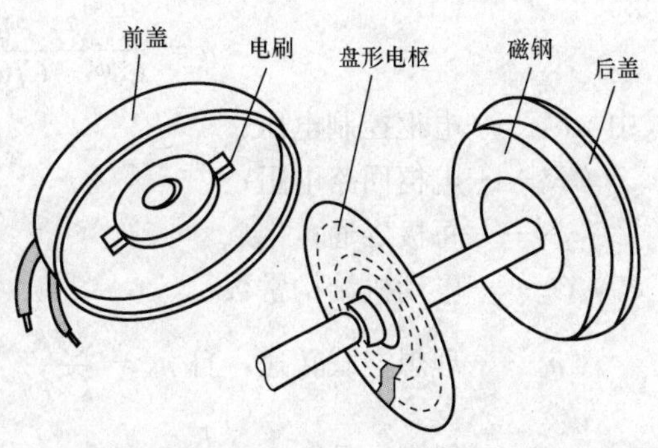

图 5 - 5　盘形电枢直流伺服电动机的结构示意图

(3) 空心杯电枢直流伺服电动机。空心杯电枢直流伺服电动机有两个定子，即一个外定子和一个内定子。外定子由永磁材料构成，产生磁通；内定子由软磁材料构成，主要起导磁作用。该伺服电动机的转子由单个成型线圈沿轴向排列成空心杯形，并用环氧树脂浇注成型。空心杯电枢直接装在电机轴上，在内、外定子间的气隙中旋转。图 5 - 6 所示为空心杯电枢直流伺服电动机结构简图。

(4) 无槽电枢直流伺服电动机。无槽电枢直流伺服电动机的转子铁芯上不开元件槽，电枢绕组元件直接排列在铁芯表面，然后用环氧树脂把它与电枢铁芯固化成一个整体。定子磁极可以用永磁铁做成，也可以采用电磁式结构。图 5 - 7 所示为无槽电枢直流伺服电动机结构图。

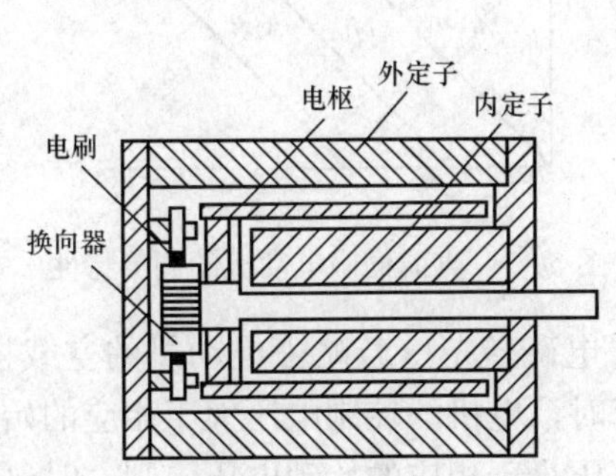

图 5 - 6　空心杯电枢直流伺服电动机结构图

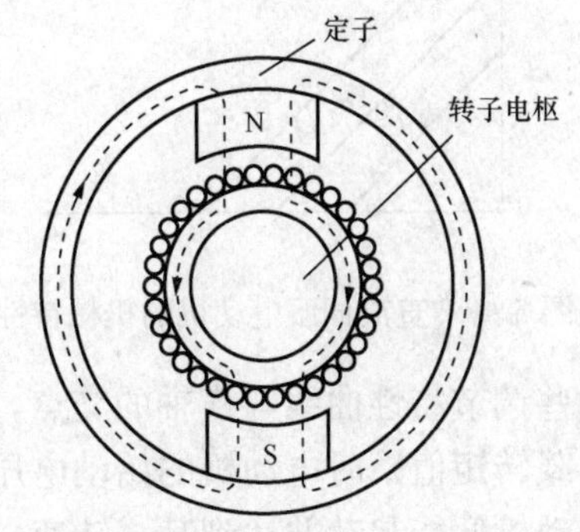

图 5 - 7　无槽电枢直流伺服电动机结构图

后述三种伺服电动机与普通伺服电动机相比，由于转动惯量小、电枢等效电感小，因而其动态特性较好，适合于快速系统。

2. 直流伺服电动机的运行特性

直流伺服电动机负载运行时的三个主要运行变量为：电枢电压 U_a、转速 n 及电磁转矩 T，它们之间的关系特性称为运行特性，包括机械特性和调节特性。

（1）机械特性。伺服电动机的电枢绕组也就是控制绕组，控制电压为 U_a。对于电磁式伺服电动机来说，励磁电压 U_f 为常数；另外，不考虑电枢反应的影响。在这些前提下，我们可以分析直流伺服电动机的机械特性。机械特性是指在控制电枢电压 U_a 保持不变的情况下，直流伺服电动机的转速 n 随电磁转矩 M 变化的关系。

直流伺服电动机的机械特性公式与他励直流电动机机械特性公式相同，即

$$n=\frac{U_a}{C_e\phi}-\frac{R_a}{C_eC_m\phi^2}M=n_0-\beta M \tag{5-2}$$

式中 U_a——电枢控制电压；

R_a——电枢回路电阻；

ϕ——每极磁通；

C_e，C_m——电动机结构常数；

n_0——理想空载转速，且 $n_0=\dfrac{U_a}{C_e\phi}$；

β——斜率，且 $\beta=\dfrac{R_a}{C_eC_m\phi^2}$。

从式（5-2）可以看出，当 U_a 大小一定时，转矩 M 大时转速 n 就低，转速的下降与转矩的增大之间成正比关系，这是很理想的特性。随着控制电压 U_a 增大，电机的机械特性曲线平行地向转速和转矩增加的方向移动，但是它的斜率保持不变，所以电枢控制的直流伺服电动机的机械特性是一组平行的直线，如图 5-8 所示。

（2）调节特性。调节特性是指电磁转矩 T 恒定时，电机的转速 n 随控制电压 U_a 变化的关系。由式（5-2）便可画出直流伺服电动机的调节特性，如图 5-9 所示。它们也是一组平行的直线。

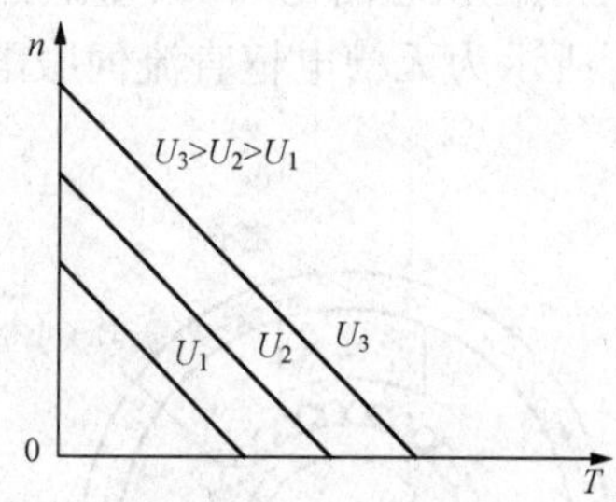

图 5-8　直流伺服电动机的机械特性

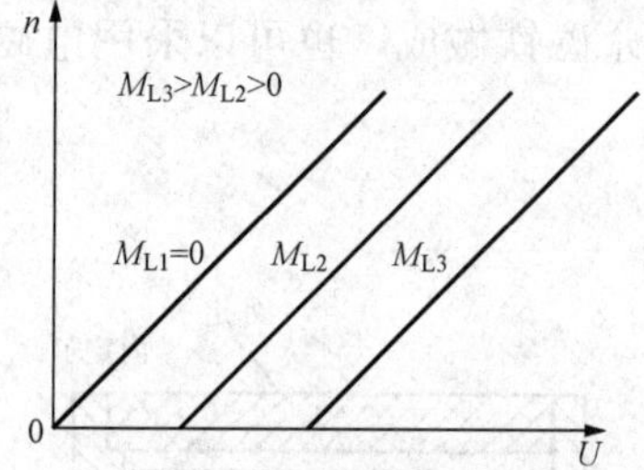

图 5-9　直流伺服电动机的调节特性

这些调节特性曲线与横轴的交点，就表示在某一电磁转矩（若略去电动机的空载损耗，则为负载转矩值）时电动机的始动电压。若转矩一定时，电机的控制电压大于相应的始动电压，电动机便能起动并达到某一转速；反之，控制电压小于相应的始动电压，则这时电动机所能产生的最大电磁转矩仍小于所要求的转矩值，就不能起动。所以，在调节特性曲线上从原点到始动电压点的这一段横坐标所示的范围，称某一电磁转矩值时伺服电动机失灵区。显然，失灵区的大小与电磁转矩的大小成正比。

由以上分析可知，电枢控制的直流伺服电动机的机械特性和调节特性都是一组平行的直线。这是直流伺服电动机很可贵的优点，也是交流伺服电动机所不及的。

第二节 力矩电动机

在某些自动控制系统中，被控制对象的转速相对于伺服电动机的转速低得多，所以，两者之间常常必须用减速机构连接。由于采用了减速器，一方面使系统装置变得复杂，另一方面它是使闭环控制系统产生自激振荡的重要原因之一，影响了系统性能的提高。因此希望有一种低转速、大转矩的伺服电动机。力矩电动机就是一种能和负载直接连接产生较大转矩，能带动负载在堵转或大大低于空载转速下运转的电动机。

力矩电动机可分为交流和直流两大类。交流力矩电动机使用较少，这里不作介绍。直流力矩电动机具有良好的低速平稳性和线性的机械特性及调节特性，在生产中应用最广泛。

一、直流力矩电动机的结构

直流力矩电动机是一种永磁式低速直流伺服电动机，它的工作原理和普通直流伺服电动机相同，只是在结构和外形尺寸上有所不同。它通常做成扁平式结构，电枢长度与直径之比一般仅为 0.2 左右，并选取较多的极对数。其结构如图 5 - 10 所示。选用扁平式结构是为了使力矩电动机在一定的电枢体积和电枢电压下能产生较大的转矩和较低的转速。

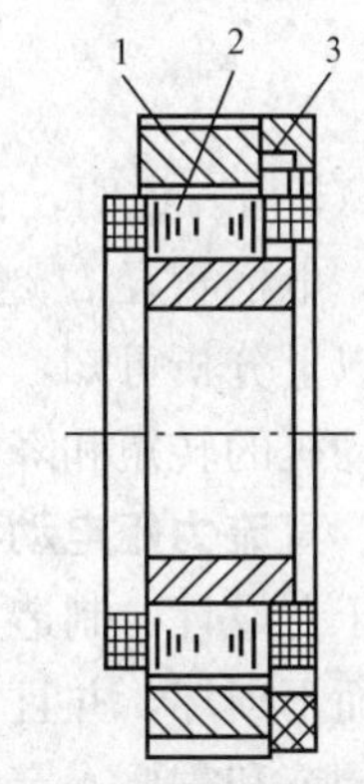

图 5 - 10 永磁式直流力矩电动机结构示意图

1—定子；2—电枢；3—刷架

二、直流力矩电动机转矩大、转速低的原因

1. 转矩大的原因

由直流电动机基本工作原理可知，设直流电动机每个磁极下磁感应强度平均值为 B，电枢绕组导体上的电流为 I_a，导体的有效长度（即电枢铁芯厚度）为 l，则每根导体所受的电磁力为

$$F = BI_a l$$

电磁转矩为

$$M = NF\frac{D}{2} = NBI_a l\frac{D}{2} = \frac{BI_a Nl}{2}D \tag{5-3}$$

式中 N——电枢绕组总的导体数；

D——电枢铁芯直径，m。

式（5 - 3）表明了电磁转矩与电动机结构参数 l、D 的关系。电枢体积大小，在一定程度上反映了整个电动机的体积，因此，在电枢体积相同条件下，即保持 $\pi D^2 l$ 不变，当 D 增大时，铁芯长度 l 就应减小；其次，在相同电流 I_a 以及相同用铜量的条件下，电枢绕组的导体粗细不变，则总导体数 N 应随 l 的减小而增加，以保持 Nl 不变。满足上述条件，则式（5 - 3）中 $\frac{BI_a Nl}{2}$ 近似为常数，故转矩 M 与直径 D 近似成正比例关系。

2. 转速低的原因

导体在磁场中运动切割磁力线所产生的感应电动势为

$$e_a = Blv$$

其中

$$v = \frac{2p\tau n}{60}, \quad \tau = \frac{\pi D}{2p}$$

设一对电刷之间的并联支路数为 2，则一对电刷间，$\frac{N}{2}$根导体串联后总的感应电动势为 E_a，且在理想空载条件下，外加电压 U_a 应与 E_a 相平衡，所以有

$$U_a = E_a = NBl\pi Dn_0/120$$

即

$$n_0 = \frac{120}{\pi}\frac{U_a}{NBlD} \tag{5-4}$$

式（5-4）说明，在仍保持 Nl 不变的情况下，理想空载转速 n_0 和电枢铁芯直径 D 近似成反比，电枢直径 D 越大，电动机理想空载转速 n_0 就越低。

由以上分析可知，在其他条件相同的情况下，增大电动机直径，减小轴向长度，有利于增加电动机的转矩和降低空载转速，故力矩电动机都做成扁平状。

三、直流力矩电动机的应用

由于在设计、制造上保证了电动机能在低速或堵转下运行，在堵转情况下能产生足够大的力矩而不损坏，并且它有精度高、反应速度快、线性度好等优点，因此，常用在低速、需要转矩调节和需要一定张力的随动系统中作为执行元件。例如，数控机床、雷达天线、人造卫星天线的驱动、X-Y 记录仪及电焊枪的焊条传动等。

第三节 测速发电机

一、概述

测速发电机是一种测量转速的信号元件，它的作用是将输入的机械转速变换为与转速成正比的电压信号输出。在理想状态下，测速发电机的输出电压的表达式为

$$U_2 = Cn$$

或

$$U_2 = C'\Omega = C'\frac{d\theta}{dt} \tag{5-5}$$

式中 C、C'——比例常数；

n、θ——测速发电机转子的旋转速度和旋转角度。

可见，测速发电机主要有以下两种用途：

（1）测速发电机的输出电压与转速成正比，因而可以用来测量转速。

（2）如果以转子旋转角度 θ 为参数变量，则可作为机电微分、积分器。

测速发电机广泛用于速度和位置控制系统中。

1. 测速发电机的分类

根据输出电压的不同，测速发电机分为以下几类：

（1）直流测速发电机。

1）永磁式直流测速发电机。

2）电磁式直流测速发电机。

直流测速发电机的输出电压为直流电压。

（2）交流测速发电机。

1）同步测速发电机。

2）异步测速发电机。

交流测速发电机的输出电压为交流电压。

2. 对测速发电机的主要要求

（1）测速发电机的输出电压与输入的机械转速保持严格的正比关系，且不随外界条件（如温度等）的变化而发生改变。

（2）测速发电机的转动惯量要小，以保证反应迅速。

（3）测速发电机的灵敏度要高，使得较小的转速变化也可以引起输出电压的相应变化。

二、交流测速发电机

交流测速发电机分为同步测速发电机和异步测速发电机两种。

同步测速发电机的输出电压大小及频率均随转速（输入信号）的变化而变化，因此一般用作指示式转速计，很少用于控制系统中的转速测量。而异步测速发电机输出电压的频率与励磁电压的频率相同且与转速无关，其输出电压的大小与转速 n 成正比，因此在控制系统中应用广泛。异步测速发电机分为笼形和空心杯形两种，笼形测速发电机没有空心杯形测速发电机的测量精度高，而且空心杯形结构的测速发电机转动惯量也小，适合于快速系统，因此目前空心杯形测速发电机应用比较广泛，下面主要介绍空心杯形异步测速发电机。

1. 空心杯形异步测速发电机基本结构

空心杯形异步测速发电机的定子上有两相在空间位置上严格保持90°电角度的分布绕组，其中一相为励磁绕组，外施恒频恒压的交流电源励磁；另一相为输出绕组，其两端的电压则为测速发电机的输出电压 U_2。转子是空心杯，通常采用电阻率较大和温度系数较低的材料制成，如磷青铜、锡锌青铜、硅锰青铜等。杯子里边还有一个由硅钢片叠成的定子，称为内定子，这样可以减少主磁路的磁阻。

2. 空心杯形异步测速发电机的工作原理

空心杯形异步测速发电机的工作原理图如图5-11所示。当电机的励磁绕组外施恒频恒压的交流电源 $\dot{U}_f$ 时，便有电流 $\dot{I}_f$ 通过绕组，产生以电源频率 f 脉振的磁动势 F_d 和脉振磁通 Φ_d。磁通 Φ_d 在空间按励磁绕组轴线方向（称为纵轴d轴）脉振。

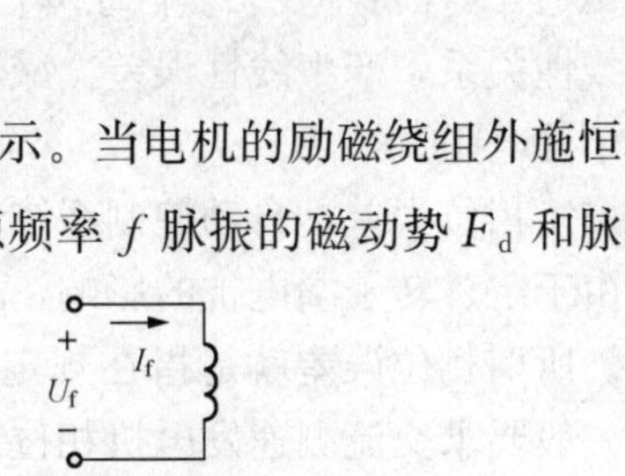

当转子不动时，转速 $n=0$，由于纵轴磁通 Φ_d 交变在空心杯转子感应的电动势称为变压器性质电动势，转子电流产生的转子磁动势性质和励磁磁动势性质相同，均为纵轴磁动势；输出绕组由于与励磁绕组在空间位置上相差90°电角度，因而不产生感应电动势，这样输出电压 $U_2=0$。

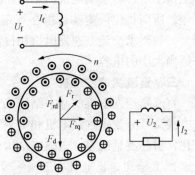

图5-11 空心杯型异步测速发电机的工作原理图

当转子转动时，转速 $n\neq0$，转子切割脉振磁通 Φ_d，产生的电动势称为切割电动势 E_r，其大小为

$$E_r = C_r\Phi_d n \qquad (5-6)$$

式中 C_r——转子电动势常数；

Φ_d——脉振磁通幅值。

从式（5-6）可以看出，若磁通 Φ_d 恒定，则转子电动势 E_r 的大小与转速 n 成正比关系。

因转子杯为短路绕组，转子电动势 E_r 在转子杯中产生转子电流，考虑到转子漏抗的影响，转子电流将在相位上滞后于电动势 E_r 一个电角度。此转子电流产生转子脉振磁动势 F_r，它可分解为纵轴磁动势 F_{rd} 和横轴磁动势 F_{rq}，纵轴磁动势 F_{rd} 将影响励磁磁动势 F_f，使励磁电流 I_f 发生变化。而横轴磁动势 F_{rq} 产生横轴磁通 Φ_q。横轴磁通 Φ_q 交链输出绕组，从而在输出绕组中感应出频率与励磁频率相同、幅值与横轴磁通 Φ_q 成正比的输出电动势 E_2。

因为

$$\Phi_q \propto F_{rq} \propto F_r \propto E_r \propto n$$

所以有

$$E_2 \propto \Phi_q \propto n$$

可以看出，异步测速发电机输出电动势 E_2 的频率即为励磁电源的频率，而与转子转速 n 的大小无关；它的大小则正比于转子转速 n，即输出电压 U_2 也只与转速 n 成正比。这就克服了同步测速发电机存在的缺点，因此空心杯形异步测速发电机在自动控制系统中得到了广泛的应用。

3. 异步测速发电机的误差

（1）剩余电压误差：由于电机定、转子部件机械加工工艺的误差以及定子磁性材料性能的不一致性，造成测速发电机转速为零时，实际输出电压并不为零，此电压称为剩余电压。剩余电压的存在引起的测量误差称为剩余电压误差。减小剩余电压误差的方法是选择高质量、各方向特性一致的磁性材料，在加工工艺过程中提高机械精度，还可采用装配补偿绕组进行补偿等方法。

（2）线性误差：异步测速发电机，若想输出电压严格正比于转速 n，则励磁电流产生的脉振磁通 Φ_d 保持不变，实际上 Φ_d 会随转速 n 的变化而略有变化，影响输出电压与转速 n 之间的线性关系，产生线性误差。减小线性误差的方法是设计时减小励磁绕组的阻抗和加大杯形转子的电阻。

（3）相位误差：自动控制系统要求交流测速发电机的输出电压与励磁电压同相位，而实际上由于定、转子漏电抗的影响，会使输出电压与励磁电压之间产生相位差，从而引起相位误差。所谓相位误差就是指在规定的转速范围内，输出电压与励磁电压之间相位移的变化量，一般要求交流测速发电机相位误差不超过1°～2°。为补偿相位误差，可在励磁绕组中串联适当大小的电容。

三、直流测速发电机

直流测速发电机的基本结构、工作原理均和普通直流发电机相同。直流测速发电机按励磁方式又可分为永磁式电机和电磁式电机。电磁式结构比较复杂，励磁绕组的电阻会随温度变化，引起测量误差；永磁式结构简单，不需励磁电源，应用较多。

1. 直流测速发电机的工作原理

他励式直流测速发电机的工作原理接线图如图5-12所示。励磁绕组接一恒定直流电源 U_f，通过电流 I_f 产生磁通 Φ。根据直流发电机原理，在忽略电枢反应的情况下，电枢感应

电动势为

$$E_a = C_e \Phi n = k_e n \quad (5-7)$$

空载时，电枢电流 $I_a=0$，直流测速发电机的输出电压和电枢感应电动势相等，由式(5-7)可知，输出电压与转速成正比。

负载时，电枢电流 $I_a \neq 0$，直流测速发电机电刷两端的输出电压将满足

$$U_a = E_a - I_a R_a \quad (5-8)$$

式中 R_a——电枢回路的总电阻。

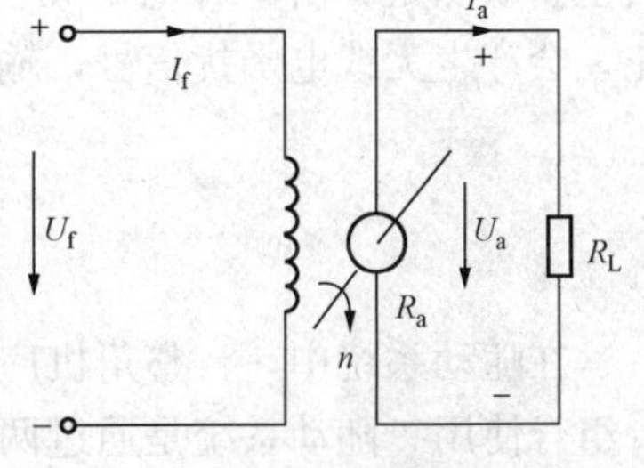

图 5-12 直流测速发电机工作原理图

负载时电枢电流为

$$I_a = \frac{U_2}{R_L} \quad (5-9)$$

式中 R_L——测速发电机的负载电阻。

由于电刷两端的输出电压 U_a 与负载上电压 U_2 相等，所以将式（5-9）代入式（5-8）可得

$$U_2 = E_a - \frac{U_2}{R_L} R_a \quad (5-10)$$

经过整理后可得测速发电机的输出电压为

$$U_2 = \frac{E_a}{1+\frac{R_a}{R_L}} = \frac{k_e}{1+\frac{R_a}{R_L}} n = Cn \quad (5-11)$$

式中 C——测速发电机输出特性的斜率，$C=\frac{k_e}{1+\frac{R_a}{R_L}}$。

式（5-11）是有负载时直流测速发电机的输出特性方程，由此可作出如图 5-13 所示的输出特性曲线。

从式（5-11）可见，在 k_e 和 R_a、R_L 都能保持常数（即理想状态）的情况下，直流测速发电机在有负载时的输出电压与转速之间仍然是线性关系。但实际上，由于电枢反应及温度变化的影响，输出特性曲线不完全是线性的。同时还可以看出，负载电阻越小和转速越高，输出特性曲线弯曲得越厉害。因此，在精度要求高的场合，负载电阻必须选得大些，转速也应工作在较低的范围内。

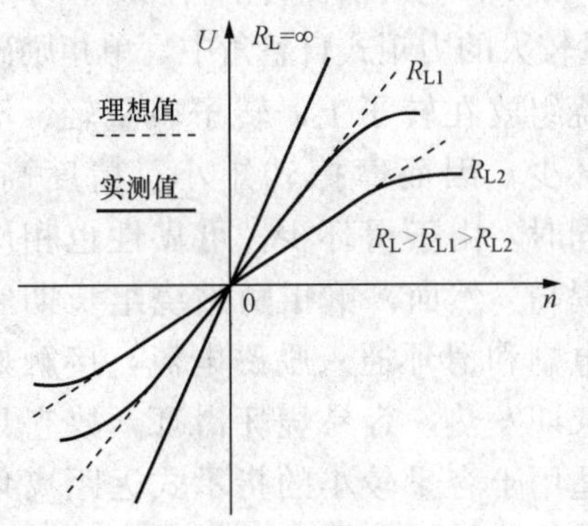

图 5-13 输出特性

2. 直流测速发电机与异步测速发电机的性能比较

异步测速发电机的主要优点是：不需要电刷和换向器，因而结构简单，维护容易，惯量小，无滑动接触，输出特性稳定，精度高，摩擦转矩小，不产生无线电干扰，工作可靠，正、反向旋转时输出特性对称。其主要缺点是：存在剩余电压和相位误差，且负载的大小和性质会影响输出电压的幅值和相位。

直流测速发电机的主要优点是：没有相位波动，没有剩余电压，输出特性的斜率比异步测速发电机的大。

其主要缺点是：由于有电刷和换向器，因而结构复杂，维护不便，摩擦转矩大，有换向火花，会产生无线电干扰信号，输出特性不稳定，且正、反向旋转时，输出特性不对称。

第四节 自 整 角 机

在随动系统中，自整角机广泛用于角度的传输、变换和指示，在系统中通常是两台或多台组合使用。随动系统是通过两台或多台电机在电路上的联系，使机械上互不相连的两根或多根转轴能够自动地保持相同的转角变化，或同步旋转。电机具有的上述性能，称为自整步特性。在该系统中所使用的这类电机称为自整角机。根据自整角机在随动系统中的作用，产生信号的一方称为发送方，它所使用的自整角机称为自整角发送机；接收信号的一方称为接收方，它所使用的自整角机称为自整角接收机。

自整角机按其使用要求不同，可分为力矩式自整角机和控制式自整角机两类，前者主要用于指示系统，后者主要用于随动系统。

根据相数不同，分三相和单相自整角机，前者用于电轴系统，后者用于角传递系统。下面主要介绍单相自整角机。

一、力矩式自整角机

1. 力矩式自整角机的基本结构

力矩式自整角发送机和接收机大都是采用两极的凸极式结构。只有在频率较高而尺寸又较大的力矩式自整角机中才采用隐极式结构。选用两极电机是为了保证在整个气隙圆周范围内只有唯一的转子对应位置，从而达到准确指示。选用凸极式结构是为了能获得较好的参数配合关系，以提高运行性能。

力矩式自整角机的定、转子铁芯是由高磁导率、低损耗的薄硅钢片冲制后经涂漆、涂胶叠装而成。其单相绕组 Z1Z2 作为励磁绕组，做成集中绕组的形式直接套在凸极铁芯上。工作时，接入单相交流电源励磁。三相对称绕组 D1D4、D2D5、D3D6 称为整步绕组，它做成分布绕组的形式并接成星形，放置在铁芯的槽内，各相绕组的匝数相同，阻抗一样，空间互差 120°电角度，如图 5 - 14 所示。

从作用原理看，励磁绕组在定子上，整步绕组在转子上，或整步绕组在定子上，励磁绕组在转子上，二者没有本质的区别，但它们的运行性能是不一样的。三相绕组放在转子上，转子质量大、滑环多、摩擦转矩大，因而精度低，但转子滑环和电刷仅在转子转动时，才有电流通过，滑环的工作条件较好，这种结构大都用于容量较大的力矩式自整角中。单相励磁绕组放在转子上，转子质量轻、滑环少，因而摩擦转矩小、精度高，同时，由于滑环少，可靠性也相应提高。然而，单相励磁绕组长期经电刷和滑环通入励磁电流，接触处长期发热，容易烧坏滑环，故它只适用于容量较小的指示式远距离角度传输系统中。

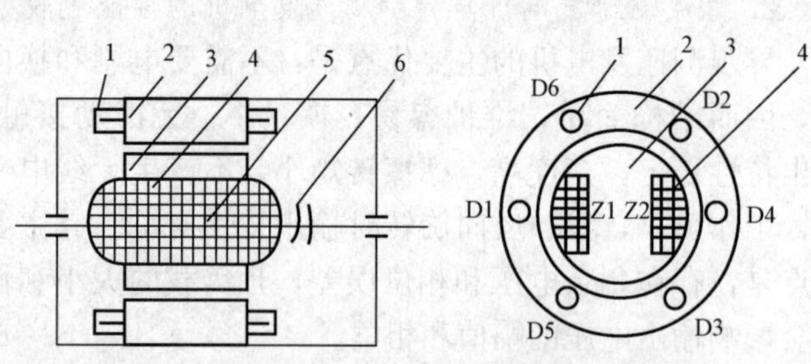

图 5 - 14 力矩式自整角机的结构示意图
1—三相整步绕组；2—定子铁芯；3—转子铁芯；4—转子励磁绕组；5—转轴；6—滑环

为了提高比整步转矩，力矩式

自整角机通常都在转子上装设横轴阻尼绕组。对接收机来说，阻尼绕组还可以消除转子的振荡，减小阻尼时间。

2. 力矩式自整角机的工作原理

图 5 - 15 是力矩式自整角机的工作原理图。图中两台自整角机，一台作发送机用，另一台作接收机用。它们的励磁绕组接入同一单相交流电源励磁，三相整步绕组彼此对应相接。为了便于分析它的运行性能，先作如下简化：

(1) 忽略其电枢反应；

(2) 假定自整角机气隙磁通密度按正弦规律分布；

(3) 自整角机磁路为不饱和状态，忽略磁动势和电动势中的高次谐波影响。

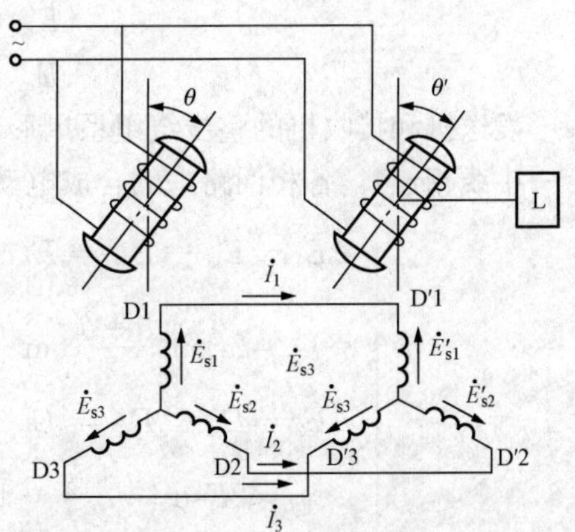

图 5 - 15 力矩式自整角机的工作原理图

发送机的转子励磁绕组轴线与定子 D1 相绕组轴线相重合的位置作为它的基准电气零位，其转子的偏转角 θ 即为该两轴线间的夹角。接收机的基准电气零位是转子励磁绕组轴线与定子 D′1 相绕组轴线相重合的位置，其转子的偏转角 θ' 为该两轴线间的夹角，如图 5 - 15 所示。而

$$\delta = \theta - \theta' \tag{5-12}$$

式中 δ——失调角。

当励磁绕组接入单相交流电源励磁，电机的气隙中将形成一个正弦分布的脉振磁场。整步绕组各相的感应电动势是由同一脉振磁场所感应的变压器电动势，因此它们是同相位的。而感应电动势的大小将取决于各相整步绕组轴线与励磁绕组轴线之间的相对位置。因整步绕组为三相对称绕组，故整步绕组各相感应电动势大小是不同的。

当发送机和接收机的转子位置角不同，即存在失调角 δ 时，各相整步绕组回路中的合成电动势就不等于零，所以在整步绕组回路中有电流通过。又因各相整步绕组回路是对称的，故回路电流在时间上均同相位，而大小却各不相同。

设发送机的励磁绕组通入励磁电流后，产生交变脉动磁通，其幅值为 Φ_m，转子偏转角为 θ，则通过 D1 相绕组的磁通幅值为

$$\Phi_{1m} = \Phi_m \cos\theta \tag{5-13}$$

因为定子三相绕组是对称的，励磁绕组轴线和 D2 相绕组轴线的夹角为 $\theta+240°$，和 D3 相绕组轴线的夹角为 $\theta+120°$，于是，通过 D2 相绕组和 D3 相绕组的磁通幅值分别为

$$\Phi_{2m} = \Phi_m \cos(\theta + 240°) = \Phi_m \cos(\theta - 120°)$$

$$\Phi_{3m} = \Phi_m \cos(\theta + 120°)$$

因此，在定子每相绕组中感应出电动势的有效值分别为

$$\begin{cases} E_{s1} = 4.44 f N k_w \Phi_m \cos\theta \\ E_{s2} = 4.44 f N k_w \Phi_m \cos(\theta - 120°) \\ E_{s3} = 4.44 f N k_w \Phi_m \cos(\theta + 120°) \end{cases} \tag{5-14}$$

式中 f——励磁电源的频率，即主磁通的脉振频率；

N——定子每相绕组的匝数；

k_w——整步绕组的基波绕组系数。

令 $E=4.44fNk_w\Phi_m$，则

$$\begin{cases}E_{s1}=E\cos\theta\\E_{s2}=E\cos(\theta-120^\circ)\\E_{s3}=E\cos(\theta+120^\circ)\end{cases}\tag{5-15}$$

同理，对于接收机，有

$$\begin{cases}E'_{s1}=E\cos\theta'\\E'_{s2}=E\cos(\theta'-120^\circ)\\E'_{s3}=E\cos(\theta'+120^\circ)\end{cases}\tag{5-16}$$

发送机和接收机的整步绕组系星形连接的三相对称绕组（假设两个星形连接的三相绕组有一中线相连），各相回路中的合成电动势为

$$\begin{cases}\Delta E_1=E'_{s1}-E_{s1}=E(\cos\theta'-\cos\theta)=2E\sin\dfrac{\theta+\theta'}{2}\sin\dfrac{\theta-\theta'}{2}\\\qquad=2E\sin\dfrac{\theta+\theta'}{2}\sin\dfrac{\delta}{2}\\\Delta E_2=E'_{s2}-E_{s2}=E[\cos(\theta'-120^\circ)-\cos(\theta-120^\circ)]\\\qquad=2E\sin\left(\dfrac{\theta+\theta'}{2}-120^\circ\right)\sin\dfrac{\delta}{2}\\\Delta E_3=E'_{s3}-E_{s3}=E[\cos(\theta'+120^\circ)-\cos(\theta+120^\circ)]\\\qquad=2E\sin\left(\dfrac{\theta+\theta'}{2}+120^\circ\right)\sin\dfrac{\delta}{2}\end{cases}\tag{5-17}$$

在这些电动势的作用下，整步绕组各相回路电流的有效值为

$$\begin{cases}I_1=\dfrac{\Delta E_1}{2Z}=\dfrac{E}{Z}\sin\dfrac{\theta+\theta'}{2}\sin\dfrac{\delta}{2}=I\sin\dfrac{\theta+\theta'}{2}\sin\dfrac{\delta}{2}\\I_2=\dfrac{\Delta E_2}{2Z}=\dfrac{E}{Z}\sin\left(\dfrac{\theta+\theta'}{2}-120^\circ\right)\sin\dfrac{\delta}{2}=I\sin\left(\dfrac{\theta+\theta'}{2}-120^\circ\right)\sin\dfrac{\delta}{2}\\I_3=\dfrac{\Delta E_3}{2Z}=\dfrac{E}{Z}\sin\left(\dfrac{\theta+\theta'}{2}+120^\circ\right)\sin\dfrac{\delta}{2}=I\sin\left(\dfrac{\theta+\theta'}{2}+120^\circ\right)\sin\dfrac{\delta}{2}\end{cases}\tag{5-18}$$

式中 Z——整步绕组每相等效阻抗；

I——整步绕组各相回路中最大电流的有效值，$I=\dfrac{E}{Z}$。

因整步绕组各相回路的电流在时间上同相位，由式（5-18）可知，无论失调角 δ 为多大，三相整步绕组中电流的总和恒为零，即

$$I_1+I_2+I_3=0\tag{5-19}$$

由式（5-19）可知实际上中线不起作用，故图 5-15 中不需要连中线。

由式（5-18）可知，只有当失调角 $\delta=0$ 时，即发送机和接收机处于协调位置时，各相整步绕组中的电流才都为零。当失调角 $\delta\neq0$ 时，发送机和接收机的各相整步绕组中就有电流，这个电流和接收机励磁磁通作用而产生整步转矩，而这转矩将使接收机的转子（带着负载）转动，使失调角减小，直到 $\delta=0$ 时为止，以实现转角随动的要求。

为了提高力矩式自整角机的精度，通常采用以下几方面的措施：

（1）三相整步绕组采用分布短距绕组或同芯式不等匝绕组；

（2）选定凸极转子适当的极弧长，以使气隙磁密的分布接近正弦波形；

（3）选取较低的磁通密度；

（4）定子铁芯扭斜一个定子齿距，以降低齿谐波的影响。

3. 力矩式自整角机的主要技术指标

（1）比整步转矩 T_θ（也称比力矩）。它是指力矩式自整角机系统中，接收机与发送机的失调角为1°时轴上的输出转矩。其单位是 N·m/(°)［目前采用 gf·cm/(°)］。力矩式自整角发送机和接收机对这一指标都有要求。在接收机中，它与摩擦力矩的大小决定了静态误差，也就决定了接收机的精度。在力矩式发送机中，比整步转矩较大者与多台接收机并联工作时，将使接收机轴上产生较大的比整步转矩，从而使系统精度提高。

（2）阻尼时间 t_D。它是指力矩式接收机与相同电磁性能的标准发送机同步连接后，失调角为177°±2°时，力矩式接收机由失调位置稳定到协调位置所需的时间。这项指标仅对力矩式接收机有要求。阻尼时间按规定应不大于3s。阻尼时间越小，接收机的跟随性能越好。为此，在力矩式接收机上都装设阻尼绕组，即采用电气阻尼；也有的装有机械阻尼器。

（3）零位误差 $\Delta\theta_0$。力矩式自整角发送机励磁后，从基准电气零位开始，转子每转过60°，在理论上整步绕组中有一组线间电动势为零，此位置称为理论电气零位。由于设计及工艺因素的影响，实际电气零位与理论电气零位有差异，此差值即为零位误差。以角分表示。力矩式发送机的精度是由零位误差来确定的。

（4）静态误差 $\Delta\theta_s$。在力矩式自整角机系统中，静态协调时，接收机与发送机转子转角之差以角度表示。力矩式接收机的精度是由静态误差来确定的。

4. 力矩式自整角机的应用举例

图5-16所示为力矩式自整角机在液位指示器中的应用。图中，浮子随着液面而升降，通过滑轮和平衡锤使自整角发送机转动。因为自整角接收机是随动的，所以，它带动的指针准确反映发送机所转过的角度，从而实现了液位的传递。

二、控制式自整角机

力矩式自整角机系统作为角度的直接传输还存在着许多缺点。当接收机转子空载时，有时静态误差可达2°，并随着负载转矩或转速的增高而加大。由于这种系统没有力矩的放大作用，因此克服负载所需要的转矩必须由发送机方来施加。又因为力矩式自整角接收机是属于低阻抗元件，容易引起力矩式发送机的温升增高，并随着接收机转子上负载转矩的增大而急剧上升。

为了克服上述的缺点，在随动系统中广泛采用了由伺服机构和控制式自整角机组合的系统。由于伺服机构中装设了放大器，系统就具有较高的灵敏度。

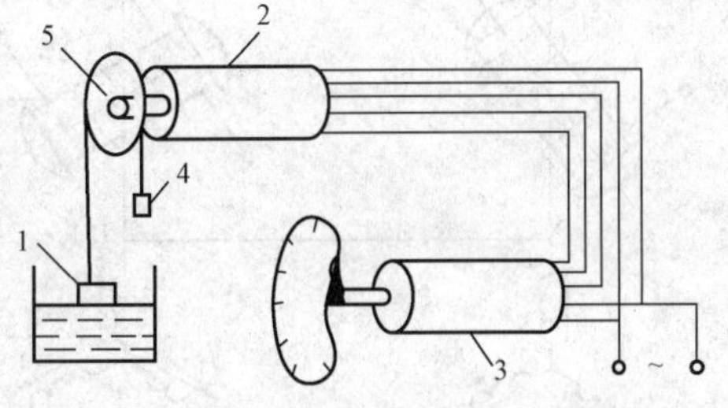

图5-16　液位指示器的示意图

1—浮子；2—自整角发送机；3—自整角接收器；4—平衡锤；5—滑轮

控制式自整角机本质上属于电压信号元件，工作时它的温升相当低，又因为它不直接驱动机械负载，所以这种电机的尺寸就可以做得比相应的力矩式自整角机小一些。

1. 控制式自整角机的结构

控制式自整角机也可分为发送机和接收机两

大类。其接收机和力矩式接收机不同，它不直接驱动机械负载，而只是输出电压信号，其工作情况如同变压器，因此通常称它为自整角变压器。

控制式自整角发送机的结构型式和力矩式自整角发送机很相近，可以采用凸极式转子结构，也可以采用隐极式转子结构。在转子上通常是放置单相励磁绕组。为了提高电机的精度有时也在横轴位置装设短路绕组，作为补偿绕组。控制式自整角发送机比力矩式发送机有较高的空载输入阻抗，因而励磁绕组的匝数较多，磁密较低。发送机选用凸极式结构还可以使它的输出阻抗降低又不影响其精度，这是因为发送机的精度主要取决于三相整步绕组，而与转子结构型式关系不大。

为了提高电气精度，降低零位电压，自整角变压器均采用隐极式转子结构，并在转子上装设单相高精度的正弦绕组作为输出绕组。

采用隐极式转子结构的优点如下：

（1）可以降低从发送机方取用的励磁电流，有利于多台自整角变压器与发送机并联工作；

（2）由于电机的气隙均匀，在运行时，整步绕组的合成磁动势在空间任一位置都有相同的磁导，可以避免由于磁通波形发生畸变而影响输出绕组的电动势；

（3）又因电机的气隙磁导均匀无磁阻转矩（反应转矩），从而消除了失调角存在时自整角变压器的转子自动跟随发送机转子保持协调位置的任何趋势。

自整角变压器工作时，输出绕组必须接有高阻抗负载，以避免输出绕组的电枢反应磁动势引起输出电动势的变化。

自整角变压器的定子铁芯上，同样放置三相整步绕组。因三相整步绕组匝数较多，选取的磁密又较低，所以它具有较高的空载输入阻抗。

控制式自整角机通常也都采用两极机形式，其他的部件均与力矩式自整角机通用。

2. 控制式自整角机的工作原理

在随动系统中，目前广泛采用的是控制式自整角机和伺服机构组成的组合系统，因为它能带动较大的负载并有较高的角度传输精度。其工作原理如图 5-17 所示。

控制式自整角发送机励磁绕组由单相交流电源励磁，其三相整步绕组和自整角变压器的整步绕组对应相接。而自整角变压器的输出绕组通常接至放大器的输入端，放大器的输出端再接至伺服电动机的控制绕组。这样，由伺服电动机驱动负载转动，并同时通过减速器带动自整角变压器转子构成机械反馈连接。当自整角变压器转子偏转后，失调角减小，并使输出绕组的电压信号减小，直至协调位置。

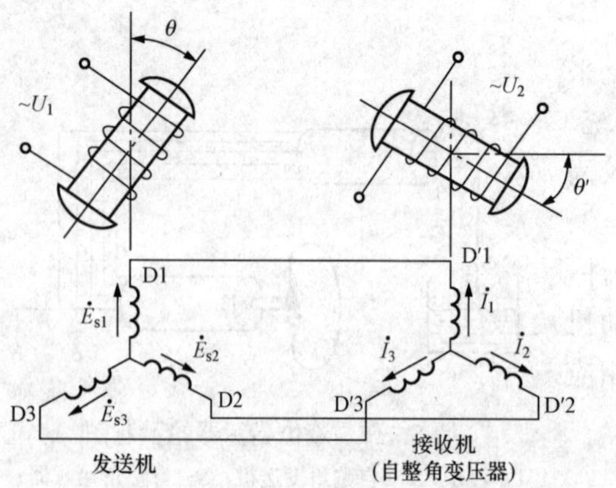

图 5-17　控制式自整角机的工作原理图

发送机的转子励磁绕组轴线与定子 D1 相绕组轴线相重合的位置作为它的基准电气零位，其转子的偏转角 θ 即为该两轴线间的夹角。自整角变压器的基准电气零位是转子输出绕组轴线与定子 D′1 相绕组轴线相垂直的位置，其转子的偏转角为 θ'，如图 5-17 所示。

和力矩式自整角机系统的情况一样，控制式自整角发送机整步绕组中的电动势是由同一个励磁绕组的脉振磁场所感应的，因此各相绕组中的感应电动势的相位相同，而大小取决于各相整步绕组轴线与励磁绕组轴线之间的相对位置。由于控制式自整角机系统中只有发送机的励磁绕组接上单相交流电源励磁，所以也只在发送机的整步绕组中有感应电动势。

设发送机的励磁绕组通入励磁电流后，产生交变脉动磁通，其幅值为Φ_m，转子偏转角为θ，则通过D1相绕组的磁通幅值为

$$\Phi_{1m}=\Phi_m\cos\theta \tag{5-20}$$

因为定子三相绕组是对称的，励磁绕组轴线和D2相绕组轴线的夹角为$\theta+240°$，和D3相绕组轴线的夹角为$\theta+120°$，于是，通过D2相绕组和D3相绕组的磁通幅值分别为

$$\Phi_{2m}=\Phi_m\cos(\theta+240°)=\Phi_m\cos(\theta-120°)$$
$$\Phi_{3m}=\Phi_m\cos(\theta+120°)$$

因此，在定子每相绕组中感应出电动势的有效值分别为

$$\begin{cases}E_{s1}=4.44fNk_w\Phi_m\cos\theta\\ E_{s2}=4.44fNk_w\Phi_m\cos(\theta-120°)\\ E_{s3}=4.44fNk_w\Phi_m\cos(\theta+120°)\end{cases} \tag{5-21}$$

式中　f——励磁电源的频率，即主磁通的脉振频率；

N——定子每相绕组的匝数；

k_w——整步绕组的基波绕组系数。

令$E=4.44fNk_w\Phi_m$，则

$$\begin{cases}E_{s1}=E\cos\theta\\ E_{s2}=E\cos(\theta-120°)\\ E_{s3}=E\cos(\theta+120°)\end{cases} \tag{5-22}$$

在这些电动势的作用下（假设两个星形连接的三相绕组有一中线相连），自整角变压器的三相绕组中每个绕组流过的电流分别为

$$\begin{cases}I_1=\dfrac{E_{s1}}{Z}=\dfrac{E}{Z}\cos\theta=I\cos\theta\\ I_2=\dfrac{E_{s2}}{Z}=\dfrac{E}{Z}\cos(\theta-120°)=I\cos(\theta-120°)\\ I_3=\dfrac{E_{s3}}{Z}=\dfrac{E}{Z}\cos(\theta+120°)=I\cos(\theta+120°)\end{cases} \tag{5-23}$$

式中　Z——发送机和自整角变压器每相定子电路的总阻抗；

I——整步绕组各相回路中最大电流的有效值，$I=\dfrac{E}{Z}$。

由式（5-23）可知，$I_1+I_2+I_3=0$。所以，实际上中线不起作用，故图5-17中不需要连中线。

这些电流都产生脉动磁场，并分别在自整角变压器的单相输出绕组中感应出同相的电动势，其有效值为

$$\begin{cases}E'_{r1}=KI_1\cos(\theta'+90°)=KI\cos\theta\cos(\theta'+90°)\\ E'_{r2}=KI_2\cos(\theta'+90°-120°)=KI\cos(\theta-120°)\cos(\theta'-30°)\\ E'_{r3}=KI_3\cos(\theta'+90°+120°)=KI\cos(\theta+120°)\cos(\theta'+210°)\end{cases} \tag{5-24}$$

式中　K——比例系数。

自整角变压器输出绕组两端电压的有效值U_2为式（5-24）中各电动势之和，即

$$U_2 = E'_{r1} + E'_{r2} + E'_{r3} \tag{5-25}$$

通过三角函数运算后得出

$$U_2 = \frac{3}{2}KI\sin(\theta - \theta') = U_{2max}\sin\delta \tag{5-26}$$

式中 U_{2max}——输出绕组的最大输出电压，$U_{2max} = \frac{3}{2}KI$；

δ——失调角，$\delta = \theta - \theta'$。

由式（5-26）可见，当失调角增大时，输出电压 U_2 随之增大，当 $\delta = 90°$时，达到最大值 U_{2max}；当 $\delta = 0$ 时，U_2 也等于零。输出电压还随发送机转子转动方向的改变而改变极性。

3. 控制式自整角机的主要技术指标

（1）电气误差 $\Delta\theta_e$。控制式自整角发送机整步绕组的感应电动势与转子转角有关。但由于设计、工艺、材料等因素的影响，实际的转子转角与理论值是有差异的，此差值即为电气误差，以角分表示。控制式自整角发送机和自整角变压器的精度就是由电气误差所决定的。

（2）零位电压 U_0。它是指控制式自整角机处于电气零位时的输出电压。零位电压由两部分所组成：一部分是频率与输入电压相同，时间相位相差 90°的基波分量；另一部分是频率为输入电压频率奇数倍的谐波分量。

基波分量电压是由于电路、磁路的不对称，铁芯材料的不均匀性及铁芯中的磁滞、涡流所引起的。如电机加工过程中定子铁芯内圆和转子铁芯外圆的椭圆影响；定、转子的偏心；铁芯冲片的毛刺所形成的短路等因素。

谐波分量电压中主要是 3 次谐波电压，它是由于磁化曲线的非线性以及铁芯材料的不均匀性所引起的。如电机磁路饱和，铁芯的局部饱和，定、转子铁芯的轴向锥度等因素，这些都会使励磁电流为非正弦波，致使励磁绕组的漏阻抗压降为非正弦，从而引起主磁通随时间的变化也不是呈严格的正弦函数关系，由此而产生了谐波分量电压。若励磁电压的波形畸变，对谐波分量电压的大小也会带来一定的影响。

基波分量电压和谐波分量电压都会使伺服电机的放大器饱和，并引起伺服电机损耗增大而发热。

（3）比电压 u_θ。自整角变压器的比电压是指它与发送机处于协调位置附近，失调角为 1°时的输出电压，其单位为 V/(°)。

（4）输出相位移 φ。它是指控制式自整角机系统中，自整角变压器输出电压的基波分量与励磁电压的基波分量之间的时间相位差，以角度表示。

4. 应用举例

图 5-18 所示为转角随动系统的示意图。自整角变压器的输出电压经交流放大器放大后去控制交流伺服电动机 MS，伺服电动机同时带动控制对象（负载）和自整角变压器的转子，它的转动总是要使失调角 δ 减小，直到 $\delta = 0$ 时为止。如果发送机转子的转角不断变化，伺服电动机也就不断转动，使 θ' 跟随 θ 而变化，以保持 $\delta = 0$，达到转角随动的目的。

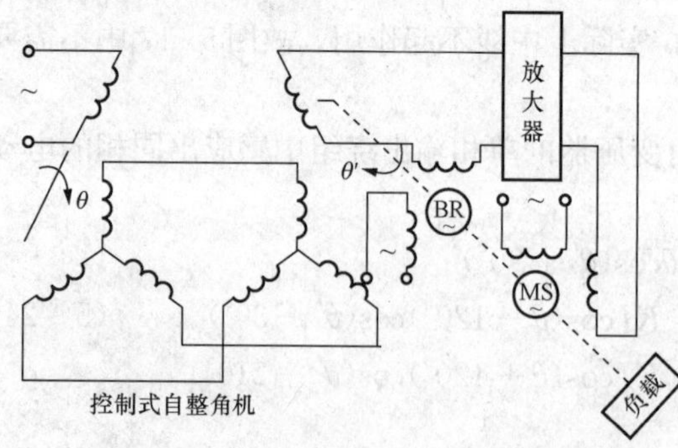

图 5-18 转角随动系统的示意图

第五节 旋转变压器

旋转变压器是自动装置中的一类精密控制微电机。当旋转变压器的一次侧外施单相交流电压励磁时，其二次侧的输出电压与转子转角将严格保持某种函数关系。输出电压与转子转角成正弦、余弦函数关系的称为正余弦旋转变压器，输出电压与转子转角成线性关系的称为线性旋转变压器。在自动控制系统中它可以作为解算元件，进行三角函数运算、坐标变换等；也可以在随动系统中作为同步元件，传输与转角相应的电信号；此外，还可用作移相器和角度—数字转换装置。

旋转变压器有多种分类的方法。若按有无电刷和滑环之间的滑动接触来分，可分为接触式旋转变压器和非接触式旋转变压器两类。在非接触式旋转变压器中又可再细分为有限转角和无限转角两种。通常在无特别说明时，均是指接触式旋转变压器。

若按电机的极对数多少来分，又可分为单对极旋转变压器和多对极旋转变压器两类。通常在无特别说明时，均是指单对极旋转变压器。

一、旋转变压器的基本结构

旋转变压器的结构与绕线式异步电动机相似，一般都是一对极。其定、转子铁芯是采用高磁导率的铁镍软磁合金片或高硅钢片经冲制、绝缘、叠装而成的。为了使旋转变压器的导磁性能沿气隙圆周各处均匀一致，在定、转子铁芯叠片时采用每片错过一齿槽的旋转叠片方法。定子铁芯的内圆周上和转子铁芯的外圆周上都冲有均匀的齿槽。定子上装有两套完全相同的绕组 D 和 Q，在空间相差 90°，它们的轴线分别为 d 轴和 q 轴。转子上也装有两套完全相同的、互相垂直的绕组 A 和 B，分别经滑环和电刷引出。转子的转角是这样规定的：以 d 轴为基准，转子绕组 A 的轴线与 d 轴的夹角 α 为转子的转角，如图 5-19 所示。

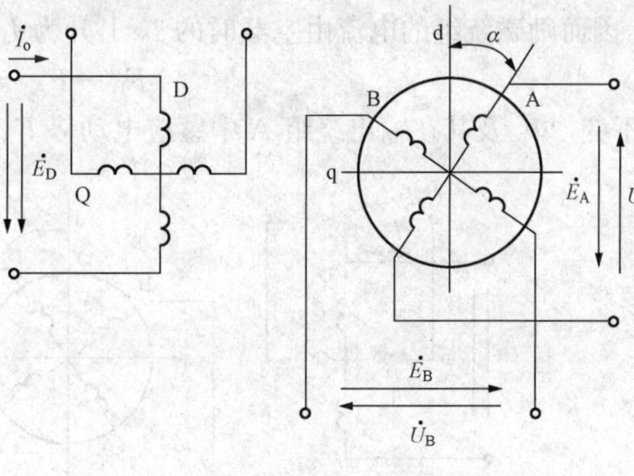

图 5-19 正余弦旋转变压器的空载运行

二、正余弦旋转变压器的工作原理

1. 正余弦旋转变压器的空载运行

旋转变压器的励磁绕组 D 上施加交流励磁电压 U_1，绕组 Q 和两个输出绕组 A、B 均开路的状态称为空载运行。

空载运行时，绕组 D 中流过励磁电流 $\dot{I}_0$，产生励磁磁动势 $\overline{F}_0$，是一个在空间按正弦分布的脉振磁动势，幅值在 d 轴方向。磁动势 $\overline{F}_0$ 产生的励磁磁通 $\dot{\Phi}_0$ 之轴线也在 d 轴上。

转子上的输出绕组 A、B 均与励磁磁通 $\dot{\Phi}_0$ 相匝链，都要感应电动势，由于绕组 A 匝链的磁通为 $\Phi_{0A}=\Phi_0\cos\alpha$，绕组 B 匝链的磁通为 $\Phi_{0B}=\Phi_0\sin\alpha$，所以感应电动势的大小为

$$\begin{cases} E_A = kU_1\cos\alpha \\ E_B = kU_1\sin\alpha \end{cases} \tag{5-27}$$

式（5-27）中忽略了励磁电流 I_0 在励磁绕组漏阻抗上的压降，k 为转子与定子每相绕组的有效匝数比。

空载时，输出电压 $U_A = E_A$，$U_B = E_B$，故有

$$\begin{aligned} U_A &= E_A = kU_1\cos\alpha \\ U_B &= E_B = kU_1\sin\alpha \end{aligned} \tag{5-28}$$

可见，旋转变压器空载运行时，绕组 A、B 的输出电压和电动势与转子转角 α 有严格的余弦、正弦函数关系。

2. 正余弦旋转变压器的负载运行

实际使用中，输出绕组 A 或 B 总要接上一定的负载。实践表明，接负载的输出绕组，其输出电压与转子转角 α 的函数关系将发生畸变，从而产生误差。为此应分析负载时发生畸变的原因，阐明消除畸变、减小误差的方法。

设输出绕组 A 接上负载 Z_A 后流过的电流为 $\dot{I}_A$，在绕组 A 的轴线方向产生空间正弦分布的脉振磁动势$\overline{F}_A$，如图 5-20 所示。把磁动势$\overline{F}_A$ 分解为纵轴（d 轴）和横轴（q 轴）方向的两个分量$\overline{F}_{Ad}$和$\overline{F}_{Aq}$，其大小为

$$\begin{aligned} F_{Ad} &= F_A\cos\alpha \\ F_{Aq} &= F_A\sin\alpha \end{aligned} \tag{5-29}$$

纵轴分量$\overline{F}_{Ad}$相当于变压器二次侧绕组的磁动势，与一次侧励磁绕组的磁动势$\overline{F}_D$ 在同一轴线上并起去磁作用，但是只要励磁电压 U_1 不变，励磁绕组的电动势 E_D 和磁通 Φ_0 就近似不变，因而励磁绕组的电流由空载时的 I_0 上升为 I_D，以维持 d 轴方向总的磁动势不变，即

$$F_D - F_{Ad} = F_0 \tag{5-30}$$

F_0 不变，Φ_0 及其在输出绕组 A 中感应电动势 E_A 近似不变。

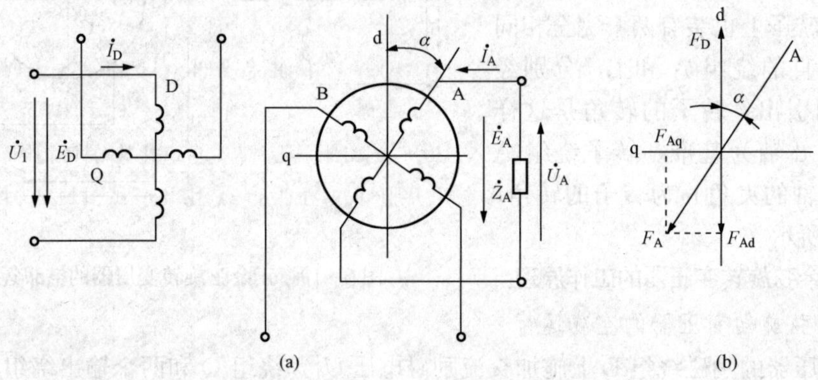

图 5-20 正余弦旋转变压器负载运行

横轴分量 F_{Aq}产生 q 轴方向的磁通，与输出绕组 A 相匝链，在绕组 A 中感应电动势 E'_A，其大小

$$E'_A \propto F_{Aq} = F_A\sin\alpha \tag{5-31}$$

与负载电流 I_A 和转子转角 α 的数值密切有关。

这样，输出绕组 A 中的感应电动势为（$E_A + E'_A$），不再是与转子转角 α 成余弦关系了，出现了与 α 成正弦关系的分量，使电动势及电压与转角之间的余弦关系发生了畸变。畸变的

程度与负载大小有关，负载阻抗 Z_A 越小，则负载电流 I_A 越大，畸变越严重。

如果绕组 B 带负载而绕组 A 空载，即作正弦旋转变压器使用时，同样的原因也会引起绕组 B 的输出电压发生畸变。

由以上分析可知，发生畸变的原因是负载电流磁动势 q 轴分量的影响，为此要消除输出电压畸变，需对磁动势的 q 轴分量进行补偿，具体的补偿方法分二次侧补偿和一次侧补偿。

(1) 二次侧补偿的正余弦旋转变压器。二次侧补偿的方法是在另一输出绕组接上与负载阻抗相同的阻抗，例如作余弦旋转变压器使用时，绕组 A 接负载阻抗 Z_A，则绕组 B 接一阻抗 Z_B，并使 $Z_A=Z_B$，如图 5-21 所示。

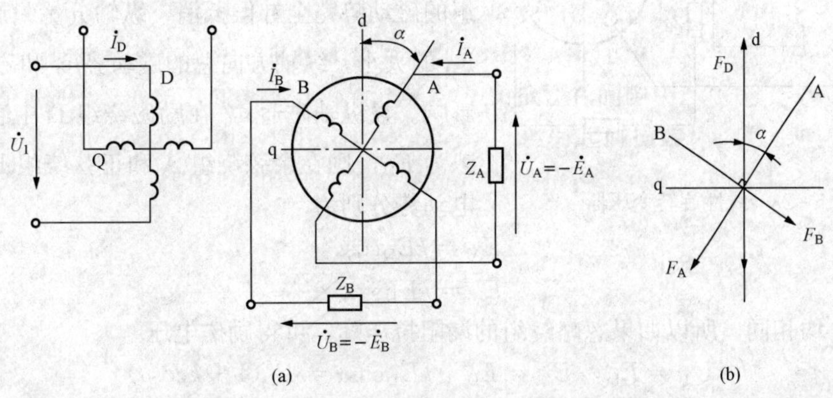

图 5-21 二次侧补偿的正余弦旋转变压器

前面已知，电压 U_1 恒定时，纵轴方向磁动势 F_0 不变，绕组 A 和 B 各自在 A 轴和 B 轴上产生脉振磁动势 F_A 和 F_B，随时间脉振的相位相同，幅值之比为

$$\frac{F_A}{F_B}=\frac{I_A}{I_B}=\frac{E_A}{E_B}=\frac{\cos\alpha}{\sin\alpha} \tag{5-32}$$

它们在横轴上的分量之比为

$$\frac{F_{Aq}}{F_{Bq}}=\frac{F_A\cos\alpha}{F_B\sin\alpha}=\frac{\cos\alpha\sin\alpha}{\sin\alpha\cos\alpha}=1 \tag{5-33}$$

由图 5-21 和式 (5-33) 可知，$\overline{F}_{Aq}$ 和 $\overline{F}_{Bq}$ 的大小相等、方向相反，互相抵消，或称互相补偿，从而消除了磁动势的横轴分量，也就消除了输出电压的畸变。

(2) 一次侧补偿的正余弦旋转变压器。一次侧补偿的方法是将正交绕组 Q 短接，负载运行时，输出绕组 A 或 B 流过负载电流，产生磁动势的横轴分量，其磁通与正交绕组 Q 相匝链，在绕组 Q 中感应产生电动势和电流，此电流建立的横轴方向的磁动势，会对绕组 A 或 B 产生的磁动势的横轴分量进行补偿，从而消除输出电压的畸变。

实际应用时，常采用一次侧、二次侧同时补偿，接线如图 5-22 所示，$Z_A=Z_B$，并尽可能大一些，这样补偿效果更好，精度更高。

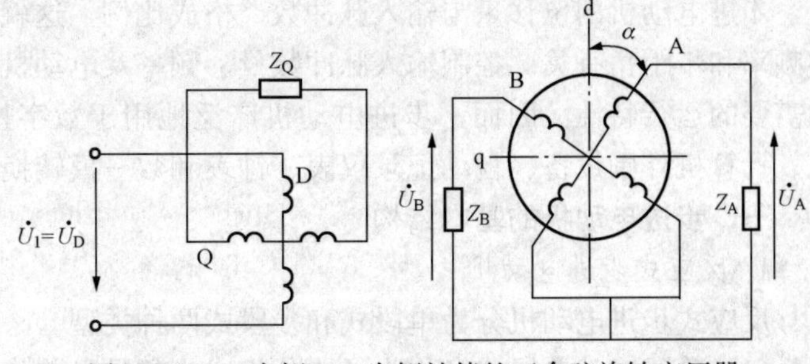

图 5-22 一次侧、二次侧补偿的正余弦旋转变压器

三、线性旋转变压器的工作原理

输出电压与转子转角 α 成正比关系的旋转变压器称为线性旋转变压器。

线性旋转变压器的结构与正余弦旋转变压器相同，只需按图 5-23 进行接线，即将励磁绕组 D 与余弦绕组 A 串联起来接单相交流励磁电压 U_1，正交绕组 Q 短接作一次侧补偿，正弦绕组 B 作为输出绕组，接负载阻抗 Z_L。运行时，励磁电流流过励磁绕组 D 和余弦绕组 A，分别产生磁动势 $\overline{F}_D$ 和 $\overline{F}_A$。磁动势 $\overline{F}_A$ 可以分解为一个纵轴分量和一个横轴分量，其横轴分量可以认为被正交绕组的磁动势完全补偿抵消，纵轴分量只影响磁动势 $\overline{F}_D$ 的大小，纵轴方向总的磁动势 $\overline{F}_0$ 和磁通 $\dot{\Phi}_0$ 不受影响。设纵轴磁通 $\dot{\Phi}_0$ 在励磁绕组 D 中感应的电动势为 $\dot{E}_D$，则在余弦绕组 A 和正弦绕组 B 中感应的电动势分别为

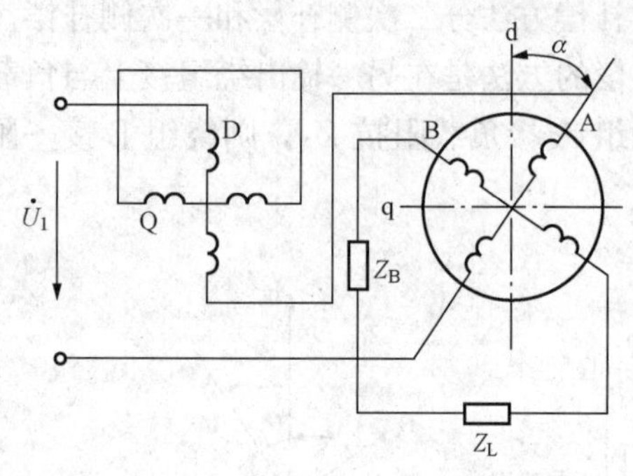

图 5-23 线性旋转变压器

$$
\begin{aligned}
E_A &= kE_D\cos\alpha \\
E_B &= kE_D\sin\alpha
\end{aligned}
\tag{5-34}
$$

它们的相位均相同，所以如果忽略绕组的漏阻抗压降，可得励磁电压

$$
U_1 = E_D + E_A = E_D + kE_D\cos\alpha = E_D(1 + k\cos\alpha) \tag{5-35}
$$

输出电压

$$
U_B \approx E_B = kE_D\sin\alpha = \frac{kU_1\sin\alpha}{1 + k\cos\alpha} \tag{5-36}
$$

根据式（5-36），由数学推导和实践证明，如取转子绕组与定子绕组的有效匝数比 $k=0.52$，则在转子转角 $\alpha=\pm60°$ 范围内，输出电压 U_B 与转子转角 α 的关系，与理想的线性关系相比，误差不超过 ±0.1%，考虑到其他因素的影响，一般取匝数比 $k=0.56\sim0.57$。

第六节 步进电动机

步进电动机是一种用电脉冲信号进行控制，并将电脉冲信号转换成相应的角位移或直线位移的控制电机。它由专用电源供给电脉冲，每输入一个电脉冲时，它便转过一个固定的角度，这个角度称为步距角 β，简称为步距。脉冲一个一个地输入，电动机便一步一步地转动，这种电动机的运动形式与普通匀速旋转的同步电动机有一定的差别，它是步进式运动的，所以称为步进电动机。

步进电动机的位移量与输入脉冲数严格成比例，这就不会引起误差的积累，其转速与脉冲频率和步距角有关。控制输入脉冲数量、频率及电动机各相绕组的接通次序，可以得到各种需要的运行特性。因而，步进电动机广泛地用于数字控制系统中，例如数控机床、绘图机、计算机外围设备、自动记录仪表、钟表和数—模转换装置等。

一、步进电动机的基本结构

1. 反应式步进电动机

反应式步进电动机分为单段式和多段式两种类型。

（1）单段式。单段式又称为径向分相式，它是目前步进电动机中使用最多的一种结构型

式。定子的磁极数通常为相数的两倍，即 $2p=2m$。每个磁极上都装有控制绕组，并接成 m 相。在定子磁极的极面上开有小齿。转子沿周围也有均匀分布的小齿，它们的齿形和齿距完全相同。为了获得较大的静转距，通常选取齿宽和齿距之比为 0.32～0.38。这种结构形式使电机制造简便，易于保证精度；步距角又可以做得较小，容易得到较高的起动和运行频率。

(2) 多段式。多段式又称为轴向分相式，根据其磁路特点的不同，又可分为轴向磁路多段式和径向磁路多段式两种。

轴向磁路多段式步进电动机的定、转子铁芯均沿电机轴向按相数分段，每一段定子铁芯中间放置一相环形的控制绕组。定、转子圆周上冲有齿形相近和齿数相同的均匀小齿槽。定子铁芯（或转子铁芯）每两相邻段错开 $1/m$ 齿距。

径向磁路多段式步进电动机的定、转子铁芯沿电机径向按相数分段，每段定子铁芯的磁极上均放置同一相控制绕组。定子的磁极数是由结构决定的，最多可与转子齿数相等，少则可为二极、四极、六极等。定、转子周围上有齿形相近并有相同齿距的齿槽，每一段铁芯上的定子齿都和转子齿处于相同的位置。转子齿沿圆周均匀分布并为定子极数的倍数。定子铁芯（或转子铁芯）每相邻两段错开 $1/m$ 齿距。

2. 永磁式步进电动机

永磁式步进电动机，其定子一般是凸极式的，装设两相或多相绕组。转子是一对极或多对极的星形永久磁铁。转子的极数与定子每相的极数相同。

3. 感应子式永磁步进电动机

感应子式永磁步进电动机的定子结构与单段反应式步进电动机相同。转子由环形磁铁和两端铁芯组成，两端转子铁芯的外圆周上均匀分布齿槽，它们彼此相错 1/2 齿距。定、转子齿数的配合与单段反应式步进电动机相同。

在各种结构的步进电动机中，反应式步进电动机有力矩/惯性比高、步进频率高、可双向旋转、结构简单及寿命长等优点，因此在数字控制系统中大量使用的是反应式步进电动机。这里，就以反应式步进电动机为例分析步进电动机的工作原理及运行性能。

二、反应式步进电动机的工作原理

图 5-24 所示为一台三相反应式步进电动机的工作原理图。它的定子上有 6 个磁极，每两个相对的磁极上绕有一相控制绕组。转子上装有四个凸齿，上面没有绕组。步进电动机的工作原理，其实就是电磁铁的工作原理。设先对 A 相控制绕组通电，B 相和 C 相都不通电。由于磁通具有力图沿磁阻最小路径通过的特点，图 5-24 (a) 中转子齿 1 和 3 的轴线与定子 A 极轴线对齐，即在电磁吸力作用下，将转子 1、3 齿吸引到 A 极下，此时，因转子只受径向力而无切线力，故转矩为零，转子被自锁在这个位置上，此时，B、C 两相的定子齿则和转子齿在不同方向各错开 30°。随后，如果 A 相断电，B 相控制绕组通电，则转子齿 2、4 就和 B 相定子齿对齐，转子顺时针方向旋转 30° [见图 5-24 (b)]。然后使 B 相断电，C 相控制通电，同理转子齿 1、3 就和 C 相定子齿对齐，转子又顺时针方向旋转 30° [见图 5-24 (c)]。如此循环往复，并按 A—B—C—A 通电顺序时，转子便按顺时针的方向转动。欲改变旋转方向，则只要改变通电顺序即可，例如通电顺序改为 A—C—B—A，转子就反向转动。

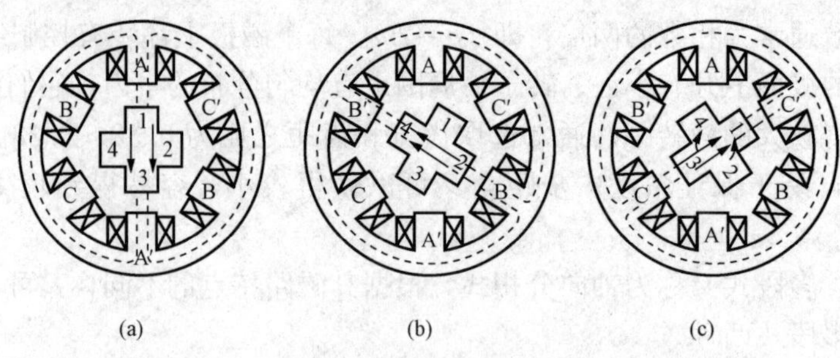

图 5-24 三相反应式步进电动机的工作原理图

(a) A相通电；(b) B相通电；(c) C相通电

步进电动机的转速既取决于控制绕组通电的频率，也取决于绕组通电方式，三相步进电动机一般有单三拍、单双六拍及双三拍等通电方式，“单”、“双”、“拍”的意思是：“单”是指每次切换前后只有一相绕组通电，“双”就是指每次有两相绕组通电；而从一种通电状态转换到另一种通电状态就叫做一“拍”。步进电动机若按 A—B—C—A 方式通电，因为定子绕组为三相，每一次只有一相绕组通电，而每一个循环只有三次通电，故称为三相单三拍通电。如果按照 A—AB—B—BC—C—CA—A 的方式循环通电，就称为三相六拍通电，如图 5-25所示。从该图可以看出：当 A 和 B 两相同时通电时，转子稳定位置将会停留在 A、B 两定子磁极对称的中心位置上。因为每一拍，转子转过一个步距角。由图 5-24 和图 5-25 可明显看出：三相三拍步距角为 30°；三相六拍步距角为 15°。

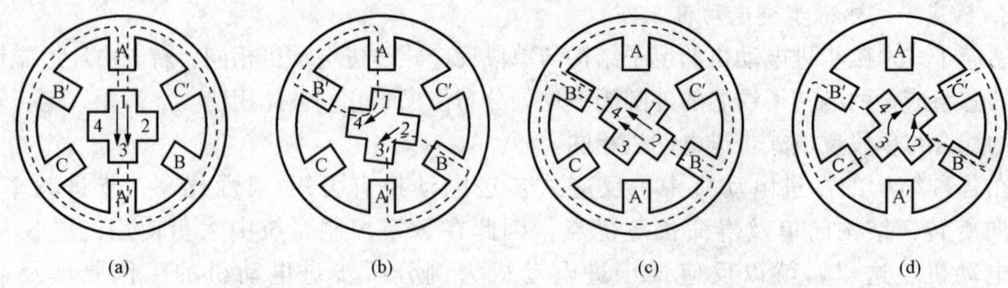

图 5-25 单、双六拍运行的三相反应式步进电动机

(a) A相通电；(b) A、B相通电；(c) B相通电；(d) B、C相通电

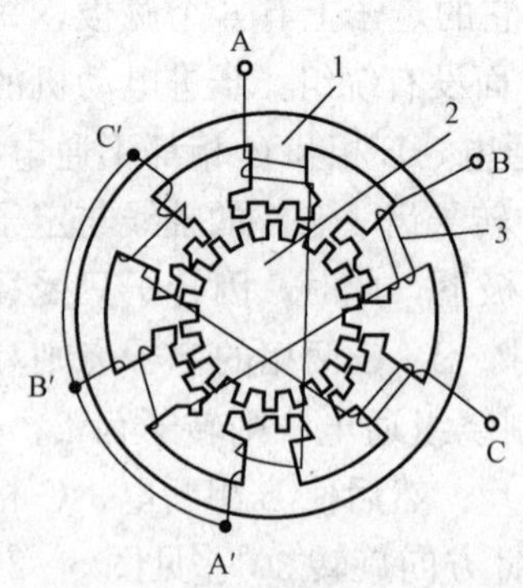

图 5-26 小步距角的三相反应式步进电动机

1—定子；2—转子；3—定子绕组

上述这种简单结构形式的反应式步进电动机步距角显然太大，不适合一般用途的要求，下面讨论最常用的一种小步距角、特性较好的三相反应式步进电动机。图 5-26 所示就是一个实际的小步距角步进电动机。从图中可以看出，它的定子内圆和转子外圆均有齿和槽，而且定子和转子的齿宽和齿距相等。定子上有三对磁极，分别绕有三相绕组，定子极面小齿和转子上的小齿位置则要符合下列规律：当 A 相的定子齿和转子齿对齐时（如图 5-26 所示位置），B 相的定子齿应相对于转子齿顺时针方向错开 1/3 齿距，而 C 相的定子齿又应相对于转子齿顺时针方向错开 2/3 齿距。也就是，当某一相磁极下定子与转子的齿相对时，下一相磁极下定子与转子齿的位置则刚好错开 τ/m。其中，τ 为齿距，m 为相数。再下一相磁极定子与

转子的齿则错开 $2\tau/m$。以此类推，当定子绕组按 A—B—C—A 顺序轮流通电时，转子就沿顺时针方向一步一步地转动，各相绕组轮流通电一次，转子就转过一个齿距。

设转子的齿数为 Z，则齿距为

$$\tau = 360°/Z \tag{5-37}$$

因为每通电一次（即运行一拍），转子就走一步，故步距角为

$$\beta = \frac{齿距}{拍数} = \frac{360°}{Z \times 拍数} = \frac{360°}{ZKm} \tag{5-38}$$

式中 K——通电状态系数（单三拍、双三拍时，$K=1$；单、双六拍时，$K=2$）；

m——电机的相数。

若步进电动机的 $Z=40$，三相单三拍运行时，其步距角为

$$\beta = \frac{360°}{3 \times 40} = 3° \tag{5-39}$$

若按三相六拍运行时，步距角为

$$\beta = \frac{360°}{2 \times 3 \times 40} = 1.5° \tag{5-40}$$

由此可见，步进电动机的转子齿数 Z 和定子相数（或运行拍数）愈多，则步距角 β 愈小，控制越精确。

当定子控制绕组按着一定顺序不断地轮流通电时，步进电动机就持续不断地旋转。如果电脉冲的频率为 f（通电频率），步距角用弧度表示，则步进电动机的转速为

$$n = \frac{\beta f}{2\pi} 60 = \frac{\frac{2\pi}{KmZ} f}{2\pi} 60 = \frac{60 f}{KmZ} \tag{5-41}$$

步进电动机除了做成三相外，也可以做成两相、四相、五相、六相或更多的相数。由式（5-38）可知，电机的相数和转子齿数越多，则步距角 β 就越小。从式（5-41）又可知，这种电机在脉冲频率一定时转速也越低。但电机相数越多，造价也越高。所以，步进电动机一般最多做到六相，只有个别电机才做成更多相数的。

三、反应式步进电动机的运行特性

1. 反应式步进电动机的静态运行特性

步进电动机的静态运行特性是指步进电动机的通电状态不变，电动机处于稳定的状态下所表现的性质。它包括矩角特性和最大静转矩。

（1）矩角特性。

1）初始平衡位置。步进电动机在空载情况下，控制绕组通入直流电流，转子最后处于稳定的平衡位置叫做步进电动机的初始平衡位置，由于不带负载，此时电动机的电磁转矩为零。

2）偏转角 θ。它是指步进电动机的转子偏离初始平衡位置的电角度，称为偏转角。在反应式步进电动机中，转子一个齿距所对应的电角度为 2π。

3）矩角特性。矩角特性是指在不改变通电状态的条件下，即控制绕组电流不变时，步进电动机的静转矩（电磁转矩）与偏转角之间的关系，即 $M = f(\theta)$，称为矩角特性。

静转矩 M 的正方向取偏转角 θ 增大的方向。矩角特性可通过下式来描述，即

$$M = -kI^2 \sin\theta \tag{5-42}$$

式中 k——转矩常数；

I——控制绕组电流；

θ——偏转角。

从式（5-42）可见，矩角特性是一个正弦曲线，如图5-27所示。

由步进电动机的矩角特性可知，在静转矩的作用下，转子有一定的稳定平衡位置。若电动机空载，则稳定平衡位置对应于$\theta=0$处，因此$\theta=0$处为步进电动机的稳定平衡点。而$\theta=\pm\pi$处则为不稳定平衡点。在静态情况下，如受外力矩的作用使转子偏离它的稳定平衡点，但没有超出相邻的不稳定平衡点，则在外力矩消失后，电动机转子在静态转矩作用下仍能回到原来的稳定平衡点。因此，两个不稳定平衡点之间的区域构成步进电动机的静态稳定区，即静稳定区为$-\pi<\theta<+\pi$，如图5-27所示。

（2）最大静转矩M_{sm}。在矩角特性中，把静转矩的最大值称为最大静转矩M_{sm}。当$\theta=\pm\frac{\pi}{2}$时，M有最大值M_{sm}，故最大静转矩$M_{sm}=kI^2$。

2. 反应式步进电动机的动态特性

步进电动机的动态特性是指步进电动机从一种通电状态转换到另一种通电状态所表现出的性质。它包括动稳定区、起动频率、起动转矩和矩频特性等。

（1）动稳定区。步进电动机的动稳定区是指使步进电动机从一个稳定状态切换到另一个稳定状态而不失步的区域。如图5-28所示，设步进电动机初始状态时的矩角特性为图中曲线“0”，稳定平衡点为O_0点；通电状态改变后的矩角特性为图中曲线“1”，稳定平衡点为O_1点。由矩角特性可知，转子起始位置只有在ab之间时，才能使它向O_1点运动并到达该稳定平衡点。因此，区间ab称为步进电动机空载时的动稳定区，用失调角表示的区间应为

$$-\pi+\theta_{se}<\theta<\pi+\theta_{se}$$

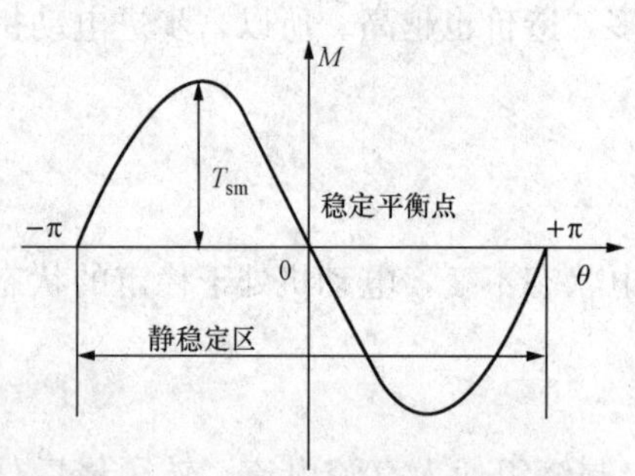

图5-27 步进电动机的矩角特性

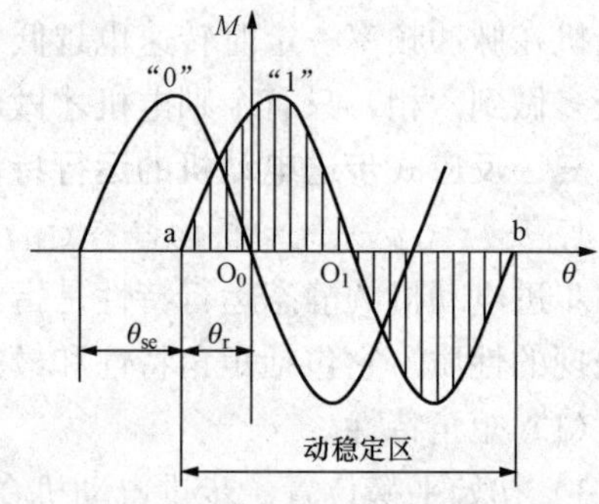

图5-28 步进电动机的动稳定区

动稳定区的边界点a到初始稳定平衡点O_0的角度，称为稳定裕量角，用θ_r表示。稳定裕量角θ_r与步矩角θ_{se}之间的关系为

$$\theta_r=\pi-\theta_{se}=\frac{\pi}{mC-2} \tag{5-43}$$

稳定裕量角愈大，步进电动机运行愈稳定；当稳定裕量角趋于零时，电动机就不能稳定工作，也就没有带负载的能力。步矩角愈小，裕量角也就愈大。

（2）起动频率f_{st}。起动频率是指步进电动机在一定负载条件下能够不失步地起动的脉

冲最高频率。起动频率 f_{st} 的大小与电动机本身的参数、负载转矩、转动惯量的大小及电源条件等因素有关。

起动频率是步进电动机的一项重要技术指标。对于使用者来说，要想增大起动频率，可增大起动电流或减小电路的时间常数。

(3) 起动转矩 M_{st}。经过理论推导可以得到，反应式步进电动机的起动转矩与最大静转矩之间的关系为

$$M_{st}=M_{sm}\cos\frac{\pi}{mC} \tag{5-44}$$

当负载转矩大于起动转矩 T_{st} 时，步进电动机将不能起动。实际运行时，电动机具有一定的转速，因此最大负载转矩值比 T_{st} 还有所减小，一般应使折合到电动机轴上的负载转矩 $M_L=(0.3\sim0.5)M_{sm}$。

(4) 矩频特性。步进电动机的矩频特性曲线的纵坐标为转动力矩 M，横坐标为工作频率 f，故根据一台步进电动机的工作频率及其对应转动力矩所作出的曲线，称为矩频特性，它反映步进电动机的主要性能。典型的步进电动机的矩频特性曲线如图 5-29所示。

从图中可以看出，步进电动机的转矩随频率的增大而减小。步进电动机的矩频特性曲线和许多因素有关，它们包括步进电动机的转子铁芯有效长度、转子直径、齿数、齿槽比、电机内部的磁路、绕组的绕线方式、电机气隙、控制线路的电压等。

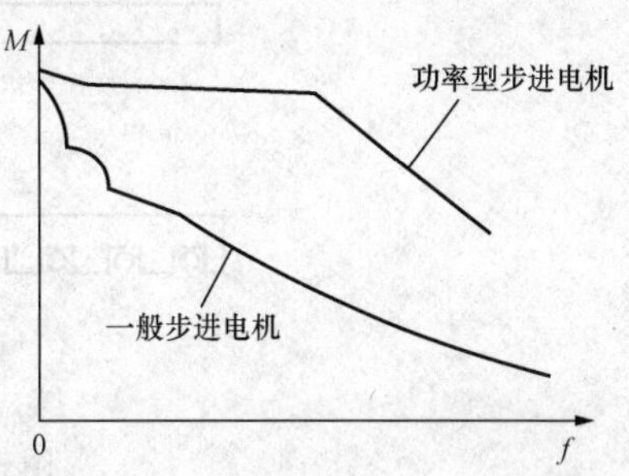

图 5-29 步进电动机的矩频特性

第七节 直 线 电 动 机

直线电动机是一种能直接将电能转换为直线运动的伺服驱动元件。在交通运输、机械工业和仪器工业中，直线电动机已得到推广和应用。它为实现高精度、响应快和高稳定的机电传动和控制开辟了新的领域。.

原则上对于每一种旋转电动机都有其相应的直线电动机，故它的种类很多，但一般按工作原理来区分，可分为直线异步电动机、直线直流电动机和直线同步电动机三种。由于直线电动机与旋转电动机在原理上基本相同，故下面只简单介绍直线异步电动机，使读者对这类电动机有个基本的了解。

一、直线异步电动机的结构

直线异步电动机与鼠笼式异步电动机工作原理完全相同，两者只是在结构型式上有所差别。图 5-30 (b) 所示是直线异步电动机的结构示意图，它相当于把旋转异步电动机［如图 5-30 (a) 所示］沿径向剖开，并将定、转子圆周展开成平面。直线异步电动机的定子一般是初级，而它的转子（动子）则是次级。在实际应用中初级和次级不能做成完全相等长度，而应该做成初、次级长短不等的结构，如图 5-31 所示。

由于短初级结构比较简单，故一般常采用短初级。下面以短初级直线异步电动机为例来说明它的工作原理。

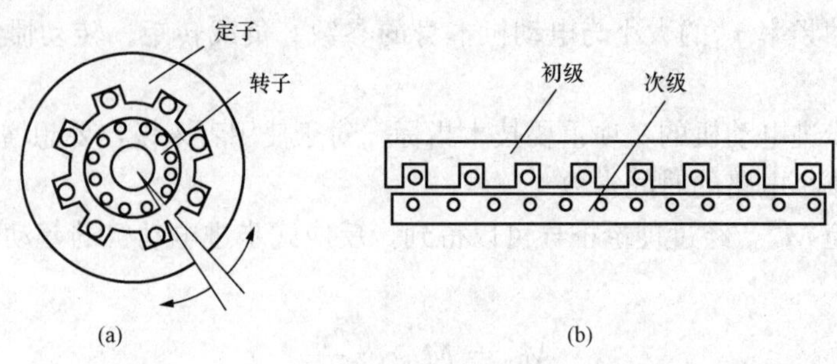

图 5-30　异步电动机的结构

（a）旋转式；（b）直线式

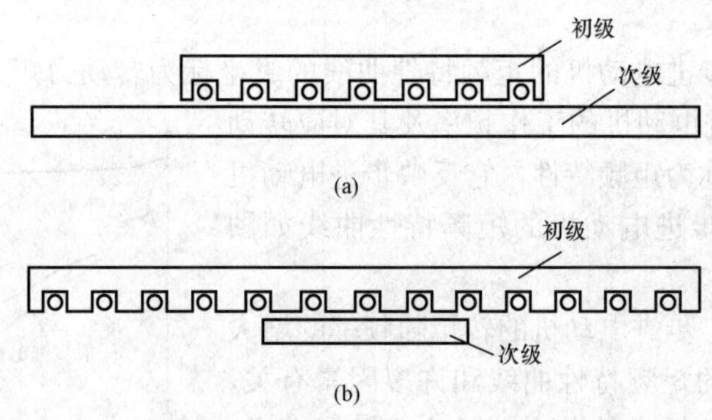

图 5-31　平板型直线异步电动机

（a）短初级；（b）短次级

二、直线异步电动机的工作原理

直线电动机是由旋转电动机演变而来的，因而当初级的多相绕组通入多相电流后，也会产生一个气隙磁场，这个磁场的磁感应强度 B_δ 按通电的相序顺序作直线移动（见图 5-32），该磁场称为行波磁场。显然行波的移动速度与旋转磁场在定子内圆表面的线速度是一样的，这个速度称为同步线速，用 v_s 表示，且有

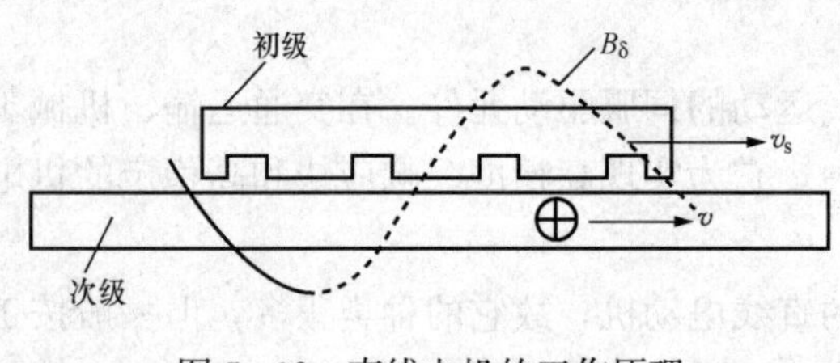

图 5-32　直线电机的工作原理

$$v_s = 2f\tau \quad (\text{cm/s}) \tag{5-45}$$

式中　τ——极距，cm；

f——电源频率，Hz。

在行波磁场切割下，次级导条将产生感应电动势和电流，所有导条的电流和气隙磁场相互作用，产生切向电磁力 F。如果初级是固定不动的，那么，次级就顺着行波磁场运动的方向作直线运动。

直线异步电动机的推力公式与三相异步电动机转矩公式相类似，即

$$F = KpI_2\Phi_m\cos\varphi_2$$

式中　K——电机结构常数；

p——初级磁极对数；

I_2——次级电流；

Φ_m——初级一对磁极的磁通量的幅值；

$\cos\varphi_2$——次级功率因数。

在 F 推力作用下，次级运动速度 v 应小于同步速度 v_s，则滑差率 s 为

$$s=\frac{v_s-v}{v_s}$$

故次级移动速度

$$v=(1-s)v_s=2f\tau(1-s) \tag{5-46}$$

式（5-46）表明直线异步电动机的速度与电机极距及电源频率成正比，因此，改变极距或电源频率都可改变电动机的速度。

与旋转电动机一样，改变直线异步电动机初级绕组的通电相序，就可改变电动机运动的方向，从而可使直线电动机作往复运动。

直线异步电动机的机械特性、调速特性等都与交流伺服电动机相似，因此，直线异步电动机的启动和调速以及制动方法与旋转电动机也相同。

三、直线电动机的特点及应用

直线电动机较之旋转电动机有下列优点。

（1）直线电动机无需中间传动机构，因而使整个机构得到简化，提高了精度，减少了振动和噪声。

（2）响应快速。用直线电动机拖动时，由于不存在中间传动机构的惯量和阻力矩的影响，因而加速和减速时间短，可实现快速启动和正反向运行。

（3）散热良好，额定值高，电流密度可取很大，对启动的限制小。

（4）装配灵活性大，往往可将电动机的定子和转子分别与其他机体合成一体。

直线电动机和旋转电动机相比较，存在着效率和功率因数低、电源功率大及低速性能差等缺点。

直线电动机主要用于吊车传动、金属传送带、冲压锻压机床以及高速电力机车等方面。此外，它还可以用在悬挂式车辆传动、工件传送系统、机床导轨、门阀的开闭驱动装置等处。如将直线电动机作为机床工作台进给驱动装置时，则可将初级（定子）固定在被驱动体（滑板）上，也可以将它固定在基座或床身上。国外已有在数控绘图机上应用的实例。

小 结

本章从使用的角度介绍了常用的几种控制电机：伺服电动机、力矩电动机、测速发电机、自整角机、旋转变压器、步进电动机、直线电动机等。

伺服电动机把输入的电压信号变换为电动机轴上的角位移或角速度等机械信号进行输出，在自动控制系统中主要作为执行元件，又称它为执行电机。伺服电动机分为交流伺服电动机和直流伺服电动机两类。交流伺服电动机的工作原理和两相交流电动机相同，直流伺服电动机的工作原理与普通直流电动机相同。伺服电动机的转子与普通电动机不同。交流伺服电动机的特性为非线性的，它的相位控制方式特性最好；直流伺服电动机的特性较好，其机械特性和调节特性均为线性的。交流伺服电动机的输出功率小，而直流伺服电动机的输出功

率大。

直流伺服电动机的控制方式简单，可由控制电枢电压实现对直流伺服电动机的控制。交流伺服电动机的控制方式包括幅值控制、相位控制、幅值—相位控制。

力矩电动机是一种能和负载直接连接产生较大转矩，能带动负载在堵转或大大低于空载转速下运转的电动机。它可分为交流和直流两大类。交流力矩电动机使用较少，直流力矩电动机具有良好的低速平稳性和线性的机械特性及调节特性，在生产中应用最广泛。直流力矩电动机是一种永磁式低速直流伺服电动机，它的工作原理和普通直流伺服电动机相同，只是在结构和外形尺寸上有所不同。它通常做成扁平式结构，电枢长度与直径之比一般仅为 0.2 左右，并选取较多的极对数。选用扁平式结构是为了使力矩电动机在一定的电枢体积和电枢电压下能产生较大的转矩和较低的转速。

测速发电机是测量转速的一种测量电机。根据测速发电机所发出电压的不同，它可分为直流测速发电机和交流测速发电机两类。直流测速发电机的结构和工作原理同他励直流发电机基本相同。交流测速发电机的工作原理是：

转子切割电动势

$$E_r = C_r \Phi_d n$$

q 轴磁通

$$\Phi_q \propto F_{rq} \propto F_r \propto E_r \propto n$$

输出绕组电动势

$$E_2 \propto \Phi_q \propto n$$

因此，交流测速发电机的输出电压 U_2 正比于轴上的转速 n。

直流测速发电机的误差主要有：电枢反应引起的误差、电刷接触电阻引起的误差以及纹波误差。交流测速发电机的误差主要有：幅值及相位误差、剩余电压误差。使用测速发电机时，应当尽量减少误差的影响。

旋转变压器的功能是把转角信号转换为与转角的正、余弦函数成正比关系或直接与角度成正比关系的电压信号，前者称为正余弦旋转变压器；后者称为线性旋转变压器，在自动控制系统中作角度测量或解算元件。旋转变压器负载时，出现的横轴磁动势分量会使输出电压与转角的函数关系发生畸变，为消除这种畸变，可采取一次侧补偿，二次侧补偿或一次侧、二次侧同时补偿。

自整角机是一种能对角位移或角速度的偏差进行自动整步的感应式控制电动机。自整角机应用时需要成对使用，一台作为主令轴上的发送机，另一台作为从动轴上的接收机。自整角机分为力矩式自整角机和控制式自整角机两种。力矩式自整角机输出力矩大，可直接驱动负载，一般用于控制精度要求不高的指示系统；控制式自整角机的精度比力矩式自整角机高，主要应用于随动系统中。

步进电动机是将电脉冲信号转换成相应的角位移或直线位移的控制电机，输入一个脉冲，电动机前进一步，带动负载转过一个步距角，在自动控制系统中作执行元件。反应式步进电动机结构简单，应用最广。步距角的大小取决于转子齿数和通电方式，双拍制通电方式时的步距角比单拍制时小一半。通电方式一定时，步距角一定，角位移与脉冲的数目成正比。步进电动机的转速与脉冲频率成正比。步进电动机的步距角和转速不受电压波动和负载变化的影响，也不受温度变化和振动等环境条件的影响，步距角的误差不会累计，精度较高，最适用于数字控制系统。步进电动机静态运行时的矩角特性、步进电动机动态特性的动稳定区、矩频特性都是步进电动机的重要特性，要理解。

直线电动机是一种能直接将电能转换为直线运动的伺服驱动元件。在交通运输、机械工业和仪器工业中，直线电动机已得到推广和应用。它为实现高精度、响应快和高稳定的机电传动和控制开辟了新的领域。

思考题与习题

1. 控制电机和普通旋转电机在性能上的主要差别是什么？

2. 何谓“自转”现象？交流伺服电动机是怎样克服这一现象，使其当控制信号消失时能迅速停止的？

3. 有一台直流伺服电动机，电枢控制电压和励磁电压均保持不变，当负载增加时，电动机的控制电流、电磁转矩和转速如何变化？

4. 若直流伺服电动机的励磁电压一定，当电枢控制电压 $U_C=100V$ 时，理想空载转速 $n_0=3000r/min$；当 $U_C=50V$ 时，n_0 等于多少？

5. 为什么直流力矩电动机要制成扁平圆盘状结构？

6. 交流测速发电机在理想情况下为什么转子不动时没有输出电压？转子转动后，为什么输出电压与转子转速成正比？

7. 直流测速发电机与交流测速发电机各有何优、缺点？

8. 某直流测速发电机，在转速 3000r/min 时，空载输出电压为 52V；接上 2000Ω 的负载电阻后，输出电压为 50V。试求当转速为 1500r/min，负载电阻为 5000Ω 的输出电压。

9. 力矩式自整角机与控制式自整角机有什么不同？试比较它们的优缺点。

10. 力矩式自整角机运行时，如果接收机的励磁绕组不接电源，当失调角 $\theta \neq 0$ 时，能否产生整步转矩使失调角消失，为什么？

11. 旋转变压器定子上的两套绕组在结构和空间位置上关系如何？旋转变压器一般做成几对极？

12. 正余弦旋转变压器负载时的输出电压为什么会发生畸变？如何消除？

13. 步进电动机的步距角的含义是什么？一台步进电动机可以有两个步距角，例如 3°/1.5°，这是什么意思？什么是单三拍、单双六拍和双三拍？

14. 分别说明步进电动机的静稳定区和动稳定区的概念。

15. 一台五相反应式步进电动机，其步距角为 1.5°/0.75°，试问该电机的转子齿数应为多少？

16. 直线电动机较之旋转电动机有哪些优、缺点？

17. 一台直线异步电动机，已知电源频率为 50Hz，极距 τ 为 10cm，额定运行时的滑差率 s 为 0.05，试求其额定速度。

第六章

常用低压电器

第一节 概　　述

在电能的产生、输送、分配和应用中，起着开关、控制、调节和保护等作用的电气设备称为电器。

一、电器的分类

电器的用途广泛，种类繁多，构造各异，功能多样，通常有以下几种分类方法。

(1) 按电压等级分，可分为高压电器、低压电器。低压电器通常是指工作在交流1000V及以下与直流1200V及以下的电路中的电器。高压电器通常是指工作在交流1000V及以上与直流1200V及以上的电路中的电器。

(2) 按所控制的对象分，可分为低压配电电器、低压控制电器。前者主要用于配电系统，如刀开关、熔断器；后者主要用于电力拖动自动控制系统和其他用途的设备中。

(3) 按使用系统分，可分为电力系统用电器、电力拖动及自动控制系统用电器、自动化通信系统用电器。

(4) 按工作职能分，可分为非自动操作电器、自动控制电器（自动切换电器、自动保护电器）、其他电器（稳压与调压电器、起动与调速电器、检测与变换电器、牵引与传动电器）。

(5) 按电器组合分，可分为单个电器、成套电器与自动化电器。

(6) 按有无触点分，可分为有触点电器、无触点电器、混合式电器。

(7) 按使用场合分，可分为一般工业用电器、特殊工矿用电器、农用电器、家用电器、其他场合（如航空、船舶、热带、高原）用电器。

低压电器主要包括13大类产品：刀开关及刀形转换开关、低压熔断器、主令电器、电磁铁、低压断路器、接触器、控制器、起动器、控制继电器、电阻器、变阻器及其他。本章仅介绍最常用的几种低压电器，包括控制电器和保护电器，如低压开关、主令电器、熔断器、按钮、接触器和常用继电器等。

二、电器的基本结构

电器的基本结构，大都由两个主要部分组成，即触头系统和推动机构。

1. 触头系统

触头是电器的执行部分，用来分断和接通电路。

(1) 触头的结构型式。图6-1 (a) 所示为点接触的桥式触头，图6-1 (b) 所示为面接触的桥式触头。两个触头串于同一电路中，共同控制电路的通断。点接触型式适用于小电流，面接触型式适用于大电流场合。图6-1 (c) 所示为指形触头，其接触区为一直线，适用于通断次数多、电流大的场合。

（2）触头的分类。固定不动的称为静触头，能由连杆带着移动的称为动触头，如图 6-2 所示。

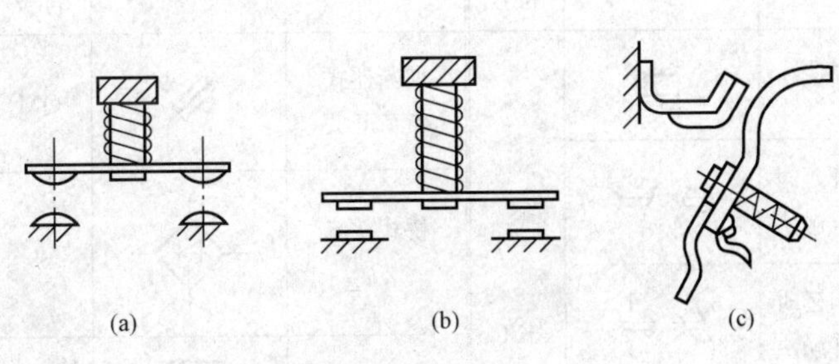

图 6-1 触头的结构形式
（a）点接触；（b）面接触；（c）指形

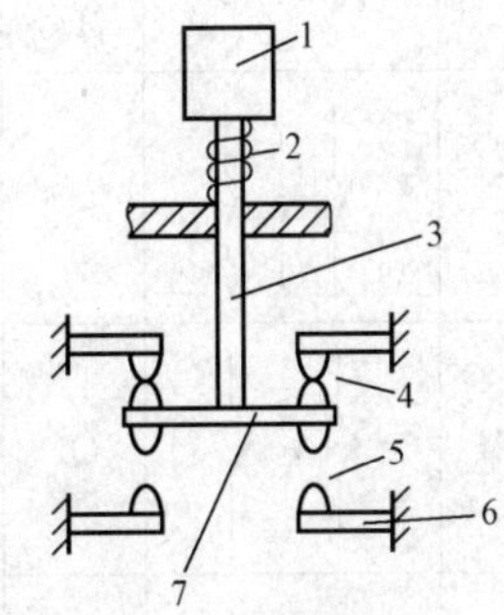

图 6-2 触头的分类
1—按钮帽；2—复位弹簧；3—连杆；
4—常闭触头；5—常开触头；
6—静触头；7—动触头

触头通常以其初始位置，即“常态”位置命名。对电磁式电器来说，是电磁铁线圈未通电时的位置；对非电量电器来说，是在没有受外力作用时的位置。

常闭触头（又称为动断触头）是指常态时动静触头是相互闭合的。常开触头（又称动合触头）是指常态时动静触头是相互分开的。

2. 推动机构

推动机构与动触头的连杆连接，以推动动触头动作。

对电磁式电器，推动力是电磁铁的电磁力；对非电量电器，推动力是人力或机械力。当推动力消失后，依靠复位弹簧的弹力使动触头复位。

3. 灭弧装置

在大气中断开电路，由于电感性负载感应电动势的作用，在触头间隙加有电压，若超过一定值，触头间的空气在强电场的作用下会发生放电现象，产生高温并发出强光——电弧，将触头烧坏甚至熔焊在一起。因此大容量电器应采取适当措施，将电弧切断、冷却、隔离，以迅速熄灭电弧。

三、电器元件的文字符号和图形符号

电器元件的文字符号和图形符号必须有统一的标准。国家标准局颁布了《电气简图用图形符号》（GB/T 4728—2005），《电气技术中的文字符号制订通则》（GB/T 7159—1987），表 6-1 列出了常用电器图形符号和文字符号以供参考，详细内容参见有关资料文献。

在绘制电气控制线路时，应遵循电流方向自上而下（垂直方位画时）或自左向右（水平方位画时）的原则；绘制常开（动合）触头和常闭（动断）触头时，应遵循左开右闭（垂直方位画时）、下开上闭（水平方位画时）的原则，即静触头在上或左，动触头在下或右。对于开关电器，如果按图面布置的需要，采用的图形符号的方位与表 6-1 中所示的一致，则直接采用；若方位不一致，应遵循按图例逆时针旋转 90°的原则绘制，但文字和指示方向不得颠倒。

表6-1　常用电器图形符号和文字符号

类别	名称	图形符号	文字符号
	一般三极电源开关	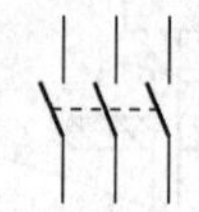	QS
	低压断路器	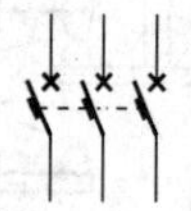	QF
位置开关	常开触头	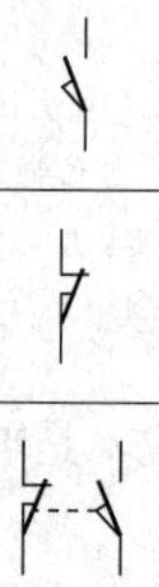	SQ
位置开关	常闭触头		SQ
位置开关	复合触头		SQ
	转换开关	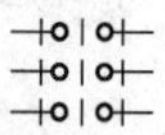	SA
按钮	起动	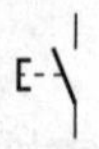	SB
按钮	停止	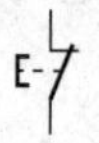	SB
按钮	复合	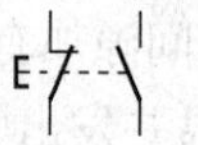	SB
接触器	线圈	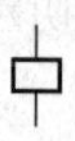	K、KM
接触器	主触头	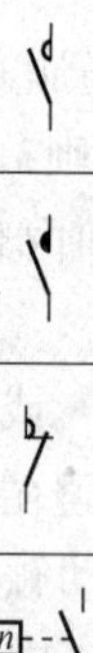	K、KM
接触器	常开辅助触头		K、KM
接触器	常闭辅助触头		K、KM
速度继电器	常开触头	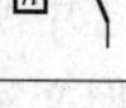	BV
速度继电器	常闭触头	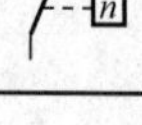	BV
时间继电器	线圈	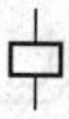	KT
时间继电器	常开延时闭合触头	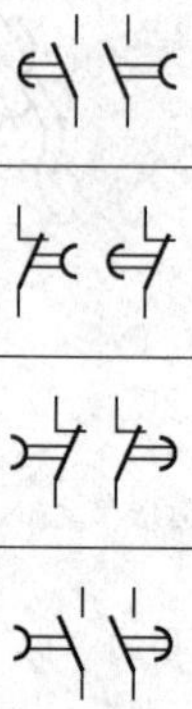	KT
时间继电器	常闭延时打开触头		KT
时间继电器	常闭延时闭合触头		KT
时间继电器	常开延时打开触头		KT
热继电器	热元件	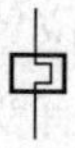	FR
热继电器	常闭触头	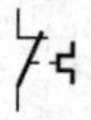	FR
继电器	中间继电器线圈	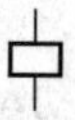	KM
继电器	欠电压继电器线圈	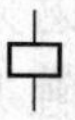	KV
继电器	过电流继电器线圈	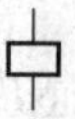	KA
继电器	常开触头		相应继电器符号
继电器	常闭触头		相应继电器符号
继电器	欠电流继电器	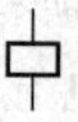	KA
	熔断器	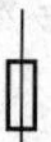	FU
	熔断器式刀开关		QS
	熔断器式隔离开关		QS
	熔断器式负荷开关	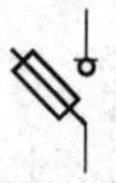	QM
	桥式整流装置		VC
	蜂鸣器		H
	信号灯	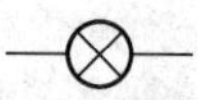	HL
	电阻器	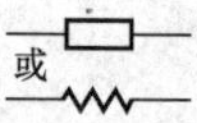 或	R
	接插器	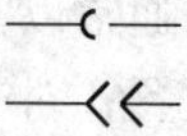	X
	电磁铁		YA
	电磁吸盘		YH
	串励直流电动机	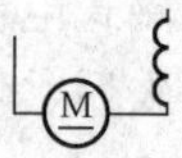	M
	复励直流电动机	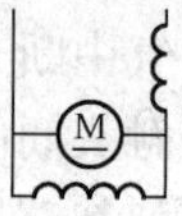	M
	三相笼形异步电动机		M
	三相绕线转子异步电动机	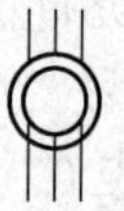	M
	他励直流电动机	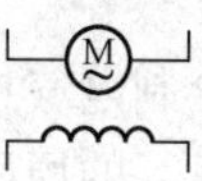	M
	并励直流电动机	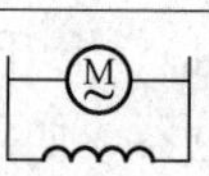	M
	直流发电机		G

续表

名 称	图形符号	文字符号	名 称	图形符号	文字符号	名 称	图形符号	文字符号
单相变压器		T	三相自耦变压器		T	半导体二极管		
整流变压器		T				接近敏感开关动合触头		
照明变压器		T	PNP 型三极管		V	磁铁接近时动作的接近开关的动合触头		
控制电路电源用变压器		TC	NPN 型三极管		V			
电位器		RP	晶闸管（阴极侧受控）		V	接近开关动合触头		

第二节 低 压 开 关

常见的低压开关有刀开关、转换开关、低压断路器（自动空气开关）及主令控制器等。它们的作用主要是实现对电路的接通或断开控制。多数作为机床电路的电源开关，有时也用来直接控制小容量电动机的通断工作。

一、刀开关

刀开关又称闸刀开关，它是结构最简单、应用最广泛的一种低压手动电器。适用于交流50Hz、500V以下小电流电路中，主要作为一般电灯、电阻和电热等回路的控制开关用，三极开关适当降低容量后，可作为小容量电动机的手动不频繁操作控制开关，并具有短路保护作用。

刀开关主要由手柄、刀片（触头）、接线座等组成。按刀片的数目，有单极、双极和三极刀开关，图 6-3 所示为双极刀开关结构及图形符号和文字符号。

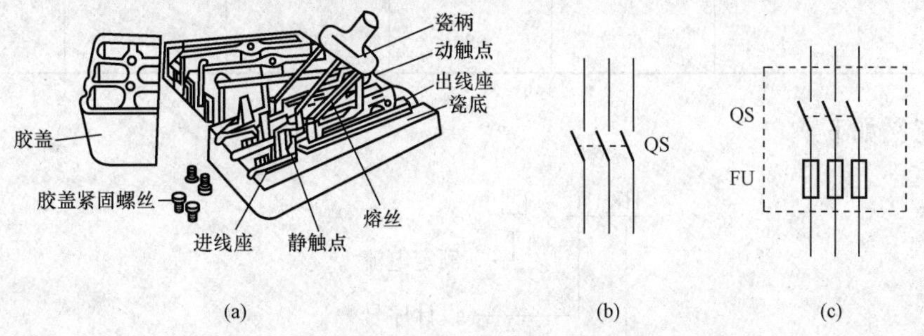

图 6-3 HK系列开启式负荷开关及符号

(a) 结构；(b) 刀开关符号；(c) 带熔断器刀开关符号

刀开关安装时，手柄要向上装，不得倒装或平装，否则手柄可能因自动下落而引起误合闸，造成人身和设备安全事故。接线时，电源线接在上端、下端接用电器，这样拉闸后刀片与电源隔离，用电器件不带电，保证安全。

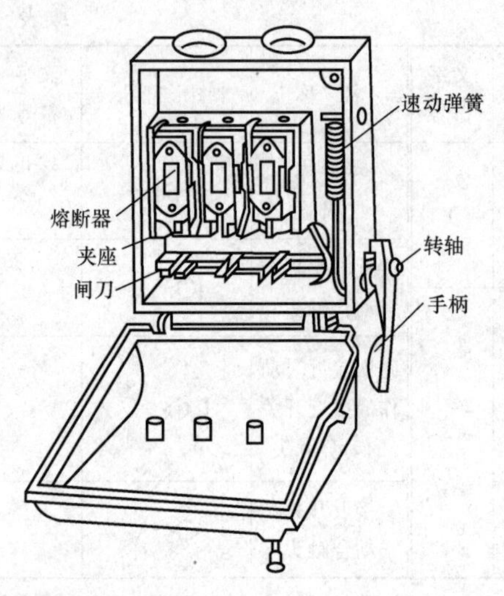

图 6-4 HH 系列封闭式负荷开关

刀开关常用的产品主要系列有：HK 系列开启式负荷开关（又称瓷底胶盖刀开关），其结构如图 6-3 所示；HH 系列封闭式负荷开关（又称铁壳开关），其结构如图 6-4 所示。刀开关额定电压为 500V，额定电流分为 10、15、30、60、100、200、400、600、1000A 等。HH 系列开关附有熔断器。

HK 系列开关没有灭弧装置，合闸、拉闸动作要迅速，使电弧很快熄灭。

HH 系列开关装有速动弹簧，弹力使闸刀快速从夹座拉开或嵌入夹座，提高灭弧效果。为了保证用电安全，装有机械联锁装置，壳盖打开时，不能合闸；必须将壳盖闭合后，手柄才能（向上）合闸；只有用手柄（向下）拉闸后，壳盖才能打开。

表 6-2 所示为 HK1 系列开启式负荷开关基本技术参数。

表 6-2　HK1 系列开启式负荷开关基本技术参数

型　号	极　数	额定电流（A）	额定电压（V）	可控制电动机最大容量（kW）		熔丝线径 ϕ(mm)
				220V	380V	
HK1-15	2	15	220	—	—	1.45～1.59
HK1-30	2	30	220	—	—	2.30～2.52
HK1-60	2	60	220	—	—	3.36～4.00
HK1-15	3	15	380	1.5	2.2	1.45～1.59
HK1-30	3	30	380	3.0	4.0	2.30～2.52
HK1-60	3	60	380	4.5	5.5	3.36～4.00

型号意义如下：

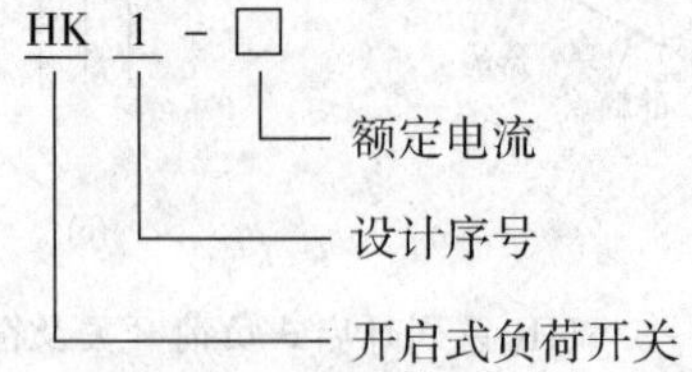

封闭式负荷开关用来控制照明电路时，开关的额定电流可按该电路的额定电流选择。用来控制起动不频繁的小型电动机时，可按表 6-3 进行选择。但不适宜用 60A 以上的开关来控制电动机，否则可能发生电弧烧手等事故。

表 6-3　**HH系列封闭式负荷开关与可控电动机容量的配合**

额定电流 (A)	可控电动机最大容量（kW）		
	220V	380V	500V
10	1.5	2.7	3.5
15	2.0	3.0	45
20	3.5	5.0	7.0
30	4.5	7.0	10
60	9.5	15	20

型号意义如下：

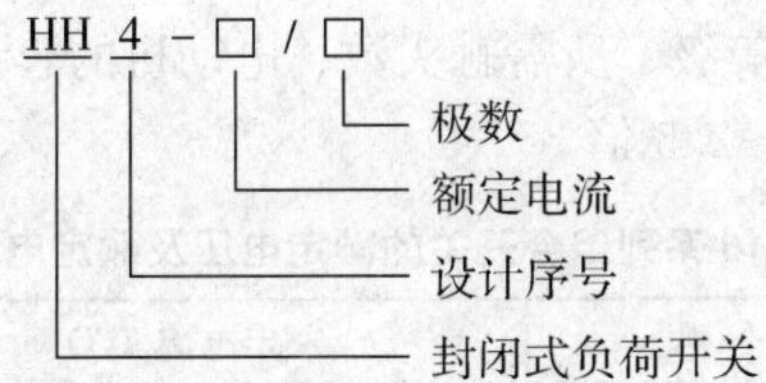

刀开关应按期检查闸刀接触是否良好，底板上是否积有灰尘，应确保良好的绝缘。如果闸刀磨损严重或被电弧烧坏，应及时更换。检查刀开关和负荷侧，进出线端子与开关连接处是否压接牢固，有无接触不良、过热变色等现象，如出现异常应及时处理。

二、组合开关

组合开关又称转换开关，属于刀开关类型，其结构特点是用动触片的左右旋转代替闸刀上下分合操作，有单极、双极和多极之分。

组合开关有许多系列，如 HZ1、HZ2、HZ4、HZ5 和 HZ10 等。其中 HZ1～HZ5 是已淘汰产品，HZ10 系列是全国统一设计产品，具有寿命长、使用可靠、结构简单等优点。

1. 结构及工作原理

HZ10-10/3 型组合开关内部结构与外形如图 6-5 所示。

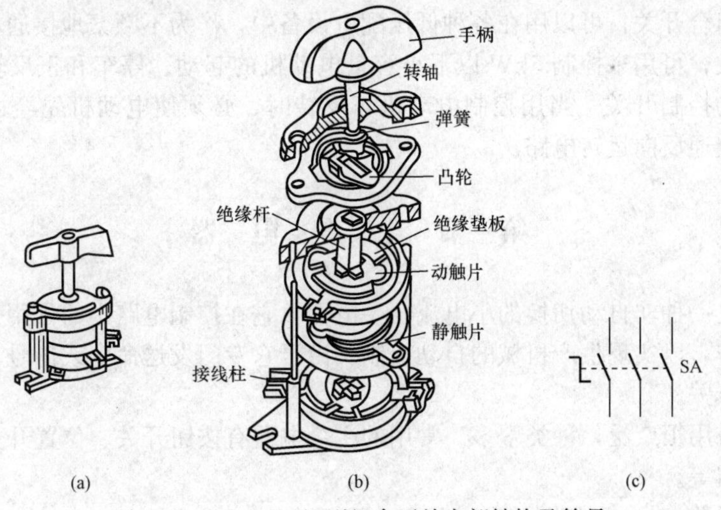

图 6-5　HZ10-10/3 型组合开关内部结构及符号

(a) 外形；(b) 结构；(c) 符号

这种组合开关有三对静触片，每一静触片的一端固定在绝缘垫板上，另一端伸出盒外，并附有接线柱，以便和电源线及用电设备的导线相连接。三对动触片和绝缘垫板一起套在附有手柄的绝缘杆上，手柄能沿任何一个方向每次旋转90°，带动三个动触片插入三对静触片中使电路接通，或使动触片离开静触片使电路分断。顶盖部分由凸轮、弹簧及手柄等构成操动机构，这个机构由于采用了弹簧储能使开关快速闭合及分断，保证开关在切断负荷电流时所产生的电弧能迅速熄灭，其分断与闭合的速度和手柄旋转速度无关。

2. 技术参数及应用

HZ10系列组合开关额定电压为直流220V、交流380V，额定电流有6、10、25、100A等5个等级，极数有1～4极。表6-4给出了HZ10系列组合开关的额定电压及额定电流，选用时要根据电源种类、电压等级、所需触头数、电动机的容量进行选择，开关的额定电流一般取电动机额定电流的1.5～2.5倍。

表6-4　HZ10系列组合开关的额定电压及额定电流

型　号	极　数	额定电流（A）	额定电压（V）	
			直流	交流
HZ10-10	2.3	6，10	220	380
HZ10-25	2.3	25		
HZ10-60	2.3	60		
HZ10-100	2.3	100		

型号意义如下：

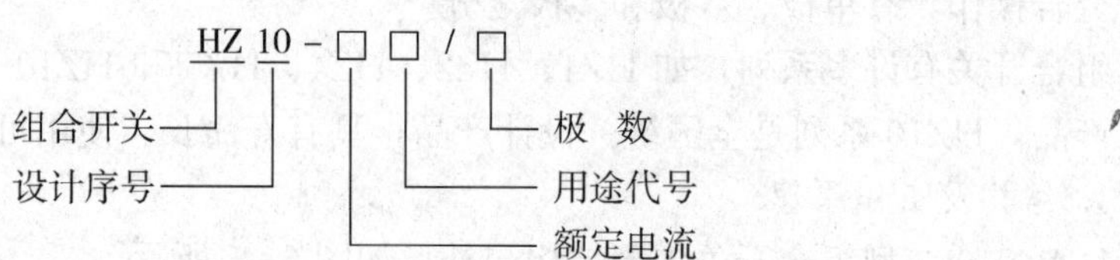

普通型的组合开关，可以用在各种低压配电设备中，作为不频繁地接通和切断电路。作为电源引入开关，可用来控制5kW以下小容量电动机的起动、停车和正反转，也可以作为机床照明电路的控制开关。当用控制电动机正反转时，必须使电动机先经过完全停止的位置，然后才能接通反向运转电路。

第三节　主　令　电　器

主令电器是一种非自动切换的小电流开关电器，它在控制电路中的作用是发布命令去控制其他电器动作，以实现生产机械的自动控制。由于它专门发送命令或信号，故称为主令电器，也称主令开关。

主令电器应用很广泛，种类繁多。常用的主令电器有按钮开关、位置开关、万能转换开关和主令控制器等。

一、按钮开关

按钮开关是一种手按下即动作、手释放即复位的短时接通的小电流开关电器。它适用于交流电压500V或直流电压440V，电流为5A及以下的电路中。一般情况下它不直接操纵主电路的通断，而是在控制电路中发出“指令”，通过接触器、继电器等电器去控制主电路；也可用于电气联锁等线路中。

型号意义如下：

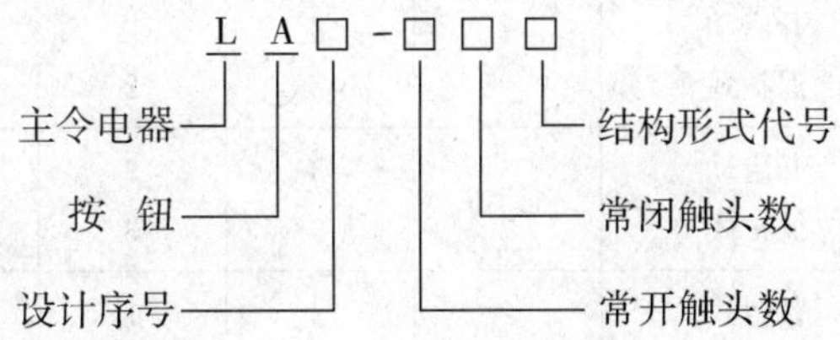

1. 结构及工作原理

按钮开关一般由按钮帽、复位弹簧、桥式动触头、静触头和外壳等组成，其外形、结构及符号如图6-6所示。

按钮开关按照用途和触头的结构不同分为停止按钮（常闭按钮）、起动按钮（常开按钮）及复合按钮（常开常闭组合按钮）。

（1）常开按钮：手指未按下时，即正常状态，触头是断开的，见图6-6（b）的3-4。当手指按下钮帽时，触头的3-4被接通；而手指松开后，按钮在复位弹簧的作用下自动复位。常开按钮可作为电动机的起动按钮。

（2）常闭按钮：手指未按下时，即正常状态下触头是闭合的，见图6-6（b）中的1-2。当手指按下时，触头1-2断开；当手指松开后，在复位弹簧作用下，按钮复位闭合。常闭按钮可作为电动机的停止按钮。

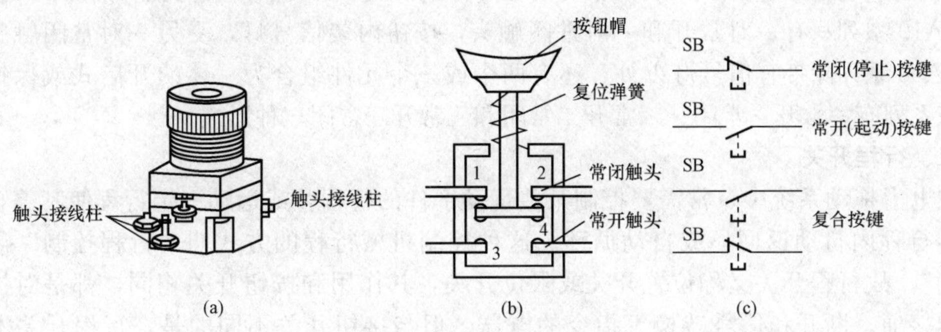

图6-6　按钮开关
（a）外形；（b）结构；（c）符号

（3）复合按钮：当手指未按下时，即正常状态下触头1-2是闭合的，而3-4是断开的；当手指按下时，触头1-2首先断开，而后3-4再闭合，有一个很小的时间差；当手指松开后，触头全部恢复原状态。

2. 技术数据及应用

在机床控制线路中，常用的按钮开关有LA2、LA10、LA18和LA19系列。表6-5列出了部分常用控制按钮开关的技术数据。

表 6-5 常用控制按钮开关的技术数据

型号	规模	结构形式	触头对数		按钮数	用途
			常开	常闭		
LA2	—	元件	1	1	1	作为独立元件用
LA10-2K	—	开启动	2	2	2	用于电动机起动、停止控制
LA10-2H		保护式	2	2	2	
LA10-3A	500V	开启动	3	3	3	用于电动机倒、顺、停控制
LA10-3H	5A	保护式	3	3	3	
LA18-22J		紧急式	2	2	1	特殊用途
LA18-22Y		钥匙式	2	2	1	
LA18-44J		紧急式	4	4	1	
LA18-44Y		钥匙式	4	4	1	
LA19-11D		带指示灯式	1	1	1	

为了避免误操作，通常在按钮上做出不同标记或涂以不同的颜色加以区分，颜色有红、黄、蓝、白、绿、黑等。一般红色表示停止按钮；绿色表示起动按钮；急停按钮必须用红色蘑菇按钮。按钮必须有金属的防护挡圈，且挡圈要高于按钮帽，防止意外触动按钮而产生误动作。安装按钮的按钮板和按钮盒的材料必须是金属，并与机械的总接地母线相连。

在选用按钮开关时，要根据所需触头数、使用场合及颜色标注进行选择。各系列额定电压为500V，额定电流为5A。其中LA18系列采用了积木式结构，触头数量可以按照需要拼装，一般是二常开、二常闭，特殊情况下也可分别拼成一常开、一常闭至六常开、六常闭形式。LA19系列只有一对常开和一对常闭触头，按钮内装信号灯，受另一对常闭触头的控制。LA20系列除带有信号灯以外，还有两个或三个元件组合为一体的开启式或保护式产品。该系列有一常开一常闭、二常开二常闭和三常开三常闭三种形式。

二、行程开关

在电力拖动系统中，常需要控制某些运动部件的行程：或运动一定行程使其停止，或在一定行程内自动返回，或自动循环。这种控制机械行程的方式叫“行程控制”或“位置控制”。故行程开关又称位置开关或限位开关，其作用和按钮开关相同，都是对控制线路发出接通、断开和信号转换等指令的电器。但与接钮开关不同的是，行程开关不靠手按而是利用生产机械某些运动部件的碰撞而使触头动作、接通和断开控制线路，达到一定的控制要求。

由于工作条件不同，行程开关有很多构造形式，常用的有LX19系列和JLXK1系列，其结构分为三个部分：操动机构、触头系统和外壳。操动机构是开关的感测部分，它接收机械设备发出的动作信号，并将此信号传递到触头系统。触头系统是开关的执行部分，它将操作头传来的机械信号，通过本身的转换动作变成电信号，输出到有关控制回路，使之做出必要的反应。行程开关由于动作的传动装置不同，又分为按钮式和旋转式等。

行程开关的型号意义如下：

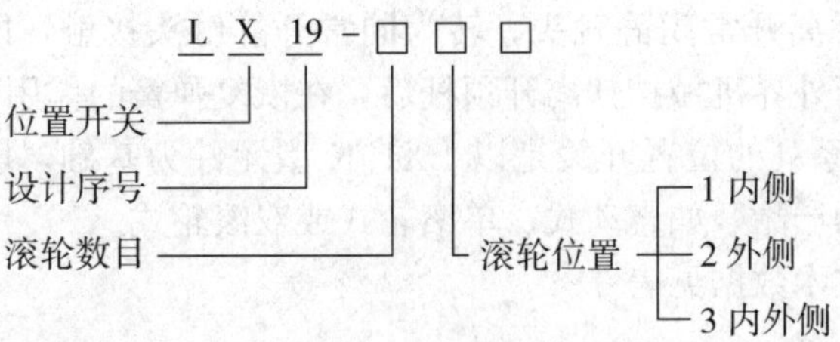

图 6-7 所示为行程开关的符号。下面分析两种常用系列的行程开关。

1. JLXK1 系列

JLXK1 系列行程开关有按钮式、单轮旋转式和双轮旋转式。其外形如图 6-8 所示。

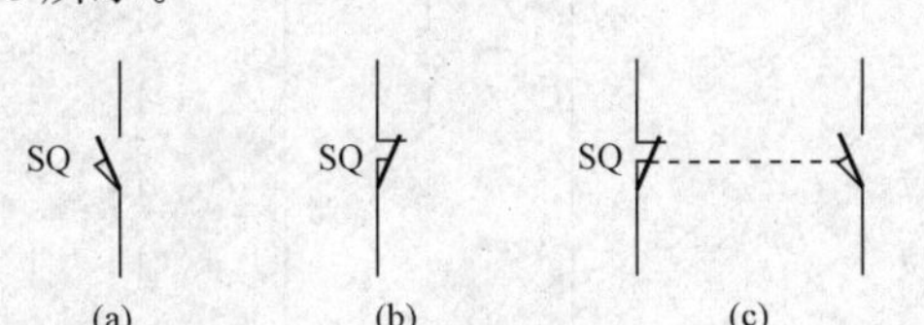

图 6-7 行程开关的符号

（a）常开触头；（b）常闭触头；（c）复合触头

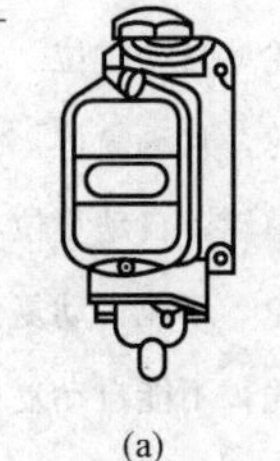

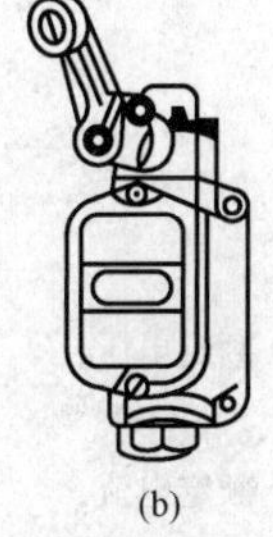

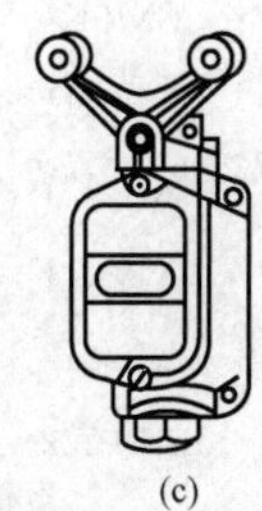

图 6-8 JLXK1 系列行程开关图

（a）按钮式；（b）单轮旋转式；（c）双轮旋转式

图 6-9 所示为 JLXK1-111 型行程开关的动作原理图。当运动机械的挡铁压到行程开关的滚轮上时，由于滚轮的移动，带动传动杠杆连同转轴一起转动，使凸轮推动撞块，当撞块被压到一定位置时，动触头推动微动开关快速动作，使其常闭触头断开，常开触头闭合；当滚轮上的挡铁移开后，复位弹簧使行程开关的各部分恢复到原始位置，常闭触头闭合，常开触头断开。这种行程开关依靠本身的复位弹簧复位。由于能够自动复位，所以在生产机械的自动控制中应用很广泛。图 6-8（c）所示的双轮旋转式行程开关，没有复位弹簧，不能自动复位，当运动机械反向移动时，挡铁碰撞另一个滚轮时才能复原。这种行程开关的最大优点是运行可靠，但价格较贵。

2. LX19 系列

图 6-10 所示为 LX19K 型行程开关的结构图。当外界机械挡铁碰压顶杆时，顶杆向下移动，压迫触头弹簧，

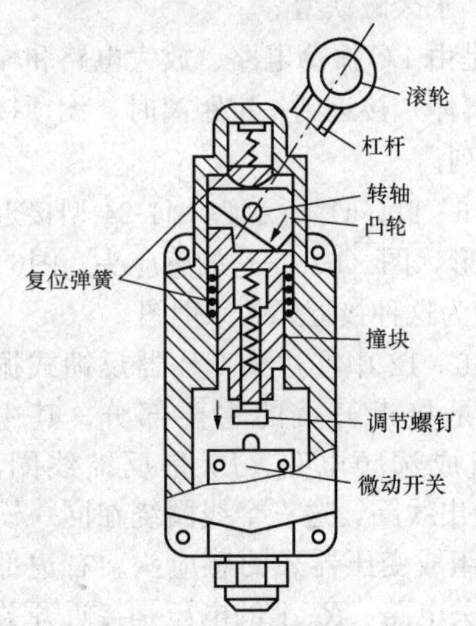

图 6-9 JLXK1-111 型行程开关

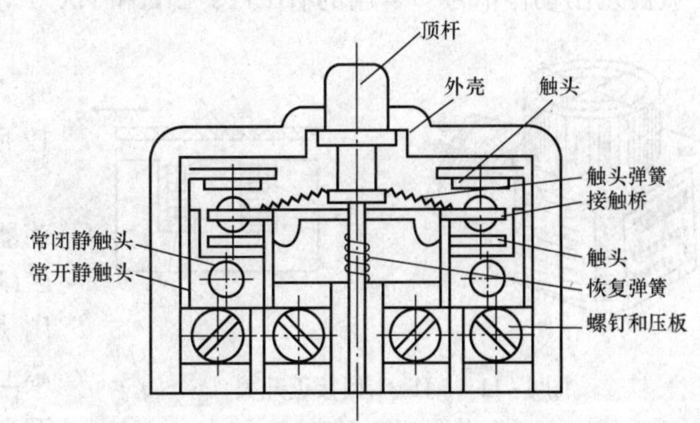

图 6-10 LX19K 型行程开关的结构图

并通过该弹簧使接触桥离开常闭静触头，转为同常开静触头接触，即动作后，常开触头闭合，常闭触头断开。当外界机械挡铁离开顶杆后，在恢复弹簧的作用下，接触桥重新自动恢复原来的位置。LX19 系列的位置开关是以 LX19K 型元件为基础，增设不同的滚轮和传动杆，可得到各种不同的产品，如直动式、单滚轮式或双滚轮式。

常用行程开关的技术数据见表 6-6。

表 6-6　常用行程开关的技术数据

型号	规格	结构特点	触点对数	
			常开	常闭
LX19K	额定电压：380V 额定电流：5A	按钮式	1	1
LX19-111		内侧单轮，自动复位	1	1
LX19-121		外侧单轮，自动复位	1	1
LX19-131		内外侧单轮，自动复位	1	1
LX19-212		内侧双轮，不能自动复位	1	1
LX19-222		外侧双轮，不能自动复位	1	1
LX19-232		内外侧双轮，不能自动复位	1	1
LX19-001		无滚轮，反径向传动杆，自动复位	1	1
JLXK1		快速位置开关	1	1
LXW1-11		微动开关	1	1
LXW2-11		微动开关	1	1

在选用行程开关时，要根据使用场合和线路要求进行选择，并且要满足额定电压和额定电流。

三、接近开关

接近开关又称无触点行程开关，它不仅能代替有触点行程开关来完成行程控制和限位保护，还可以用于高频计数、测速、检测零件尺寸、加工程序的自动衔接等。

接近开关按工作原理来分有高频振荡型、感应电桥型、永久磁铁型等。

这里介绍较为常用的高频振荡型接近开关。它的电路是由 LC 振荡电路、放大电路和输出电路三部分组成的。其基本工作原理是：当被测物（金属体）接近到一定距离时，无须接触，就能发出动作信号。常用的有 LJ1、LJ2 和 LXJ0 等系列。

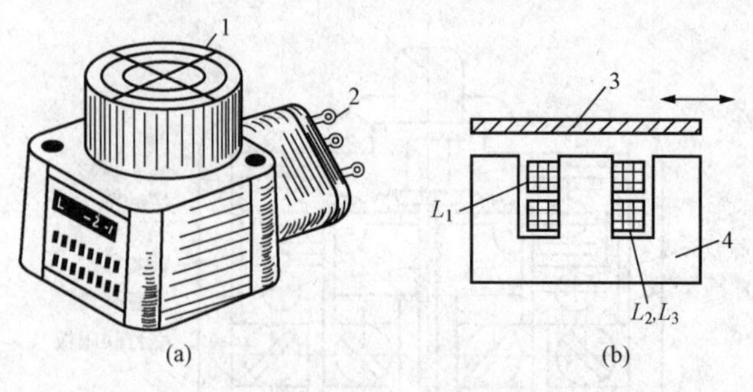

图 6-11　LJ1-24 型接近开关

(a) 外形；(b) 感应头

1—感应头；2—接线端；3—金属片；4—磁芯

图 6-11（a）所示为 LJ1-24 型接近开关外形，图（b）是它的感应头。图6-12 所示为这种接近开关原理图。

图 6-12 中左边为变压器反馈式振荡器，是接近开关的主要部分，其中 L_1C_3 组成选频电路，L_2 是反馈线圈，L_3 是输出线圈，这三个线圈绕在同一铁芯上，组成变压器式的感应头。右边部分为开关电路。R_9 上的电压是接近开关的输出。

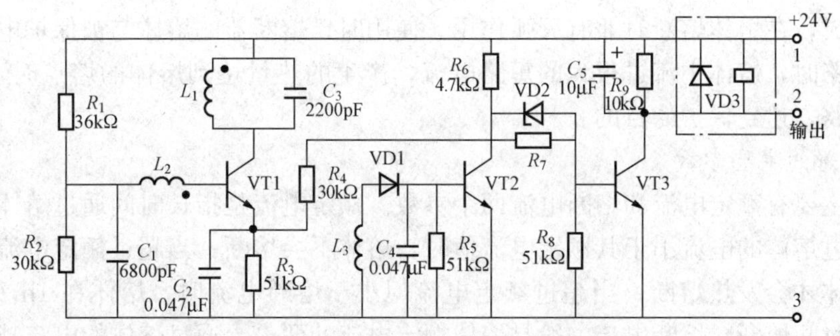

图 6-12　LJ1-24 型接近开关原理图

当无金属体接近感应头时，由于直流电源对 L_1C_3 充电，L_2 把信号反馈到晶体管 VT1 的基极，使振荡器产生高频振荡。L_3 获得的高频电压，经二极管 VD1 整流 C_4 滤波后，在 R_5 上产生的直流电压作用在晶体管 VT2 基极，使 VT2 饱和导通（VT2 的 c、e 极近似短路），其集电极电位接近为零。这个低电位经 R_7 耦合，使晶体管 VT3 的基极电位也接近于零，因而 VT3 截止（VT3 的 c、e 极近似断路）。由于 R_9 上的电压降很小，故输出端 2 的电位接近于 24V 的高电位。输出端 1 和 2 电位差为零，接在输出端的继电器线圈释放。

当有金属体接近感应头时，金属体进入高频磁场感生涡流而消耗能量；当金属体到达某一位置时，振荡器无法补偿涡流损耗而被迫停振。L_3 上无高频电压，VT2 因而截止，VT2 集电极电位升高，电源电压通过 R_6、R_7 及 VD2、R_8，在 R_8 上产生分压，使得 VT3 获得基极电流而饱和导通，输出端 2 的电位降低到接近于零，输出端 1 和 2 电位差接近电源电压，继电器线圈得电。

通过继电器线圈得电与否，使其触头闭合或分断，来控制某个电路的通断。

原理图中 R_4 是反馈电阻，起着加快接近开关动作速度的作用。当金属物接近时，振荡电路停振，R_4 将 VT2 上升的集电极电压反馈到 VT1 的发射极，加快 VT1 截止，使振荡迅速可靠地停振。当金属物离去时，R_4 将 VT2 下降的集电极电压反馈到 VT1，加快 VT1 导通，使振动迅速起振。这样，有利于加快接近开关的动作时间。

图中 VD2 起着加速起振作用，二极管 VD3 是继电器线圈的续流二极管（不能接反）。

LJ1-24 型接近开关，供电电压为＋24V，最大输出电流 100mA，动作距离约 2.5mm。金属物到位时，输出端输出电压≥22V；金属物离去后，输出电压＜50mV，开关的重复定位精度不大于 0.03mm。

第四节　保　护　电　器

为了保护电动机和电气设备不受故障的影响而损坏，需要采用一些保护措施。以下介绍熔断器、热继电器和低压断路器，它们的特点是当发生故障危及电动机及电气设备安全时，能及时地切断电源。

一、熔断器

1. 熔断器的结构

熔断器主要由熔体（俗称保险丝）和熔管或熔座两部分组成。熔体是熔断器的主要组成部分，由易熔金属铅锡合金做成片状或丝状。熔管是熔体的保护外壳，由陶瓷、绝缘钢纸或玻璃纤维制成，在熔体熔断时兼有灭弧作用。使用时，熔断器的熔体与被保护电路串联，当电路发生短路时，熔体中流过很大的短路电流，产生的热量达到熔体的熔点时，熔体熔断，从而切断电路，达到保护的目的。

2. 熔断器的主要参数

熔断器主要有额定电流和熔断电流两个参数。额定电流是指长时间通过熔体而不熔断的电流值。通过熔体的电流小于其额定电流值时，熔体不会熔断；当超过额定电流并达到熔断电流时，熔体才会发热熔断；当超过额定电流但小于熔断电流时，熔体在 1h 左右才熔断，或更长一些时间熔断。熔断电流一般是熔体额定电流的两倍，通过熔体的电流越大，熔体熔断越快。

需要指出的是，熔断器对于过载反应是不灵敏的，当电气设备轻度过载时，熔断器熔断时间很长，甚至不熔断。因此熔断器在机床电气控制线路中不作为过载保护用，只用作短路保护，而在照明电路中用作短路保护和严重过载保护。

熔管有三个参数，即额定工作电压、额定电流和断流能力。若熔管的工作电压大于额定电压，则在熔体熔断时就可能发生电弧不能熄灭的危险。熔管内熔体的额定电流必须小于或等于熔管的额定电流。断流能力是表示熔管在额定电压下断开故障电路所能切断的最大电流值。

3. 常用熔断器

常用熔断器有瓷插式 RC1A 系列、螺旋式 RL1 系列、无填料封闭管式 RM10 系列及快速熔断器 RLS 系列和 RS 系列等。

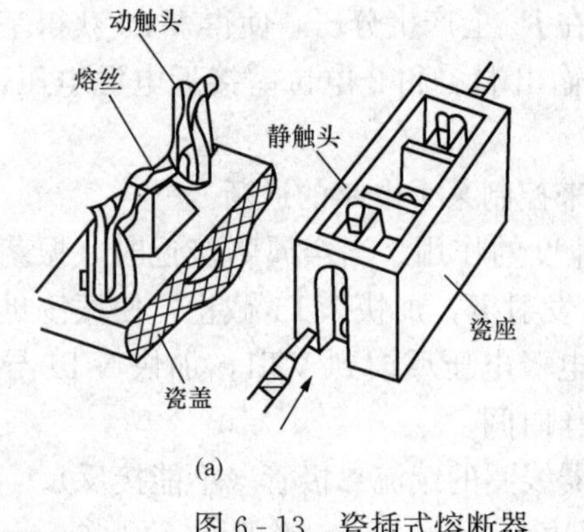

图 6-13 瓷插式熔断器

(a) 外形和结构；(b) 符号

(1) 瓷插式熔断器。RC1A 系列瓷插式熔断器是由瓷盖、瓷底、动触头、静触头和熔体等部分组成的。其外形及结构如图 6-13 (a) 所示，图 6-13 (b) 是熔断器的符号。瓷底和瓷盖均用电工瓷制成，电源线及负载线分别接在瓷底两端的静触头上。瓷底座中间有一空腔，与瓷盖突出部分构成灭弧室。额定电流为 60A 以上的熔断器，在灭弧室中还垫有石棉带，用来灭弧。熔丝接在瓷盖内的两个动触头上，使用时，将瓷盖合于瓷座上即可。

RC1A 系列瓷插式熔断器的额定电压为 380V，额定电流有 7 个等级，其技术数据见表 6-7。

表 6-7 常用低压熔断器技术数据

类别	型号	额定电压 (V)	额定电流 (A)	熔体额定电流等级 (A)
瓷插式熔断器	RC1A	380	5	2，4，5
			10	2，4，6，10
			15	6，10，15
			30	6，20，25，30
			60	30，40，50，60
			100	60，80，100
			200	100，120，150，200

续表

类别	型号	额定电压 (V)	额定电流 (A)	熔体额定电流等级 (A)
螺旋式熔断器	RL1	500	15 60 100 200	2，4，5，6，10，15 20，25，30，35，40，50，60 60，80，100 100，125，150，200
快速熔断器	RLS	500	10 50 100	3，5，10 15，20，25，30，40，50 60，80，100

RC1A 系列熔断器具有价格便宜、尺寸小、更换方便等优点，广泛用于民用、工业和机床的照明以及小容量电动机的短路保护。

型号意义如下：

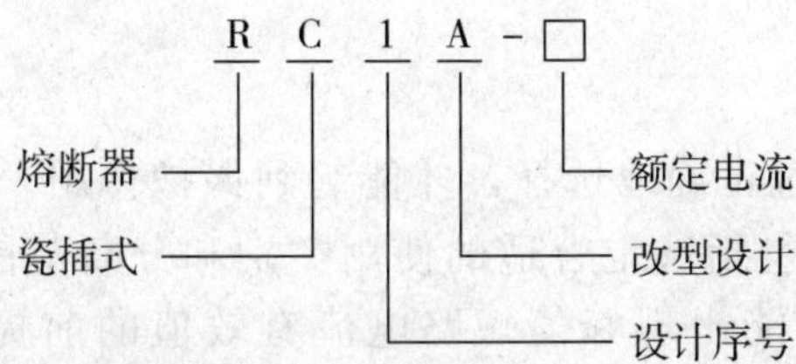

(2) 螺旋式熔断器。RL1 系列螺旋式熔断器主要由瓷帽、熔断管、瓷套、上接线端、下接线端及瓷座等部分组成。其外形与结构如图 6-14 所示。

熔断管是一个瓷管，除了装熔丝外，在熔丝周围填满石英砂，用于熄灭电弧。熔断管的上端有一个小红点，熔丝熔断后，红点自动脱落，显示熔丝已熔断。使用时将熔断管有红点的一端插入瓷帽，瓷帽上有螺纹，将螺帽连同熔管一起拧进瓷座，熔丝便接通电路。在装接时，用电设备的连接线接到连接金属螺纹壳的上接线端，电源线接到瓷座上的下接线端，保证更换熔丝时，旋出瓷帽后，螺纹壳上不带电。

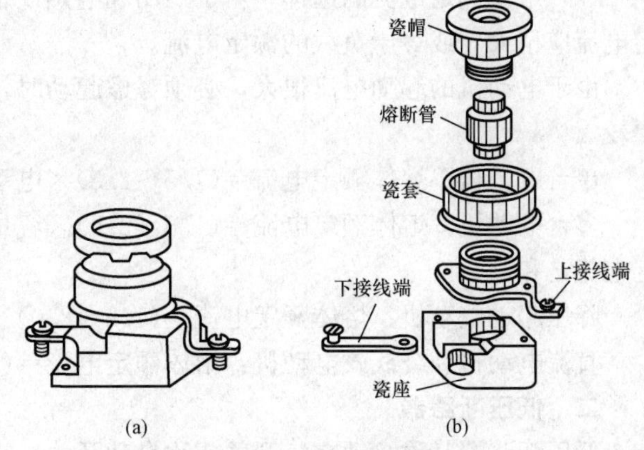

图 6-14 RL1 系列螺旋式熔断器
(a) 外形图；(b) 结构图

RL1 系列螺旋式熔断器额定电压为 500V，额定电流有 4 个等级。其技术数据见表 6-7。

RL1 系列螺旋式熔断器的体积小、安装面积小、更换熔丝方便、安全可靠、熔丝熔断后有显示，一般用于额定电压 500V、额定电流 200A 以下的交流电路或电动机控制电路中作为过载或短路保护。

型号意义如下：

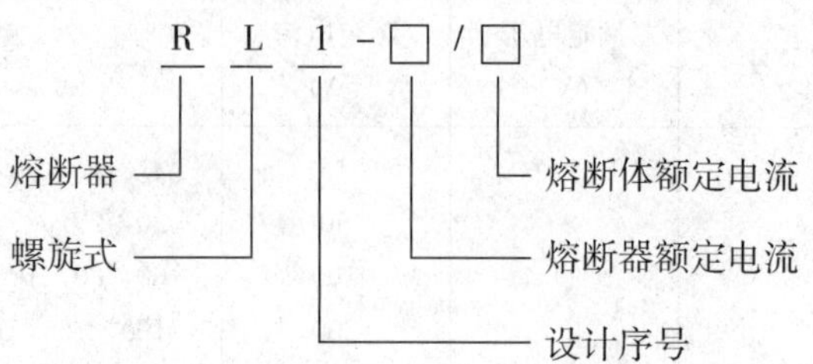

(3) 快速熔断器。快速熔断器主要用于半导体功率元件或变流装置的短路保护。由于半导体元件的过载能力很低，只能在极短时间内承受较大的过载电流，否则半导体元件将迅速被烧坏。因此，要求短路保护装置能快速熔断。

快速熔断器主要有 RLS、RS 系列。RLS 系列是螺旋式快速熔断器，用于小容量硅整流元件的短路保护和某些过载保护。其技术数据见表 6-7。

应当注意，快速熔断器的熔体不能用普通的熔体代替，因为普通的熔体不具有快速熔断特性。

4. 熔断器的选择

熔体和熔断器只有经过正确地选择，才能起到保护作用。一般根据实际使用条件，首先选择熔断器的类型，包括选定合适的使用类别和分断范围。在保证使熔断器的最大分断电流大于线路中可能出现峰值短路电流有效值的前提下，选定熔断器的额定电流。

(1) 熔断器的选择。熔断器的额定电压和额定电流应大于或等于线路的额定电压和所装熔体的额定电流。熔断器的类型根据线路要求和安装条件而定。

(2) 熔体额定电流的选择。对于照明和电热设备等阻性负载电路的短路保护，熔体的额定电流应稍大于或等于负载的额定电流。

由于电动机的起动电流很大，必须考虑起动时，熔丝不能熔断，因此熔体的额定电流选得较大。

单台电动机：熔体额定电流＝(1.5～2.5)×电动机额定电流。

多台电动机：熔体额定电流＝(1.5～2.5)×容量最大的电动机额定电流＋其余电动机额定电流之和。

降压起动电动机：熔体额定电流＝(1.5～2.0)×电动机额定电流。

直流电动机和绕线式电动机：熔体额定电流＝(1.2～1.5)×电动机额定电流。

二、低压断路器

低压断路器又称自动空气开关或称自动开关。它是一种既有开关作用又能进行自动保护的低压电器。当电路发生严重的过载、短路以及失压等故障时，能够自动切断故障电路（俗称自动跳闸），有效地保护串接在它后面的电气设备。因此，低压断路器是低压配电网路中非常重要的一种保护电器。在正常条件下，也用于不频繁接通和断开的电路以及控制电动机等。

低压断路器具有操作安全、动作值可调整、分断能力较高的优点，可具有短路保护和过载保护功能，且一般不需要更换零部件，因此得到广泛的应用。

1. 结构及工作原理

低压断路器有塑壳式（又称装置式，如 DZ 系列）和框架式（又称万能式，如 ZW 系列）两种。本节主要介绍应用较广的塑壳式空气断路器。

(1) 主要结构。常用的塑壳式低压断路器有 DZ5-20 型，属于容量较小的一种，额定工作电流为 20A。图 6-15 是 DZ5-20 型低压断路器的外形和结构图，它由动触头、静触头、灭弧室、操动机构、电磁脱扣器、热脱扣器、手动操动机构以及外壳等部分组成。

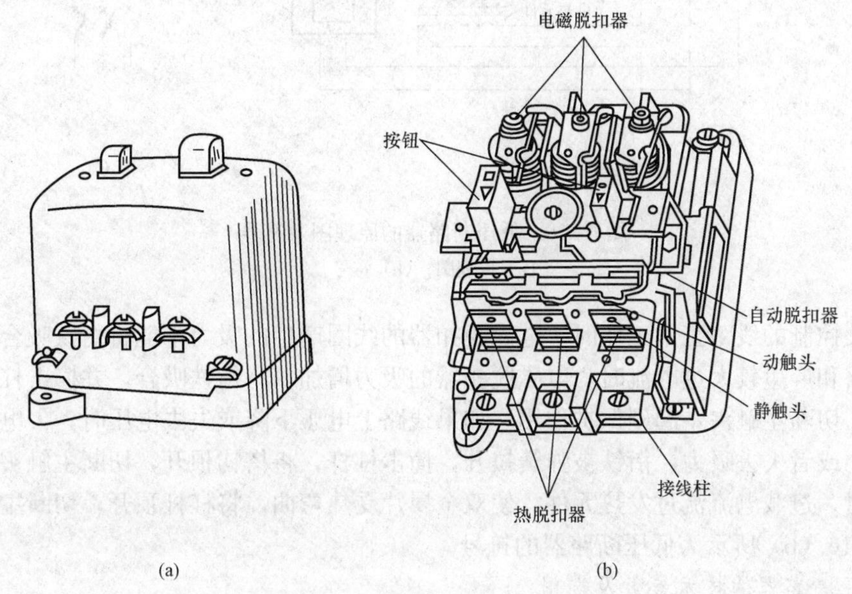

图 6-15　DZ5-20 型低压断路器
(a) 外形；(b) 结构

电磁脱扣器是一个电磁铁，其电磁线圈串接在主电路中。当发生短路故障时，短路电流超过整定值，吸合衔铁，使操动机构动作，将主触头断开，可用作短路保护，起熔断器的作用。电磁脱扣器带有调节螺钉，用来调节脱扣器整定电流的大小。热脱扣器是一种双金属片热继电器，发热元件串接在主电路中。当电路发生过载时，过载电流流过发热元件，使双金属片受热弯曲，操动机构动作，断开主触头，可用作过载保护。其顶端也有调节螺钉，用以调整各极的同步。

手动脱扣操动机构采用连杆机构，通过尼龙支架与接触系统的导电部分连接在一起。在操动机构上，有过载脱扣电流调节盘，用以调节整定电流。如需手动脱扣，则按下红色按钮，使操动机构动作，断开主触头。

有些低压断路器，如 DZ10-250～600 系列带有欠压脱扣器，当电源电压在额定值时，欠压脱扣器线圈吸合衔铁，使开关保持合闸状态。当电源电压低于整定值或降为零时，衔铁释放，切断电源。

(2) 工作原理。图 6-16 (a) 所示为低压断路器的原理图。

图 6-16 (a) 中的三对主触头串接在被保护的三相主电路中，当按下绿色按钮时，主电路中的三对主触头由锁链钩住搭钩，克服弹簧的拉力，保持闭合状态，搭钩可绕轴转动。

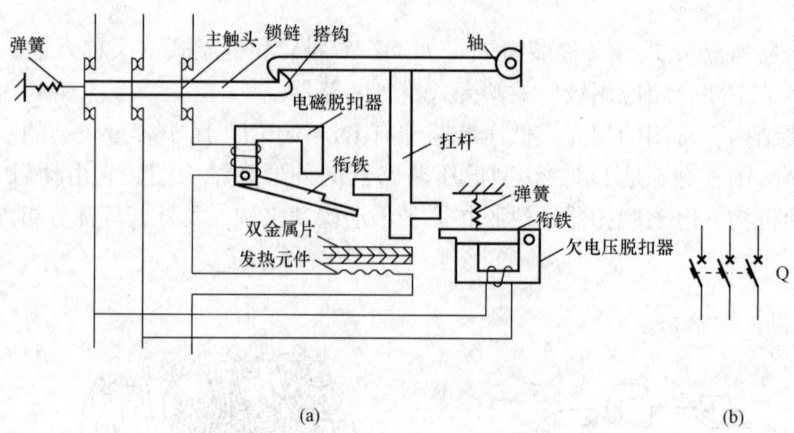

图 6-16 低压断路器的原理图及符号

（a）原理图；（b）符号

当开关控制的线路正常工作时，电磁脱扣器的线圈产生的吸力不能将衔铁吸合。如果线路发生短路和产生较大过电流时，电磁脱扣器的吸力增加，将衔铁吸合，并撞击杠杆，将搭钩顶上去，切断主触头，起到保护作用。如果线路上电压下降或失去电压时，欠电压脱扣器的吸力减小或者失去吸力，衔铁被弹簧拉开，撞击杠杆，将搭钩顶开，切断主触头。当线路发生过载时，过载电流流过发热元件，使双金属片受热弯曲，将杠杆顶开，切断主触头。

图 6-16（b）所示为低压断路器的符号。

2. 低压断路器的技术参数及选用

低压断路器型号意义如下：

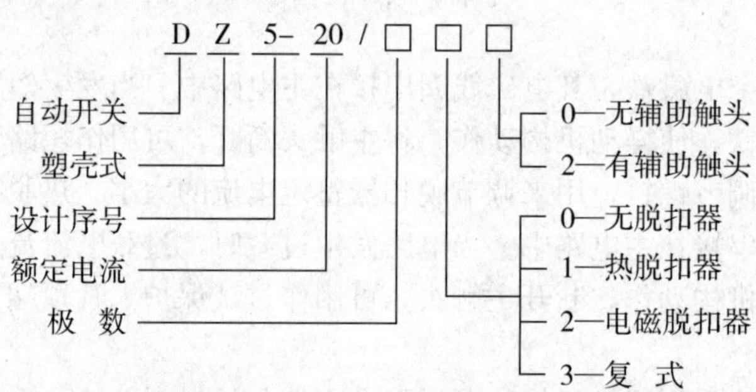

DZ5-20 型低压断路器的技术参数见表 6-8。

低压断路器的选用应保证其额定电压和额定电流不小于电路的正常工作电压和工作电流；热脱扣器的整定电流应与所控制电动机的额定电流或者负载额定电流一致；电磁脱扣器的瞬时脱扣电流应大于负载电路正常工作时的峰值电流。

对于单台电动机来说，DZ 型低压断路器电磁脱扣器的瞬时脱扣整定电流 I_Z 的计算式为

$$I_Z \geqslant KI_q$$

式中 K——安全系数，一般取 1.7；

I_q——电动机的起动电流。

表 6-8 **DZ5-20 型低压断路器的技术参数**

型号	额定电压 (V)	主触头额定电流 (A)	极数	脱扣器形式	热脱扣器额定电流 (A)	电磁脱扣器瞬时动作电流 (A)
DZ5-20/330 DZ5-20/230	交流 380 直流 220	20	3 2	复式	0.15 (0.10~0.15) 0.20 (0.15~0.20) 0.30 (0.20~0.30) 0.45 (0.30~0.45) 0.65 (0.45~0.65) 1 (0.65~1) 1.5 (1~1.5) 2 (1.5~2) 3 (2~3) 4.5 (3~4.5) 6.5 (4.5~6.5) 10 (6.5~10) 15 (10~15) 20 (15~20)	为热脱扣器额定电流的 8~12 倍 (出厂时整定于 10 倍)
DZ5-20/320 DZ5-20/220			3 2	电磁式		
DZ5-20/310 DZ5-20/210			3 2	热脱扣器式		
DZ5-20/300 DZ5-20/200			3 2	无脱扣器式		

对于多台电动机来说，瞬时脱扣整定电流计算式为

$$I_Z \geqslant KI_{qmax} + \text{电路中其他电器的工作电流}$$

式中 K——安全系数，一般取 1.7；

I_{qmax}——最大一台容量的电动机的起动电流。

三、热继电器

热继电器是一种利用电流的热效应来切换电路的保护电路，它在电路中用作电动机的过载保护。

热继电器的型号意义如下：

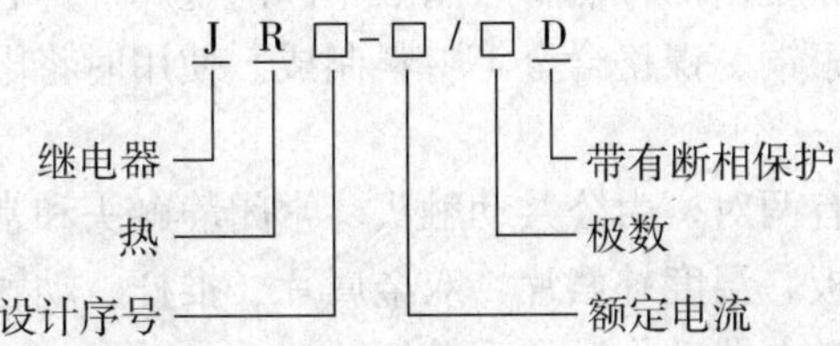

1. 热继电器的结构

热继电器的外形及结构如图 6-17 所示。它主要由热元件、触头系统、动作机构、复位按钮、整定电流装置和温升补偿元件等组成。

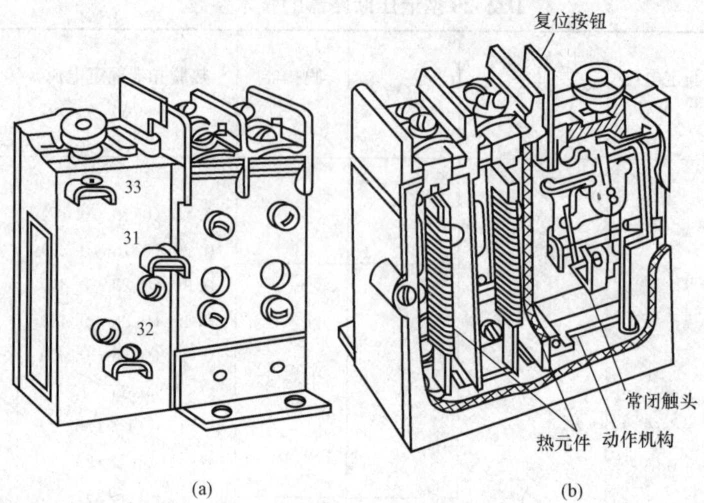

图 6-17 热继电器的外形及结构

(a) 外形；(b) 结构

图 6-18 所示为 JR15 系列热继电器的原理结构图及符号。

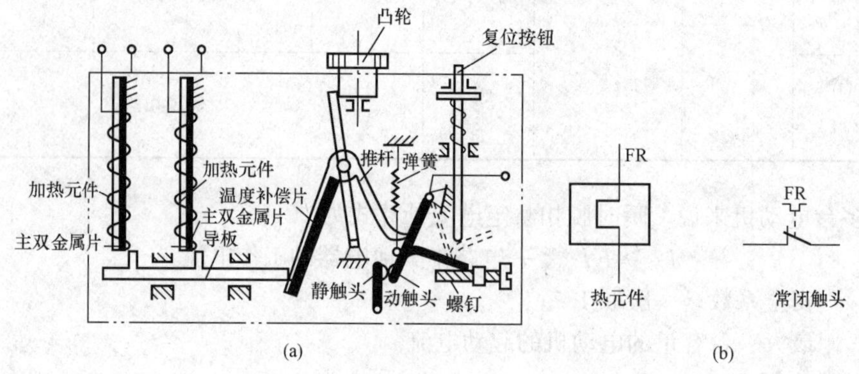

图 6-18 JR15 系列热继电器的原理结构图及符号

(a) 热继电器原理图；(b) 符号

(1) 加热元件：有两块，它是热继电器的主要部分，由主双金属片及围绕在双金属片外面的电阻丝组成。双金属片是由两种热膨胀系数不同的金属片焊合而成的，如铁镍铬合金和铁镍合金。电阻丝一般由康铜、镍铬合金等材料制成。使用时将电阻丝直接串接在异步电动机的两相电路中。

(2) 触头系统：触头有两对，由公共动触头、常闭静触头和常开静触头组成。

(3) 动作机构：由导板、温度补偿片、双金属片、推杆、动触头连杆和弹簧等组成。

(4) 复位按钮：用于继电器动作后的手动复位。

(5) 整定电流装置：由带偏心轮的旋钮来调节整定电流值。

2. 热继电器的工作原理

当电动机绕组因过载引起过载电流时，发热元件所产生的热量足以使主双金属片弯曲，推动导板向右移动，又推动了温度补偿片，使推杆绕轴转动，推动动触头连杆，使动触头与静触头分开，从而使电动机线路中的接触器线圈断电释放，将电源切断，起到了保护作用。

温度补偿片用来补偿环境温度对热继电器动作精度的影响，它是由与主双金属片同类型的双金属片制成的。当环境温度变化时，温度补偿片与主双金属片都在同一方向上产生附加弯曲，因而补偿了环境温度的影响。

热继电器动作后的复位有手动复位和自动复位两种。

(1) 手动复位：将调节螺钉拧出一段距离，使触头的转动超过一定角度，当双金属片冷却后，触头不能自动复位，这时必须按下复位按钮使触头复位，与触头闭合。

(2) 自动复位：切断电源后，热继电器开始冷却，过一段时间双金属片恢复原状，触头在弹簧的作用下自动复位与触头闭合。

3. 热继电器的整定电流

热继电器的整定电流是指热继电器长期不动作的最大电流，超过此值就会动作。

整定电流的调整如下：热继电器中凸轮上方是整定旋钮，刻有整定电流值的标尺；旋动旋钮时，凸轮压迫支撑杆绕交点左右移动，支撑杆向左移动时，推杆与连杆的杠杆间隙加大，热继电器的热元件动作电流增大，反之动作电流减小。

当过载电流超过整定电流的 1.2 倍时，热继电器便要动作。过载电流越大，热继电器开始动作所需时间越短。过载电流与热继电器开始动作的时间关系如表 6-9 所示。

表 6-9　　过载电流与热继电器开始动作的时间关系

整定电流倍数	动作时间	起始状态	整定电流倍数	动作时间	起始状态
1.0	长期不动作	从冷态开始	1.5	小于 2min	从热态开始
1.2	小于 20min	从热态开始	6	大于 5s	从冷态开始

4. 具有断相保护的热继电器

上述的热继电器只有两个热元件，属于两相结构热继电器。一般情况下，电源的三相电压均衡，电动机的绝缘良好，电动机的三相线电流必相等，所以两相结构的热继电器对电动机的过载能进行保护。但是，当三相电源严重不平衡时，或者电动机的绕组内部发生短路故障时，就有可能使电动机的某一相的线电流比其余的两相线电流高，当恰巧该相线路中没有热元件时，就不可能可靠地起到保护作用。此时就应选用三相结构的热继电器，其结构与动作原理与两相结构的热继电器类似。

热继电器所保护的电动机，如果是 Y 接法的，当线路上发生一相断路（即缺相）时，另外两组发生过载，此时流过热元件的电流也就是电动机绕组的相电流，普通的热继电器两相或三相结构的都可起到保护作用。如果是△接法，发生一相断相时，局部严重过载，而线电流大于相电流，普通的两相或三相结构的热继电器还不能起到保护作用，此时必须采用三相结构带断相保护的热继电器。如 JR16 系列热继电器，它具有一般热继电器的保护性能，且当三相电动机一相断路或三相电流严重不平衡时，能及时动作起到断相保护作用。

5. 热继电器的技术参数及选用

常用的热继电器有 JR0 和 JR16 系列，其技术数据见表 6-10。

热继电器在选用时，应根据电动机额定电流来确定热继电器的型号及热元件的电流等级。

（1）一般情况下，可选用两相结构的热继电器。当电网电压的均衡性较差，工作环境恶劣或较少有人照管的电动机，可选用三相结构的热继电器。当电动机定子绕组是三角形接法时，应采用有断相保护装置的三相结构的热继电器。

（2）热元件的额定电流等级一般略大于电动机的额定电流。热元件选定后，再根据电动机的额定电流调整热继电器的整定电流，使之等于电动机的额定电流。

对于过载能力较差的电动机，所选用的热继电器的额定电流应适当小一些，一般为电动机额定电流的60%～80%。

如果电动机拖动的是冲击性负载（如冲床、剪床等）或电动机起动时间较长的情况下，选择的热继电器的整定电流要比电动机额定电流高一些。

（3）双金属片式热继电器一般用于轻载、不频繁起动电动机的过载保护。对于重载、频繁起动的电动机，可采用过电流继电器作过载和短路保护。

表6-10　JR0和JR16系列热继电器技术数据

型　号	额定电流（A）	热元件等级		主要用途
		额定电流（A）	刻度电流调节范围（A）	
JR0-20/3 JR0-20/3D JR16-20/3 JR16-20/3D	20	0.35	0.25～0.3～0.35	供交流500V以下的电气回路中作为电动机的过载保护之用 D表示带有断相装置
		0.50	0.32～0.4～0.5	
		0.72	0.45～0.6～0.72	
		1.1	0.6～0.9～1.1	
		1.6	1.0～1.3～1.6	
		2.4	1.5～2.0～2.4	
		3.5	2.2～2.8～3.5	
		5.0	3.2～4.0～5.0	
		7.2	4.5～6.0～7.2	
		11	6.3～9.0～11.0	
		16	10.0～13.0～16.0	
		22	14.0～18.0～22.0	
JR0-40/3 JR16-40/3D	40	0.64	0.4～0.64	
		1.0	0.64～1.0	
		1.6	1.0～1.6	
		2.5	1.6～2.5	
		4.0	2.5～4.0	
		6.4	4.0～6.4	
		10	6.4～10	
		16	10～16	
		25	16～25	
		40	25～40	

第五节　接　触　器

接触器是一种用来接通或切断电动机或其他电力负载主电路的一种控制电器，如电阻炉、电焊机等。接触器有控制容量大、欠电压释放保护、零压保护、频繁操作、工作可靠、寿命长等优点。接触器广泛应用于电力拖动自动控制系统中。

接触器的种类很多，按驱动力的不同可分为电磁式、气动式和液压式，以电磁式应用最为广泛；按主触头通过电流的种类，可分为交流接触器和直流接触器两种；按冷却方式又分为自然空气冷却、油冷和水冷三种，以自然空气冷却的为最多；按主触头的极数，还可以分为单极、双极、三极、四极和五极等多种。

一、交流接触器

交流接触器是用于远距离接通和分断电压为380V、电流为600A的50Hz或60Hz的交流电路，以及频繁起动和控制的交流电动机。常用的交流接触器有CJ0、CJ10和CJ12等系列的产品。近年来还生产了由晶闸管组成的无触点接触器，主要用于冶金和化工行业。

1. 交流接触器的结构

交流接触器的结构主要由触头系统、电磁系统、灭弧装置三大部分组成，另外还有反作用力弹簧、缓冲弹簧、触头压力弹簧和传动机构等部分。图6-19（a）所示为CJ0-20型交流接触器的外形及结构图；图6-19（b）所示为交流接触器的符号。

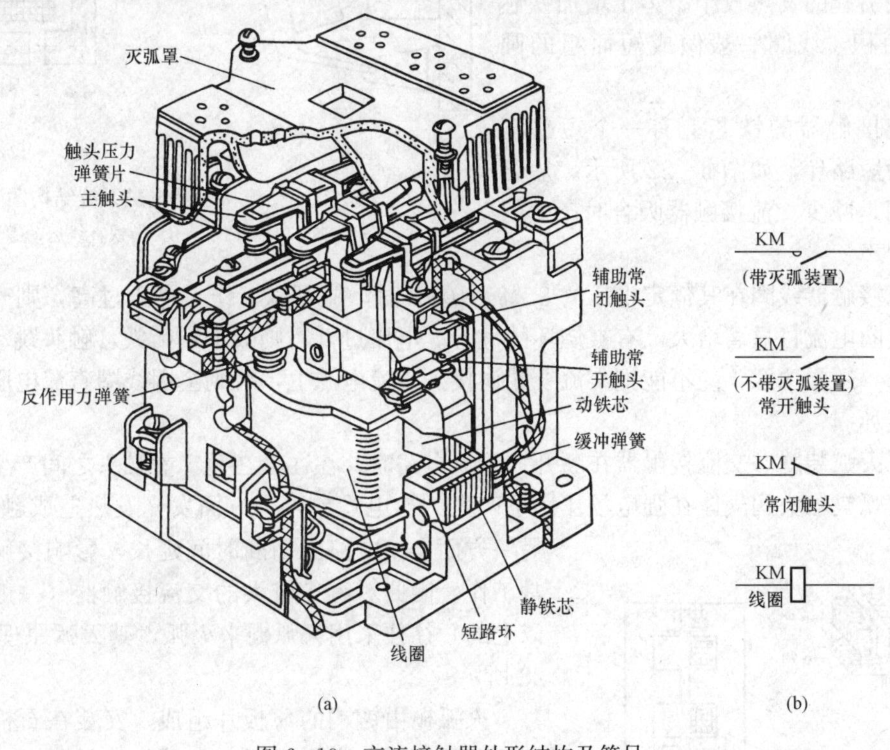

图6-19　交流接触器外形结构及符号

（a）外形及结构；（b）符号

（1）触头系统。它是接触器的执行部分，接触器的触头用来接通和断开电路，因此要求它的工作必须绝对可靠。为了保证接触器可靠工作和有足够长的寿命，触头必须满足以下要求：连续工作时，不应超过规定的允许温升，接触良好，耐弧耐磨，有足够的电动稳定性和热稳定性，价格便宜，便于制造和维修。

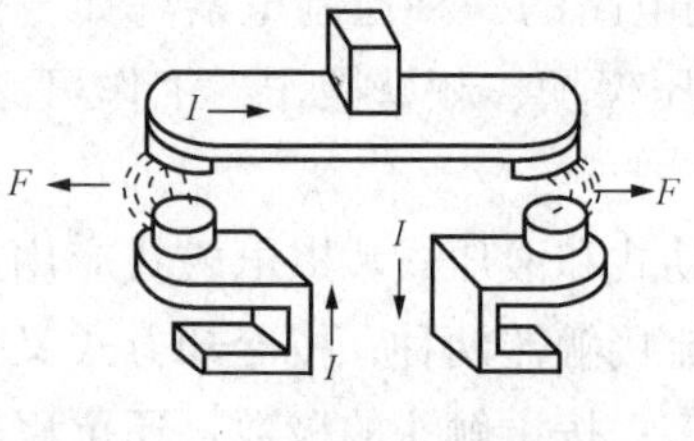

交流接触器的触头一般采用双断点桥式触头，如图6-20所示。

图6-20 双断点桥式触头

接触器的触头系统分为主触头和辅助触头。主触头用在通断电流较大的主电路中，一般由三对常开触头组成，体积较大。辅助触头用以通断小电流的控制电路，体积较小，它由常开触头和常闭触头组成。

（2）电磁系统。电磁系统是用来操纵触头的闭合和断开的，它包括静铁芯、动铁芯（又叫衔铁）和吸引线圈三部分。交流接触器电磁系统的结构形式主要取决于铁芯形状和衔铁运动方式，通常用两种基本形式，如图6-21所示。

图6-21（a）是衔铁绕轴转动的拍合式（CJ12B交流接触器），图6-21（b）是衔铁作直线运动的螺管式（如CJ0、C110系列交流接触器）。

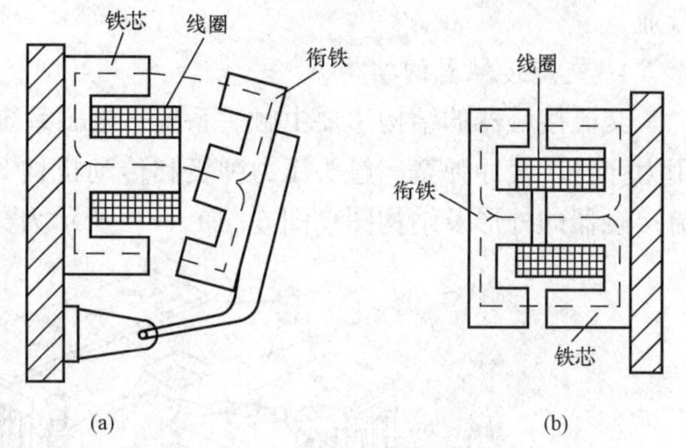

图6-21 交流接触器电磁系统结构图

（a）衔铁绕轴转动拍合式；（b）衔铁直线运动螺管式

交流接触器的铁芯一般用硅钢片叠压后铆成，以减少涡流与磁滞损耗，防止铁芯过热。交流接触器线圈的电阻较小，所以铜损耗引起的发热较小。为了增加铁芯的散热面积，线圈一般做成短而粗的圆筒状。

交流接触器的铁芯上有一个短路铜环，称为短路环，如图6-22所示。短路环的作用是减少交流接触器吸合时产生的振动和噪声。

交流接触器线圈在其额定电压的85%～105%时，能可靠工作。电压过高，则磁路趋于饱和，线圈电流将显著增大，有被烧坏的危险。电压过低，则吸不牢衔铁，触头跳动，影响电路工作。还要注意，绝不能把交流线圈误接到直流电源上，否则会因线圈直流电阻很小而使线圈烧坏。

（3）灭弧装置。交流接触器在断开大电流电路时，往往会在动、静触头之间产生很强的电弧。电弧是触头间气体在强电场作用下产生的放电现象，一方面发光发热造成触头灼伤，另一方面会使电路的切断时间延长，影响接触器的正常工作。因此对容量较大的交流接触器（一般在20A以上的）往往采用灭弧栅来灭弧，其灭弧原理如图6-23所示。

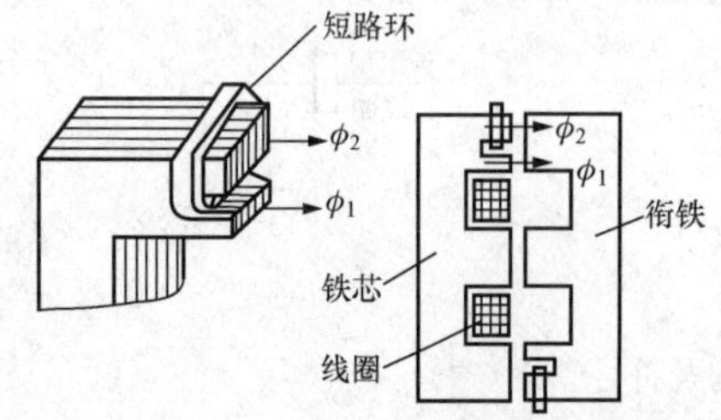

图6-22 交流接触器铁芯的短路环

灭弧栅由镀铜的薄板片组成，安装在石棉水泥制成的灭弧罩内或陶土耐弧塑料等绝缘材料上，各片之间相互绝缘。

当动触头与静触头分开时，在灭弧的周围产生磁场。由于薄铁片的磁阻比空气小得多，因此电弧上部的磁通容易通过灭弧栅而形成闭合磁路，在电弧上部的磁通非常稀疏，而电弧下部的磁通却非常稠密，这种上稀下密的磁通产生向上的运动力，把电弧拉到灭弧栅片当中去，栅片将电弧分割成很多短弧，每个栅片就成为短电弧的电极，栅片间的电弧电压低于燃弧电压，同时栅片将电弧的热量散发，促使电弧熄灭。

对于容量较小（10A 以下）的交流接触器，一般采用双断口触头灭弧和电动力灭弧方法，如图 6-23 所示。这种方法是利用双断点桥式触头分断后将电弧分割成两段，同时利用两段电弧相互间的电动力使电弧向外侧拉长，在拉长过程中电弧受到空气迅速冷却而很快熄灭。

(4) 其他部分。包括复位弹簧、缓冲弹簧、触头压力弹簧、传动机构和接线柱等。复位弹簧的作用是当吸引线圈得电时，吸引衔铁将它压缩；线圈失电时，其弹力使衔铁、动触头复位。缓冲弹簧的作用是缓冲动、静铁芯吸合时对静铁芯及外壳的冲击力；保护胶木外壳不受冲击。触头压力弹簧的作用是增加动、静触头之间的压力，增大接触面以降低接触电阻，避免触头由于接触不良而造成的过热灼伤，并有减振作用。

2. 交流接触器的工作原理

图 6-24 所示为交流接触器的工作原理图。当接触器电磁系统中的线圈 6、7 间通电后，铁芯 8 被磁化，产生足够的电磁吸力，克服反作用弹簧 10 的弹力，将衔铁 9 吸合，使常开主触头 1、2 和 3 闭合，接通主电路，同时常闭辅助触头（4 和 5 处）首先断开，接着常开辅助触头（4 和 5 处）闭合。当线圈断电或外加电压太低时，在反作用弹簧 10 的作用下，衔铁释放，常开主触头断开，切断主电路；常开辅助触头首先断开，接着常闭辅助触头恢复闭合。图中 11～17 和 21～27 为各触头的接线柱。

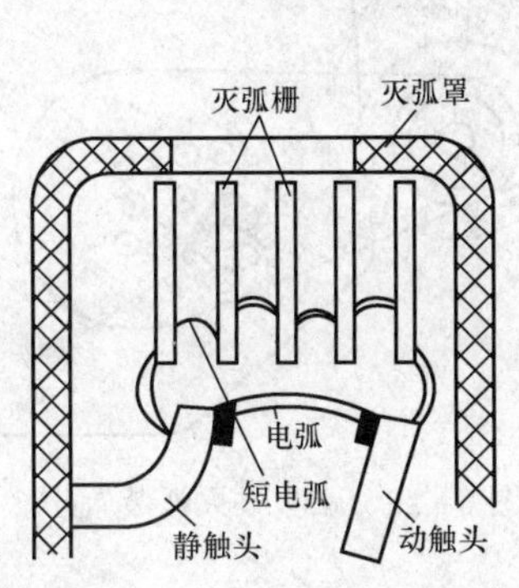

图 6-23　灭弧栅灭弧原理

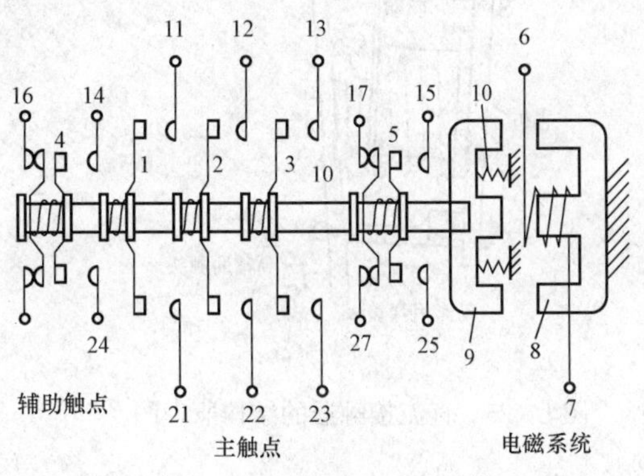

图 6-24　交流接触器的工作原理图

交流接触器的型号意义如下：

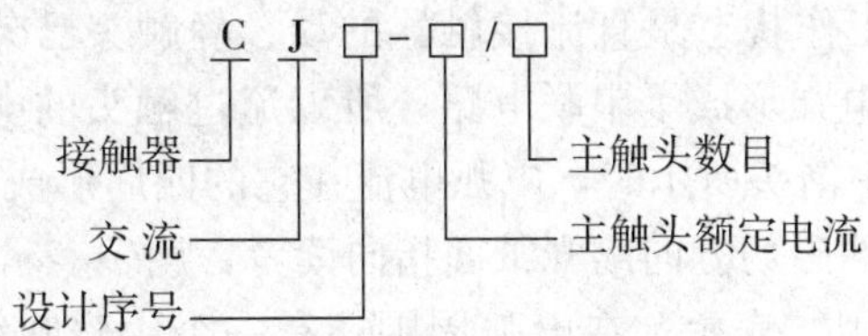

二、直流接触器

直流接触器主要用于远距离接通或分断额定电压为440V、额定电流为600A的直流电路，或控制直流电动机频繁启动、停止、反转或反接制动的一种控制电器。常用的有CZ0系列，另外还有CZ1、CZ2、CZ3、CZ5～CZ11等系列产品，广泛应用于冶金、机械和机床的电气控制设备中。

直流接触器的结构和工作原理与交流接触器的基本相同，但直流接触器用于控制直流设备，所以具体结构与交流接触器也有些不同。

直流接触器是由触头系统、电磁系统和灭弧装置三大部分组成的。图6-25所示为直流接触器的结构原理图。

(1) 触头系统。直流接触器有主触头和辅助触头。主触头由于通断电流较大，故采用滚动接触的指形触头。辅助触头的通断电流较小，故采用点接触的双断点桥式触头。

(2) 电磁系统。直流接触器的电磁系统由铁芯、线圈和衔铁等组成。由于线圈中通的是直流电，在铁芯中不会产生涡流，所以铁芯可用整块铸铁或铸钢制成，并且不需要短路环。由于铁芯没有涡流故不发热，但线圈的匝数较多、电阻大，铜损耗大，所以线圈本身发热是主要的。为了使线圈散热良好，通常将线圈做成长而薄的圆筒状。

(3) 灭弧装置。直流接触器的主触头在断开较大直流电流电路时，会产生强烈的电弧，容易烧坏触头而不能连续工作。为了迅速使电弧熄灭，直流接触器一般采用磁吹式灭弧装置，其结构如图6-26所示。

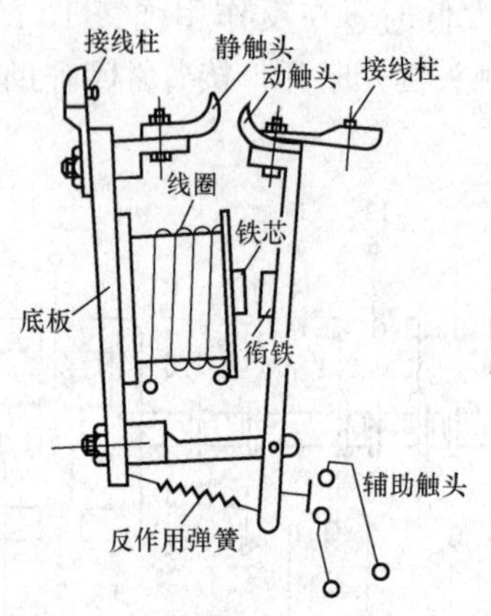

图6-25 直流接触器的结构原理图

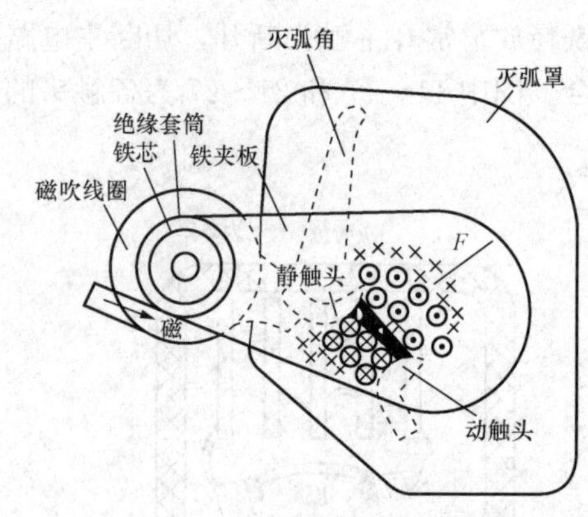

图6-26 磁吹式灭弧装置

磁吹式灭弧装置主要由磁吹线圈、灭弧罩和灭弧角等组成。磁吹线圈由扁铜条弯成，中间装有铁芯，它们之间有绝缘套筒相隔。铁芯的两端装有两片铁夹板，夹持在灭弧罩的两边。动触头和静触头位于灭弧罩内，处在两块铁夹板之间。灭弧罩，是由石棉水泥板或陶土制成的。图6-26所示的工作状态是直流接触器的动、静触头已分断并形成了电弧的状态。因为磁吹线圈、主触头和电弧形成了串联电路，所以流过触头的电流就是磁吹线圈的电流，当电流的方向如图6-26中箭头所示时，电弧电流在它的四周形成一个磁场，根据右手螺旋定则可以判定，电弧上方的磁场方向离开纸面指向读者，用⊙表示，电弧下方的磁场方向是进入纸面即背离读者的，用⊗表示；在电弧周围还有一个由磁吹线圈中的电流所产生的磁场，它在铁芯中产生磁通，再从一块铁夹板穿过夹板间的空隙进入另一块铁夹板，形成闭合磁路。根据右手螺旋定则可以判定这个磁场的方向是进入纸面的，用⊗表示。由此可见，在电弧的上方，磁吹线圈电流和电弧电流所产生的磁通方向是相反的，两者相互削弱，而在电弧下方两磁通方向相同，磁场增强，所以电弧将从强磁场的一边被拉向弱磁场的一边，迫使电弧向上方运动，由于灭弧角和静触头相连接，静触头上的电弧便逐渐转移到灭弧角上，引导电弧向上运动，使电弧迅速拉长。当电源电压不足以维持电弧继续燃烧时，电弧便自行熄灭。由此可见，磁吹灭弧装置的灭弧是依靠磁吹力的作用，使电弧拉长，在空气中很快冷却，从而使电弧迅速熄灭。

直流接触器由于通的是直流电，没有冲击起动电流，所以不会产生铁芯猛烈撞击的现象，因此它的寿命长，适用于频繁起动的场合。

直流接触器的型号意义如下：

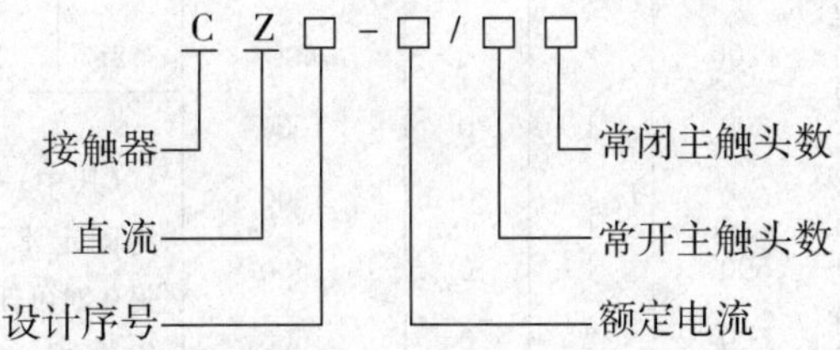

三、接触器的技术数据及选用

常用的 CJ0 和 CJ10 系列交流接触器的技术数据见表 6-11。

表 6-11 常用的 CJ0 和 CJ10 系列交流接触器的技术数据

型 号	触点额定电压（V）	主触点额定电流（A）	辅助触点额定电流（A）	线圈功率（V·A）	可控制三相异步电动机的最大功率（kW）		额定操作频率（次/h）
					220V	380V	
CJ0-10	500	10	5	14	2.5	4	≤600
CJ0-20		20		33	5.5	10	
CJ0-40		40		33	11	20	
CJ0-5		75		55	22	40	
CJ10-10		10		11	2.2	4	
CJ10-20		20		22	5.5	10	
CJ10-40		40		22	11	20	
CJ10-50		60		70	17	30	
CJ10-100		100			29	50	

常用 CZ0 系列直流接触器技术数据见表 6-12。

为了保证接触器的正常工作，必须根据以下原则正确选择，使接触器的技术数据满足被控制电路的要求。

表 6-12　**CZ0系列直流接触器技术数据**

<table>
<tr><th rowspan="2">型　号</th><th rowspan="2">额定
电压
(V)</th><th rowspan="2">额定
电流
(A)</th><th rowspan="2">额定操
作频率
(次/h)</th><th colspan="2">主触点</th><th rowspan="2">最大分断
电流值
(A)</th><th colspan="2">辅助触点</th><th rowspan="2">吸引
电压值
(V)</th><th rowspan="2">吸引线圈
消耗功率值
(W)</th></tr>
<tr><th>常开</th><th>常闭</th><th>常开</th><th>常闭</th></tr>
<tr><td>CZ0-40/20</td><td rowspan="13">440</td><td>40</td><td>1200</td><td>2</td><td>0</td><td>160</td><td>2</td><td>2</td><td rowspan="13">24
48
110
220</td><td>22</td></tr>
<tr><td>CZ0-40/02</td><td>40</td><td>600</td><td>0</td><td>2</td><td>100</td><td>2</td><td>2</td><td>24</td></tr>
<tr><td>CZ0-100/10</td><td>100</td><td>1200</td><td>1</td><td>0</td><td>400</td><td>2</td><td>2</td><td>24</td></tr>
<tr><td>CZ0-100/01</td><td>100</td><td>600</td><td>0</td><td>1</td><td>250</td><td>2</td><td>1</td><td>24</td></tr>
<tr><td>CZ0-100/20</td><td>100</td><td>1200</td><td>2</td><td>0</td><td>400</td><td>2</td><td>2</td><td>30</td></tr>
<tr><td>CZ0-150/10</td><td>150</td><td>1200</td><td>1</td><td>0</td><td>600</td><td>2</td><td>2</td><td>30</td></tr>
<tr><td>CZ0-150/01</td><td>150</td><td>600</td><td>0</td><td>1</td><td>375</td><td>2</td><td>1</td><td>25</td></tr>
<tr><td>CZ0-150/20</td><td>150</td><td>1200</td><td>2</td><td>0</td><td>600</td><td>2</td><td>2</td><td>40</td></tr>
<tr><td>CZ0-250/10</td><td>250</td><td>600</td><td>1</td><td>0</td><td>1000</td><td colspan="2" rowspan="5">5
(其中一对为固定常开，另4对可任意组合成常开或常闭)</td><td>31</td></tr>
<tr><td>CZ0-250/20</td><td>250</td><td>600</td><td>2</td><td>0</td><td>1000</td><td>40</td></tr>
<tr><td>CZ0-400/10</td><td>400</td><td>600</td><td>1</td><td>0</td><td>1600</td><td>28</td></tr>
<tr><td>CZ0-400/20</td><td>400</td><td>600</td><td>2</td><td>0</td><td>1600</td><td>43</td></tr>
<tr><td>CZ0-600/10</td><td>600</td><td>600</td><td>1</td><td>0</td><td>2400</td><td>50</td></tr>
</table>

1. 接触器的类型

接触器的类型应根据电路中所控制的电动机及负载电流类型来选用交流或直流接触器。如果控制系统中主要是交流电动机，而直流电动机或直流负载的容量比较小时，也可全都选用交流接触器进行控制，但触头的额定电流应选得大一些。

2. 接触器主触头的额定电压和额定电流

被选用接触器主触头的额定电压应大于或等于负载电路的额定电压。主触头的额定电流不小于负载电路的额定电流，也可根据所控制的电动机的最大功率参照表 6-12 进行选择。

3. 接触器吸引线圈电压的选择

接触器吸引线圈的电压一般直接选用一相对地电压 220V 或直接选用 380V。如果控制线路比较复杂，使用的电器又比较多，为安全起见，线圈额定电压可选低一些，但需要加一个控制变压器。

【例 6-1】 某电动机型号为 J02-31-6，额定功率 1.5kW，额定电压 380V，额定电流 3.92A，试选择接触器型号。

解　由于接触器用来控制交流电动机，所以首先确定类型是交流接触器。

根据接触器所控制电动机的额定功率为 1.5kW，由表 6-11 可知，CJ0-10 可控电动机最大功率为 4kW，其额定电流为 10A，大于电动机的额定电流，所以根据接触器的类型、额定电压和额定电流，应选用 CJ0-10 型交流接触器。

第六节　继　电　器

继电器是一种根据输入信号变化接通或断开控制电路，以实现自动控制和保护电力拖动装置的电器。继电器一般由感测机构、中间机构和执行机构三个基本部分组成。感测机构把感测到的信号传递给中间机构，将它与额定的整定值进行比较，当达到整定值（过量或欠量）时，中间机构便使执行机构动作，从而接通或断开被控电路。

继电器的根本任务是接通和分断电路，其工作原理及结构与接触器的作用大致相同。它们的主要区别是：继电器一般用于控制小电流电路（5A 以下），所以不加灭弧装置。而接触器一般用于控制大电流电路，主触头额定电流不小于 5A，有的加灭弧装置。不同的继电器可以在相应的各种电量或非电量的作用下动作，而接触器一般只是在一定的电压下动作。

继电器的种类很多，按用途可分为控制继电器和保护继电器；按输入信号的性质可分为电压继电器、电流继电器、时间继电器、速度继电器、压力继电器和温度继电器等；按工作原理可分为电磁式继电器、感应式继电器、热继电器和电子式继电器等；按动作时间可分为瞬时继电器和延时继电器等。

一、电磁式电流、电压和中间继电器

电磁式继电器是电气控制设备中应用较多的一种继电器，其结构和工作原理与电磁式接触器相似，也是由电磁机构和触头系统组成的。图 6-27 所示为电磁式继电器典型结构图。铁芯和铁轭为一整体，减少了非工作气隙。极靴为一圆环，套在铁芯端部；衔铁制成板状，绕棱角（或绕轴）转动；线圈不通电时，衔铁靠反力弹簧的作用而打开。衔铁上垫有非磁性垫片，装设不同的线圈后，可分别制成电流继电器、电压继电器和中间继电器。这种继电器的线圈有交流和直流两种，其中直流的继电器加装铜套后可以构成电磁式时间继电器。

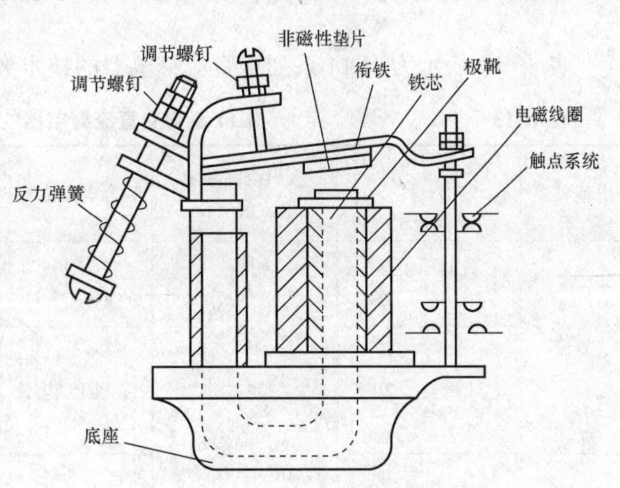

图 6-27 电磁式继电器典型结构图

1. 电流继电器

根据线圈中电流的大小而接通和断开电路的继电器称为电流继电器。电流继电器的线圈串接在电路中，为了不影响电路工作情况，电流继电器吸引线圈匝数少，导线粗。把线圈电流高于整定值动作的继电器称为过电流继电器；低于整定值时动作的继电器称为欠电流继电器。

过电流继电器在正常工作时，电流线圈通过的电流为额定值，所产生的电磁力不足以克服反作用弹力，常闭触头仍保持闭合状态；当通过线圈的电流超过整定值后，电磁吸力大于反作用弹簧拉力，铁芯吸引衔铁，使常闭触头断开，常开触头闭合。

欠电流继电器是当线圈电流降到低于整定值后释放的继电器，所以线圈电流正常时，衔铁处于吸合状态。

图 6-28 所示为电流继电器的符号。

图 6-28 电流继电器的符号

过电流继电器主要用于频繁、重载起动场合，作为电动机或主电路的短路和过载保护。欠电流继电器常用于直流电动机和电磁吸盘的失磁保护。

在选用过电流继电器时，对于小容量直流电动机和绕线式异步电动机，继电器线圈的额定电流一般可按电动机长期工作的额定电流来选择；对于频繁起动的电动机，由于起动电流的发热效应，继电器线圈的额定电流应选择大一些。

过电流继电器的整定值，可按电动机起动电流的 1.2 倍左右调定。调节反作用弹簧弹力，可调定继电器的动作电流值。

常用的过电流继电器有 JT4、JL12 及 JL14 系列。其中 JT4 和 JL14 为通用继电器。

电流继电器型号意义如下：

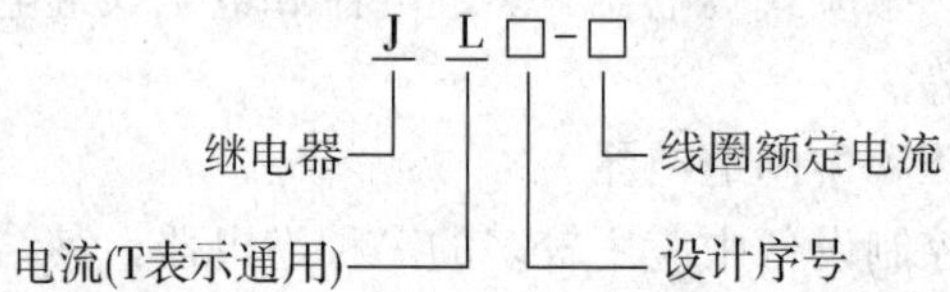

表 6-13 所示为 JL14 系列交直流继电器的技术数据。

表 6-13 JL14 系列交直流继电器的技术数据

<table>
<tr><th>电流种类</th><th>型号</th><th>吸引绕圈额定电流值（A）</th><th>吸合电流调整范围</th><th>触头组合形式</th><th>用途</th><th>备注</th></tr>
<tr><td rowspan="2">直流</td><td>JL14-□□Z
JL14-□□ZS</td><td rowspan="4">1，1.5，2.5，5，10，15，25，40，60，100，150，300，600，1200，1500</td><td>70%～300%的 I_N</td><td rowspan="2">三常开，三常闭
二常开，一常闭
一常开，二常闭
一常开，一常闭</td><td rowspan="4">在控制电路中过电流或欠电流保护用</td><td rowspan="4">可取代
JT3-1
JT4-1
JT4-S
JT3
T3-J
JT3-S
等老产品</td></tr>
<tr><td>JL14-□□Z0</td><td>30%～55%的 I_N 或释放电流在 10%～20%I_N 范围</td></tr>
<tr><td rowspan="2">交流</td><td>JL14-□□J
JL-□□JS</td><td rowspan="2">110%～400%的 I_N</td><td>二常开，二常闭
一常开，一常闭</td></tr>
<tr><td>JL14-□□JG</td><td>一常开，一常闭</td></tr>
</table>

2. 电压继电器

根据线圈两端电压大小而接通或断开电路的继电器称为电压继电器。这种继电器并联在主电路中，线圈的导线粗、匝数多、阻抗大，刻度表上标出的数据是继电器的动作电压。

电压继电器有过电压继电器和欠电压（或零压）继电器之分。常用的欠电压继电器的外形结构及动作原理与电流继电器相似。一般情况下，过电压继电器在电压为 1.1～1.15 倍额定电压以上时动作，对电路进行过电压保护；欠电压继电器在电压为 0.4～0.7 倍额定电压时动作，对电路进行欠电压保护；零压继电器在电压降为 0.05～0.25 倍额定电压时动作，对电路进行零压保护。电压继电器在电气原理图中的符号如图 6-29 所示。

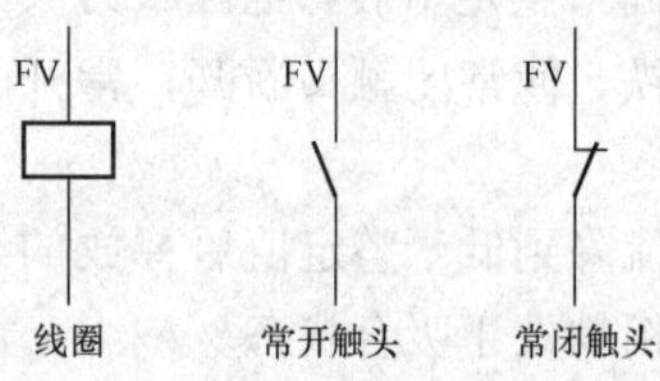

图 6-29 电压继电器符号

电压继电器的型号意义如下：

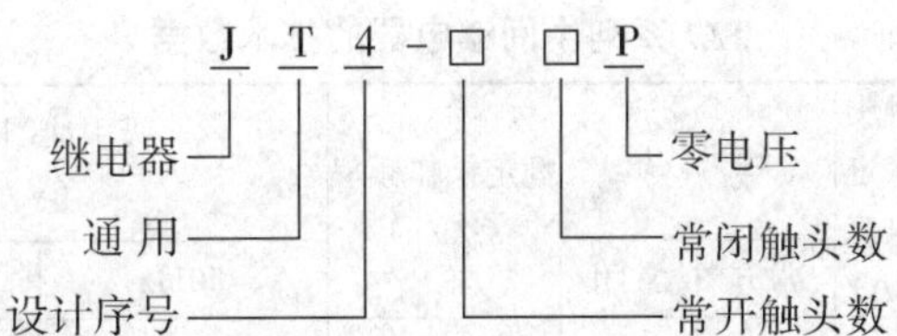

常用的JT4P系列欠电压继电器的技术数据见表6-14。

表6-14　**JT4P系列欠电压继电器技术数据**

型　号	吸引线圈规格（V）	消耗功率（V·A）	触头数目	复位方式	动作电压	返回系数
JT4P	110，127，220，380	75	二常开，二常闭 一常开，一常闭	自动	吸引线圈电压在线圈额定电压的60%～85%范围内调节，释放电压在线圈额定电压的10%～35%之间	0.2～0.4

3. 中间继电器

中间继电器是用来转换控制信号的中间元件，将一个输入信号（线圈的通电或断电）变换成一个或多个输出信号（触头的动作）。其触头数多、动作灵敏，主要用于信号的传递与放大，实现多路同时控制，起到中间转换的作用，故称为中间继电器。对于小于5A的电动机，也可进行直接控制。图6-30所示为中间继电器的符号。

图6-31所示为JZ7系列中间继电器的结构，与小型接触器相似。它由线圈、静铁芯、动铁芯、触头系统、反作用弹簧和复位弹簧组成。它的触头较多，且没有主、辅之分，各对触头允许通过的电流大小相同，其额定电流多为5A，一般有8对，可组成4对常开、4对常闭；6对常开、2对常闭或8对常开三种形式，多用于交流控制电路。

图6-30　中间继电器的符号

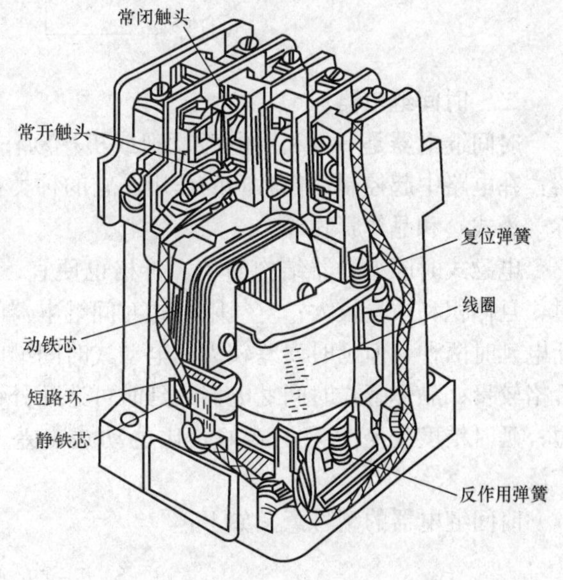

图6-31　JZ7系列继电器的结构

JZ8系列为交直流两用的中间继电器，其线圈电压有交流110、127、220、380V和直流12、24、48、110、220V，触头有二常开、六常闭；四常开、四常闭和六常开、二常闭等。如果把触头簧片反装便可使常开与常闭触头相互转换。

JZ7 系列中间继电器的技术数据见表 6-15。

表 6-15 JZ7 系列中间继电器的技术数据

型号	触头额定电压（V）		触头额定电流（A）	触头数量		额定操作频率（次/h）	吸引线圈电压（V）		吸引线圈消耗功率（V·A）	
	直流	交流		常开	常闭		50Hz	60Hz	起动	吸持
JZ7-44	440	500	5	4	4	1200	12，24，36，48，110，127，220，380，420，440，500	12，36，110，127，220，380，440	75	12
JZ7-62	440	500	5	6	2	1200			75	12
JZ7-80	440	500	5	8	0	1200			75	12

中间继电器在选择时，要保证线圈的电压或电流应满足电路的要求，触头的数量与额定电压和额定电流应满足被控制电路的要求，电源也应满足控制电路的要求。

中间继电器的用途有两个：

（1）当电压或电流继电器的触头容量不够时，可借助中间继电器来控制，可适当增大所能控制的容量。

（2）当其他继电器触头数量不够时，可利用中间继电器来切换复杂电路，将一个输入信号变为多个输出信号，实现多路控制。

中间继电器型号意义如下：

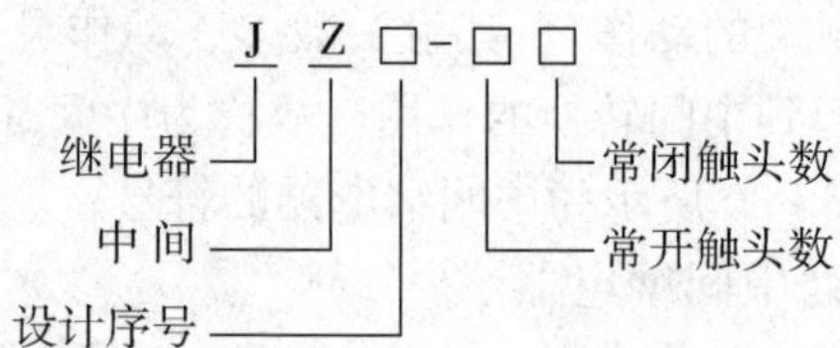

二、时间继电器

时间继电器是一种利用电磁原理或机械动作原理来延迟触头闭合或断开的自动控制电器，在电路中起控制动作时间的作用，它的种类很多，有电磁式、电动式、空气阻尼式（又称气囊式）和晶体管式等。

电磁式时间继电器结构简单、价格也便宜，但延时较短，只能用于直流电路的断电延时，且体积和质量较大；空气阻尼式时间继电器的结构简单，延时范围较大，有通电延时和断电延时两种，但延时误差较大；电动式时间继电器的延时精度较高，延时可调范围大，但价格较贵；晶体管式时间继电器的延时可达几分钟到几十分钟，比空气阻尼式长，比电动式短；延时精度比空气阻尼式好，比电动式略差。随着电子技术的发展，它的应用也日益广泛。

时间继电器的型号意义如下：

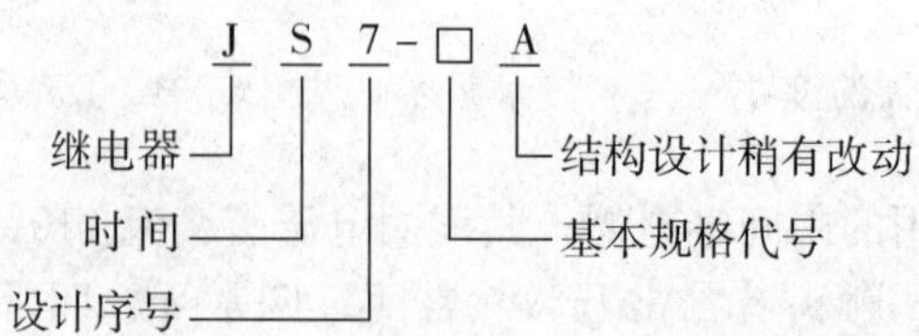

其中，基本规格代号：

1——通电延时，无瞬时触头；

2——通电延时，有瞬时触头；

3——断电延时，无瞬时触头；

4——断电延时，有瞬时触头；

时间继电器的符号如图 6-32 所示。

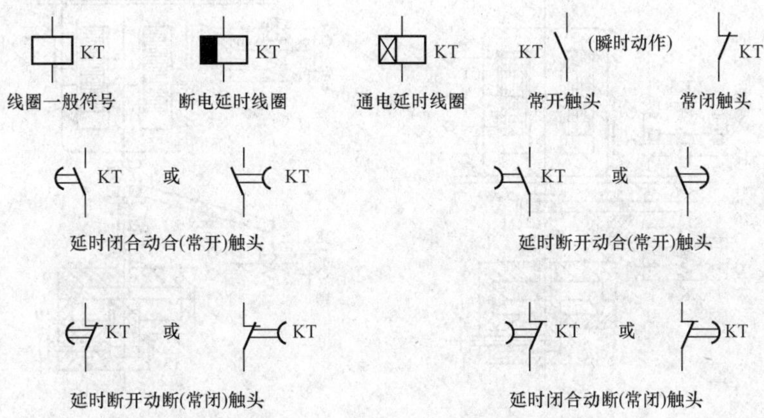

图 6-32　时间继电器的符号

空气阻尼式时间继电器是利用气囊中空气通过小孔节流的原理来获得延时动作的。经常使用的是 JS7-A 系列，分为通电延时型（如 JS7-2A 型）和断电延时型两种。

1. JS7-A 系列时间继电器的结构

JS7-A 系列时间继电器的外形及结构如图 6-33 所示。它是由电磁系统、触头系统、气室及传动机构等部分组成的。

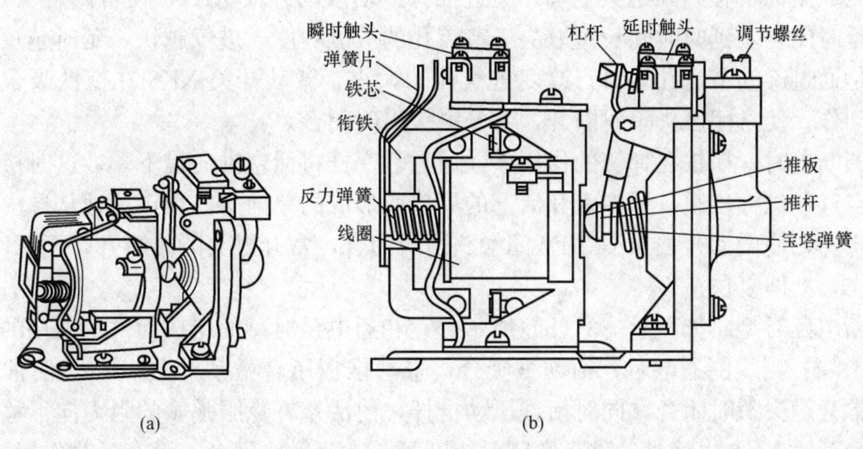

图 6-33　JS7-A 系列时间继电器
(a) 外形；(b) 结构

(1) 电磁系统：由线圈、铁芯、衔铁、反力弹簧及弹簧片等组成。

(2) 触头系统：由两对瞬时触头（一对瞬时闭合，另一对瞬时断开）及两对延时触头组成。

(3) 气室：气室内有一块橡皮薄膜，随空气的增减而移动。气室上面有调节螺丝，可调节延时的长短。

(4) 传动机构：由推板、活塞杆、杠杆及宝塔弹簧等组成。

2. 工作原理

图 6-34 所示为 JS7-A 系列时间继电器的工作原理图。

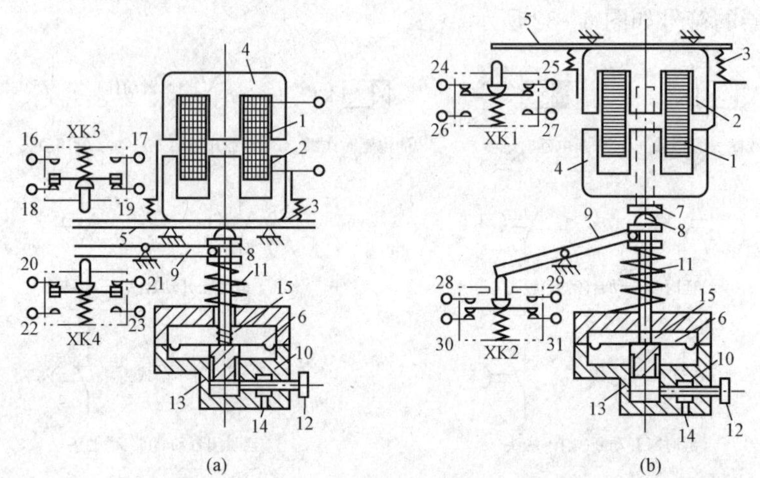

图 6-34 JS7-A 系列时间继电器工作原理图

(a) 通电延时；(b) 断电延时

1—线圈；2—衔铁；3—反力弹簧；4—铁芯；5—推板；6—橡皮膜；7—推杆；8—活塞杆；9—杠杆；10—节流孔；11—宝塔弹簧；12—节流孔螺钉；13—活塞；14—进气孔；15—弱弹簧；16～31—触头

(1) 通电延时型原理：当线圈 1 通电时，衔铁克服反力弹簧的阻力，与固定的铁芯吸合，活塞杆在宝塔弹簧 11 的作用下向上移动，空气由进气孔进入气囊。经过一段时间后，活塞才能完成全部行程，到达最上端，通过杠杆压动微动开关 XK4，使常闭触头延时断开，常开触头延时闭合。延时时间长短取决于节流孔的节流程度，进气越快，延时越短。延时时间的调节是通过旋动节流孔螺钉，改变进气孔的大小。微动开关 XK3 在衔铁吸合后，通过推板立即动作，使常闭触头瞬时断开，常开触头瞬时闭合。

当线圈断电时，衔铁在弹簧的作用下，通过活塞杆将活塞推向最下端，这时橡皮膜下方气室内的空气通过橡皮膜，弱弹簧和活塞的局部所形成的单向阀，很迅速地从橡皮膜上方气室缝隙中排掉，使微动开关 XK4 的常闭触头瞬时闭合，常开触头瞬时断开，而 XK3 的触头也瞬时动作，立即复位。

(2) 断电延时型。如图 6-33 (b) 所示，它和通电延时型的组成元件是通用的，只是电磁铁翻转 180°。当线圈通电时，衔铁被吸合，带动推板压合微动开关 XK1，使常闭触头瞬时断开，常开触头瞬时闭合，同时衔铁压动推杆，使活塞杆克服弹簧的阻力向下移动，通过拉杆使微动开关 XK2 也瞬时动作，常闭触头断开，常开触头闭合，没有延时作用。

当线圈断电时，衔铁在反力弹簧的作用下瞬时断开，此时推板复位，使 XK1 的各触头瞬时复位，同时使活塞杆在塔式弹簧及气室各元件作用下延时复位，使 XK2 的各触头延时动作。

3. 时间继电器的技术数据及选用

时间继电器用于需要延时的场合，在机床电气自动控制系统中，作为实现按时间原则动作的控制元件。常用的有 JS7-A 系列时间继电器，其技术数据见表 6-16。

表 6-16　**JST-A 系列空气式时间继电器技术数据**

型　号	触头容量		吸引线圈电压（V）	有延时的触头数量				瞬时动作触头数		延时整定范围（s）	操作频繁（次/h）
				通电延时		断电延时					
	额定电压	额定电流		常开	常闭	常开	常闭	常开	常闭		
JS7-1A	380V	5A	24，36，110，220，127，380，420	/	/	—	—	—	—	0.4～60 及 0.4～180	600
JS7-2A				/	/	—	—	/	/		
JS7-3A				—	—	/	/	—	—		
JS7-4A				—	—	/	/	/	/		

时间继电器在选用时，主要根据控制回路中所需要的延时触头的延时方式是通电延时还是断电延时，以及瞬时触头的数目和吸引线圈的电压等级等。

4. 时间继电器常见的故障及排除

在机床电气控制中，经常使用的时间继电器是空气阻尼式时间继电器，如果故障原因是由于气室经过拆卸再重新装配时，密封不严或者漏气，会使动作延时缩短，甚至不延时，此时应重新装配气室，检查漏气的地方。如果橡皮膜损坏或老化，应予以更换，如果在拆卸过程中或其他原因引起灰尘进入空气通道，使之受阻，继电器的动作延时就会变得很长，此时应清除气室内的灰尘，故障即可排除。

三、速度继电器

速度继电器是根据转速和转向变化进行控制的继电器，其作用是与接触器配合实现对电动机的制动，所以又称为反接制动继电器。

1. 速度继电器的结构

JFZ0 型速度继电器的结构如图 6-35 所示，由转子、定子及触头三部分组成。转子是一块永久磁铁，能绕轴旋转，使用时应装在被控制电动机的同一根轴上，随电动机一起转动。定子的结构与鼠笼异步电动机的转子相似，由硅钢片叠成并装有鼠笼形短路绕组，能够围绕转轴转动。

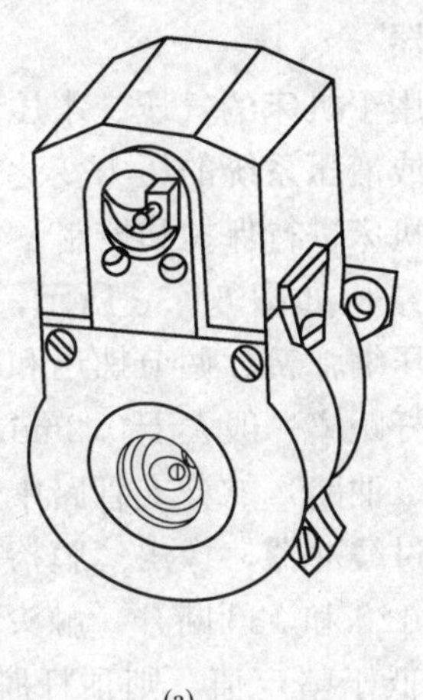

(a)

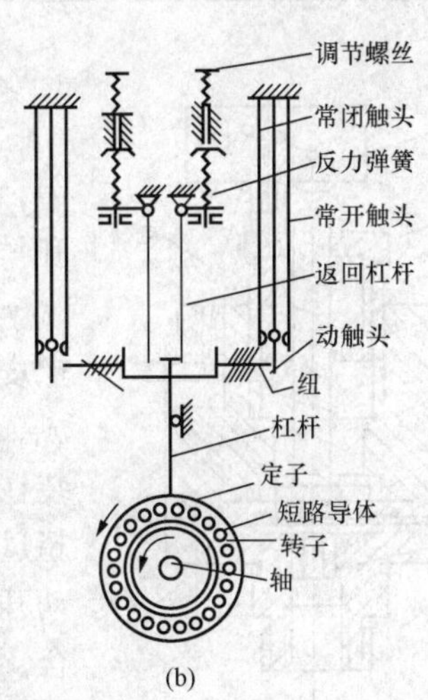

(b)

图 6-35　JFZ0 型速度继电器
(a) 外形；(b) 结构原理

2. 工作原理

当电动机旋转时，速度继电器的转子随之转动，产生旋转磁场，在定子绕组上，产生感应电流，此电流在永久磁铁的旋转磁场作用下，产生电磁转矩。转子速度越高，电磁转矩越大。当转速达到一定速度时，定子随着转子转动。当定子转动一个不大的角度时，带动杠杆，推动触头，使常闭触头断开，常开触头闭合，同时杠杆通过返回杠杆压缩反力弹簧，使定子不能继续转动。当电动机转速下降时，速度继电器的转子速度也下降，定子转矩减小。当减小到一定程度后，反力弹簧通过返回杠杆使杠杆返回到原来位置，常开触头断开，常闭触头闭合，恢复原状态。调节螺钉，可以调整反力弹簧的弹力，从而调节触头动作时所需转子的速度。

速度继电器常用于铣床和镗床的控制电路中，转速在120r/min以上时，速度继电器能动作并完成其控制功能。在100r/min以下时，其触头会复原。

3. 型号意义及技术数据

速度继电器的型号意义如下：

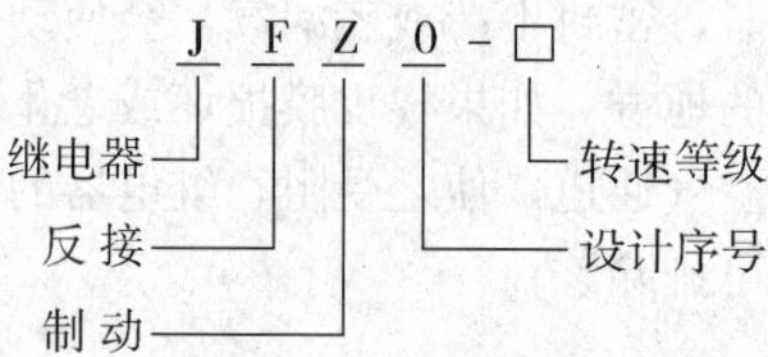

常用的速度继电器有JY1和JFZ0型，其技术数据见表6-17。

表6-17 JY1和JFZ0型速度继电器技术数据

型号	触头额定电压（V）	触头额定电流（A）	触头数量		额定工作转速（r/min）	允许操作频率（次/h）
			正转时动作	反转时动作		
JY1	380	2	1组转换触头	1组转换触头	100～3600	<30
JFZ0					300～3600	

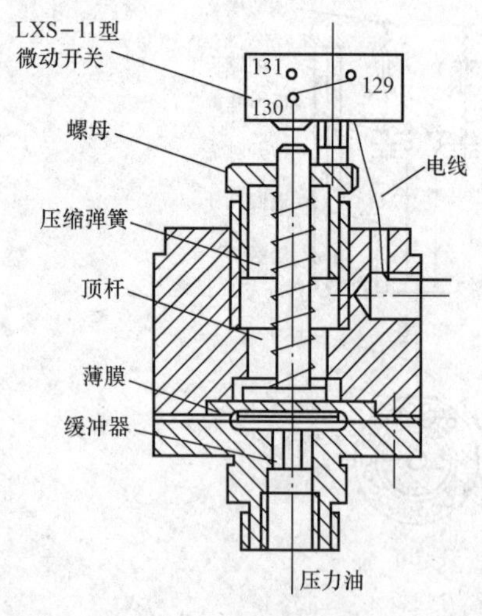

图6-36 压力继电器

四、压力继电器

压力继电器常用于机床的气压、水压和油压等系统中，它能根据风动或液压系统的压力变化决定触头的断开与闭合，以便对机床进行保护和控制。

压力继电器的结构如图6-36所示，它由缓冲器、橡皮薄膜、顶杆、压缩弹簧、调节螺母和微动开关等组成。微动开关和顶杆距离一般大于0.2mm，压力继电器装在气路（或水路、油路）的分支管路中。当管路压力超过整定值时，通过缓冲器，橡皮薄膜抬起顶杆，使微动开关动作，触头129和130断开，触头129和131闭合。若管路中压力低于整定值，则顶杆脱离微动开关，使触头恢复原位。

压力继电器的调整非常方便，只需放松或拧紧调整螺母即可改变控制压力。

常用压力继电器为 YJ 系列；其技术数据见表 6-18。

表 6-18　YJ 系列压力继电器技术数据

型　号	额定电压（V）	长期工作电流（A）	分断功率（V·A）	控制压力（Pa）	
				最大控制压力	最小控制压力
YJ-0	交流 380	3	380	6.0795×105	2.0265×105
YJ-1				2.0265×109	1.01325×10

五、电子式时间继电器

电子式时间继电器在时间继电器中已成为主流产品。电子式时间继电器是采用晶体管或集成电路和电子元件等构成，目前已有采用单片机控制的时间继电器。电子式时间继电器具有延时时间长、精度高、体积小、耐冲动和振动，调节方便及寿命长等优点，应用广泛。

图 6-37 所示为具有晶闸管的 JJSB1 型晶体管时间继电器的原理图。

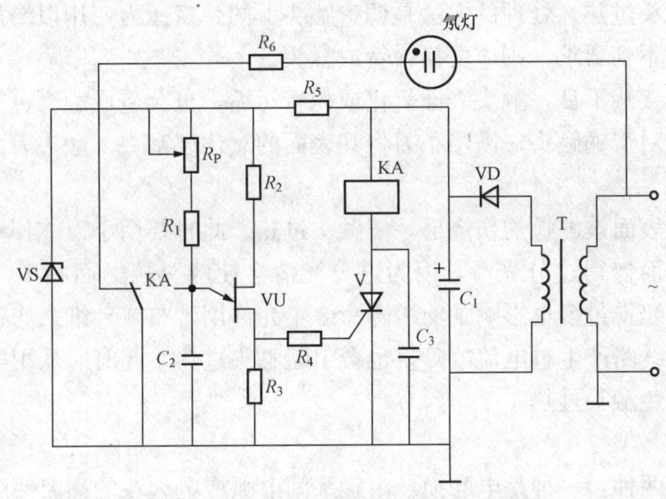

图 6-37　JJSB1 型晶体管时间继电器

交流电源经整流、滤波、稳压后成为直流电压，作为单结晶体管脉冲发生器的电源。接通电源后，电容器 C_2 被充电，经过一段充电时间（即延迟时间），C_2 上电压达到足够大时，单结晶体管 VU 导通，R_3 上的脉冲电压使晶闸管 V 触发导通，继电器 KA 线圈得电，其触头动作，使所控制的电路通断。从电源接触到触头动作的这段时间，即为延迟时间，延时长短可由电位器 R_P 调整。图 6-37 中继电器的复合触头 KA，在线圈未得电时，常闭触头闭合使氖灯燃亮；线圈得电后，常开触头闭合，氖灯熄灭，电容器 C_2 被短路迅速放电，为下次充电做准备。与晶闸管并联的电容器 C_3，用来吸收晶闸管两端可能发生的电压突变。

第七节　常用低压电路故障及排除

各种低压电器元件经长期使用，由于自然磨损或者频繁动作或者日常维护不及时，在运行中都会产生故障而影响正常工作，因此必须及时做好维修工作。

由于低压电器种类很多，结构繁简程度不一，产生故障的原因是多方面的，主要集中在触头和电磁系统。本节对一般低压电器所共有触头和电磁系统的常见故障与维修进行分析。

一、触头的故障与维修

触头是接触器、继电器及主令电器等设备的主要部件，起着接通和断开电路电流的作用，所以是电器中比较容易损坏的部件。触头的故障一般有触头过热、磨损和熔焊等现象。

1. 触头过热

触头通过电流会发热，其发热的程度与触头的接触电阻有关。动、静触头之间的接触电阻越大，触头发热越厉害，有时甚至将动、静触头熔在一起，从而影响电器的使用。因此，对于触头发热必须查明原因，及时处理，维护电器的正常工作。造成触头发热的原因主要有以下几个方面：

(1) 触头接触压力不足，造成过热。电器由于使用时间长，或由于受到机械损伤和高温电弧的影响，使弹簧产生变形、变软而失去弹性，造成触头压力不足；当触头磨损后变薄，使动、静触头完全闭合后触头间的压力减小。这两种情况都会使动、静触头接触不良，接触电阻增大，引起触头过热。处理的方法是调整触头上的弹簧压力，用以增加触头间的接触压力。如调整后仍达不到要求，则应更换弹簧或触头。

(2) 触头表面接触不良，触头表面氧化或积有污垢，也会造成触头过热。对于银触头氧化后，影响不大；对于铜触头，需用小刀将其表面的氧化层刮去。触头表面的污垢，可用汽油或四氯化碳清洗。

(3) 触头接触表面被电弧灼伤烧毛，使触头过热。此时要用小刀或什锦锉修整毛面，修整时不宜将触头表面锉得过分光滑，因为过分光滑会使触头接触面减小，接触电阻反而增大，同时触头表面锉得过多也影响了使用寿命。不允许用砂布或砂纸来修整触头的毛面。此外由于用电设备或线路产生过电流故障，也会引起触头过热，此时应从用电设备和线路中查找故障并排除，避免触头过热。

2. 触头磨损

触头的磨损有两种：一种是电磨损。由触头间电弧或电火花的高温使触头产生磨损；另一种是机械磨损，是由于触头闭合时的撞击、触头接触面的相对滑动摩擦等造成的。触头在使用过程中，由于磨损其厚度越来越薄。若发现触头磨损过快，则应查明原因，排除故障。如果触头磨损到原厚度的1/2～2/3，则需要更换触头。

3. 触头熔焊

触头熔焊是指动、静触头表面被熔化后焊在一起而断不开的现象。熔焊是由于触头闭合时，撞击和产生的振动在动、静触头间的小间隙中产生短电弧，电弧的温度很高，可使触头表面被灼伤以致烧熔，熔化后的金属使动、静触头焊在一起。当发生触头熔焊时，要及时更换触头，否则会造成人身或设备的事故。产生触头熔焊的原因大都是触头弹簧损坏，触头的初压力太小，此时应调整触头压力或更换弹簧。有时因为触头容量过小或因电路发生过载，当触头闭合时通过的电流太大，而使触头熔焊。

二、电磁系统的故障与维修

许多电器触头的闭合或断开是靠电磁系统的作用而完成的，电磁系统一般是由铁芯、衔铁和吸引线圈等组成。电磁系统的常见故障有衔铁噪声大、衔铁吸不上及线圈故障等。

1. 衔铁噪声大

电磁系统在工作时发出一种轻微的嗡嗡声，这是正常的。若声音过大或异常，这说明电磁系统出现了故障，其原因一般有以下几种情况：

（1）衔铁与铁芯的接触面接触不良或衔铁歪斜。电磁系统工作过程中，衔铁与铁芯经过多次碰撞后，接触面变形或磨损，以及接触面上积有锈蚀、油污，都会造成相互间接触不良，产生振动及噪声。衔铁的振动将导致衔铁和铁芯的加速损坏，同时还会使线圈过热，严重的甚至烧毁线圈。通过清洗接触面的油污及杂质，修整衔铁端面，来保持接触良好，排除故障。

（2）短路环损坏。铁芯经过多次碰撞后，短路环会出现断裂而使铁芯发出较大的噪声，此时应更换短路环。

（3）机械方面的原因。如果触头弹簧压力过大，或因活动部分受到卡阻而使衔铁不能完全吸合，都会产生较强烈的振动和噪声。此时应调整弹簧压力，排除机械卡阻等故障。

2. 线圈的故障及排除

线圈的主要故障是由于所通过的电流过大，使线圈过热，甚至烧毁。如果线圈发生匝间短路，应重新绕制或更换；如果衔铁和铁芯间不能完全闭合，有间隙，也会造成线圈过热。电源电压过低或电器的操作超过额定操作频率，也会使线圈过热。

3. 衔铁吸不上

当线圈接通电源后，衔铁不能被铁芯吸合时，应立即切断电源，以免线圈被烧毁。导致衔铁吸不上的原因有线圈的引出线连接处发生脱落；线圈有断线或烧毁的现象，此时衔铁没有振动和噪声。活动部分有卡阻现象、电源电压过低等也会造成衔铁吸不上，但此时衔铁有振动和噪声。应通过检查，分别采取措施，保证衔铁正常吸合。

小 结

本章主要介绍了常用低压电器如刀开关、组合开关、熔断器、自动开关、主令电器、接触器和继电器等的结构、工作原理、型号、规格及其应用，同时介绍了它们的图形符号及文字符号，对于本章的学习应强调理论联系实际，结合实物进行学习，为正确选择和合理使用这些电器奠定基础。

思考题与习题

1. 什么是低压电器？低压电器中动触点、静触点、常开触点和常闭触点的意义是什么？
2. 在绘制电气控制线路时，应遵循什么原则？
3. 刀开关的作用是什么？
4. 如何选择刀开关？
5. 组合开关与按钮开关的作用有什么区别？
6. 接近开关和行程开关有什么不同？
7. 在控制电路中，短路保护和过载保护一般分别采用什么电器？它们能否互相代替？
8. 熔断器有哪些用途？应如何选用？在电路中如何连接？

9. 常用的自动空气开关有哪两种形式？在电器控制线路中常用的是哪一种？一般具有哪些保护功能？

10. 什么是热继电器的整定电流？整定的方法是怎样的？热继电器会不会因电动机起动电流大而动作？为什么在电动机过载时会动作？

11. 接触器主要由哪些部分组成？交流接触器和直流接触器的铁芯和线圈的结构各有什么特点？交流接触器铁芯上的短路环起什么作用？

12. 接触器的主触头、辅助触头和线圈各接在什么电路中，如何连接？

13. 什么是继电器？它与接触器的主要区别是什么？

14. 中间继电器与交流接触器有什么区别？在什么情况下可以用中间继电器代替接触器起动电动机？

15. 交流接触器在运行中有时产生很大的噪声，试分析产生该故障的原因。

16. 空气阻尼式时间继电器是利用什么原理达到延时目的的？如何调整延时时间的长短？

17. 交流电磁线圈误接入直流电源，直流电磁线圈误接入交流电源，会发生什么问题？为什么？线圈额定电压为220V的交流接触器，误接入380V交流电源，会发生什么问题？为什么？

18. 什么是时间继电器？如何把通电延时的时间继电器改装为断电延时的时间继电器？

19. 什么是速度继电器？其作用是什么？速度继电器内部的转子有什么特点？

20. 交流接触器与直流接触器在铁芯的结构、灭弧方式上有什么区别？

21. 某机床的异步电动机的额定功率为5.5kW，额定电压为380V，额定电流是12.6A，起动电流为额定电流的6.5倍。现用按钮进行长动控制，要有短路保护和过载保护，电动机为三角形连接。试选择用哪种型号和规格的组合开关、接触器、熔断器、热继电器和按钮。

22. 低压电器中触头系统和线圈系统的常见故障有哪些？

23. 画出下列电器部件的图形符号并写出它们的文字符号：组合开关、接触器、热继电器、限位开关、速度继电器。

第七章

电动机控制线路

在工业、农业、交通运输等各行各业中，广泛使用着各种生产机械，目前绝大多数生产机械均采用三相异步电动机来拖动。三相异步电动机具有操作简单、维修方便、工作可靠、价格低廉等优点，在一般工矿企业中三相鼠笼式电动机的数量占电力拖动设备总台数的85%左右。电动机是通过某种自动控制方式来进行控制的，最常见的电动机控制电路大都由继电器、接触器、按钮等低压电器组成，又称为电气控制。

电气控制线路是把各种有触点的接触器、继电器、按钮、行程开关等电器元件，用导线按一定方式连接起来组成的控制线路，可以完成电动机起动、调速、正反转、制动等工作过程，并按照设计拖动生产机械的运行，实现对拖动系统的保护，满足生产工艺要求，实现生产过程自动化。其特点是：线路简单，设计、安装、调整、维修方便，便于掌握，价格低廉，运行可靠。因此，电气控制线路在工矿企业的各种生产机械电气控制领域中广泛应用。

第一节　电气控制线路的基本知识

一、电气控制系统图中的图形及文字符号

在绘制电气线路图时，电气元件的图形符号和文字符号必须符合国家标准的规定，不能采用非标准符号。详细的电气图形符号可参阅国标《电气简图用图形符号》（GB 4728—2005）及《电气制图》（GB 6988—1987）和《电气技术中的文字符号制订通则》（GB 7159—1987）表7-1是一些常用的电气图所用的图形符号和电气文字符号表。

表7-1　电气图常用的图形符号和文字符号

设备名称	图形符号	文字符号	设备名称	图形符号	文字符号
直　流	——	DC	整流器		U
交　流	～	AC	桥式全波整流器		U
电阻器		R	高压断路器		QF
交流电动机		MS	自动开关低压断路器		Q
双绕组变压器		TM	三绕组变压器		TM
电压互感器	同变压器	TV	自耦变压器		TM

续表

设备名称	图形符号	文字符号	设备名称	图形符号	文字符号
电抗器、扼流圈		L	负荷开关		
电流互感器 脉冲变压器		TA	熔断器		FU
可变电阻器	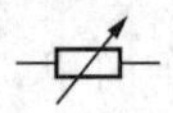	R	避雷器		F
电灯		HL	可调电阻器	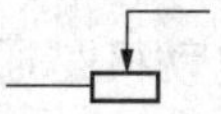	R
接地		E	电流表	A	PA
电感器		L	电压表	V	PV
隔离开关	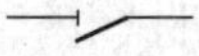	QS	电容	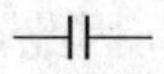	C

二、电气原理图

电气原理图是用图形符号并按电气设备的工作顺序排列，表明电气系统的基本组成、各元件间的连接方式、电气系统的工作原理及其作用，而不涉及电气设备和电气元件的结构和其实际位置的一种电气图，目的是便于详细理解作用原理及分析和计算电路特性和参数，可作为装配、调试和维修的依据。电气原理图是有关技术人员不可缺少的资料。

电气原理图分为主电路和辅助电路两大部分。主电路是电气控制电路中强电流通过的部分，是由电动机以及与它相连接的电器元件组成，给用电器（电动机、电弧炉等）供电的电路，是受辅助电路控制的电路。主电路习惯用粗实线画在图纸的左边或上部。辅助电路是由按钮、接触器、继电器的线圈和触点等组成，给控制元件供电的电路，是控制主电路动作的电路。辅助电路习惯用细实线画在图纸的右边或下部。

实际电气原理图中主电路一般比较简单，用电器数量较少；而辅助电路比主电路要复杂，控制元件也较多。

电气控制线路主要由执行元件、信号元件、控制元件和附加元件组成。执行元件用来操纵执行机构，这类元件包括电动机、电磁离合器、电磁阀、电磁铁等。信号元件用于把控制线路以外的其他物理量、非电量（如位移、压力）的变化转换为电信号或实现电信号的变换，以作为控制信号，这类元件有压力继电器、电流继电器和主令电器。控制元件对信号元件的信号以及自身的触点信号进行逻辑运算，以控制执行元件按要求进行工作。控制元件包括接触器、继电器、逻辑控制器等。某些情况下，信号元件可用来直接控制执行元件。附加元件用来改变执行元件（特别是电动机）的工作特性，这类元件有电阻器、电抗器及各类起动器等。

三、电气接线图

电气接线图是反映电气系统或设备各部分的连接关系的图，是专供电气工程人员安装接线和维修检查用的，接线图中所表示的各种仪表、电器、继电器以及连接导线等，都是按照它们的实际图形、位置和连接绘制的，设备位置与实际布置一致。接线图只考虑元件的安装配线而不明显地表示电气系统的动作原理和电气元器件之间的控制关系。接线图以接线方便、布线合理为目标，必须表明每条线所接的具体位置，每条线都有具体明确的线号，标有相同线号的导线可以并接于一起；每个电气设备、装置和控制元件都有明确的位置，而且将每个控制元件的不同部件都画在一起，并且常用虚线框起来。如一个接触器是将线圈、主触点、辅助触点都绘制于一起用虚线框起来。而在电气原理图中是辅助触点绘制在辅助电路中，主触点绘制在主电路中。

四、电气图绘制原则

(1) 电路图应布局合理、清晰，准确地表达作用原理及动作过程。

(2) 需要测试和拆、接外部引出线的端子，应用图形符号“空心圆”表示，电路的连接点用“实心圆”表示。

(3) 电路图采用功能布局法，同一功能的电气相关元件应画在一起，电路应按动作顺序和信号流自上而下、从左向右的原则绘制。

(4) 所有电器的可动部分均以自然状态画出。自然状态是指电器在没有通电和没有外力作用时的状态。

(5) 所有电机、电器等元件应采用国标规定的图形符号和文字符号表示。

(6) 电路图按主电路、控制电路、照明电路、信号电路分开绘制。

一般来说，电气图的绘制要求层次分明，电器元件及它们的触点安排要合理，并应保证电气控制线路运行可靠、节省连接导线，施工、维修方便。

第二节　三相异步电动机直接起动的控制电路

电动机接通电源后由静止状态逐渐加速至稳定运行状态的过程称为电动机的起动。若将满足电动机额定电压的电源直接加在电动机定子绕组上，使电动机起动，则称为全电压起动或直接起动。这种起动方法简单、可靠、经济，但起动电流可达电动机额定电流的4～7倍，过大的起动电流会造成电网电压下降，影响其他电动机和电气设备的正常工作，故直接起动方法对电动机容量有所限制，一般容量小于10kW的电动机才用直接起动。

一、开关控制电动机的单向旋转控制电路

图7-1所示为用闸刀开关和自动开关控制电路图，仅适用于不频繁起动的小容量电动机，不能实现自动控制及远距离控制，也不能实现失压、欠压和过载保护。

二、接触器控制电动机的具有自锁功能的单向旋转控制电路

图7-2所示为用接触器控制电动机的单向旋转控制电路图。接触器KM的常开触点并联在起动按钮SB2的两端，使电动机在松开起动按钮SB2后仍能继续运转，在控制电路中串联一个停止按钮控制电动机停转。

控制原理：先合上电源刀开关Q。

起动：按下SB2→KM线圈得电 ┬→KM主触头闭合→电动机M起动
　　　　　　　　　　　　　 └→KM常开辅助触点闭合(短接SB2进行自锁)

松开SB2后，由于KM常开辅助触点已闭合自锁，控制电路仍保持接通，电动机M连续运转。

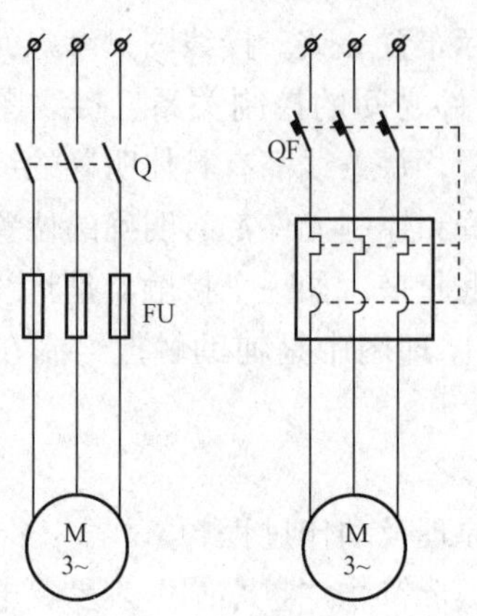

图 7-1 闸刀开关和自动开关控制电路图

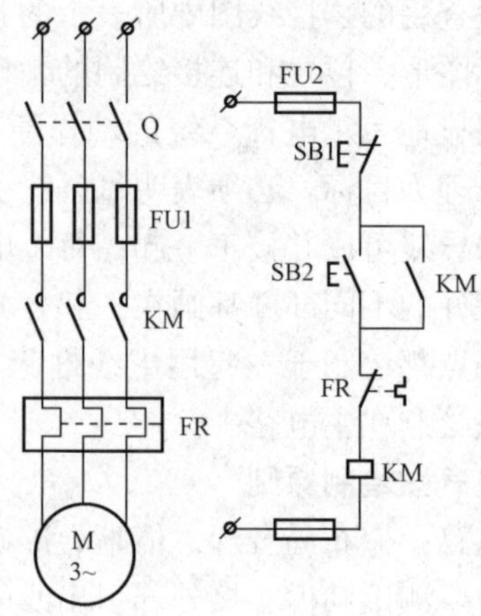

图 7-2 接触器控制电动机的单向旋转控制电路

停止：按下 SB1→KM 线圈失电 →KM 主触头断开 → 电动机 M 停转；→KM 常开辅助触点复位为下次起动做准备

这种当起动按钮 SB2 松开后，控制电路仍能保持接通的电路称为具有自锁（或自保持）功能的控制电路。与起动按钮 SB2 并联的 KM 的常开辅助触点称为自锁触点。

由于采用了熔断器、热继电器和接触器，所以电路具有以下保护功能：

（1）短路保护。由熔断器 FU1 和 FU2 分别实现主电路和控制电路的短路保护，熔断器通常安装在靠近电源端的电源开关的下方。

（2）过载保护。由热继电器 FR 实现电动机长期过载保护，热继电器的常闭辅助触点串联在接触器线圈回路中，当电动机长期过载而使 FR 动作时，就会切断 KM 线圈回路，使电动机停转。

（3）欠压和失压保护。依靠接触器本身的电磁机构实现，当电源电压欠压或失压时，接触器电磁吸力急剧下降或消失，衔铁自动释放，断开主触头和自锁触点，电动机停转。当电源电压恢复正常时不会自行起动运转，避免发生事故。

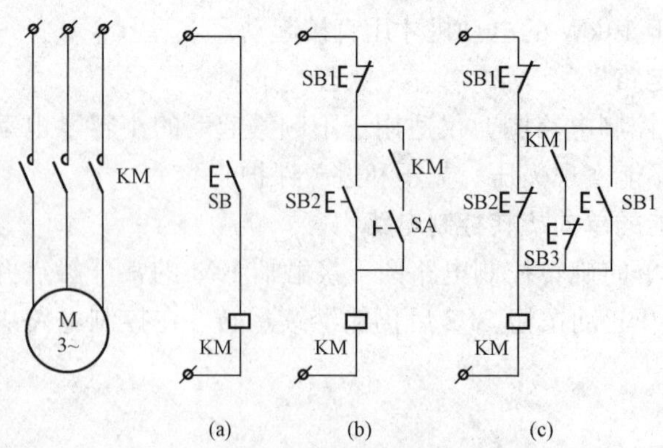

图 7-3 具有点动控制功能的几种电路
（a）最基本的点动控制电路；（b）带手动开关 SA 的点动控制电路；（c）点连动控制电路

三、点动控制电动机的控制电路

生产机械中有时需要点动控制电动机做调整运动，图 7-3 所示为具有点动控制功能的几种典型控制电路。

图 7-3（a）所示为最基本的点动控制电路。当按下起动按钮 SB 时，KM 线圈得电，主电路中的常开主触头闭合，电动机起动旋转，但一松开 SB 线圈立即失电，主触头断开，电动机停机。

图 7-3（b）是带手动开关 SA 的点动控制电路，可实现点动和连续运转控制，又称点连动控制电路，靠 SA 手动

切换点动和连动，需要电机连续运转时，只要合上手动开关 SA，KM 自锁触头接入电路，即可实现连续运转，当需要点动运行时，只要将手动开关 SA 断开，即可实现点动。

图 7-3（c）也是点连动控制电路，靠增加的复合按钮 SB3 自动切换点动和连动控制。

由按钮 SB2 和 SB1 实现连续控制，只要按下 SB2，即可使接触器线圈 KM 通电，电机就连续运转。由 SB3 实现点动，其点动工作原理如下：

按下 SB3 →SB3 常闭触头先断开→切断 KM 自锁支路→KM 线圈失电→电机 M 停机(实现点动)
　　　　 →SB3 常开触头后闭合→KM 线圈得电→KM 主触头闭合→电动机旋转
　　　　　　　　　　　　　　　　　　　　　　　　　松开 SB3→SB3 常开触头先行复位

→KM 线圈失电→电动机 M 停机（实现点动）

由于点动控制电路中，电动机运行时间较短，可以不设过载保护，但仍要设短路和欠压、失压保护。

四、电动机正反转控制电路

在生产中往往需要部件做正、反两个方向的运动，如机床工作台的前进与后退，主轴的正转和反转等，一般都由拖动这些部件的电动机实现正、反转来实现。三相异步电动机的转动方向是由旋转磁场的转动方向决定的，而旋转磁场的转向取决于定子绕组通入的三相电流的相序，因此改变电动机的转向，只要将通入电动机的三根电源线任意对调两根即可。

图 7-4 所示为常用的三相异步电动机正反转的控制电路。

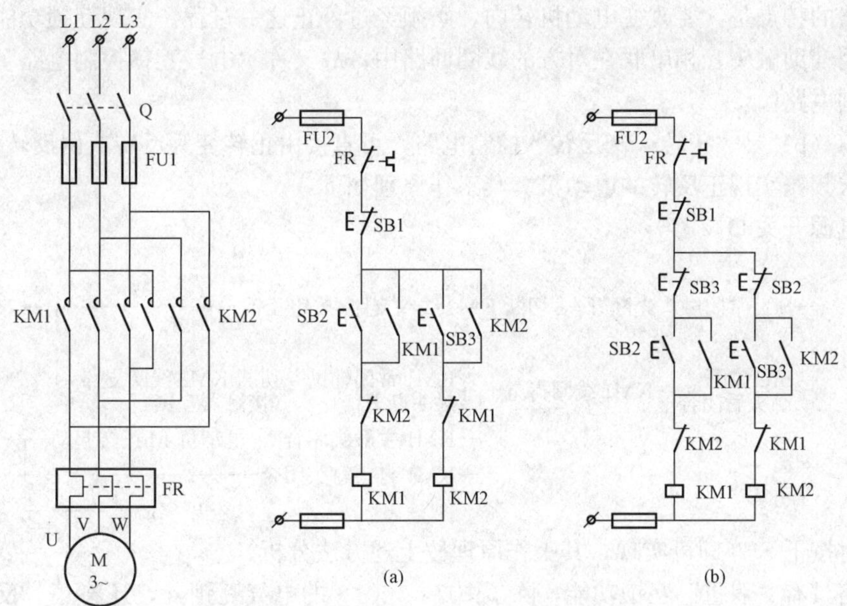

图 7-4　三相异步电动机正反转控制电路

（a）正转⟷停止⟷反转；（b）正转⟷反转

电路中，采用两个接触器 KM1（正转接触器）、KM2（反转接触器）来切换电动机的正反转，KM1 和 KM2 的主触头在主电路中，用来改变三相电源的相序，从而改变电动机转向。当接触器 KM1 的三对主触头接通时，三相电源的相序按 L1—L2—L3 接入电动机，而当 KM2 的三对主触头接通时，三相电源的相序按 L3—L2—L1 接入电动机。对于同一台电动机及其控制电路，同一时间只能允许实现电动机一个方向的旋转，若电路中 KM1 和 KM2 同时通电，主触头同时闭合，会造成 L1、L3 两相电源短路，因此在电动机控制回路中增加了“互锁”功能，即在允许电动机正转（或反转）的同时禁止电动机反转（或正转）。

图 7-4（a）是“正转⟷停止⟷反转”控制电路，工作原理如下：

合上电源开关 Q。

正转：

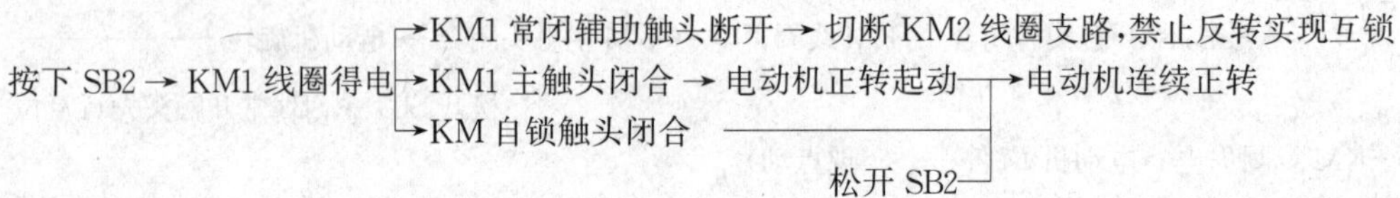

反转：

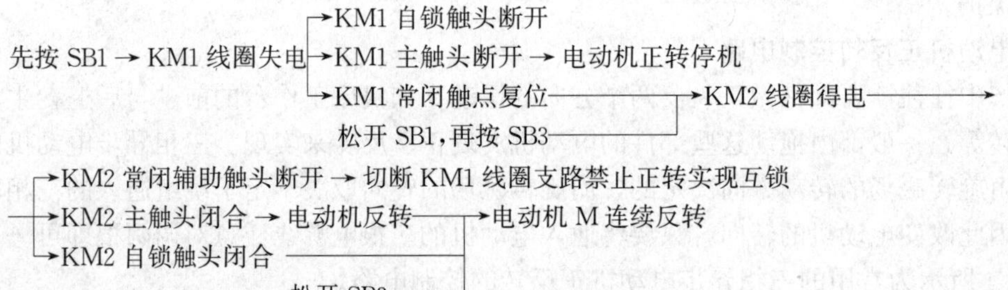

该电路的特点是：要改变电动机转向，必须经过停止这一过程。实现互锁功能是将两接触器的常闭辅助触头互相串联在对方的线圈回路中，故又称“电气互锁控制电路”或“接触器互锁控制电路”。

图 7-4（b）是“正转⟷反转”控制电路，可直接由正转变为反转或由反转变为正转，适用于要求频繁实现正反转的电动机。其工作原理如下：

合上电源开关 Q。

正转：

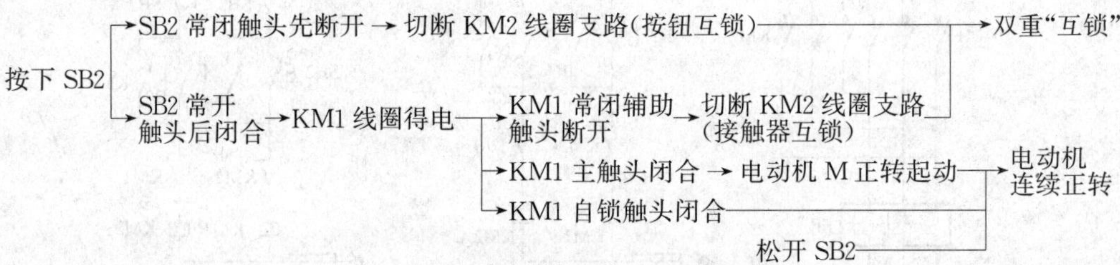

反转时按下 SB3 即可实现，其工作原理按上述方法分析。

该电路具有“双重”互锁功能，除了图 7-4（a）的电气互锁外，还将正、反转起动按钮的常闭触头互相串联在对方接触器线圈回路中实现“按钮互锁”或“机械互锁”功能。若在控制电路中去掉 KM1、KM2 的常闭辅助触头，图 7-4（b）就变成单一的机械互锁控制电路或按钮互锁控制电路。

第三节　三相异步电动机的降压起动控制电路

三相鼠笼式异步电动机功率在 10kW 以上时或不能满足式

$$\frac{3}{4}+\frac{\text{电源(变压器)容量(kVA)}}{4\times\text{电动机容量(kW)}}\geqslant\frac{\text{电动机直接起动电流}}{\text{电动机额定电流}}$$

即电源允许的起动电流应不小于电动机的直接起动电流的条件时，应采用降压起动方法进行起动。降压起动时，起动电流减小了，但起动转矩也减小了，故降压起动只适用于空载或轻载下的起动。三相鼠笼式异步电动机降压起动的方法有：定子绕组串接电阻或电抗器、星形—三角形连接、自耦变压器及延边三角形起动等。这些起动方法的实质都是在电源电压不变的情况下，起动时降低加在电动机定子绕组上的电压，以限制起动电流，而在起动后再将电压恢复至额定值进行正常运行。

一、定子绕组电路串接电阻（电抗器）降压起动的控制电路

图 7 - 5 所示为电动机定子绕组串接电阻的降压起动控制电路图。图中 KM1 为接通电源接触器，KM2 为短接电阻接触器，KT 为起动时间继电器，R 为电阻。

工作原理为：合上电源开关 Q，按下起动按钮 SB2，KM1 通电并自保持，同时 KT 通电，电动机定子绕组电路串接电阻 R 进行降压起动，经时间继电器 KT 延时，其常开延时闭合触点闭合，KM2 通电，将电阻 R 短接，电动机进入全电压运行。KT 的延时长短根据电动机起动过程时间长短来整定。

串接电阻时，电阻功率大，能通过较大电流，但能量损耗大，为节省能量，可采用电抗器代替电阻，但价格较高，不太实用。

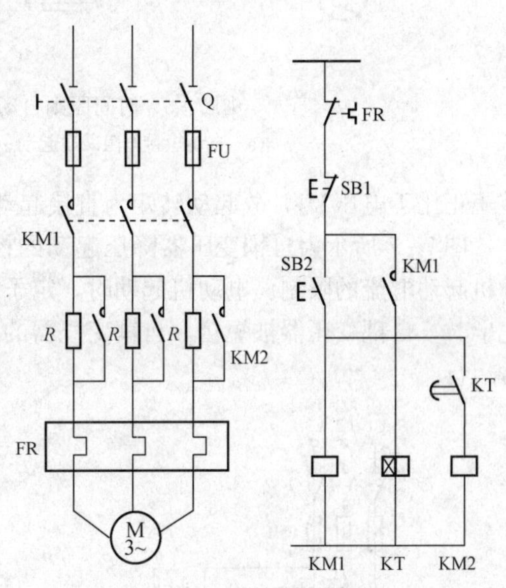

图 7 - 5　电动机定子绕组串接电阻降压起动控制电路

图 7 - 6（a）所示为按时间原则自动短接电阻降压起动的控制电路，图中 KM1 为起动接触器，KM2 为运行接触器。电路工作原理为：合上电源开关 Q，按下起动按钮 SB2，KM1、KT 线圈同时通电并自保持，电动机定子绕组电路串接电阻 R 进行降压起动，当电动机转速接近额定转速时，时间继电器 KT 常开延时闭合触点闭合，KM2 通电并自保持，KM2 主触头先将电阻 R 短接，然后 KM1 主触头断开串接电阻 R，电动机经 KM2 主触头进入全电压运行。

图 7 - 6（b）所示为自动与手动短接电阻降压起动的控制电路，图中 SA 为选择开关，当置于“A”时为自动控制，置于“M”时为手动控制，此时将时间继电器 KT 断开、引入加速按钮 SB3。电路工作原理为：合上电源开关 Q，按下起动按钮 SB2，KM1 线圈通电并自保持，电动机定子绕组电路串接电阻 R 进行降压起动，当电动机转速接近额定转速时，再按下加速按钮 SB3，KM2 线圈通电并自保持，KM1 断电释放，使 R 先短接后断开，电动机在全压下正常运行。

二、自耦变压器降压起动的控制电路

将自耦变压器一次侧接在电网上，二次侧接在电动机定子绕组上，电动机定子绕组得到的电压是自耦变压器的二次电压 U_2，自耦变压器变比 $K=U_1/U_2>1$。当利用自耦变压器起动时的电压为电动机额定电压时，电网供给的起动电流为直接起动电流的 $1/K^2$，由于起动

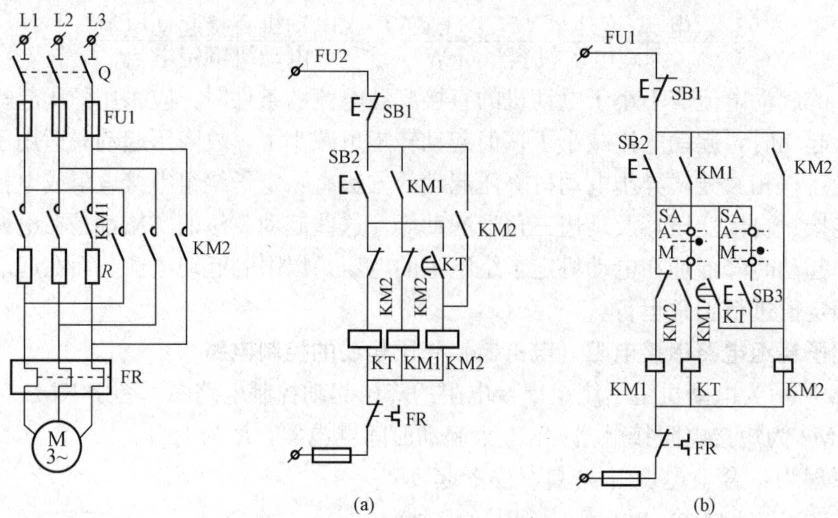

图 7-6 时间原则自动短接电阻减压起动控制电路

(a) 自动短接电阻减压起动；(b) 自动与手动短接电阻减压起动

转矩正比于电压 U_2，故起动转矩为直接起动转矩的 $1/K^2$。

图 7-7 所示为自耦变压器降压起动的控制电路，依靠自耦变压器的降压作用来实现电动机起动电流的限制。电动机起动时，定子绕组得到的电压是自耦变压器的二次电压，起动完毕时，自耦变压器被短接，自耦变压器的一次电压直接加于定子绕组，电机进入全电压正常运行。

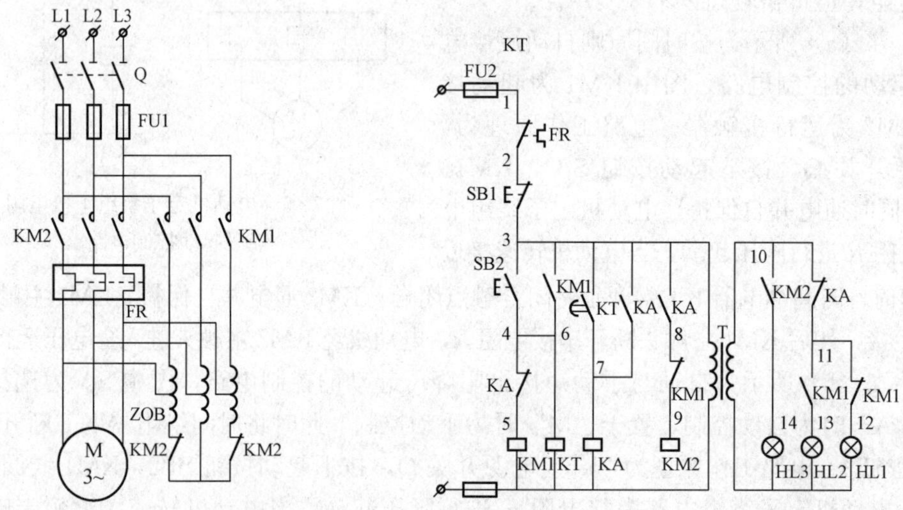

图 7-7 自耦变压器降压起动控制电路

电路工作原理是：合上电源开关 Q，按下起动按钮 SB2，KM1、KT 线圈同时通电并自保持，将自耦变压器接入，电动机定子绕组经自耦变压器接至电源开始降压起动，同时指示灯 HL1 灭，HL2 亮，显示电动机正进行降压起动。当电动机转速接近额定转速时，KT 延时常闭触点闭合，KA 线圈通电并自保持，KA（4—5）断开使 KM1 断电，自耦变压器被切除，KA（10—11）断开，HL2 指示灯熄灭；KA（3—8）闭合，KM2 通电，电机进行全电压正常运行，同时指示灯 HL3 亮，表明电动机降压起动结束，进入正常运行。

自耦变压器降压起动的方法适用于不频繁起动、容量较大的电动机，起动转矩可以通过改变抽头的连接位置得到改变，但自耦变压器价格较贵。

三、星形—三角形转换降压起动控制电路

星形—三角形降压起动只适用于正常工作时定子绕组作三角形连接的电动机，由于该方法简单经济，故使用普遍，功率在 4kW 以上的三相鼠笼式异步电动机均为三角接法，都可以采用星—三角转换降压起动方法。

星—三角转换降压起动是指起动时将定子绕组接为星形，待转速增加到额定转速时，将定子绕组的接线切换成三角形。在起动时，定子绕组电压降为电源电压的 $1/\sqrt{3}$，电流为直接起动时的 1/3，起动转矩也是直接起动（三角接）时的 1/3，故不仅适用于空载或轻载下起动，也适用于较重负载下的起动。

图 7-8 所示为时间继电器切换的星形—三角形降压起动控制电路，其工作原理如下：

合上电源开关 Q。

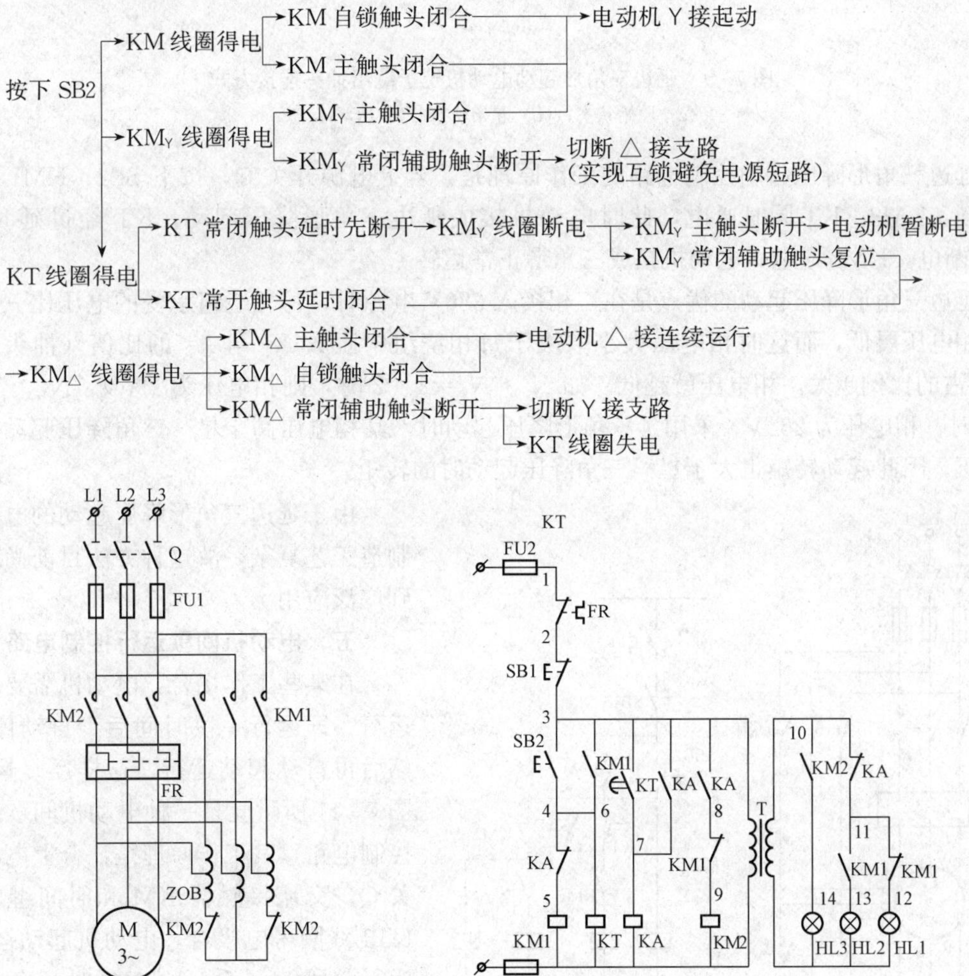

图 7-8 自动星形—三角形降压起动控制电路

四、延边三角形降压起动控制电路

采用星形—三角形降压起动时，可以在不增加专用设备的条件下实现降压起动，但其起动转矩较低，而延边三角形降压起动是不增加专用设备又能得到较高起动转矩的起动方法。它适用于定子绕组特别设计的异步电动机，这种电动机共有九个出线端，图7-9所示为延边三角形起动的电动机定子绕组抽头连接方式，图7-10所示为延边三角形降压起动控制电路。

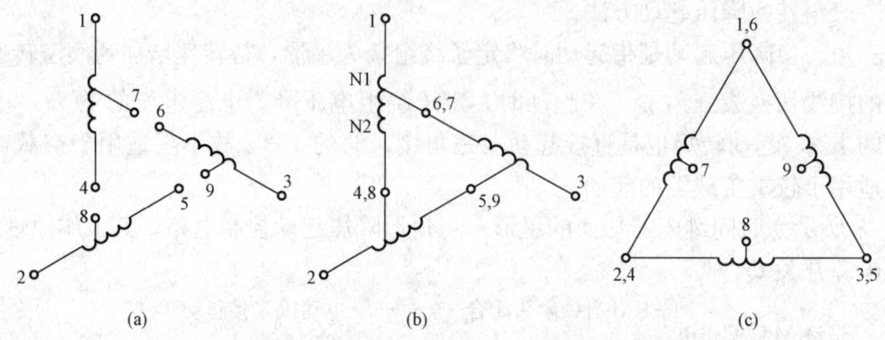

图7-9　延边三角形起动电动机定子绕组抽头连接方式

(a) 原始状态；(b) 起始状态；(c) 运行状态

延边三角形降压起动控制电路的工作原理是：合上电源开关Q，按下SB2，KM1通电并自锁，KM3、KT同时通电，此时电动机接成延边三角形降压起动，KT经过延时后，KM3断电，KM2通电，电动机接成三角形正常运转。

延边三角形降压起动的优点是在三相接入380V电源时，每相绕组承受的电压比三角接法的相电压要低，而这时相电压大小取决于每相绕组中匝数 N_1 与 N_2 的比值（抽头比），N_1 所占的比例越大，相电压就越低。如 $N_1:N_2=1:2$ 时，则相电压为290V，$N_1:N_2=1:1$ 时，相电压为264V。采用延三角形降压起动时，其相电压高于星—三角降压起动时的相电压，因此起动转矩也大于星—三角降压起动时的转矩。

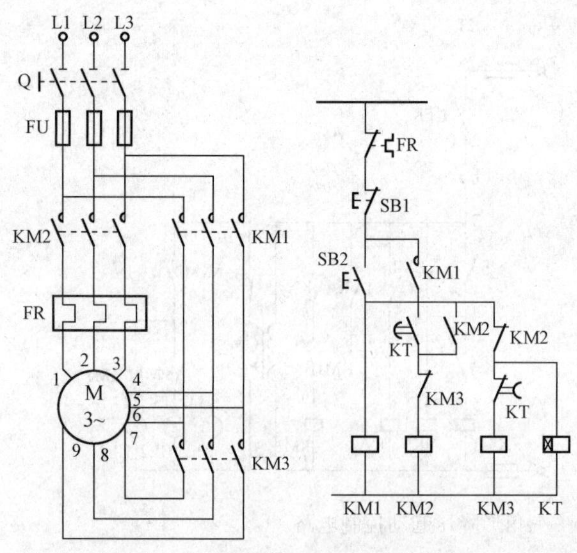

图7-10　延边三角形降压起动控制电路

由于延边三角形降压起动的电动机制造工艺复杂，故这种方法目前尚未得到广泛应用。

五、电动机间歇运行控制电路

在某些工作场合，电动机需要间歇运行，即运行一段时间后，自动停止，然后再自动起动运行，这样反复运行。图7-11所示就是一种电动机间歇运行控制电路，其工作原理是：合上电源开关Q，交流接触器KM和时间继电器KT1线圈得电吸合，电动机起动运行；运行一段时间后，KT1延时闭合的常开触点闭合，接通中间继电器KA和时间继电器KT2电路，KA常闭触点断开，电动机停止运行；经过一段时间后KT2延时断开的常闭触点断开，使KA线圈断电释放，KA的常闭触点闭合，再次接通KM线圈电路，电动机重新起动运行，重复上述过程，实现电动机的间歇运行。

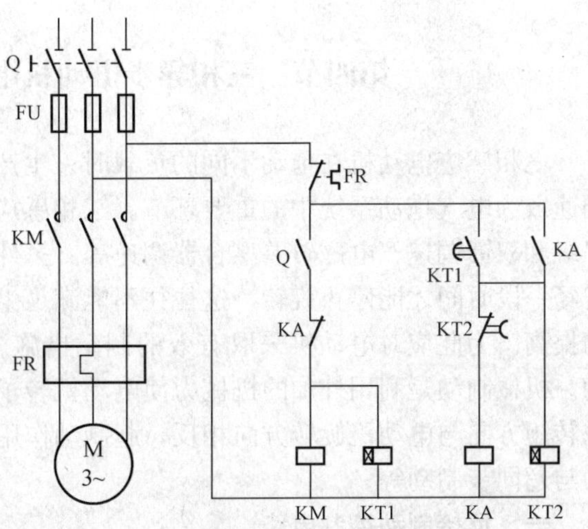

图7-11 电动机间歇起动运行控制电路

六、电动机限位运行控制电路

图7-12所示为电动机限位往返运行控制电路图，图中SQ1和SQ2为限位开关（行程开关），装在预定的位置上。其工作原理如下：

合上电源开关，按下SB2，接触器KM1线圈得电吸合，电动机正转起动，运动部件向前运行，当运行到终端位置时，装在运动物体上的挡铁碰撞行程开关SQ1，使SQ1的常闭触点断开，接触器KM1线圈断电释放，电动机断电，运动部件停止运动，此时即使按下SB2，接触器KM1的线圈也无电，保证了运动部件不会超过SQ1所在位置。当按下SB3时，KM2得电，电动机反转，运动部件向后运动至挡铁碰撞行程开关SQ2时，SQ2的常闭触点断开，接触器KM2线圈断电释放，运动部件停止运动，如中间需要停止，可按下停止按钮SB1。

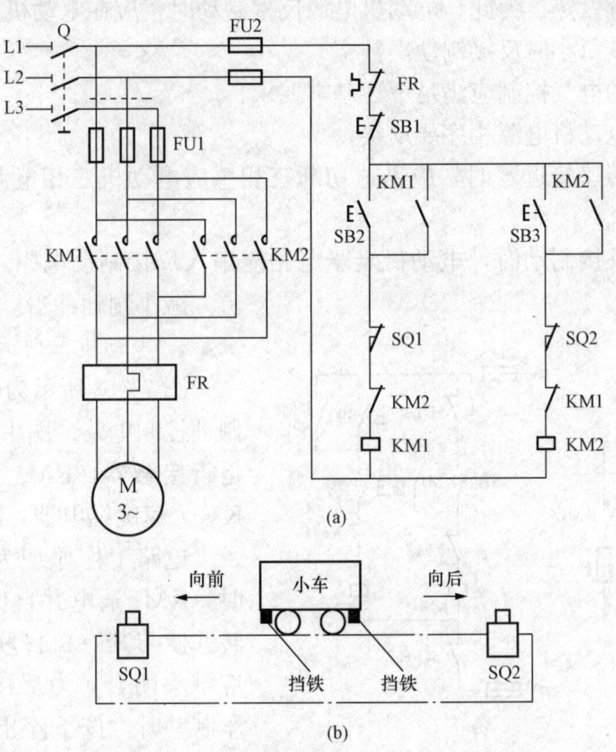

图7-12 电动机限位往返运行控制电路

第四节 三相异步电动机电气制动及调速控制系统

三相感应电动机在拖动不同的负载时，生产机械负载会对转速提出不同的要求，因此，调速成为电气拖动系统中的重要环节。三相感应电动机的调速方法有变极调速、变频调速、串级和双馈调速、电磁转差离合器调速等。另外定子绕组断开电源后，由于机械惯性，转子需经一段时间才能停止旋转，这往往不能满足生产机械要求迅速停车的要求，也影响生产率的提高。为此应对电动机采取有效的制动措施。一般采用的制动方法有机械制动与电气制动。机械制动是利用外加的机械力使电动机转子迅速停止的方法。电气制动是使电动机的电磁转矩方向与电动机旋转方向相反，起制动作用。电气制动有反接制动、能耗制动、电容制动与超同步制动等。

一、反接制动控制电路

电动机反接制动有两种情况：一种是电动机在负载转矩作用下，使按正转接线的电动机出现反转的倒拉反接制动；另一种是改变电动机三相电源相序的电源反接制动。倒拉反接制动用在重力负载场合（如桥式起重机）；而一般场合使用电源反接制动，即改变电动机电源相序，使电动机定子旋转磁场与转子旋转方向相反，产生的电磁转矩是一个制动转矩，使电动机转速迅速下降，当电动机转速接近于零时应立即切断三相交流电源，否则电动机将反向起动旋转。电源反接制动时，转子转速与定子旋转磁场的相对速度接近于 2 倍的电动机同步转速，以致反接制动电流将为电动机全压起动时起动电流的 2 倍，于是产生过大的制动转矩和使电动机绕组过分发热。为此，电动机电源反接制动时，应在电动机定子电路中串入反接制动电阻，并限制其每小时反接制动次数。

电源反接制动的电气控制应满足下述基本要求：

（1）三相感应电动机电源相序要反接。

（2）当电动机转速接近零时，应迅速切断三相感应电动机三相电源，否则将出现反向起动。

（3）进行电源反接制动时，电动机定子电路应串入反接制动电阻，以减小反接制动电流，减小制动冲击。

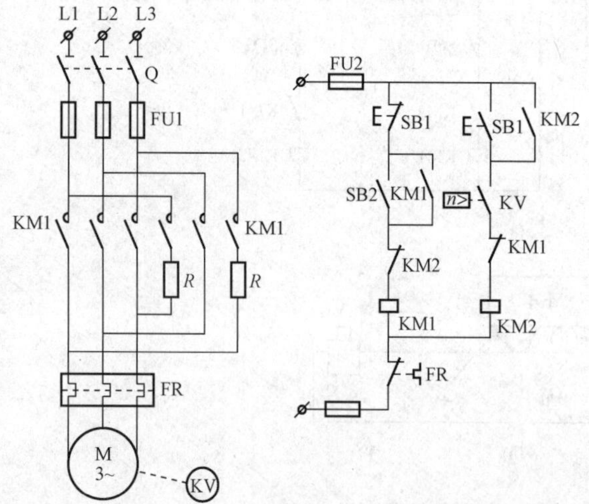

图 7 - 13 电动机单向运行反接制动控制电路

1. 电动机单向运行反接制动控制电路

图 7 - 13 所示为电动机单向运行反接制动控制电路。图中 KM1 为电动机单向运行接触器，KM2 为反接制动接触器，KV 为速度继电器，*R* 为反接制动电阻。

电路工作原理为：电动机单向旋转时，KM1 通电并自保持，电动机单向旋转并使与其有机械联系的速度继电器相应触头闭合，为反接制动做准备。需停车制动时，按下停止按钮 SB1，KM1 线圈断电释放，其三对主触头断开，切除三相交流电源，电动机以惯性旋转。当将 SB1 按到底时，SB1 常开触头闭合，使 KM2 线圈通电并自保持，电动机定子串入不对称电阻接入反相序三相电源进行反接制动，电动机转速迅速下降，当电动机转速低于 100 r/min时，速度继电器 KV 复原，其常开触头复位，使 KM2 线圈断电释放，电动机断开反相序电源，自然停车至零。

2. 电动机可逆运行反接制动电路

图 7 - 14 所示为电动机可逆运行反接制动电路。图中 KM1、KM2 为电动机正、反转接触器，KM3 为短接反接制动电阻接触器，KA1、KA2、KA3 为中间继电器，KV 为速度继电器，其中 KV-1 为正转触头，KV-2 为反转触头，R 为反接制动电阻。

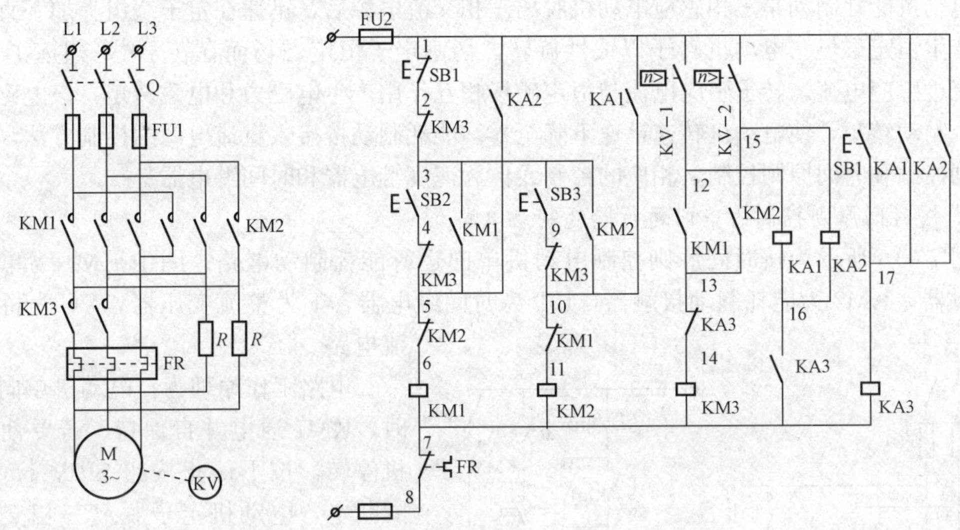

图 7 - 14　电动机可逆运行反接制动电路

电路工作原理为：若需电动机正向运行，则合上电源开关 Q，按下正向起动按钮 SB2，KM1 线圈通电并自保持，电动机定子串入电阻，接入正相序电源进行降压起动，当电动机转速 $n>$130r/min 时，速度继电器 KV 动作，其正向触头 KV-1 闭合，使 KM3 线圈通电，短接定子电阻，电动机在全压下起动并进入正常运行。因此，电动机转速在 0～130r/min 范围内是进行降压起动而 $n>$130r/min 以后为额定电压下运行。

当需要停车时，按下停止按钮 SB1，KM1、KM3 线圈相继断电释放，电动机脱离正相序三相交流电源并串入电阻。当将 SB1 按钮按到底时，KA3 线圈通电，其触头 KA3（13—14）断开，确保 KM3 线圈处于断电状态，保证反接制动电阻的接入；而另一触头 KA3（16—7）闭合，由于此时电动机因惯性转速角大于速度继电器释放值，使触头 KV-1 仍处于闭合状态，从而使 KA1 线圈和 KV-1 触头通电吸合，其触头 KA1（1—17）闭合，确保停止按钮 SB1 松开后 KA3 线圈仍保持通电状态，KA1 的另一触头 KA1（1—10）闭合，又使 KM2 线圈通电，电动机定子串入反接制动电阻接入反相序电源进行反接制动，使电动机转速迅速下降，当电动机转速低于 100r/min 时，速度继电器释放，触头 KV-1 断开，KA1、KM2、KA3 线圈相继断电，反接制动结束，电动机自然停车至零。

电动机反向运转、停车时的反接制动电路工作情况与上述情况相似，但此时速度继电器起作用的触头是 KV-2，中间继电器 KA2 替代 KA1。

由上述分析可知，起动时，电动机转速由 0～130r/min 为串入电阻减压起动。所以电阻 R 具有限制起动电流和反接制动电流的双重作用。同时，停车时应将 SB1 按钮按到底，否则将因 SB1（1—17）不闭合而无法反接制动。

电动机反接制动效果与速度继电器触头反力弹簧的松紧程度有关，应适当调整速度继电器反力弹簧的松紧程度。当反力弹簧调得过紧且电动机转速较高时，其触头便在反力弹簧作用下使其断开，过早切断反接制动电路，使反接制动效果明显减弱；若反力弹簧调得过松，则速度继电器触头复原过于迟缓，使电动机有可能出现制动停止后又短时反转之现象。

二、能耗制动控制电路

电动机能耗制动是三相感应电动机脱离三相交流电源后，迅速在定子绕组上加一直流电源，产生恒定磁场。电动机转子以惯性旋转，切割定子恒定磁场而在转子中产生感应电动势，流过感应电流，转子感应电流与恒定磁场相互作用产生电磁力和电磁转矩，该电磁转矩是一个制动转矩，使电动机转速迅速下降至零。能耗制动按接入直流电源的控制方法，有速度原则控制和时间原则控制，相应的控制元件为速度继电器和时间继电器。

1. 按时间原则控制的单向运行能耗制动电路

图 7-15 所示为按时间原则控制电动机单向运行能耗制动电路。图中 KM1 为单向运行接触器，KM2 为能耗制动接触器，KT 为时间继电器，T 为整流变压器，VC 为桥式整流电路。

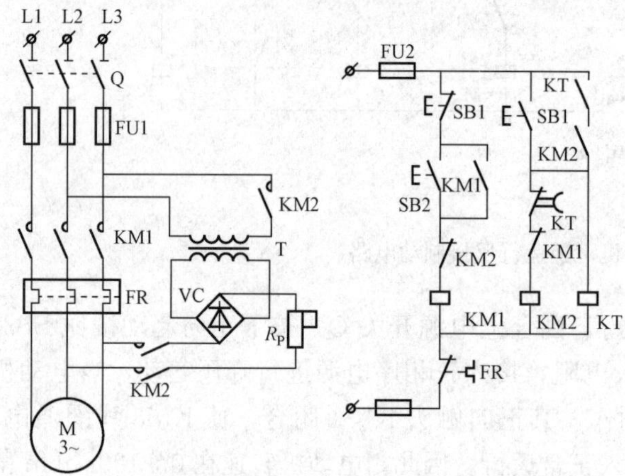

图 7-15 按时间原则控制电动机单向运行能耗制动电路

电路工作原理为：电动机单向运行时，KM1 通电并自保持。若要使电动机停转，按下停止按钮 SB1，KM1 线圈断电，电动机定子脱离三相交流电源；同时，KM2、KT 线圈同时通电并自保持，KM2 主触头将电动机二相定子绕组接入直流电源进行能耗制动，使电动机转速迅速降低，当转速接近零时，时间继电器 KT 延时时间到，其常闭延时触头断开，使 KM2、KT 线圈相继断电，制动过程结束。

将 KT 常开瞬动触头与 KM2 自保持触头串接，是考虑时间继电器线圈断线或其他故障，致使 KT 常闭通电延时断开触头打不开而致使 KM2 线圈长期通电，造成电动机定子长期通入直流电源。

2. 按速度原则控制的可逆运行能耗制动电路

图 7-16 所示为按速度原则控制的可逆运行能耗制动电路。图中 KM1、KM2 为电动机正、反转接触器，KM3 为能耗制动接触器 KV 为速度继电器。

电路工作原理为：合上电源开关 Q，根据工作需要按下正转或反转起动按钮 SB2 或 SB3，相应接触器 KM1 或 KM2 通电吸合并自保持，电动机正常运转。此时速度继电器的正转或反转触头 KV-1 或 KV-2 闭合，为停车接通 KM3 实现能耗制动做准备。

停车时，按下停止按钮 SB1，电动机定子绕组脱离三相交流电源。当 SB1 按到底时，KM3 线圈通电并自保持，电动机定子接入直流电源进行能耗制动，电动机转速迅速下降，

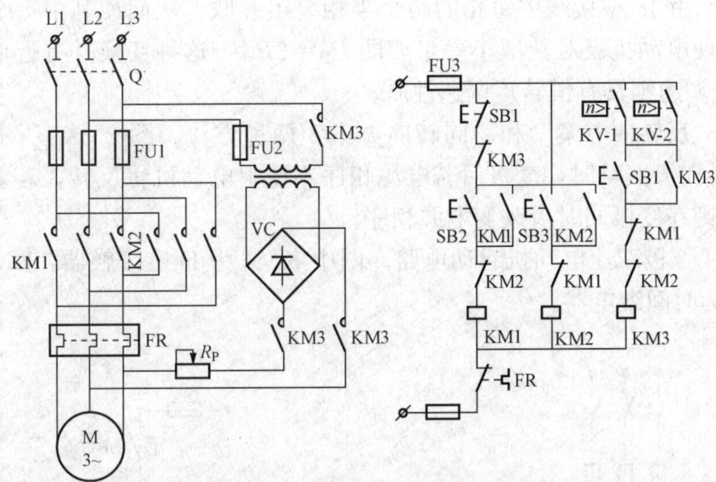

图 7-16　按速度原则控制的可逆运行能耗制动电路

当转速降至 100r/min 时，速度继电器 KV-1 或 KV-2 触头断开，使 KM3 断电，能耗制动结束，电动机自然停车至零。

时间原则控制的能耗制动，一般适用于负载转矩较为稳定的电动机，这时时间继电器的整定值比较固定。而对于那些能够通过传动系统来实现负载转速变换的生产机械采用速度控制较为合适。

三、变更电动机极对数调速的控制电路

改变电动机的磁极对数，就改变了电动机的同步转速，也就改变了电动机的转速。一般三相电动机的磁极对数是不能随意改变的，必须选用“双速”或“多速”电动机来进行。由于电动机的极对数是整数，所以这种调速是有级调速。

采用变极调速，原则上对鼠笼式感应电动机与绕线式感应电动机都适用，但对绕线式感应电动机，要改变转子磁极对数以与定子磁极一致，其结构相当复杂，故一般不采用。鼠笼式电动机转子极对数具有自动与定子极对数相等的能力，因而只要改变定子极对数即可，所以变极调速主要适用于三相鼠笼感应电动机。

鼠笼式感应电动机往往采用以下两种方法来改变定子绕组的极对数：一是改变定子绕组的连接，即改变定子绕组的半相绕组电流方向；二是在定子上设置具有不同极对数的两套相互独立的绕组。有时为了获得更多的转速等级，在同一台电动机中同时采用上述两种方法。

单绕组双速电动机的接线方法常用的有 Yyy 与 Dyy 变换，它们都是改变各相的一半绕组的电流方向来实现变极的。图 7-17 为 Dyy 变换时的三相绕组接线图。将三相绕组的首尾端依次相接，构成一个封闭三角形，从首端引出接三相电源，中间抽头空着，如图 7-17（a）所示。若将三相绕组的首尾端相接构成一个中性点 N，而将各绕组的中间抽头接三相电源，构成 yy 连接，如图

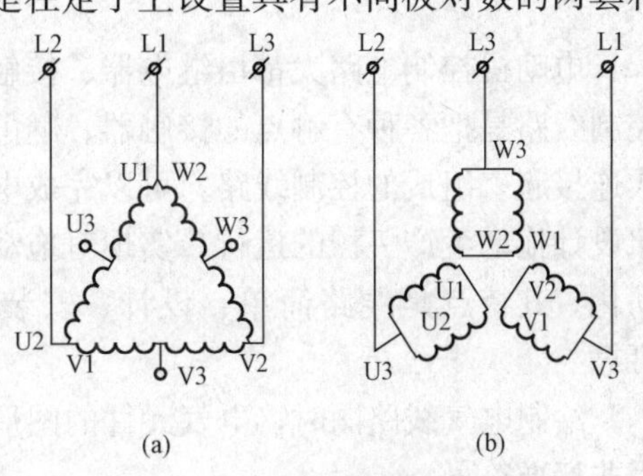

图 7-17　Dyy 转向方案变极调速电动机绕组接线

（a）△接线；（b）yy 形接线

7-17（b）所示，由于 yy 接线中每相的两个半相绕组并联，从而使其中一个半相绕组电流方向反了，从而使电动机极对数减小一半，即 $P_D=2P_{yy}$。这种变换具有近似恒功率调速性质，而 Yyy 变极调速则具有恒转矩调速性质。

变极调速有“反转向方案”和“同转向方案”两种方法。图 7-17 所示为“反转向方案”。采用“反转向方案”时，变极后若电源相序不变，电动机将反转，若要保持电动机变极后转向不变，则在变极同时应改变电源相序。

图 7-18 为 4/2 极双速电动机起动电路。图中 KM1 为 D 接接触器，KM2、KM3 为 yy 接接触器，KT 为时间继电器。

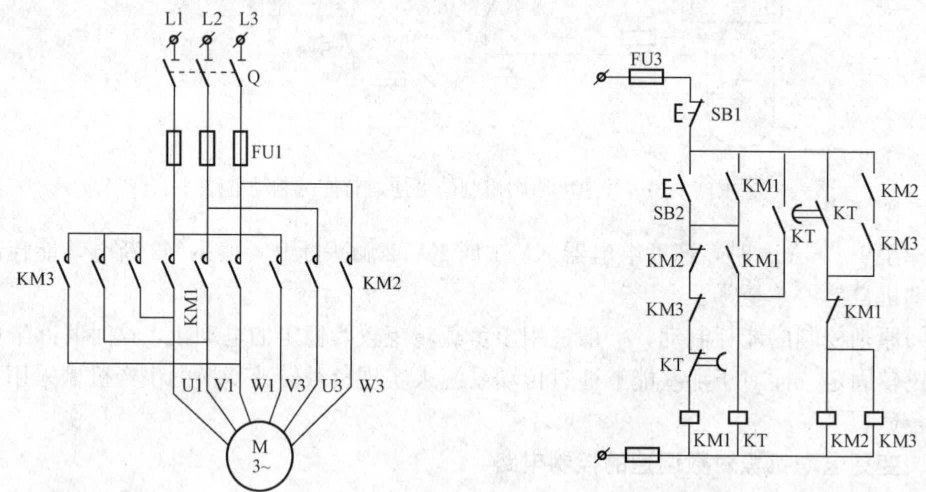

图 7-18 4/2 极双速电动机起动电路

电路工作原理为：当按下起动按钮 SB2 后，KM1、KT 相继通电并自保持，电动机接成 D 形 4 极起动，经一定时间延时后 KT 动作，使 KM1 断电，KM2、KM3 通电吸合并自保持，电动机接成 YY 形接线，进入 2 极起动运行。该图也可根据需要，设计成选择 D 接或 yy 接，从而获得 4 极或 2 极电动机的转速。

小 结

电动机控制电路大都由继电器、接触器、按钮等低压电器组成，又称为电气控制。电气控制线路是把各种有触点的接触器、继电器、按钮、行程开关等电器元件，用导线按一定方式连接起来组成的控制线路，可以完成电动机起动、调速、正反转、制动等工作过程，并按照设计拖动生产机械的运行，实现对拖动系统的保护，满足生产工艺要求，实现生产过程自动化。其特点是线路简单、设计、安装、调整、维修方便，便于掌握，价格低廉，运行可靠。

绘制电气线路图时，电气元件的图形符号和文字符号必须符合国家标准的规定，不能采用非标准符号。

电气原理图是用图形符号并按电气设备的工作顺序排列，表明电气系统的基本组成、各元件间的连接方式、电气系统的工作原理及其作用的一种电气图，一般分为主电路和辅助电路两大部分。电气接线图是反映电气系统或设备各部分的连接关系的图，是专供电气工程人员安装接线和维修检查用的，按照实际图形、位置和连接绘制的，设备位置与实际布置一致。

电动机接通电源后由静止状态逐渐加速至稳定运行状态的过程称为电动机的起动。若将满足电动机额定电压的电源直接加在电动机定子绕组上，使电动机起动称为全电压起动或直接起动。直接起动时电流可达电动机额定电流大，只用于容量小于 10kW 的电动机。当电动机起动较大或容量大于 10kW 时，应采用降压起动方法进行起动。三相鼠笼式异步电动机降压起动的方法有定子绕组串接电阻或电抗器、星形—三角形连接、自耦变压器及延边三角形起动等。

三相感应电动机一般采用的制动方法有机械制动与电气制动，机械制动是利用外加的机械力使电动机转子迅速停止的方法；电气制动是使电动机的电磁转矩方向与电动机旋转方向相反，起制动作用。电气制动有反接制动、能耗制动、电容制动与超同步制动等。

思考题与习题

1. 什么是电气控制？电气控制有什么作用？
2. 什么是电气原理图？如何区分电气原理图的主电路和辅助电路？
3. 什么是电气接线图？电气图绘制原则有哪些？
4. 什么是电动机直接起动？直接起动有什么特点？
5. 绘制用接触器控制电动机的单向旋转控制电路图，并分析其控制过程。
6. 绘制电动机正反转控制电路图，并分析其控制过程。
7. 什么是电动机降压起动？电动机降压起动的方法有哪些？
8. 绘制电动机定子绕组电路串接电阻（电抗器）降压起动的控制电路并分析其控制过程。
9. 绘制电动机定子绕组电路串接电阻（电抗器）降压起动的控制电路并分析其工作过程。
10. 什么是机械制动？什么是电气制动？电气制动有哪几种？
11. 分析电动机能耗制动控制电路的工件原理。
12. 鼠笼式感应电动机采用什么方法来改变定子绕组的极对数？
13. 画出两台三相鼠笼式感应电动机的顺序控制电路，起动时要求 M1 先起动后 M2 起动，停止时两台电动机同时停止。
14. 画出两台三相鼠笼式感应电动机的顺序控制电路，要求 M1、M2 可以分别起动和停止，也可实现同时起动和停止。

第八章

常用机床控制线路

第一节　摇臂钻床的电气控制

一、电气拖动特点及控制要求

1. 摇臂钻床的主要结构

摇臂钻床主要由底座、内立柱、外立柱、摇臂、主轴箱及工作台等部分组成，如图8-1所示。

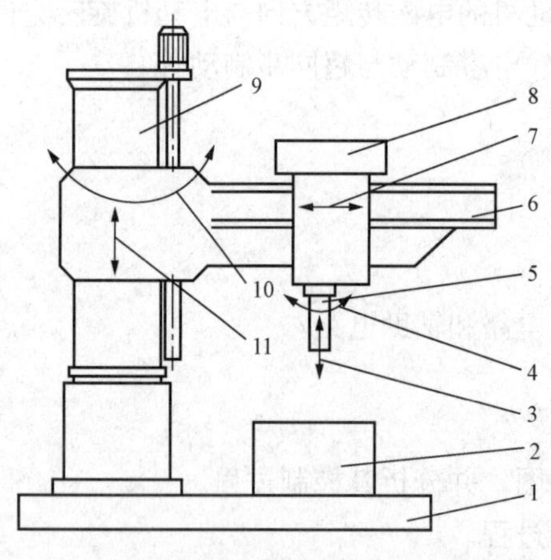

图8-1　摇臂钻床结构运动示意图
1—底座；2—工作台；3—主轴纵向进给；4—主轴旋转；5—主轴；6—摇臂；7—主轴箱沿摇臂运动；8—主轴箱；9—内外立柱；10—摇臂回转；11—摇臂垂直运动

2. 摇臂钻床的电气拖动特点及控制要求

（1）摇臂钻床的运动部件较多，为简化传动装置，采用电动机拖动。

（2）摇臂钻床的主运动与进给运动皆为主轴运动，即主轴的旋转和进给。这两种运动由一台电动机拖动，分别经主轴传动机构、进给传动机构实现。主轴变速机构与进给变速机构都装在主轴箱内。

（3）为加工螺纹，主轴要有正反转功能，摇臂钻床的正反转功能由机械方法来实现，这样，主轴电动机只需要单方向旋转。

（4）摇臂的升降由升降电动机拖动，要求升降电动机能够正反转。

（5）主轴箱、内外立柱和摇臂的夹紧与松开，是由液压泵电动机拖动液压泵送出压力油，推动活塞、菱形块来实现的。要有电磁阀来控制夹紧与放松的液压油回路。

（6）摇臂的移动严格按照：摇臂松开—移动—摇臂夹紧的程序进行。摇臂的夹紧放松与摇臂的升降按自动控制进行。

（7）根据钻削加工需要，应有冷却泵电动机拖动冷却泵，提供冷却液进行刀具的冷却。

（8）具有机床安全照明和信号指示。

（9）具有必要的联锁和保护环节。

二、摇臂钻床的电气控制

摇臂钻床有两套液压控制系统，一套是由电动机拖动齿轮泵送出压力油，通过操纵机构实现主轴的正、反转、停车制动、空档、预选与变速的操纵机构液压系统；另一套是由液压泵电动机拖动液压泵送出压力油来实现摇臂的夹紧和松开、主轴箱的夹紧放松和立柱的夹紧放松的夹紧机构液压系统。

（一）液压系统简介

1. 操纵机构液压系统

该系统压力油由主轴电动机拖动齿轮泵送出，由主轴操作手柄改变两个操纵阀的相互位置；使压力油做不同的分配，获得不同的操作。操作手柄上有五个空间位置：上、下、里、外和中间位置。其中上为空档，下为变速，外为正转，里为反转，中间位置为停车。

主轴旋转时，首先按下主轴电动机起动按钮，主轴电动机起动旋转，拖动齿轮泵，送出压力油。然后操纵主轴手柄，扳到所需转向位置（里或外），于是，两个操纵阀相互位置改变，使一股压力油将制动摩擦离合器松开，为主轴旋转创造条件；另一股压力油压紧正转（或反转）摩擦离合器，接通主轴电机到主轴的传动链，驱动主轴的正转和反转。

主轴停车时，将操纵手柄扳回中间位置，这时主轴电动机仍然拖动齿轮泵旋转，但此时整个液压系统为低压油，无法松开制动摩擦离合器，因此在制动弹簧作用下将摩擦离合器压紧，使制动轴上的齿轮不能转动，实现主轴停车。所以，主轴停车时，主轴电动机仍然旋转，只是不能将动力传到主轴。

2. 夹紧机构液压系统

主轴箱、内外立柱和摇臂的夹紧与松开，是由液压泵电动机拖动液压泵送出压力油，推动活塞、菱形块来实现的。其中主轴箱和立柱的夹紧与放松由一个油路控制，而摇臂的夹紧与放松因为要与摇臂的升降运动构成自动系统，故由另外一个油路来控制。这两个油路均由电磁阀来操纵。

（二）电气系统分析

图 8-2 所示为 Z3040 型摇臂钻床电路图。图中 M1 为主轴电动机，M2 为摇臂升降电动机，M3 为液压泵电动机，M4 为冷却泵电动机。

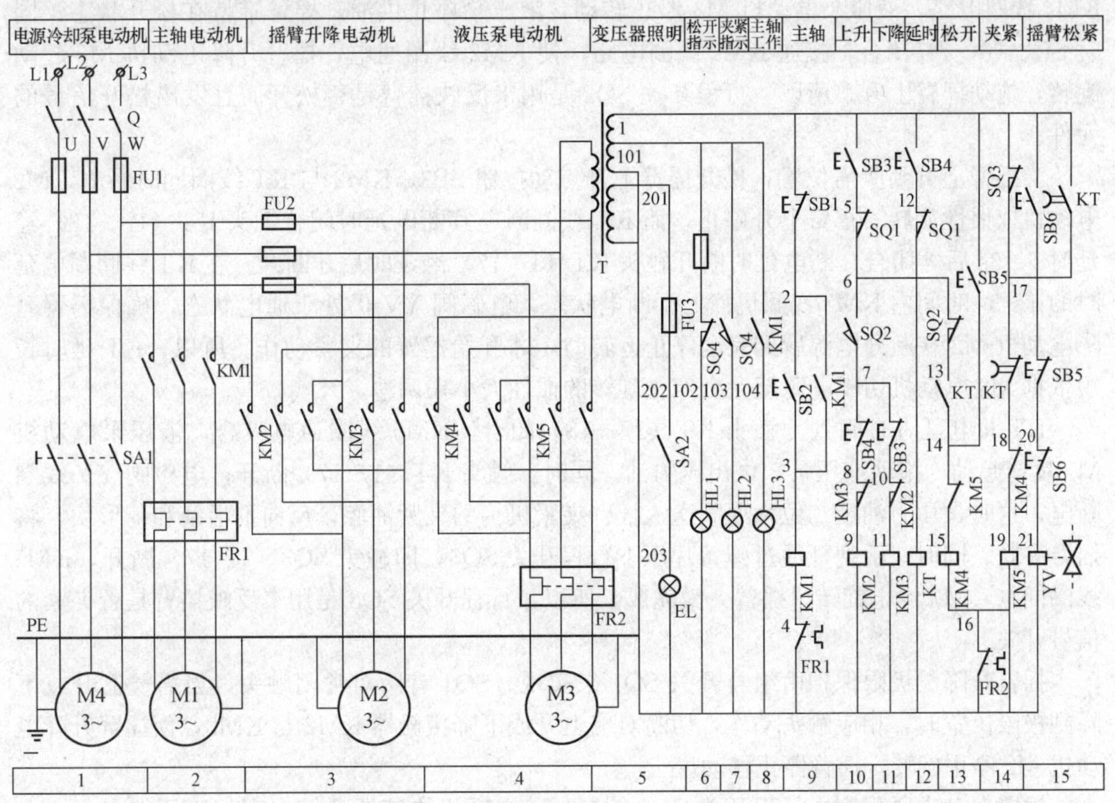

图 8-2　Z3040 型摇臂钻床电路图

1. 主轴电动机控制

主轴电机 M1 为单向旋转，由按钮 SB1、SB2 和接触器 KM1 构成主轴电动机单向起动停止控制电路。主轴电动机起动后拖动齿轮泵送出压力油，再操纵主轴操作手柄，驱动主轴实现正转或反转。

2. 摇臂升降的控制

当摇臂升降指令发出，先是摇臂松开，然后摇臂上升或下降，待到摇臂升降到位时，又自行重新夹紧。由于摇臂的松开与夹紧是由夹紧结构液压系统实现的，所以，摇臂升降控制要与夹紧结构液压系统紧密配合。

M2 为摇臂升降电动机，由按钮 SB3、SB4 点动控制正、反转接触器 KM2、KM3 实现电动机 M2 的正反转，拖动摇臂上升或下降。

液压泵电动机 M3 由正、反转接触器 KM4、KM5 控制，实行电机的正、反转，拖动双向液压泵，送出压力油。

摇臂升降自动控制过程如下：

按下上升点动按钮 SB3，时间继电器 KT 线圈接通，瞬时常开触头 KT（13—14）闭合，接触器 KM4 线圈通电，液压泵电动机 M3 起动旋转，拖动液压泵送出压力油，同时，KT 的断电延时断开触头 KT（1—17）闭合，电磁阀 YV 线圈通电。于是液压泵送出的压力油经二位六通阀送入摇臂夹紧机构的松开油腔，推开活塞和菱形块，将摇臂松开。同时，活塞杆通过弹簧片压上行程开关 SQ2，发出摇臂松开信号，即触头 SQ2（6—13）断开，断开 KM4 线圈电路，液压泵电动机 M3 停止转动，液压泵停止供油，摇臂维持在松开状态；同时 SQ2（6—7）闭合，接通 KM2 线圈电路，使 KM2 线圈通电，摇臂升降电动机 M2 起动旋转，拖动摇臂上升。所以，行程开关 SQ2 是用来反映摇臂是否松开而且发出松开信号的元件。

当摇臂上升到所需位置，松开摇臂上升点动按钮 SB3，KM2 与 KT 线圈同时断电，M2 电动机依惯性旋转，摇臂上升停止，而 KT 线圈断电其断电延时闭合触头 KT（17—18）经延时 1～3s 后才闭合，断电延时断开触头 KT（1—17）经延时后才断开。在 KT 线圈断电延时的 1～3s 时间内 KM5 线圈仍然处于断电状态，电磁阀 YV 仍处于通电状态，确保摇臂升降电动机 M2 在断开电源后到完全停止运转时，才开始摇臂的夹紧动作。所以，KT 延时长短依据 M2 电动机切断电源至完全停止旋转的惯性大小来调整。

KT 断电延时时间到，触头 KT（17—18）闭合，KM5 线圈通电吸合，液压泵电动机 M3 反向起动，拖动液压泵，供出压力油。同时，触头 KT（1—17）断开，电磁阀 YV 线圈断电，这时，压力油经二位六通阀送入摇臂夹紧机构的夹紧油腔，反向推活塞和菱形块，将摇臂夹紧。同时，活塞杆通过弹簧片压下行程开关 SQ3，即触头 SQ3（1—17）断开，KM5 线圈断电，M3 停止旋转，摇臂夹紧完成。所以，行程开关 SQ3 是用来反映摇臂是否夹紧的信号开关。

摇臂升降的极限保护由组合开关 SQ1 来实现。SQ1 有两对常闭触头，当摇臂上升或下降到极限位置时，相应触头动作，切断对应上升或下降接触器 KM2 与 KM3，使摇臂升降电动机 M2 停止旋转，摇臂停止移动。

摇臂自动夹紧程度由行程开关 SQ3 控制。若夹紧机构液压系统出现故障不能夹紧，会使触头 SQ3（1—17）断不开，或者由于 SQ3 安装不当，摇臂夹进后仍然不能压下 SQ3，这时，都会使 M3 处于长期过载状态，容易烧毁电动机，为此，M3 主电路采用热继电器 FR2 作为过载保护。

3. 主油箱、立柱松开与夹紧的控制

主油箱和立柱的夹紧、松开是同时进行的。当按下松开按钮 SB5，接触器 KM4 线圈通电，液压泵电动机 M3 正转，拖动液压泵送出压力油，这时电磁阀 YV 线圈处于断电状态，压力油经二位六通阀进入主轴箱与立柱松开油腔，推动活塞和菱形块，将主轴箱和立柱松开，而由于 YV 线圈断电，压力油不会进入摇臂松开油腔，摇臂仍然处于夹紧状态。当主轴箱和立柱松开时，行程开关 SQ4 不受压，触头 SQ4（101—102）闭合，指示灯 HL1 亮，表示主轴箱与立柱分开。可以手动操作主轴箱在摇臂的水平导轨上移动，也可推动摇臂（套在外立柱上），使外立柱绕内立柱移动，当移动到位时，再按下夹紧按钮 SB6，接触器 KM5 线圈通电，液压泵电动机 M3 反转，拖动液压泵送出压力油到夹紧油腔，使主轴箱与立柱夹紧，当确已夹紧时，压下 SQ4 触头，SQ4（101—103）闭合，HL2 灯亮，而触头 SQ4（101—102）断开，HL1 灭，指示主轴箱与立柱已夹紧，可以进行钻削加工。

4. 冷却泵电动机 M4 的控制

由于冷却泵的电机容量小（0.125kW），由 SA1 开关控制单向旋转。

5. 具有完善的联锁、保护环节

行程开关 SQ2 实现摇臂松开到位，开始升降的联锁。行程开关 SQ3 实现摇臂完全夹紧，液压泵电动机 M3 停止旋转。时间继电器 KT 实现摇臂升降电动机 M2 自切断电源且惯性旋转停止后，再进行夹紧的联锁。摇臂升降电动机正反转，由上升下降按钮 SB3、SB4 实现机械互锁外，还由正反转接触器 KM2、KM3 常闭触头实现电气双重互锁。主轴箱与立柱夹紧、松开时，为保证压力油不进入摇臂夹紧油路，在进行主轴箱与立柱夹紧、松开操作时，即按下 SB5 或 SB6 时，用 SB5 或 SB6 常闭触头接入电磁阀线圈 YV 电路，切断 YV 电路来实现联锁的目的。

6. 照明与信号指示电路

HL3 为主轴旋转工作指示灯。HL2 为主轴箱、立柱夹紧指示灯。HL1 为主轴箱、立柱松开指示灯。灯亮时，可以手动操作主轴箱的移动或摇臂的回转移动。

照明灯 EL 由控制变压器供给 36V 安全电压，经 SA2 开关操作实现照明。

第二节　万能铣床的电气控制

万能铣床是工厂常见的机床，主要适用于单件、小批生产和工具、修理部门，也可用于成批生产部门。该铣床可用各种圆柱铣刀、圆片铣刀、角度铣刀、成型铁刀和端面铣刀，加工各种平面、斜面、沟槽、齿轮等。工作台可向左右各回转 45°，当工作台转动一定角度，采用分度头附件时，可以加工各种螺旋槽。图 8-3 所示为卧式万能铣床的外形结构图。

一、电气拖动特点及控制要求

1. 机床运动及传动

主运动：主轴的旋转运动；

进给运动：工作台上下、前后、左右三个相互垂直方向上的运动；

辅助运动：工作台在三个相互垂直方向的快速直线运动。

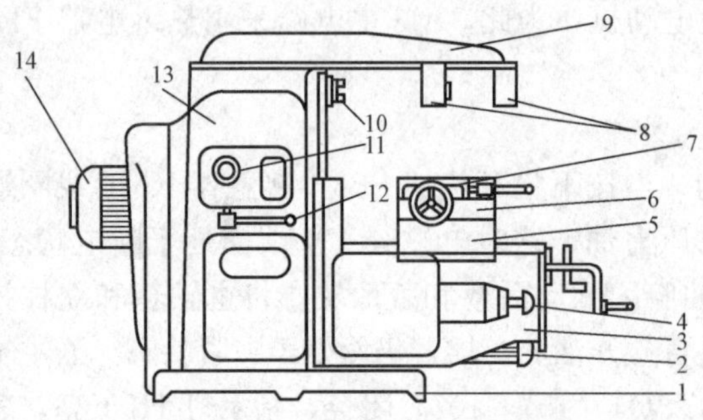

图 8-3 卧式万能铣床的外形结构图

1—底座；2—进给电机；3—升降台；4—进给变速手柄及变速盘；5—溜板；6—转动部分；7—工作台；8—刀杆支架；9—悬梁；10—主轴；11—主轴变速盘；12—主轴变速手柄；13—床身；14—主轴电动机

主轴传动系统在机床内部，进给系统在升降台内，为此采用单独传动形式，即主轴和工作台分别由主轴电动机、进给电动机拖动，而工作台的快速移动也由进给电动机经快速传动链来获得。工作台三个方向的进给传动和快速移动都是靠进给变速箱里的两个电磁离合器来实现的。当一个电磁离合器吸合时，产生慢速进给；另一个电磁离合器吸合时，产生快速移动。

2. 电磁离合器

电磁离合器又称电磁轴节。它是利用表面摩擦和电磁感应原理，在两个作旋转运动的物体间传递转矩的执行电器。由于它便于远距离控制，控制能量小，动作迅速、可靠，结构简单，广泛应用于机床的自动控制。铣床上常采用的是摩擦片式电磁离合器。

摩擦片式电磁离合器按摩擦片的数量可分为单片式与多片式两种。多片式结构如图 8-4 所示。在主动轴 1 的花键轴端，装有主动摩擦片 6，它可以沿轴向自由移动，但因系花键连接，故将随主动轴一起转动。从动摩擦片 5 与主动摩擦片交替叠装，其外缘凸起部分卡在与从动齿轮 2 固定在一起的套筒 3 内，因而可以随从动齿轮转动，并可以在主动轴转动时随从动齿轮转动或不转。当线圈 8 通电后产生磁场，将摩擦片吸向铁芯 9，衔铁 4 也被吸住，紧紧压住各摩擦片。于是，依靠主动摩擦片与从动摩擦片之间的摩擦力，使从动齿轮随主动轴转动，实现力矩的传递。当电磁离合器线圈电压达到额定值的 85%～105%时，离合器就能可靠地工作。当线圈断电时，装在内外摩擦片之间的圈状弹簧使衔铁和摩擦片复原，离合器便失去传递力矩的作用。

二、铣床的主拖动及其电气控制

1. 主拖动对电气控制的要求

(1) 为适应铣削加工需要，要求主传动系统能够调速，且在各种铣削速度下保持功率不变，即主轴要求恒功率调速。为此，主轴电动机采用笼型感应电动机，经主轴齿轮变速箱拖动主轴。

(2) 为能进行顺铣和逆铣加工，要求主轴能够实现正、反转，但旋转方向不需经常变换，仅在加工前预选主轴转动方向。为此，主轴电动机应能正、反转，并由转向选择开关来选择电动机的转向。

(3) 为实现主轴准确停车和缩短停车时间，主轴电动机应设有制动环节。

(4) 为使主轴变速时齿轮易于啮合，减小齿轮端面的冲击，主轴电动机在主轴变速时应具有变速冲动。

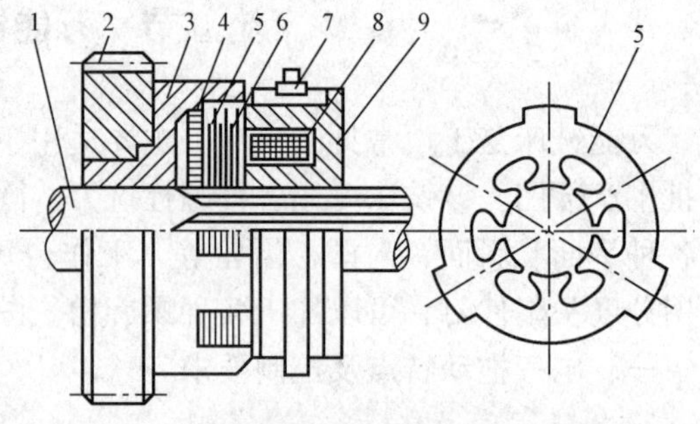

图 8-4 电磁摩擦离合器多片式结构

1—主动轴；2—从动齿轮；3—套筒；4—衔铁；5—从动摩擦片；6—主动摩擦片；7—电刷与滑环；8—线圈；9—铁芯

（5）为适应铣削加工时操作者的正面与侧面操作位置，应备有两地操作设施。

2. 主拖动控制电路分析

图 8-5 所示为卧式万能铣床电气电路图。图中 M1 为主轴电动机，M2 为工作台进给电动机，M3 为冷却泵电动机。

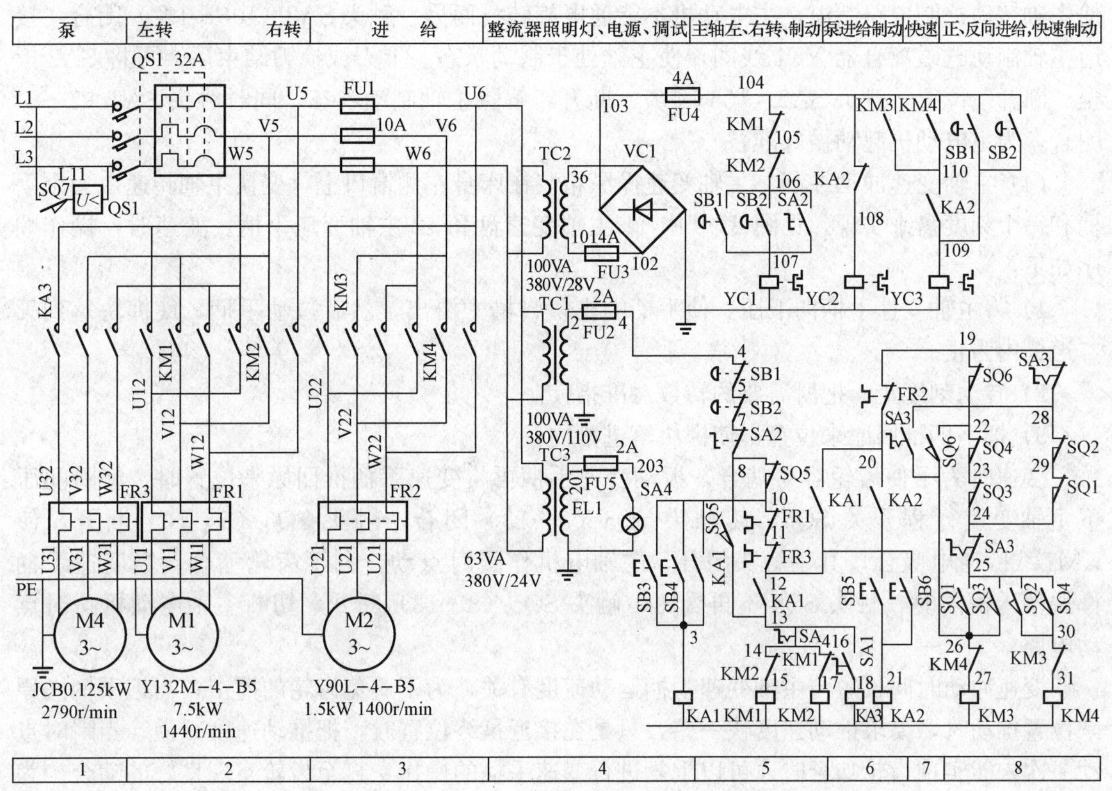

图 8-5 卧式万能铣床电气电路图

（1）主轴电动机的起动控制。主轴电动机 M1 由正反转接触器 KM1、KM2 来实现正、反转直接起动，由主轴换向转换开关 SA4 来预选电动机的正反转。由停止按钮 SB1 或 SB2，起动按钮 SB3 或 SB4 与 KM1 或 KM2 构成主轴电动机正反转两地操作控制电路。两地操作，即一处控制在升降台上，另一处在机床上。起动前，应将电源引入 QS1 闭合，再把转换开关 SA4 扳到主轴所需的旋转方向，然后按下起动按钮 SB3 或 SB4，调试继电器 KA1 线圈通电并自保持，触头 KA（12—13）闭合，使接触器 KM1 或 KM2 线圈通电吸合，其主触头接通主轴电动机，M1 实现直接起动。而 KM1 或 KM2 的一对辅助触头 KM1（104—105）或 KM2（105—106）断开，主轴电动机制动电磁摩擦离合器线圈 YC1 电路断开。调试继电器的另一触头 KA1（20—12）闭合，为工作台的进给与快速移动电路工作做好准备。

（2）主轴电动机的制动控制。由主轴停止按钮 SB1 或 SB2、正转接触器 KM1 或反转接触器 KM2 与主轴制动电磁离合器 YC1 构成主轴制动停车控制环节。电磁离合器 YC1 安装在主轴传动链中与主轴电动机相关的第一根传动轴上。主轴停车时，按下 SB1 或 SB2，KM1 或 KM2 线圈断电释放，主轴电动机 M1 断开三相电源；同时 YC1 线圈通电，产生磁场，在电磁吸力作用下将摩擦片压紧产生制动，使主轴迅速制动。当松开 SB1 或 SB2 时，

YC1 线圈断电，摩擦片松开，制动结束。这种制动方式迅速、平稳，制动时间不超过 0.5s。

(3) 主轴上刀或换刀时的制动控制。在主轴上刀或更换铣刀时，主轴电动机不得旋转，否则将发生严重人身事故。为此，电路设有主轴上刀制动环节，它是由主轴上刀制动开关 SA2 控制的。在主轴上刀或换刀前，将 SA2 扳到“接通”位置，触头 SA2（7—8）断开，使主轴转动控制电路断电，主电动机不能通电旋转；而另一触头 SA2（106—107）闭合，接通主轴制动电磁离合器 YC1 线圈，使主轴处于制动状态。上刀或换刀结束后，再将 SA2 扳至“断开”位置，触头 SA2（106—107）断开，解除主轴制动状态，同时触头 SA2（7—8）闭合，为主电动机起动做好准备。

(4) 主轴变速冲动控制。主轴变速操纵箱装在床身左侧窗口上，变换主轴转速由一个手柄和一个刻度盘来实现，见图 8-3 中 11 主轴变速盘和 12 主轴变速手柄。变速时，操作顺序如下：

1) 将主轴变速手柄向下压，使手柄的榫块自槽中滑出，然后拉动手柄，使榫块落到第二道槽内为止。

2) 转动刻度盘，把所需要的转数对准指针。

3) 把手柄推回原来位置，使榫块落进槽内。

变速时为了使齿轮容易啮合，扳动变速手柄再将变速手柄推回原来位置时，将瞬间压下主轴变速行程开关 SQ5，使触头 SQ5（8—13）闭合，触头 SQ5（8—10）断开，使 KM1 线圈通电吸合，其主触头闭合，主轴电机作瞬时点动，利于齿轮啮合。当变速手柄榫块落入槽内时，触头 SQ5 不再受压，触头 SQ5（8—13）断开，切断主轴电动机瞬时点动电路。

变速冲动时间长短与主轴变速手柄运动速度有关，为了避免齿轮的撞击，当把手柄向原来位置推动时，要求推动速度快一些，只是在接近最终位置时，把推动速度减慢。当瞬时点动一次未能实现齿轮啮合时，可以重复进行变速手柄的操作，直至齿轮实现良好的啮合。为了避免齿轮打牙，不宜在主轴运转中进行变速。

主轴变速行程开关 SQ5 的触头 SQ5（8—10）是为了主轴旋转时进行主轴变速而设的，此时无需按下主轴停止按钮，只需将主轴变速手柄拉出，压下 SQ5，使触头 SQ5（8—10）断开，就断开了原主轴电动机运行的正转或反转接触器，电动机自然停车，然后再进行变速操作，电动机进行变速冲动，完成变速。变速完成后若需再次起动电动机，主轴将在新选转速下旋转。

三、铣床进给拖动及其电气控制

1. 进给拖动对电气控制的要求

(1) 铣床工作台运行方式有手动、进给运动和快速移动三种。其中手动为操作者摇动手柄使工作台移动；进给运动和快速移动则由进给电动机拖动，经电磁离合器 YC2、YC3 传动。YC2 与 YC3 由快速进给继电器 KA2 实现联锁。

(2) 为减少按钮数量，避免误操作，对进给电动机的控制采用电气开关、机械挂档相互联动的手柄操作，且操作手柄扳动方向与其运动方向一致，从而更为直观。

(3) 工作台的进给方向有左右的纵向运动、前后的横向运动和上下的垂直运动，它们都是由进给电动机 M2 的正反转来实现的。而正反转接触器 KM3、KM4 是由两个操作手柄来控制的，一个是纵向机械操作手柄，另一个是垂直与横向机械操作手柄，在扳动操作手柄的同时，完成机械挂档和压合相应行程开关，从而接通相应的正转或反转接触器，起动进给电动机，拖动工作台按预定方向运动。

(4) 进给运动的控制也为两地操作。因此，纵向机械操作手柄与垂直、横向机械操作手柄各有两套，可在工作台正面与侧面实现两地操作且这两套机械操作手柄是联动的。

(5) 工作台上、下、左、右、前、后六个方向的运动，只可进行一个方向的运动。因此，应具有六个方向运动的联锁。

(6) 主轴起动后，进给运动才能起动。为满足调整运动需要，未起动主轴，可进行工作台快速运动。

(7) 为便于进给变速时齿轮的齿啮合，应具有进给电动机变速冲动。

(8) 工作台上、下、左、右、前、后六个方向的运动应具有限位保护。

2. 进给拖动电气控制电路的分析

工作台进给方向的左右的纵向运动、前后的横向运动和上下的垂直运动，都是由进给电动机 M2 的正反转来实现的。而正反转接触器 KM3、KM4 是由行程开关 SQ1、SQ2 与 SQ3、SQ4 来控制的，行程开关由两个机械手柄控制，其中一个是纵向机械操作手柄，另一个是垂直与横向机械操作手柄，扳动机械操作手柄，在完成相应机械挂档的同时，压合相应的行程开关，接通正反转接触器，起动进给电动机，拖动工作台按预定方向运动。又由于工作进给时，快速移动继电器处于断电状态，而进给移动电磁离合器 YC2 线圈通电，工作台的运动是工作进给。

纵向机械操作手柄有左、右、中三个位置。垂直与横向机械手柄有上、下、前、后、中五个位置，SQ1、SQ2 为与纵向机械操作手柄有机械联系的行程开关；SQ3、SQ4 为与垂直、横向操作手柄有机械联系的行程开关。当这两个机械操作手柄处于中间位置时，SQ1～SQ4 都处在未被压下的原始状态，当扳动机械操作手柄时，将压下相应的行程开关。

SA 为圆工作台转换开关，有“接通”与“断开”两个位置，三对触头。当不需要圆工作台时，SA3 置于“断开”位置，其触头 24—25、19—28 闭合，28—26 开。当使用圆工作台时，SA3 置于“接通”位置，其触头 24—25、19—28 断开，28—26 闭合。在起动进给之前，首先起动主轴电机，合上电源开关 QS1，按下 SB3 或 SB4，调试继电器 KA1 线圈通电并自保持，其触头 KA1（20—12）闭合，为工作台进给电动机动做准备。

(1) 工作台纵向进给运动的控制。若需工作台向右工作进给，将纵向进给操纵手柄扳向右侧，在机械上通过联动机构接通纵向进给离合器，在电气上压下行程开关 SQ1，其触头 25—26 闭合，29—24 断开。后者切断通往 KM3、KM4 的另一条通路，前者使进给电动机 M2 的正转接触器 KM3 线圈通电吸合，M2 正向起动旋转，拖动工作台向右工作进给。向右工作进给结束，将纵向进给操作手柄由右位扳到中间位置，行程开关不再受压，触头 SQ1（25—26）断开，KM3 线圈断电释放，M2 停转，工作台向右进给停止。

工作台向左进给的电路与向右进给时相仿。此时是将纵向进给操纵手柄扳向左侧，在机械挂档的同时，电气上压下的是 SQ2，进给电动机反转接触 KM4 线圈通电，M2 反转，拖动工作台向左进给，当纵向操作手柄由左侧扳回中间位置时，向左进给结束。

(2) 工作台向前与向下进给运动的控制。将垂直与横向进给操作手柄扳到“向前”位置，在机械上接通了横向进给离合器，在电气上压下行程开关 SQ3，其触头 25—20 闭合，23—24 断开，正转接触器 KM3 线圈通电吸合，M2 正向旋转，拖动工作台向前进给。向前进给结束，将垂直与横向进给操作手柄扳回中间位置，SQ3不再受压，KM3线圈断电释放，M2停止施转，工作台向前进给停止。

工作台向下进给电路工作情况与“向前”时相同。只是将垂直与横向操作手柄扳到“向下”位置，在机械上接通垂直进给离合器，电气上仍压下行程开关SQ3，M2正转，拖动工作台向下进给。

(3) 工作台向后和向上进给运动的控制。向后和向上进给控制与向前和向下进给运动控制相仿。只是在将垂直与横向操作手柄扳到“向后”和“向上”位置时，要机械上接通垂直或横向进给离合器，电气上压下行程开关SQ4，反向接触器KM4线圈通电吸合，M2反向旋转，拖动工作台实现向后或向上的进给运动。

(4) 进给变速时的瞬时点动控制。在进给变速时，为使齿轮易于啮合，电路设有进给变速瞬时点动控制环节。进给变速的“冲动”只有在主轴起动后，将纵向进给操作手柄、垂直与横向进给操作手柄置于中间零位才可进行。

进给变速箱是一个独立部件，装在升降台的左边，速度的变换由进给操纵箱来控制，操纵箱装在进给变速箱的前面，变换进给速度的顺序是：将蘑菇形手柄拉出；转动手柄，把刻度盘上所需的进给速度对准指针；把蘑菇形手柄向前拉到极限位置，而在反向推回之前，借变速孔盘推动行程开关SQ6，其触头22—26闭合，19—22断开。此时，进给电动机正向接触器KM3线圈瞬时通电吸合，M2瞬时正转，以利于变速齿轮的啮合。当蘑菇手柄推回原位时，行程开关SQ6不再受压，进给电动机停转。如果一次瞬时点动齿轮仍未进入啮合状态，可再次拉出手柄并再次推回，直到齿轮进入啮合状态为止。

(5) 进给方向快速移动的控制。主轴开动后，将进给操作手柄扳到所需要的位置，则工作台开始按手柄所指方向以选定的进给速度运动，此时如按下工作台快速移动按钮SB5或SB6，接通快速移动继电器KA2，其触头KA2（104—108）断开，切断工作进给电磁离合器线圈电路，而触头KA2（110—109）闭合，快速移动电磁离合器YC3线圈通电，工作台即按原运动方向作快速移动。松开SB5或SB6，快速移动立即停止，仍以原进给速度继续运动。

3. 圆工作台的控制

圆工作台的回转运动是由进给电动机经传动机构驱动的，使用圆工作台首先把圆工作台转换开关SA3扳到“接通”位置，按下主轴起动按钮SB3或SB4，KA1、KM1或KM2通电吸合，主轴电动机起动旋转。KM3线圈经SQ1～SQ4行程开关常闭触头和SA3（28—26）通电，进给电动机起动旋转，拖动圆工作台单方向回转。

4. 冷却和机床照明的控制

冷却泵电动机M3通常在铣削加工时由冷却泵转换开关SA1控制，当SA1扳到接通位置时，冷却泵起动继电器KA3线圈通电吸合，M3起动旋转，并且热继电器FR3作长期过载保护。

机床照明由照明变压器TC3供给24V安全电压，并由控制开关SA4控制照明灯EL。

5. 控制电路的联锁与保护

铣床运动较多，电气控制较为复杂，为安全可靠地工作，应具有完善的联锁与保护。

(1) 主运动与进给运动的顺序联锁。进给电气控制电路接在调试继电器KA1触头KA1（20—12）之后，这就保证了只有在起动主轴电动机之后才可起动进给电动机。而当主轴电动机停止时，进给电动机也立即停止。

（2）工作台六个运动方向的联锁。铣床工作时，只允许工作台一个方向运动。为此，工作台上、下、左、右、前、后六个方向之间都有联锁。其中工作台纵向操作手柄实现工作台左、右运动方向的联锁；垂直与横向操作手柄实现上、下、前、后四个方向的联锁。但关键在于如何实现这两个操作手柄之间的联锁。为此，电路设计成：接线点22～24之间由SQ3、SQ4常闭触头串联组成，28～24之间由SQ1、SQ2常闭触头串联组成，然后在24号点并接后串于KM3、KM4线圈电路中，以控制进给电动机正反转。当扳动纵向进给操作手柄，SQ1或SQ2行程开关压下，断开28～24支路，但KM3或KM4仍可经22～24支路供电。若此时再扳动垂直与横向操作手柄，又将SQ3或SQ4行程开关压下，又将22～24支路断开，使KM3或KM4不可通电吸合，进给电动机无法起动。这就保证了不允许同时操纵两个机械手柄，实现了工作台六个方向之间的联锁。

（3）长工作台与圆工作台的联锁。圆形工作台的运动必须与长工作台六个方向的运动有可靠的联锁，否则将造成刀具和机床的损坏。若已使用圆工作台，则圆工作台转换开关SA3置于“接通”位置，此时触头SA3（24—25）、SA3（19—28）断开，SA3（28—26）闭合。进给电动机起动接触器KM3经由SQ1～SQ4常闭触头串联电路接通，若此时又操纵纵向或垂直与横向操作手柄，将压下SQ1～SQ4行程开关中的某一个，于是断开了KM3电路，进给电动机立即停止。相反，若长工作台正在运动，扳动圆工作台选择开关3于“接通”位置，此时触头SA3（24—25）断开，将断开KM3或KM4线圈电路，进给电动机也立即停止。

（4）工作台进给运动与快速运动的联锁。工作台工作进给与快速移动分别由电磁摩擦离合器YC2与YC3传动。而YC2与YC3是由快速进给继电器KA2控制，实现工作台进给运动与快速移动的互锁的。

（5）具有完善的保护。该电路具有熔断器的短路保护、热继电器的长期过载保护、工作台六个运动方向的限位保护和电气控制左壁龛开门的断电保护。

该机床的限位保护采用机械和电气相配合的方法。工作台左右运动的行程长短，由安装在工作台前方操作手柄两侧的挡铁来决定。当工作台左右运动到预定位置时，挡铁撞动纵向操作手柄，使它返回中间位置，工作台停止，实现限位保护。

在铣床床身导轨旁设置了上、下两块挡铁，当升降台上下运动到一定位置时，挡铁撞动操作手柄，使其回到中间位置，实现工作台垂直运动的限位保护。

工作台横向运动的限位保护由安装在工作台左侧底部的挡铁撞动垂直与横向操作手柄返回中间位置来实现。

在机床左壁龛上安装了行程开关SQ7，SQ7常开触头与电源空气开关QS1失压线圈串联。当打开控制箱门时，SQ7触头断开，使空气开关QS1失压线圈断电，QS1开关断开，达到开门断电的目的。

第三节　电气控制线路的设计方法

生产机械的种类繁多，其电气控制设备也各不相同，但电气控制系统的设计原则和设计方法基本相同。电气控制系统的设计包括确定拖动方案、选择电机和设计电气控制线路。

一、一般设计的方法原则

在电气控制系统的设计过程中，通常要遵循以下原则。

（一）最大限度地满足生产机械和工艺对电气控制的要求

控制线路是为整个设备和工艺过程服务的。设计前，机械设计人员会就生产工艺要求提供原则和意见，电气设计人员需要对同类或接近产品进行调查、分析、综合，然后提出具体、详细的方案，征得机械设计人员意见后，得到设计电气控制线路的依据。

不同场合下对控制线路的要求有所不同。如一般控制线路只要求满足起动、反向和制动就可以了，有的却要求在一定范围内平滑调速和按规定的规律改变速度，出现事故时要有必要的保护和信号预报，各部分运动要求有一定的配合和联锁关系。对已经有类似的设备进行电气控制线路进行设计时，还可了解现有线路的特点和操作人员对其的反映，以便最大限度满足生产需要。

电气控制系统的先进性与电器元件的发展、更新是紧密联系在一起的。如今，新的电器元件、装置和新的控制方法层出不穷，而其应用也日益成熟，如智能型的断路器、软起动器、变频器等。电气工程技术人员要不断关心电器技术、电子技术的发展，收集新产品资料，更新知识，以便使自己设计的电气控制线路更好地满足要求，并在技术指标、稳定性和可靠性方面进一步提高。

（二）在满足生产要求的前提下力求控制线路简单

尽量选用标准的、经常用的和经过实际考验的线路和环节。尽量缩短连接导线的数量和长度。设计控制线路时，应考虑各元件间的实际接线，尤其要注意电器柜、操作台和设备上信号元件之间的连接线。尽量缩减电器元件的品种、规格和数量，尽可能采用性能优良、价格便宜的新型器件和标准件，同一用途的器件尽量选用相同型号。尽量减少不必要的触点，以简化线路。触点越少，控制线路的故障率越低。控制线路工作时，除必要的电器必须通电外，其余的尽量不通电，这样可使这些电器处于短时工作制，降低电能损耗并延长电器的使用寿命。

（三）保证控制线路工作的可靠与安全

为保证控制线路工作的可靠，最主要的工作是选用机械寿命和电气寿命长、结构坚实、动作可靠、抗干扰性能好的器件。同时，设计时要注意以下的问题：

（1）正确连接电器触点。

（2）避免出现寄生电路（意外接通的电路称为寄生电路）。

（3）防止线路出现触点竞争现象。

（4）在线路中应尽量避免许多电器依次动作才能接通另一个电器的控制线路，以增加线路的可靠性。

（5）对一些重要设备应仔细考虑每一控制程序之间必要的联锁，应确保即便有误操作也不会造成事故。如在频繁操作的可逆线路中，正反接触器之间不仅要有电气互锁，而且要有机械互锁。线路中采用小容量继电器的触点控制大容量的接触器线圈时，要计算继电器触点断开与接通容量是否满足，如果不够必须加小容量接触器或容量足够的中间继电器，保证工作可靠。

二、一般设计方法实例分析

一般设计法，由于是靠经验进行设计的，因而灵活性很大。初步设计出来的线路可能有几种。通过比较、分析甚至试验验证，才能确定比较合理的设计方案。下面以龙门刨床横梁升降自动控制线路的设计为例，说明电气控制线路的一般设计方法。

（一）龙门刨床横梁机构的工作原理

在龙门刨床上装有横梁机构，刀架装在横梁上，随加工件大小的不同，横梁需要沿立柱上下移动。在加工过程中，又要保证横梁夹紧在立柱上不允许松动。

横梁升降电动机装在龙门顶上，通过蜗轮传动使立柱上的丝杠传动，通过螺母使横梁上下移动。

横梁夹紧电动机通过减速机构传动夹紧螺杆，通过杠杆作用使压块将横梁夹紧或放松。

（二）龙门刨床横梁机构的控制要求

（1）保证横梁能上下移动，夹紧机构能实现横梁的夹紧或放松。

（2）横梁夹紧和横梁上下移动之间必须有一定的操作程序：

1）按向上、向下按钮后，首先使夹紧机构自动放松；

2）横梁放松后，自动转换到向上或向下移动；

3）移动到需要位置后，松开按钮，横梁自动夹紧；

4）横梁夹紧后，电动机自动停止运动。

（3）具有上下行程的限位保护。

（4）横梁夹紧和横梁移动之间及正反运动之间具有必要的联锁。

（三）龙门刨床横梁机构的控制线路设计

1. 设计主线路

横梁夹紧和横梁移动需要两台异步电动机拖动。为了保证实现上下移动和夹紧放松的要求，电动机必须能实现正反转，因此采用 KM1、KM2 和 KM3、KM4 四个接触器分别控制移动电动机 M1 和夹紧电动机 M2 的正、反转，如图 8-6 所示。KM1 接通，横梁向上移动；KM2 接通，横梁向下移动；KM3 接通，横梁夹紧；KM4 接通，横梁放松。

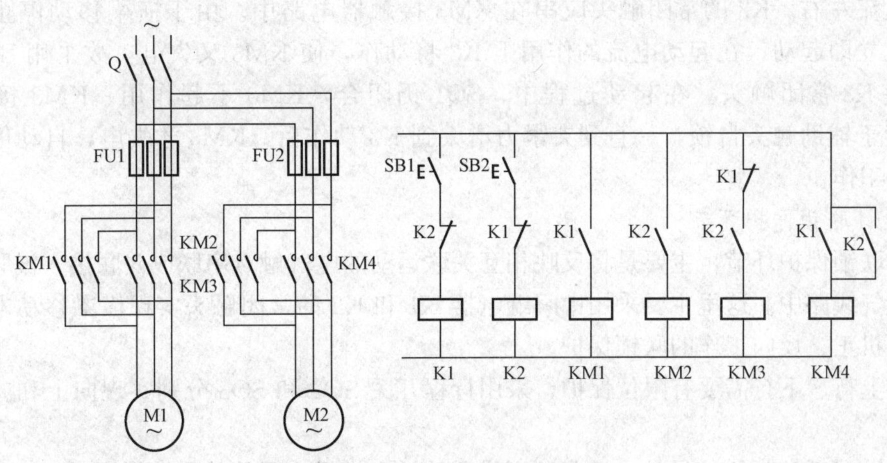

图 8-6 横梁控制的初步设计

2. 设计基本控制线路

四个接触器具有四个控制线圈，要用两个点动按钮来控制移动和夹紧两个运动，需要通过两个中间继电器控制 K1 和 K2 进行。根据生产对控制系统所要求的操作程序，可以先设计出草图如图 8-6 所示。但目前不能实现在横梁放松后自动向下或向上，也不能在横梁夹紧后自动停止，这需要选择合适的控制过程中间变化的参量来实现。

3. 选择控制参量

反映横梁放松的参量，可以有行程参量和时间参量。由于行程参量更加直接反映放松程度，因此采用行程开关 SQ1 进行控制。当压块压合 SQ1 时，其常闭触点断开，横梁已经放松，接触器线圈 KM4 失电，同时 SQ1 常开触头接通向上或向下的接触器 KM1 或 KM2，如图 8-7 所示。

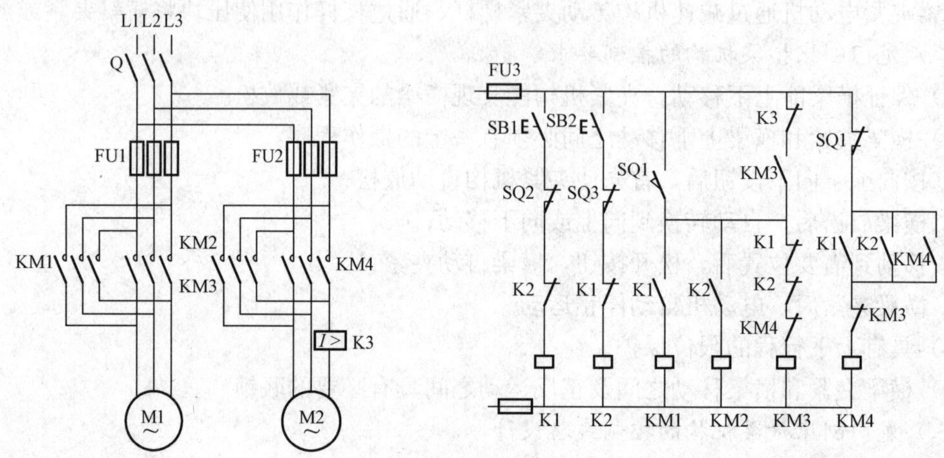

图 8-7　横梁的控制线路

反映夹紧的参量有行程、时间和反映夹紧力的电流。行程参量在夹紧机构磨损后，测量的准确性会受到影响，而时间参量也不易调整准确，因此，选用电流参量最为合适。图 8-7 中在夹紧电动机夹紧方向的主回路中串接电流继电器 K3，其动作电流可整定在两倍额定电流左右。K3 的常闭触头应串在 KM3 接触器电路中。由于横梁移动停止后，夹紧电动机立即起动，在起动电流的作用下 K3 将动作，使 KM3 又失电，故采用 SQ1 常开触头短接 K3 常闭触头。在起动过程中，SQ1 仍闭合，KM3 不起作用。KM3 接通动作后，依赖于辅助触头自锁，一直到夹紧力增大到 K3 动作后，KM3 才失电，自动停止夹紧电动机的工作。

4. 设计联锁保护环节

设计联锁保护环节，主要是将反映相互关联运动的电气触点串联或并联接入被联锁运动的相应电气线路中。这里主要采用中间继电器 K1 和 K2 的常闭触头实现横梁移动电动机和夹紧电动机正、反向工作的联锁保护。

横梁上行、下行需要有限位保护，采用行程开关 SQ2 和 SQ3 分别实现向上和向下的限位保护。

SQ1 除了反映放松信号外，还起到了横梁移动和横梁夹紧间的联锁作用。

5. 线路的完善和校核

控制线路初步设计完毕后，可能还有不合理的地方，应仔细校核，例如，进一步简化以节省触点数、节省电器间的连接线等。特别应该对照生产要求再次分析所设计的线路是否逐条予以实现，线路在误操作时是否会产生事故。

第四节　PLC 控制电动机的应用

可编程序控制器（Programmable Logic Controller，简称 PLC），它综合了集成电路、计算机技术、自动控制技术和通信技术，是一种新型的、通用的自动控制装置。它以功能强、可靠性高、使用灵活方便、易于编程以及适应在工业环境下应用等系列优点，成为现代工业控制的三大支柱之一（三大支柱为 CAD/CAM、机器人、PLC）。它广泛用于各行各业，特别是自动控制领域，从单台机电设备自动化到整条生产线的自动化甚至整个工厂的生产自动化、从柔性制造系统工业到大型集散控制系统。

一、PLC 的组成

PLC 是按继电—接触线路原理设计的，其等效的内部电器及线路与继电接触线路相同。它与一般计算机的结构相似，也有中央处理器（CPU）、存储器（MEMORY）、输入/输出（INPUT/OUTPUT）部件、电源部件及外部设备等。由于 PLC 是专为在工业环境下应用而设计的，为便于接线、便于扩充功能、便于操作和维护，它的结构又与一般计算机有所区别，图 8-8 所示为 PLC 内部组成框图。

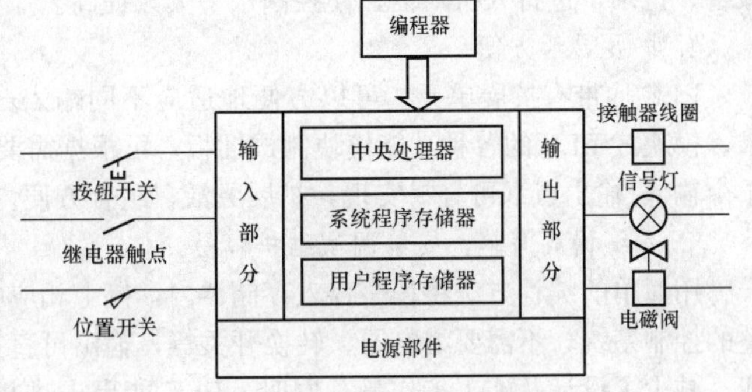

图 8-8　PLC 内部组成框图

二、PLC 的工作原理

PLC 可以看作是一个执行逻辑功能的工业控制装置，是一种微机控制系统，其工作原理也与微机相同，但在应用时，不必用计算机的概念，只需将它看成由普通的继电器、定时器、计数器、移位器等组成的装置，从而把 PLC 等效成输入、输出和内部控制电路三部分。

（1）输入部分。输入部分的主要功能是接受被控设备的信息或操作命令。输入接线端是 PLC 与外部的开关、按钮、传感器等输入设备连接的端口，每个端子可等效为一个内部继电器线圈，这个线圈由接到的输入端的外部信号来驱动。

（2）内部控制电路。内部控制电路是运算和处理由输入部分得到的信息，并判断应产生哪些输出，并将得到的结果输出给负载。内部控制电路实际上也就是用户根据控制要求编制的程序，一般用梯形图形式表示，而梯形图是从继电器控制的电气原理图演变而来的。PLC 将控制要求以程序的形式存储在其内部，送入存储器中的程序内容相当于继电—接触器控制的各种线圈、触点和接线。当需要改变控制时，只需改变程序而不用改变接线，增加了控制的灵活性和通用性。

（3）输出部分。输出部分的作用是驱动外部负载。

总之，在使用 PLC 时，可以把输入端等效为一个继电器线圈，其相应的继电器触点（常开或常闭）可在内部控制电路中使用，而输出端可以等效为内部输出继电器的一个常开触点，驱动外部设备。

三、PLC的一般特点

1. 通用性强

PLC是一种工业控制计算机，其控制操作功能可通过软件编制确定，在生产工艺和生产设备更新时，不必改变PLC硬件设备，只需改变编程程序即可实现不同的控制方案，具有良好的通用性。

2. 编程简单、使用方便

大多数PLC可采用类似继电器控制电路图形式的“梯形图”进行编程，控制线路清晰直观，技术人员稍加培训即可进行编程。PLC与个人计算机联成网络加入到集散控制系统中，通过在上位机上用梯形图编程，使编程更容易、更方便。

3. 功能完善

以计算机为核心的现代PLC不仅有逻辑运算、定时、计数等控制功能，还能完成A/D转换、D/A转换、模拟量处理、高速计数、联网通信等功能，还可以通过上位机进行显示、报警、记录，进行人机对话，使控制水平大大提高。

4. 扩展灵活方便

PLC均带有扩展单元，可以方便地适应不同输入/输出点数及不同输入/输出方式的需求。模块式PLC的各种功能模块制成插板，可根据需要灵活配置，从几个输入/输出点到几千个输入/输出点都可轻易实现，扩展灵活，组合方便。

5. 系统构成简单，安装调试维护容易

用简单的编程方法将程序存入存储器内，接上相应的输入、输出信号，便可构成一个完整的控制系统，不需要继电器、转换开关等，输出可直接驱动执行机构，大大简化了硬件接线、减少了设计及施工工作量；同时，PLC能事先进行模拟调试，更减少了现场的调试工作量，且PLC的监视功能很强，模块化结构减少了维修量。

6. 可靠性高、抗干扰能力强

PLC采用大规模集成电路，可靠性比有触点的继电接触系统高。在其自身设计中，采用了冗余措施和容错技术。输入/输出采用了屏蔽、隔离、滤波、电源调整与保护等措施，提高了工业环境下抗干扰的能力。

四、PLC的编程语言

PLC是按照用户控制要求编写的程序来进行工作的。程序的编程就是用一定的编程语言把一个控制任务描述出来，其表达方式基本分为梯形图、指令表、逻辑功能图和高级语言等四种，目前最常用的是梯形图和指令表编程。

1. 梯形图

梯形图是PLC程序的一种简便易懂的表达形式，它源于继电—接触器控制系统电气原理图，用电路图形式来表示编程指令的逻辑流程，因此有时也称电路图，由于程序的形状像梯子，故而得名。梯形图形象、直观、实用，广泛用于PLC编程。

2. 指令表

指令表是一种与汇编语言类似的助记符编程表达式，也是根据梯形图用规定的逻辑语言描述控制任务的表达式。一个PLC所具有的指令的全体称为PLC指令系统，代表PLC的性能和功能。

目前PLC品种繁多，各机型所采用的CPU芯片和操作系统也不太相同，其编程器也不太相同，对应的指令系统也就不太一样，使用时应注意看说明。

随着 PLC 技术的发展，其数据处理指令越来越多，功能也越来越强，使 PLC 既可方便地用于逻辑量的控制，也可方便地用于模拟量的处理与控制，数据处理指令很多，大都以字、多字为单位操作，具体有数据传送指令、比较指令、移位指令、译码指令、数字运算指令、逻辑运算指令等，应用时可根据需要进行选择。

五、PLC 控制应用举例

（一）单按钮起停电路

实际生产中，用一个普通按钮既能控制起动，又能控制停止，将节省大量输入点，使外部配线简单，简化操作。能实现这种要求的电路就称为单按钮起停电路。

图 8-9 所示是这种电路其中的一种，PLC 选取日本欧姆龙（OMRON）公司的 C 系列机 CQM1。第一次按下按钮，电机起动，第二次按下按钮，电机制动。

在初始状态，各内部继电器均为 OFF，第一次按下按钮，输入继电器 IR00000 状态为 ON，内部辅助继电器 IR01600 状态为 ON 一个扫描周期，使得输出继电器 IR10000 状态为 ON 并保持，起动电机；第二次按下按钮，使输入继电器 IR00000 第二次状态为 ON 时，内部辅助继电器 IR01600 又为状态 ON 一个扫描周期，使内部辅助继电器 IR01602 状态为 ON，则输出继电器 IR10000 状态变为 OFF，电机制动。

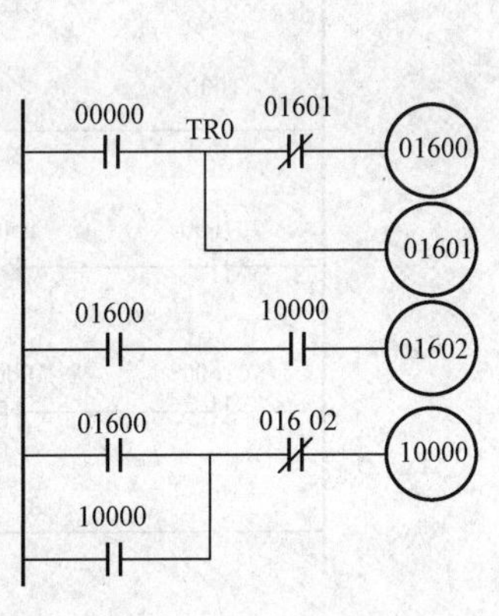

(a)

地址	指令	操作数
00000	LD	00000
00001	OUT	TR0
00002	AND-NOT	01601
00003	OUT	01600
00004	LD	TR0
00005	OUT	01601
00006	LD	01600
00007	AND	10000
00008	OUT	01602
00009	LD	01600
00010	OR	10000
00011	AND-NOT	01602
00012	OUT	10000

(b)

图 8-9　单按钮起停电路

(a) 梯形图；(b) 语句表

（二）两台电机顺序控制

要求：按下起动按钮后，M1 运转 10s，停止 5s，M2 与 M1 相反，即 M1 停止时 M2 运行，M1 运行时 M2 停止，如此循环往复，直至按下停车按钮。

1. 通道分配

输入：

起动按钮：00000

停车按钮：00001

输出：

M1 电机接触器线圈：10000

M2 电机接触器线圈：10001

2. 画波形图

为使逻辑关系清晰，用中间继电器 01600 作为运行控制继电器，且用 TIM000 控制 M1 的运行时间，TIM001 控制 M1 的停车时间。根据要求画出波形图如图 8-10 所示。

3. 逻辑关系表达式

$$10000=01600\cdot\overline{\mathrm{T000}}$$

$$10001=01600\cdot\overline{10000}$$

4. 画梯形图

由图 8-10 可以看出，TIM000 和 TIM001 组成振荡电路，根据控制要求画出梯形图如图 8-11 所示。

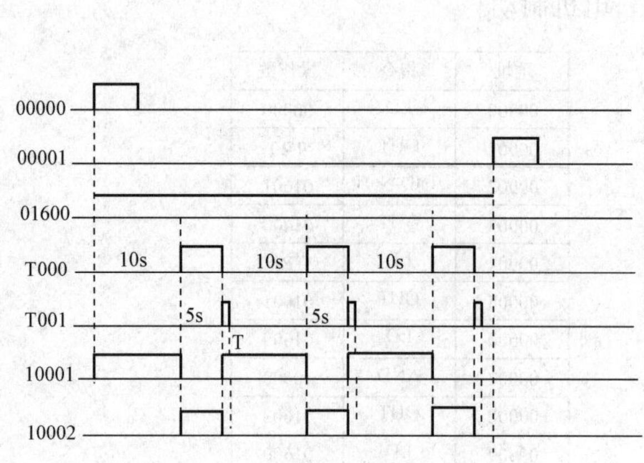

图 8-10 电机顺序控制的波形图

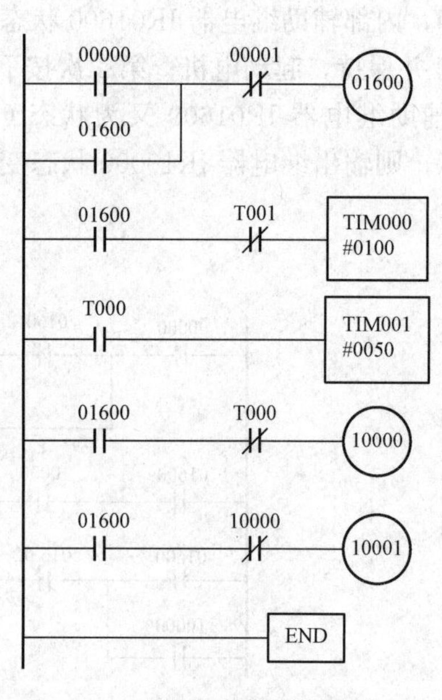

图 8-11 电机顺序控制电路梯形图

（三）用 PLC 代替继电—接触器控制

用 PLC 控制代替原来的硬线继电器控制系统，是 PLC 的主要应用之一。

1. 基本步骤

（1）了解原系统工艺要求，熟悉继电器电路图。用 PLC 取代继电器电路时，只是取代中间继电器部分，而外部输入部件如按钮、转换开关、行程开关等，以及外部执行部件如接触器、信号灯等均应保留，并经适当的方式与 PLC 相连接。PLC 的梯形图可以结合系统工艺要求，由继电器电路图转化而来。

（2）确定相应的 PLC 输入/输出点数。根据输入设备和输出设备的情况，可以确定 PLC 的输入/输出点数。选择 PLC 时要留有 5%～10%的裕量作备用，以保证调试过程或运行过程中有损坏或需要改进某些功能而增加 I/O 点时，能满足要求。

（3）将原继电器电路图改画成 PLC 梯形图。进行电路转换时，往往要对原电路进行一些处理，以便于进行 PLC 控制，符合 PLC 编程要求。

(4) 按 PLC 的输入/输出通道分配进行外部接线。

(5) 总体调试、使用。

调试过程中充分利用 PLC 提供的功能。首先确认各输入信号状态，然后逐个核对输出点状态，最后通过 PLC 去控制生产设备，实际试运行。

2. 对输入/输出信号的处理

(1) 几个常闭串联或常开并联触点可合并后与 PLC 相连，只占用一个输入点。

(2) 利用触点的控制规律，可将触点的连接方式进行一定的变换。

(3) 利用单按钮起停电路，使起停控制只通过一个按钮来实现，既节省 PLC 点数，又减少外部按钮及其配线。

(4) 对一些需手动运行且其他设备没有联锁的设备，可将 PLC 的手动按钮设置在 PLC 外部。

(5) 通断状态完全相同的两个负载并联后，可共同占用一个输出点。

(6) 通过外部的或 PLC 控制的转换开关，使每个 PLC 输出点可以控制两个以上不同时工作的负载。

(7) 常闭触点的处理。如果输入为常闭触点，则梯形图中对应的点应为常开型，若将输入改为常开型；则梯形图中对应的点应为常闭型。通常，为了便于分析电路，同时减少输入点的通电时间，把外部输入点均选为常开型，而内部电路按其应有的状态来设计。但有些情况如急停按钮，通常应为常闭型输入，以保证紧急故障时的处理速度，这时改为 PLC 控制时，也以原常闭状态输入为好。

例：将某继电器控制的卧式镗床改为 PLC 控制，原电路如图 8-12 所示。

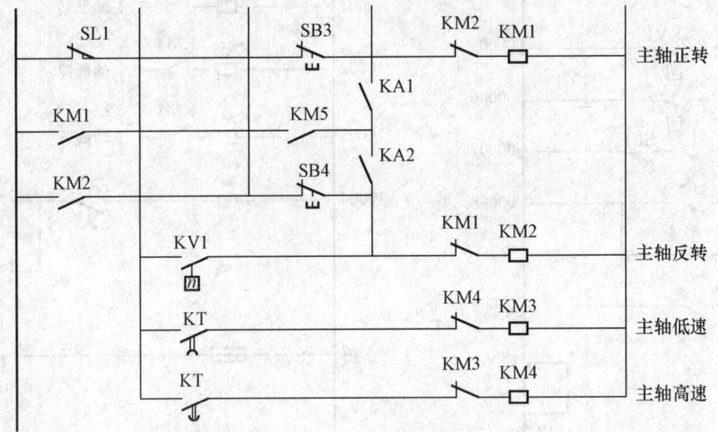

图 8-12 卧式镗床继电器电路图

设计过程：

(1) 了解原系统工艺要求。镗床的主轴电机是双速异步电机，中间继电器 KA1 和 KA2 控制主轴电机的起动和停止；接触器 KM1 和 KM2 控制主轴电机的正反转；接触器 KM3、KM4 和时间继电器 KT 控制主轴电机的变速；接触器 KM5 用来短接串在定子回路的制动电阻；SL1、SL2 和 SL3、SL4 是变速操纵盘上的限位开关；SL5、SL6 是主轴进刀与工作台移动互锁限位开关；SB1、SB2为正、反转起动按钮，SB3、SB4为正、反转点动按钮。速度继电器在主轴电机正转时触点KV1、KV3闭合，主轴电机反转时触点KV2闭合。

（2）确定PLC输入点数。

1）图8-12中有一个SL3和SL1常开触点的串联电路和它们的常闭触点的并联电路。由于$\overline{SL3 \cdot SL1}=\overline{SL3}+\overline{SL1}$，即SL3和SL1的常开触点的串联电路对应的“与”逻辑表达式取反后即为它们常闭触点的并联电路的逻辑表达式。因此在PLC外部电路中，将SL3和SL1的常开触点串联后接在PLC的00006端，则在梯形图上，00006的动断形式与SL3和SL1常闭触点的并联电路相对应。

2）SL2和SL4由于在电路中只有并联一种形式，所以可共同占有一个输入端。

3）SL5、SL6及热继电器FR常闭触点只在电路中出现一次，并且与PLC的输出负载相串联，不应作为PLC的输入信号。

（3）确定PLC的输出点数。应注意：中间继电器、时间继电器只在PLC内部使用，不占用输出点；另外，KM1、KM2及KM3、KM4应在输出端互锁，以免PLC输出故障时造成设备事故。具体的输出通道分配如图8-13所示。

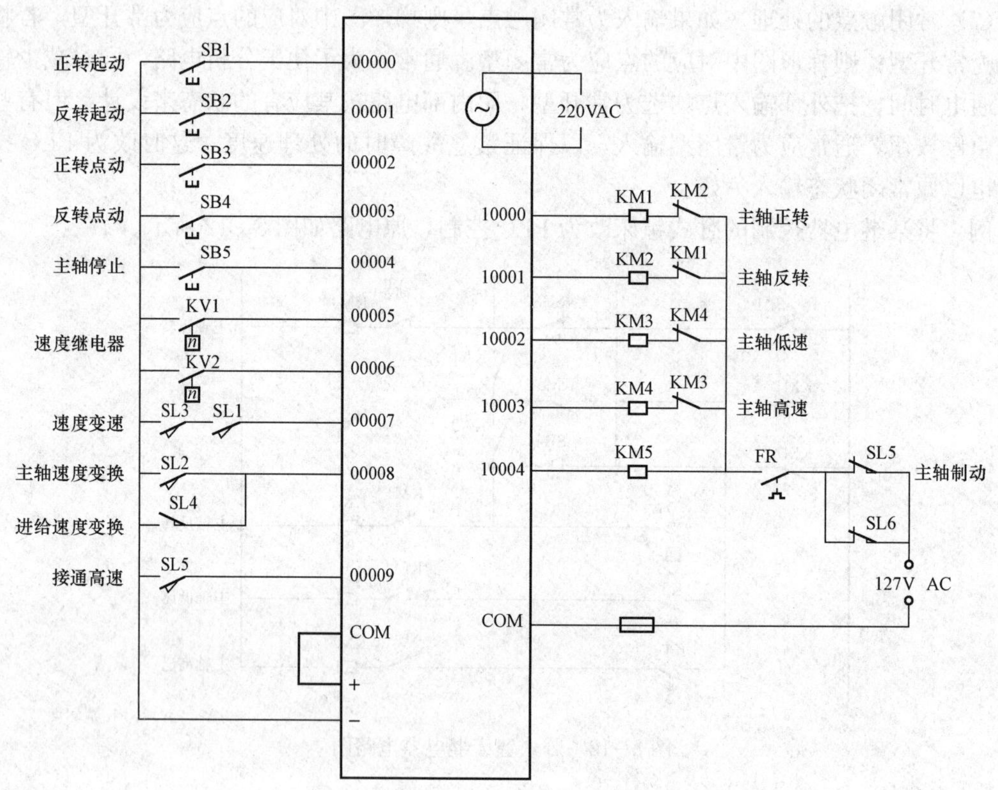

图8-13 输入/输出（I/O）分配及外部接线

（4）将继电器电路图改画成梯形图。首先应对原电路作适当改动；所有的触点均应放在线圈左边；对复杂电路应进行化简，图8-14所示为局部化简等效电路。改画成的梯形图如图8-15所示。

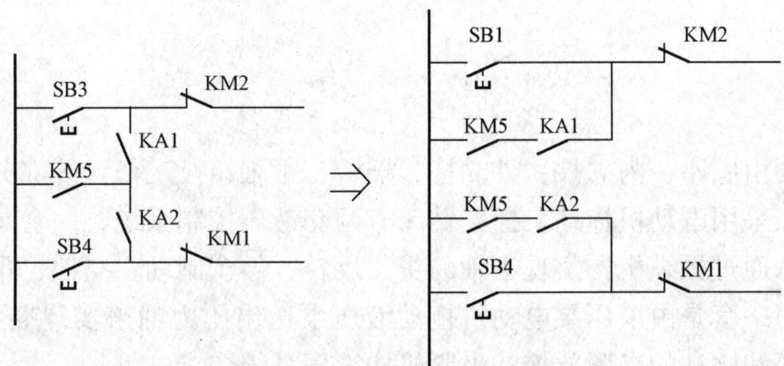

图 8-14　局部化简等效电路

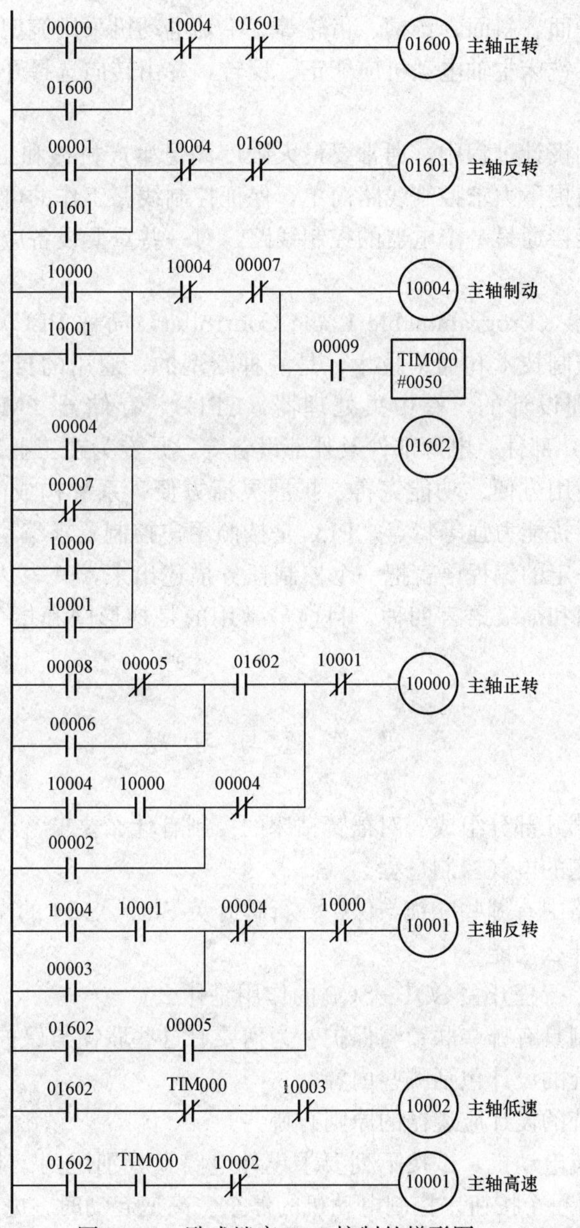

图 8-15　卧式镗床 PLC 控制的梯形图

小　结

摇臂钻床主要由底座、内立柱、外立柱、摇臂、主轴箱及工作台等部分组成，摇臂钻床的运动部件较多，采用电动机拖动。摇臂钻床有两套液压控制系统，一套是由电动机拖动齿轮泵送出压力油，通过操纵机构实现主轴的正、反转、停车制动、空档、预选与变速的操纵机构液压系统；另一套是由液压泵电动机拖动液压泵送出压力油来实现摇臂的夹紧和松开、主轴箱的夹紧放松和立柱的夹紧放松的夹紧机构液压系统。

万能铣床是工厂常见的机床，可用各种圆柱铣刀、圆片铣刀、角度铣刀、成型铁刀和端面铣刀，加工各种平面、斜面、沟槽、齿轮等。主轴电动机采用笼型感应电动机，经主轴齿轮变速箱拖动主轴。铣床主轴电动机应能正、反转，并由转向选择开关来选择电动机的转向并设有制动环节。

电气控制系统的设计过程中，通常要最大限度满足生产机械和工艺对电气控制的要求，在满足生产要求的前提下力求控制线路简单，保证控制线路工作的可靠与安全，尽量避免许多电器依次动作才能接通另一个电器的控制线路，对一些重要设备应仔细考虑每一控制程序之间必要的联锁。

可编程序控制器（Programmable Logic Controller，简称 PLC），它综合了集成电路、计算机技术、自动控制技术和通信技术，是一种新型的、通用的自动控制装置。PLC 是按继电—接触线路原理设计的，有中央处理器（CPU）、存储器（MEMORY）、输入/输出（INPUT/OUTPUT）部件、电源部件及外部设备等，是专为在工业环境下应用，具有通用性强、编程简单、使用方便、功能完善、扩展灵活方便、系统构成简单，安装调试维护容易、可靠性高、抗干扰能力强等特点。PLC 是按照用户控制要求编写的程序来进行工作的。程序的编程就是用一定的编程语言把一个控制任务描述出来，其表达方式基本分为梯形图、指令表、逻辑功能图和高级语言四种，目前最常用的是梯形图和指令表编程。PLC 广泛应用在自动控制领域。

思考题与习题

1. 摇臂钻床由哪几部分组成？对摇臂钻床的控制有什么要求？
2. 分析摇臂钻床的电气控制过程。
3. 摇臂钻床电路中有哪些联锁与保护？行程开关 SQ1—SQ4 的作用是什么？
4. 万能铣床有什么功能？
5. 铣床电路中，行程开关 SQ1—SQ6 的作用是什么？
6. 铣床电气控制具有哪些联锁与保护？为何要有这些联锁与保护？
7. 电气控制系统的设计包括哪些内容？
8. 电气控制系统的设计应遵循的原则有哪些？
9. 现有一台交流电动机，试按下列要求设计电路：分别用两个起动按钮控制电动机的高速与低速起动，由一个按钮来控制电动机的停车。高速起动时，电动机先接成低速，经延时后自动换成高速运行，具有短路和过载保护。

10. 设计一个控制电路，三台鼠笼式感应电动机起动时，M1 先起动，经 10s 后 M2 自行起动，运行 30s 后 M1 停止并同时自行起动 M3，再运行 30s 后电动机全部停止。

11. 什么是 PLC? PLC 有什么特点?

12. 将某继电器控制的卧式镗床改为 PLC 控制，画出其方框图。

13. 设计一工作台自动循环控制线路，工作台在原位起动，运行到目的地后立即返回，回到原位再次返往目的地，循环反复，直至按下停止按钮。

14. 设计工厂大门控制电路，要求长动时在开、关门到位后能自动停止；能够点动开门、关门。

参考文献

[1] 许实章. 电机学. 北京：机械工业出版社，1988.
[2] 陈世元. 电机学. 北京：中国电力出版社，2008.
[3] 赵君有. 电机学. 2 版. 北京：中国电力出版社，2009.
[4] 谭维瑜. 电机与电气控制. 北京：机械工业出版社，2001.
[5] 赵明. 工厂电气控制设备. 2 版. 北京：机械工业出版社，2005.
[6] 王仁祥. 常用低压电器控制原理及其控制技术. 北京：机械工业出版社，2002.
[7] 冯畹芝. 电机与电力拖动. 北京：轻工业出版社，1991.
[8] 邓星钟. 机电传动控制. 3 版. 武汉：华中科技大学出版社，2001.
[9] 弭洪涛. 应用技术. 北京：中国电力出版社，2004.
[10] 王荣海. 电工技能与实训. 北京：电子工业出版社，2004.
[11] 吴晓君，杨向明. 电气控制与可编程控制器应用. 北京：中国建材工业出版社，2004.
[12] 吴晓君. 电气控制与可编程控制器应用. 西安：西安建筑科技大学，2002.
[13] 郑萍. 现代电气控制技术. 重庆：重庆大学出版社，2001.
[14] 方承远. 工厂电气控制技术. 3 版. 北京：机械工业出版社，2006.